68000と Macintosh Toolbox 詳解

アセンブリ言語プログラミングの奥義

柴田文彦 著

はじめに

本書はそのタイトル通り、モトローラ社製のマイクロプロセッサーMC68000と、それを採用したApple社製のパーソナルコンピューター、初代Macintoshについて述べたものです。Macintoshについては、主にそのROMに内蔵されたプログラム、Toolboxについて詳しく解説しています。レベルとしては、初代Macの基本的なアプリケーションを、読者が68000のアセンブリ言語によって記述できるようになるだけの詳しさであることを自負しています。このように、特定のCPUと、それを採用するパソコンのROMの内容を２本の柱として解説するという点では、前著の『6502とApple IIシステムROMの秘密』も同じ趣向でした。そこでも、アセンブリ言語による簡単なApple II上でのプログラミングの例を示しましたが、内容はApple IIのグラフィック機能のシンプルなテストプログラムのようなものに過ぎませんでした。本書で示しているサンプルプログラムは、それとは質、量、ともにまったく異なるレベルのものです。実際に初代MacのFinder上でダブルクリックして起動できる独立したアプリケーションを数本作成する過程を、全ソースコードを示しながら解説しています。さらに、活字で読む仮想的なプログラミング体験だけでなく、実際に手を動かしてソースコードを入力し、アセンブルしてアプリケーションとしてリンクする工程を実体験できるような環境の作り方も示しました。現在の一般的なパソコン上で初代Macのエミュレーターを動かして開発環境を構築し、実際に初代Mac用のアプリケーションを作成して動かしてみる方法も詳しく解説しているのです。

初代のMacintoshのアプリケーションは、68000のアセンブリ言語、またはPascal、あるいはそれらの組み合わせで記述するように設計されていました。しかし当時はC言語が急速にユーザーを増やした時期でもあり、Macの登場からほどなくして、Macでも主要な開発言語は徐々にC言語に移行していきました。いずれにせよ、当時でもMacのアプリケーションを68000のアセンブリ言語だけで記述するのは、それほど普通のことではなかったのです。そこを本書では、高級言語はいっさい使わずに、あえてすべてアセンブリ言語で記述することにしました。それによって68000に慣れ親しむことができるのはもちろん、MacのToolboxのことも、より深く理解できると信じたからです。

1984年にMacが登場してから今年(2022年)で38年になります。その間、私は様々な世代のMac本体や、そのアプリケーション、あるいは周辺機器について、数え切れないほどの記事を書いてきました。それでも、やり残した感がずっとあったのが、この初代Toolboxの解説書を書くことでした。Toolboxに触れたことがきっかけで、私の趣味、仕事、人間関係が大きな影響を受けたことは間違いありません。私の人生が変わってしまったと言っても過言ではないほどです。今後、初代のMacintoshについて一冊の本を書くことはないでしょう。こうした意味で、本書は私自身の仕事の原点でもあり、集大成でもあります。この地球上で最も多くの人に最も大きな影響を与えたパーソナルコンピューター、Macintoshの真髄をお楽しみください。

2022年　柴田文彦

Contents

●コラム

第1章
MC68000とMacintosh

この章は、本書全体の概要を示すとともに、そのガイド的な役割を担っています。本書のメインと言える部分は、第2章から第7章の6つの章から成っています。それらは大きく2つの部分に分かれ、前半の第2～3章の2つの章が68000、後半の第4～7章の4つの章がMacintoshについて述べています。ちょっとアンバランスに感じられるかもしれませんが、Macintoshについては、ハードウェアとソフトウェアに章を分けて述べていることもあり、どうしてもボリュームが多くなっています。また第7章は、68000のアセンブリ言語によるアプリ開発の実例を何種類も載せていて、68000のソースコードもかなりの分量を占めています。それでバランスは取れているのではないでしょうか。ともあれ、この第1章では、まず本書の2つの主役である68000とMacintoshの関係について簡単に触れた後、68000、Macintoshのそれぞれの発展の概要をまとめています。そこには、2章以降ではあえて触れていない余談のような内容も含んでいます。いずれにしても、第1章では、第2章以降を読み進めるために必要な予備知識を提示するわけではありません。68000やMacintoshについて、おおまかなことは理解されていて、早く本題に入りたいという方は、この章は読み飛ばして、2章以降から読みはじめていただいても差し支えないでしょう。

1-1　Apple IIの「後継機」としてのMacintosh

Apple 社は、今ではすっかり iPhone のメーカーとして認識される会社になってしまいました。少なくとも一般の人にとってはそうでしょう。もちろん、今でもパソコンは作っていて、本書の主役の1つである初代 Macintosh から綿々と続く、Mac シリーズも製造、販売しています。他にも iPad や Apple Watch など、さまざまなデバイスを取り揃えているので、いずれにしてもハードウェアメーカーだと思っている人も多いかもしれません。しかし実は、ハードウェアの製造販売による収益よりも、App Store によるアプリの販売や、Apple Music による音楽販売、Apple TV による映画販売といった、いわばサービス業による収益の方が多くなっているようです。今や Apple も、どちらかと言うとサービスの提供が本業のようになっています。いずれにしても現在では、Apple の収益全体に占める Mac シリーズの売り上げは、かなり小さなものになってしまっていることは間違いないでしょう。

現在の社名は、単なる「Apple」になっていますが、以前は「Apple Computer」だったことを知る人も、だんだん減っていくのでしょう。それでも、筆者のように古くからの Apple 製品ユーザーは、やはり Apple と言えばコンピューターメーカーであるという印象が拭い切れないものです。そのコンピューターメーカーとしての Apple 社の最初の製品は「Apple I（アップル・ワン）」という、いわばワンボードマイコンのようなものでした。これは、製品としては裸の基板が1枚あるだけで、そのまま裸で売られていたものです。購入した人が自分でキーボードや CRT モニターを用意して接続しなければならないのはもちろん、DC 電源やケースすら自前で用意する必要があったのです。今の感覚でいちばん近いのは、大きさはだいぶ異なりますが、Arduino のような製品でしょう。しかし、当時は USB のように規格化されたポートやコネクターはなく、キーボードや電源を接続するだけでも、どこかしらで半田付けが不可欠で、電子工作的な度合いは今の Arduino よりもずっと高いものだったのです。

●Apple IからApple IIへ

その Apple I は、本体のプリント基板こそ、外部の専門業者に発注して製作したものでしたが、そこに部品を取り付けて半田付けする製品の製造作業は、最初期の

Appleの従業員の手作業によるものでした。つまり、Apple Iの設計者のスティーブ・ウォズニアク（Steve Wozniak）や、スティーブ・ジョブズ（Steve Jobs）といったAppleの共同創立者本人達が担っていました。製造数が非常に少なかっただけでなく、伝説的な人物たちが自ら製造したものということで、現存するApple Iは、かなり希少価値が高まっています。現存するのは、おそらくわずかに数十機ではないかと言われていて、海外のオークションなどでもかなりの高値で取り引きされています。

写真1：部品を実装した基板のみで販売されたApple I（※Wikimedia Commonsより）

まったくの余談ですが、筆者は2006年に「開運！何でも鑑定団」というテレビ番組でApple Iの個体を鑑定し、値段を付けたことがあります。当時は600万円と付けましたが、その際にはこんなガラクタになんでそんな価値があるのかと、周囲に呆れられたものでした。しかし、その後ジョブズが死去したこともあってか、世界的にApple Iの価格はどんどん高騰し、一時は日本円にして1億円近い値段で取り引きされたという話も聞いています。

いずれにしてもApple Iは、間違いなくAppleの創業とともに作られた記念すべき製品です。ただし製造数が少なすぎて、初期のAppleの主力製品と呼べるまでのものではないように思います。初期のAppleを代表する製品と言えば、なんと言っても「Apple II（アップル・ツー）」でしょう。名前からも分かるように、これはApple Iの改良型とも考えられる内容のものですが、製品としての完成度も、かなり高くなっています。Apple Iとは異なって電源やキーボードとともに魅力的なデザインのケースに入れられ、CRTモニターやテレビに接続すればすぐに使えるようになっていたのです。

写真2：家庭用のテレビやモニターにつなぐだけで使えるようになったApple II（※Wikimedia Commonsより）

これは、コンピューターが一般の家庭に入る大きなきっかけの１つとなりました。Apple II は、工業製品として本格的に大量生産され、世界的なヒット商品となり、今に至る Apple 社の礎を築いたのです。Apple II 自体については、初期の製品の概要も含めて、以下に ごく簡単にまとめておきます。筆者なりの Apple II についての理解、思い入れについては、『6502 と Apple II システム ROM の秘密』（ラトルズ刊）という本に詳しく書いたので、そちらを参照してください。

●Apple社の礎を築いたApple II

Apple 社の歴史の中で主要な製品を挙げていくと、初期においては初代の Apple II と、本書の主役の１つである初代の Macintosh が、いずれも際立つ存在となっています。「初期においては」という限定を外しても、これら２つの製品が Apple 社にとって非常に重要なものであったことは間違いありません。もちろん、製品を売り上げた金額では、社会的な背景がまったく異なるため、現在の iPhone や iPad、それにともなうサービスには遠く及ばないでしょう。しかし、工業製品として社会に、ひいては人類に与えたインパクトの強さでは、現在の iPhone などに引けを取らないものがあったと考えられます。

初代のApple IIが正式に発売されたのは、今から半世紀近くも前の1978年のことです。そして、本書でもこれから何度も言及することになり、嫌でも憶えてしまうことになるはずですが、初代のMacintoshの発売は1984年のことでした。言うまでもなくその間には6年の隔たりがあります。その6年の間には、Apple社においてもいくつもの製品が開発され、販売されました。しかしApple II以降、初代のMacintoshより前の製品は、社会に対してさほど大きな影響を及ぼすことができませんでした。だからと言って、あまり意味のない製品だったというわけではありません。それらがなければ、おそらくMacintoshは誕生していなかった可能性も高いでしょうし、誕生したとしても、私達が知っている初代Macintoshとは異なるものになっていた可能性が高いからです。

まずApple IIシリーズを見てみると、初代のApple IIの次には、Apple II plusという改良型が、早くも1979年に発売されています。これは、ハードウェア的には初代のスタンダードとほとんど同じものですが、主にROMの内容が異なるものでした。そのどこが異なるかと言うと、初代のモデルのROMが整数演算のみ可能なBASIC言語のインタープリター、いわゆる6K BASICを搭載していたのに対して、plusモデルは、浮動小数点演算も可能な10K BASICをROMに内蔵していました。これは「Applesoft」と呼ばれるもので、知らない人には意外なことかもしれませんが、Microsoft社製のものです。

写真3：Microsoftが開発したApple II用BASIC（左下）。RAMに読み込んで使うこともできた

初代のApple IIに搭載されていた整数演算のみ可能な6K BASICは、実はApple IIのハードウェアの設計者であるウォズニアクの手になるものでした。これ

は、わずか6Kバイトという信じられないようなサイズながら、低解像度グラフィック機能、デバッグ機能などを備えた、とんでもなく密度の高いプログラムでした。Apple II本体と、そこに搭載されたROMの中身を、ほとんど一人で開発したウォズニアクは、それだけを取っても、ハードウェアとソフトウェアの両方に天才的な能力を発揮した開発者だと言うことができます。しかし、そのウォズニアクをしても、6502というミニマムなCPUによって浮動小数点演算機能を実現するBASICインタープリターを短期間で開発するのは、さすがに荷が重かったのかもしれません。しかしそれ以上に、Apple社としての商業的な判断によって、Microsoft社の実績を重視したということも考えられます。というのも、Microsoft社は、当時インテルの8080、8085、そこから派生したZ80といった8ビットCPU向けに、Microsoft BASICというインタープリターを開発し、多くのパソコンメーカーに供給していたからです。そうしたパソコンに搭載されたBASICとは、完全なものではないにしても、ある程度の文法的な互換性も期待できるものでした。Microsoft社製のBASICを採用することは、Apple社にとって、それなりにメリットの大きい選択だったのです。

Apple II plusについてもう少し付け加えれば、フロッピーディスクドライブなどを接続した際の操作が、初代のスタンダードに比べて楽になった点も挙げられます。初代のApple IIでは、リセットキーを押すと必ず機械語のモニターが起動していたのが、plusではBASICが動作中であればBASICのプロンプトに戻るといった柔軟な動作が可能となりました。また、このplusには、日本語市場向けにカタカナが表示可能なApple II j-plusというモデルがあったことも特筆に値するでしょう。アメリカ製のパソコンに、曲りなりにも日本語表示機能が載るというのは、当時としては画期的なことだったのです。残念ながら、そのあたりについて本書では詳しく述べる余裕はありません。

●Apple IIとMacintoshをつなぐもの

Apple IIシリーズとしては、初代のスタンダードと、その後を継ぐplus以外にも、何種類ものモデルが登場しています。しかし、plusの後に登場したApple IIとしての3世代めのIIeが発売されたのは1983年でした。Apple II plusが登場した1979年からは、だいぶ間が空いてしまいました。もちろん、その間に、Appleは何も製品を発売しなかったというわけではありません。Apple II plusの発売から1年後の1980年には、早くも「Apple III（アップル・スリー）」というマシンを発売しています。これはApple社が発売するパーソナルコンピューターの型番として、メジャーな番号が2から3に変わっていることから考えても、Apple IIの本来の後継機というべきものでしょう。しかしこのApple IIIは、Apple IIの後を引き継ぐというよりも、それまでとは異なる新たな市場を意識したものとなっていました。

写真4：Apple IIの後継モデルとして発売されたが失敗に終わったApple III（※Wikimedia Commonsより）

Apple IIは、主に「ホビースト（hobbyist）」と呼ばれる、趣味でパソコンを使う人を対象にしていた製品だと考えられます。実際に、Apple II用に開発された膨大なソフトウェアの多くはゲームだったのです。しかし、現在も広く使われている表計算ソフトの元祖とも言うべき「ビジカルク（VISICALC）」に代表されるように、パソコンの可能性を開拓し、将来を予見するようなビジネス用途の重要なソフトウェアもApple II上で生まれました。その可能性にApple社はもちろん、他のメーカーも気付かないはずはありません。代表的なビジネス用の計算機メーカーのIBMも、1981年にIBM-PCを発売して、Apple IIに対抗してきました。しかしそのIBM-PCより前に、Apple自信もビジネス向けの分野を切り開こうとして開発、販売したのがApple IIIだったというわけです。

しかしApple IIIは、初期の設計ミスによるリコールなどもあって、販売台数は伸びず、失敗作とみなされてしまいました。そのApple IIIと、それほど違わない時期に開発が始まっていたもう1つの製品に「Lisa（リサ）」があります。Lisaについては、後の章で少し詳しく述べますが、これはApple II／IIIの系統とはまったく異なる製品でした。Apple III が、Apple II との互換モードでの動作を可能にしていたのに対し、Lisa にはいわゆるバックワードコンパチビリティは一切なく、まったく新たな製品として開発されたのです。これが Macintosh の前任機、あるいは元祖になった製品かと問われれば、そうであるとも、そうでないとも言える微妙な位置付けと言えるでしょう。それでも、Lisa なくして Macintosh なし、というのも、また確かなのです。

写真5：Macintoshの前任機ではないものの、ある意味前身となったLisa（※Wikimedia Commonsより）

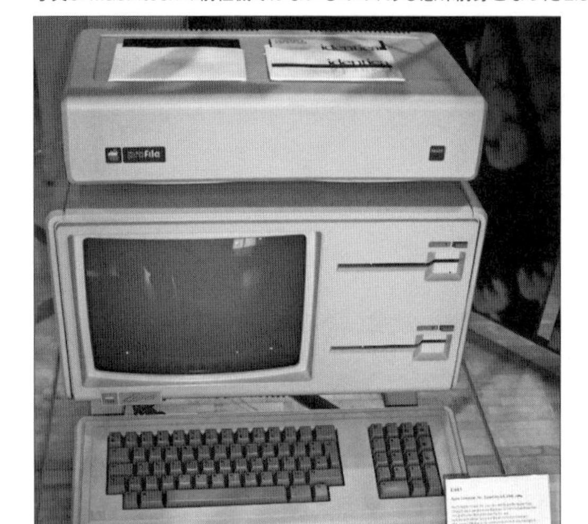

後でも述べるように、Lisa は Macintosh の前年の 1983 年に発売されます。Apple III から半年ほど後に開発が始まったとされているのに、発売は 2 年以上も後になってしまいました。このことからも、まったく新しい製品として、開発作業はかなり難航したことがうかがえます。そして、Apple III 同様と言って良いのかどうかは分かりませんが、Apple 社にとって Lisa もけっして成功した製品とは言えないものになってしまいました。後付の理由はいろいろと考えられますが、やはり価格が高すぎたこと、翌年に発売された比較的低価格で小型の Macintosh が人気を博したこと、Macintosh 向けに急激に勃興したサードパーティの製品と組み合わせることで、Lisa にできることの多くが Macintosh でもできるようになってしまったことなどが挙げられます。

一方、Apple II シリーズとしては、すでに少し触れたIIe 以外にも、IIc（1984）、さらにはIIGS（1986）といった製品が続きます。とはいえ、これらはApple II からMacintoshへの進化の過程を表すものではありません。Apple IIeが発売された1983年は、ある意味Macintoshの原型とも言えるLisaの発売年でもあります。つまり、Apple社という大きなくくりでは、IIeとLisaの開発は同時に進行していたことになります。IIcも、Macintoshの発売年と同じ1984年に、Macintoshよりも少し後に発売されました。IIGSに至っては、Macintoshとして２世代めのMacintosh Plusと同じ1986年に、やはりPlusの少し後に発売されました。

こうして見ると、Apple II シリーズと、その後に続くLisa／Macintoshは、継続性などほとんどなく、まったく新たな製品として企画され、開発されたということになるでしょう。出来上がった製品や、その機能、使い勝手を比べれば、確かにそうだと思えてくるはずです。しかし、第４章で触れるように、Apple IIと、初代Macintoshのハードウェア設計には、けっして偶然ではない技術的なつながりが認められます。またオリジナルのApple IIと初代のMacintoshは、まったく似ても似つかないような異なる形状をしていながら、両者のデザインには共通する特徴が見出だせるのも事実です。

●Apple IIの流れを汲む初代Macintoshの本体デザイン

初期のApple IIと初代Macintoshは、パーソナルコンピューターとして、言うまでもなくまったくタイプの異なる製品です。ここで強調したいタイプの違いは、主に本体の筐体の中に何が含まれているかということです。

Apple IIは、マザーボードと電源を収め、手前に突き出した部分の表面にキーボードを装備しています。全体のプロポーションは、奥行方向が最も長く、次が幅、高さはそれほどでもありませんが、マザーボード上に拡張カードを装着できるよう、その分の厚みが確保されています。また天井部分が開閉するようになっていて、拡張カード用のスロットにアクセスできるようになっています。この外部にモニター（ディスプレイ）を接続するだけで、最小限のシステムが構成できるようなタイプです。

一方のMacintoshの本体内には、CPUやメモリ、周辺回路が載ったデジタルボードと呼ばれる基板と、電源と内蔵CRT用の映像走査回路の載ったアナログボードと呼ばれる基板、そして１台の3.5インチフロッピードライブ、さらにはCRTディスプレイが内蔵されていました。内蔵する部品の有無でApple IIと比較すると、本体にキーボードを装備していない代わりにCRTとフロッピードライブを備えているといったところでしょうか。Macintoshの場合、キーボードはちょっと特殊な独自のケーブルで外付けします。またGUIを前面に押し出した操作設計のため、マウスの使用も不可欠となったので、キーボードとは独立した、これも独自のマウス用コネクターを備えています。

写真6：初代Macintosh（※アップル社カタログより）

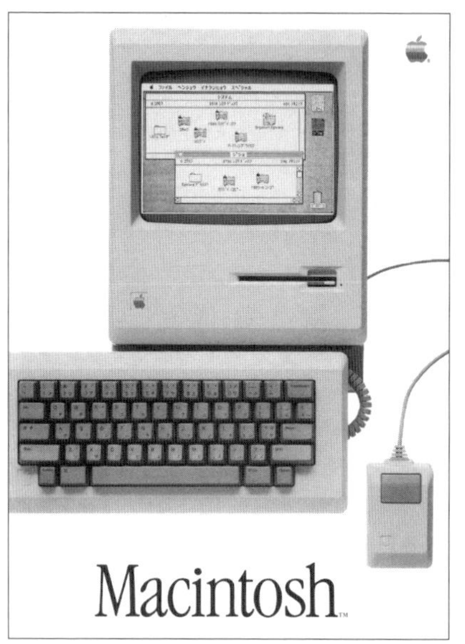

すでに述べたように、Apple IIはユーザーが簡単に筐体の内側にアクセスして、拡張カードの取り付け、取り外しができるようになっていたのに対し、Macintoshは、中にアクセスするための開口部などは皆無で、ユーザーによる手出しを拒絶するような設計になっていました。これが、ある意味では両者のもっとも大きな違いだったと言えるでしょう。もちろん、基板上には拡張スロットなどはいっさい装備していません。故障を修理するような場合でさえ、特殊な工具を使わないと筐体を開くことさえできませんでした。これはもちろん当時も今も、一般的なパーソナルコンピューターの姿とは違います。むしろ、iPadやiPhoneなどに近いと言えるでしょう。もちろんこれは、ジョブズの意図によって、そうなったものです。当時から、ジョブズの作りたかったのは、パーソナルコンピューターというよりも、iPadやiPhoneのような、真に消費者向けの製品だったことがうかがえます。

また、Apple IIとMacintoshでは、基本的な形状もまったく異なります。Apple II

は、ある程度厚みのある四角い箱の手前に、斜めにキーボード取付部を張り出させたような形状です。本体とキーボードが一体型で、ディスプレイを外付けというタイプは、当時のパーソナルコンピューターとして一般的なものでしたが、このような形状は Apple II に特徴的なものと言えるでしょう。その違いを生んだのは、やはり垂直にカードが装着できる８本もの拡張スロットを内蔵したことでした。Macintosh とは正反対で、Apple II がいかにユーザーによる拡張性を重視していたかを物語る形状です。余談ながら、Apple II を設計したウォズニアクと、Macintosh の開発をリードしたジョブズの考え方の違いを端的に反映したものだと言えるでしょう。よくもまあ、そんなに考え方の違う人間が共同して Apple 社を興したものだとさえ思えます。それと同時に、それだけ価値観の違う二人が出会い、それでもどこかしら表には出ない重要な部分で共感するものがあったからこそ、Apple が生まれたのだろうという気が強くするのです。

さて一方の Macintosh は、一言で表せば、四角い金魚鉢のような、縦長の形状です。これをトールボーイ型などと呼ぶ人もいました。その四角柱の側面の１つには、CRT によるディスプレイが取り付けられ、その下にフロッピードライブの開口部が位置しているという構成です。さらにその下の、CRT 面から奥に引っ込んだ底面に近い部分には、キーボード用のコネクターがありました。ちょっと不思議なのは、マウス用のコネクターは本体の後面に、増設用フロッピードライブやプリンター、モデム用のコネクターなどと並べて取り付けられていたことです。必然的にマウスのケーブルは本体の後ろから、側面を回して手前に引き出してくることになります。そうした方が、マウスのケーブルが邪魔になりにくいと考えたのか、あるいはジョブズと言えども設計上の都合に逆らえなかったのか、そのあたりはよく分かりません。

写真7：初代Macintoshのリアパネル（※アップル社カタログより）

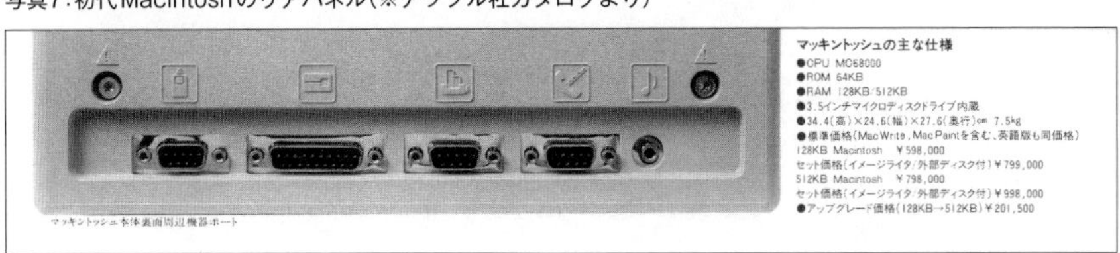

このように、タイプも形状も、まったく異なる２つの製品を見比べたとき、どことなく、あるいはなんとなく、共通する雰囲気を持っていることに気付くでしょうか。写真では分かりにくいかもしれませんが、まず本体表面の色が似ています。どちらも、ちょっと黄色がかったクリーム色に塗られています。そして、いずれもツ

ルツルではなく、ちょっとでこぼこした表面処理（いわゆるシボ加工）も似ています。それだけではありません。まったく異なるプロポーションながら、部分的な形状にも何かしらの共通点が感じられないでしょうか。たとえば、面と面が接合する辺の部分の大きな面取りの仕方や、側面のスリットの開け方などに、どうしても共通するものが感じられます。いずれも起伏をうまく利用して「肉厚」な雰囲気を出していて、なんとなく人間臭い、温かみを感じさせるようなデザインになっています。

それもそのはず、両者の外装をデザインしたのは同じ人物だったのです。それは、Apple社員のプロダクトデザイナー、ジェリー・マノック（Jerry Manock）という人で、社員番号は246ということなので、かなりの古株です。マノックは、Apple II、Apple III、Lisa、そして初代Macintoshなどのボディデザインを担当したとされています。そう言われてみれば、これらの機種には、色といい、雰囲気といい、デザイン的に共通するものが感じられるでしょう。マノックは、Macintoshが発売された1984年にはAppleを退社したようなので、その後に発売されたApple製品には、マノックの新たなデザインが施されたものはありません。

ただし、Macintoshのデザインは、かなり時代を下っても初代のものを踏襲したモデルが発売されていたのも事実です。少なくともトールボーイ型のプロポーションについては、1990年代になって発売されたClassicシリーズなどにも受け継がれています。とはいえ、正確に初代Macintoshのプロポーションを維持していたのは、1986年に発売されたPlusと、1987年に登場したSE（1989年のSE/30含む）まででした。Classicシリーズについては、その名が示すように、初代Macintosh風の形状を再現して新たに設計し直されたものになりました。なお、Plusについては、形状寸法は、コネクターまわりを除いて初代とまったく同じですが、ボディの色が黄色がかったクリームから、白っぽいベージュに変わっているので、見た目の印象はちょっと異なるものとなりました。

写真8：Macintosh Plus（※アップル社カタログより）

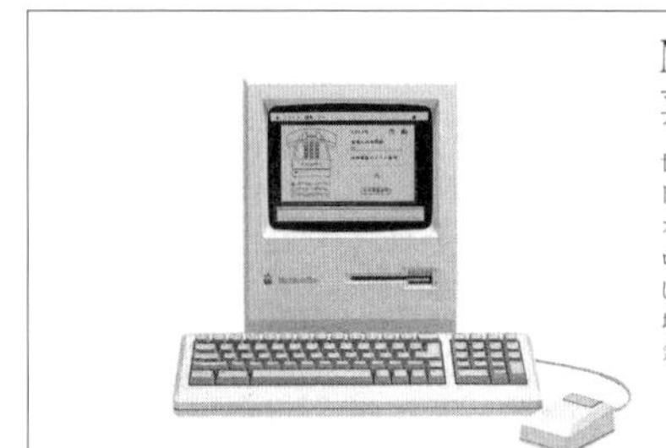

Macintosh Plus
マッキントッシュプラス
フロッピーディスクドライブ内蔵モデル（メモリ：2MB）

世界中のビジネスマンが、欠かせないビジネスツールとして手放さないMacintoshのベストセラー機種。お求めやすい価格で、初めてパーソナルコンピュータに触れる人でも、マウスの操作だけで簡単に使えます。ソフトウェアも、経営管理、データベース、日本語ワープロなど多彩な種類があり、ビジネスの即戦力となります。主記憶量は標準で2MBを搭載し、オプションのエキスパンションキットを使って、最大4MBまで拡張が可能です。もちろん、増設ディスクドライブやモデム、LaserWriter™ IIなどの豊富な周辺機器を接続して、多彩な機能を発揮することができます。

　またSEについては、マノックのデザインをベースに、ドイツのデザインファーム、フロッグデザイン（frogdesign）が手を加えた筐体を採用しました。プロポーションは、ほとんど同じながら、同時期に発売されたMacintosh IIと共通の、細かなスリットを基調とした装飾が随所に施されていて、見た目の印象はさらに異なるものとなりました。

写真9：Macintosh SE（※アップル社カタログより）

　このMacintoshがフロッグデザインを採用したということは、当時かなり話題になったので、中には初代のMacintoshのデザインからしてフロッグデザインの手になるものと勘違いしている人もいるようです。しかし、フロッグデザインが手にかけたのは、コンパクトMacintoshではSEシリーズ、セパレート型ではMacintosh IIシリーズ、そしておそらくLCシリーズの一部だけだと思われます。経緯としては、Macintosh IIの筐体デザインを全面的にフロッグデザインに依頼し、それと同時に発売するSEにも、Macintosh IIと同じテイストを持たせるため、オリジナルのMacintoshのデザインのアレンジを依頼したものと想像できます。

　時代はだいぶ下りますが、いったんAppleを離れた後に復帰したジョブズが再びプロジェクトを指揮して作り上げた初代のiMacなども、上で述べた「タイプ」としては初代Macintoshにかなり近いものだったと言えるでしょう。色や形状から受ける印象はだいぶ異なりますが、本体にCRTやディスク・ドライブを搭載し、キーボードとマウスだけが外付けというスタイルは共通です。パーソナルコンピューターのデザインの新たな時代を切り開いたと考えられているiMacですが、同時に一種の復古趣味的なテイストも感じられる製品になっていました。

　いずれにしても、マノックが担当したオリジナルのApple IIと初代Macintoshのデザインは、色といい形といい、見事なアイデンティティを表現していて、独自のオーラのようなものさえ感じさせます。これぞ初期のApple製パーソナルコンピューター、という姿を体現するものになっていると考えられます。こうした製品のデザイン作業は、常に本体の中身の開発者の近くで、同時期に並行して進められていたこともあり、なんとなく開発者の苦労や思い入れ、あるいは割り切りのようなものさえも感じさせる、独特の魅力を放つものであることは確かでしょう。これら２つの製品が、初期のAppleにとって非常に重要なものであると最初に述べた理由は、商業的な成功だけではありません。Apple IIとMacintoshは、パーソナルコンピューターという業界を、ひいてはユーザーを含む世界を変えるきっかけになったという点でも、他社製品を含めて比類のないものだったと考えられるのです。

1-2　16ビットから32ビットへの橋渡しをしたMC68000

本書の第２章と第３章では、MC68000について、主にソフトウェア的にはかなり詳しく解説しています。８ビットのものも含み、他のCPUのアセンブリ言語に馴染みのある人なら、本書に掲載した情報だけで、68000のアセンブリ言語によるプログラミングを始めるのに必要な範囲は十分にカバーしているはずです。本書の第７章では、68000のアセンブリ言語によるMacintoshアプリケーションのプログラミングについて実例をふんだんに挙げて詳しく解説しています。本書の第２章と第３章を読んでいただければ、68000のアセンブリ言語は初めてという人でも、第７章に掲げたソースコードと、その解説を無理なく理解していただけるでしょう。本書の大きな目標の１つは、初代Macintosh用の基本的なアプリケーションを68000のアセンブリ言語によって書けるだけの知識とスキルを、読者に獲得してもらうことなのです。

一方で、68000のハードウェアについて、あまり詳しく解説していません。特に、周辺のメモリやI/Oと接続するインターフェース回路の設計に必要な電気的な特性やタイミングなどについては、ほとんど触れていません。これから単独の68000チップを入手して周辺回路を設計してみようというという人は、さほどいないだろうと考えていますが、そうしたハードウェア設計のためには本書の内容は甚だ不十分であることをお断りしておきます。

●68000は16ビットなのか32ビットなのか

本書の第２章、第３章では、68000に関してほとんど初代のMC68000についてしか解説していません。それは、言うまでもなく初代のMacintoshが採用したCPUがMC68000であり、そのプログラミングには初代の68000の情報があれば十分だからです。もちろん、初代Macintoshが登場した1980年代の初頭には、68000シリーズというものはなく、まだ初代のMC68000しか存在しませんでした。その後には、68008、68010、68020、68030、そして68040といったCPUが登場し、徐々に機能と性能を向上させていきました。それにともなって、CPUとしての命令セットも徐々に拡張されていきましたが、初代から基本がしっかりしていて、ある意味将来を見通した設計が施されていたこともあって、その差異は、それほど大きくありません。この章以降では、そうした68000の発展型のCPUについて触れることもないので、ここでそれらの発展の様子をかいつまんで確認しておくことにしましょう。型番の若い順に、主なものをピックアップして見ていくことにしますが、その前に１つだけ確認しておきたいことがあります。それは、MC68000は、16ビットCPUなのか、それとも32ビットCPUなのかという問題です。

パーソナルコンピューターが採用するCPUのビット幅は、Apple IIに代表されるように８ビットから始まり、初期のIBM-PCのような16ビットに拡張され、さらには32ビットに増強され、今では64ビットというものが一般的になっています。このようなビット数が何を意味しているのかというと、それには２種類の考え方があります。１つは、CPU内部で演算に使われるアキュムレーターと呼ばれるレジスターのビット幅をもって、そのCPUのビット数と呼ぶという考え方です。もう１つは、CPUと外部メモリのインターフェースとなるデータバスのビット幅を、そのCPUのビット数とするという考え方です。多くの場合、その２つのビット幅は一致しているので、どちらのことなのか悩む必要はありませんし、気にする人もいないでしょう。たとえばApple IIが採用していた6502は、アキュムレーターもデータバスも、ともに８ビットなので、８ビットCPUであることに異論の余地はありません。初期のIBM-PCが採用していた8086も、アキュムレーター（AXレジスター）、データバスともに16ビットなので、紛うことなく16ビットCPUであると言えるでしょう。

ところが68000の場合には、これがちょっと一概には判断できないような状態になっています。そもそも68000には、アキュムレーターと呼ばれるレジスターが存在しないという問題もあります。次章以降で詳しく述べるように、68000には、データレジスターと呼ばれる８本のレジスターが備わっていて、演算に使うアキュムレーターとしても、単なる一時的なデータの保持用としても使えるようになっています。これら８本の機能にはほとんど違いがなく、対称的に使えます。この対称性の高さこそが、68000の大きな特徴なのです。それはさておき、それらのデータレジスターのビット幅は32ビットです。この点では32ビットCPUであると言うことができます。しかし、CPUとメモリーを接続するためにCPUのピンとして備わっているデータバスの幅は16ビットしかありません。この観点から見れば、16ビットCPUと言うしかありません。

68000シリーズを開発した「モトローラ（Motorola）」では、MC68000のことを「16/32ビットプロセッサー」と呼んでいました。もちろん最初の16がデータバスの幅を、後ろの32がデータレジスターの幅を示してます。いずれにしても、どっち付かずの呼び方となっていました。せっかく内部のレジスター構成は、アドレスレジスターも含めてきれいな32ビットになっていたのに、どうしてデータバスを16ビットにしたのでしょうか。これには、大きく2つの問題があると考えられます。

1つには、当時のメインメモリ用に使われていたダイナミックRAMチップの事情があります。その当時一般的に使われていたDRAMは、1つのチップで1ビットというのが普通でした。そのため、データバスの幅の数と同じ数のDRAMチップを1セットとして実装する必要がありました。たとえば、8ビットCPUなら8個のチップで1セットとなります。増設する場合には、必ずその倍数の16個、あるいは24個という数を用意する必要があったのです。実際に8ビットCPUの6502を採用したApple IIは、当然ながらデータバスは8ビットなので、DRAMチップは8個を1セットとして使う必要があります。マザーボード上には3セット分のソケットが用意され、最多で24個のDRAMチップを装着することができました。そこに1チップあたり16キロビットのチップを使用すれば、16×24キロビット、それを8で割って48キロバイトのメモリを実装できたのです。このようなDRAMチップで32ビットのデータバスに対応するには、最低でも32個のDRAMチップを実装する必要があります。もう1セット増設するとすれば、DRAMチップだけで64個にもなってしまいます。これでは、マザーボード上でDRAMチップの占める面積が膨大なものとなり、コンパクトな基板を設計することは不可能となります。当時としてはかなりコンパクトな基板を採用していた初代Macintoshは、16個のDRAMチップを実装し、それだけでかなり大きな面積を占めていました。それぞれ64キロビットのDRAMチップを実装し、64×16÷8で、128キロバイトのRAM容量を実現していたのです。

もう1つは、CPU自体のパッケージの問題です。初代のMC68000のパッケージは、MIL（United States Military Standard）規格に準拠した64ピンの、DIP（Dual Inline Package）と呼ばれる形式のものを採用していました。

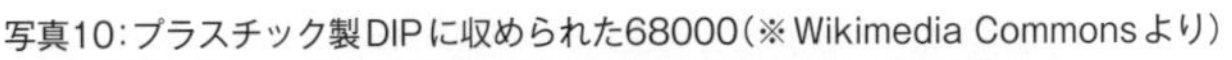
写真10：プラスチック製DIPに収められた68000（※Wikimedia Commonsより）

これはピン間の距離が1/10インチ、約2.54mmと決まっていたため、64ピンでは、片側の32ピンだけでも、8cm以上の長さとなります。これは、40ピンのパッケージが一般的だった8ビットCPU（片側で20ピン、つまり5cm強）と比べても、かなり大きな面積を占めるものとなってしまいます。仮にアドレスバスもデータバスも32ビットだったとすると、それだけで64ピンが埋まってしまい、CPUとして機能するために不可欠な、その他の信号を配置できなくなります。そうした事情もあって、データバスはやむを得ず、16ビットを選択したのでしょう。

詳しくは次の章で述べますが、実は68000のアドレスバスも、32ビットではなく24ビットしか外部に配置されていませんでした。せっかく、内部のアドレスレジスターは32ビットの幅があったのに、実際にアドレッシングできるアドレス空間は24ビット分の16メガバイトに限られてしまいます。この16メガバイトの制限は、今の感覚で考えると大問題のように思えるでしょうが、当時には、将来問題になるかもしれないが当分は大丈夫、だとみなされていたのです。初代Macintoshのメモリが128キロバイトしかなかったことを思い出せば、それもうなずけるというものでしょう。アドレスバスがアドレスレジスターと同じ32ビットになって、4ギガバイトのアドレス空間が利用できるようになるのは、68000の世代が、だいぶ進んでからのことでした。

結局初代の68000は、モトローラ自身が「16/32」と表現するように、内部的には、あるいはソフトウェア的には32ビットCPUでありながら、外部的には16ビットCPUだっと言うことができるでしょう。こうしてみると、初代の68000のアドレスバスを16ビットにしたことは、大きな割り切りとも考えられますが、一種の英断でもあり、かなり現実的で的を射た方策だったと考えれます。

●68000シリーズの発展

初代の68000の後継となるCPUは、順調に世代を重ね、最終的には68060へとつながるシリーズを構成するに至りました。モトローラのCPUは、その後は大きくアーキテクチャを変更して、AppleやIBMと共同開発するPowerPCへと発展していくことになります。ここでは、先頭に「68」と付く、いわゆる68系のCPUの系譜を簡単にたどってみることにしましょう。

一口に68000シリーズと言っても、非常に多くの種類があり、すべての型番をスラスラと諳んじて並べられる人は、それほど多くないと思われます。大きく分けると68000に始まる第1世代、68020と68030からなる第2世代、68040の第3世代、そして68060の第4世代のように分けることができます。このうち、Macintoshが採用したのは第3世代の68040シリーズまでで、少なくとも公式には68060シリーズを採用したMacintoshは存在しません。68040の次にはPowerPCを搭載したMacintoshが登場しました。そこでここでは、初代の68000から、第3世代の68040シリーズまでに絞って、少し詳しく見てみましょう。

まずは第1世代ですが、これは数字だけを見ると68000から68008、68010、そして68012までを含みます。一般的には、CPUの型番の数字が増えるほど高性能になるという印象があるかと思いますが、特に68008については、それは言えません。というのも、この型番の最後に付いた8は、8ビットの8だからです。どういうことかと言うと、もともと16ビットしか外部に出ていなかった68000のデータバスの幅を、さらに縮小して8ビットにしたものなのです。ねらいは明らかでしょう。1ビット単位のDRAMチップ8個を1セットで構成する8ビットのメモリシステムに適合させるためです。これにより回路規模を小さくし、システムのコストを抑えることができます。ただし、たとえば16ビットのデータをメモリから読み込んだり、逆に書き込んだりするにも、それぞれ2回ずつに分けてアクセスする必要が生じるため、全体のパフォーマンスは2倍近く遅くなることになってしまいます。68008では、アドレスバスも20または22ビットに縮小され、パッケージも48ピン、あるいは52ピンで済むようになっていました。

写真11：データバスを8ビットにしてパッケージのピン数を減らした68008（※Wikimedia Commonsより）

Macintoshシリーズには、68008を採用したモデルはありません。68010は、外部から見たハードウェア的には68000とほぼ同じものですが、ソフトウェア的にはいくつかの変更が加えられ、若干のパフォーマンス向上がありました。第1世代最後の68012は、68010を84ピンのPGAパッケージに収めたもので、メモリ空間として2ギガバイトまでアクセスできるようになりました。外部のアドレスバスは実

質的には31ビットということになりますが、68000同様、A0は外部には出ておらず、A1～A29とA31の30本がメモリシステムと接続されることになります。やはり、68010や68012を採用したMacintoshはありません。

これらの第1世代の68系CPUには、数字のバリエーション以外に、「68」の後ろにアルファベットの文字が挿入された型番を持つものがあります。具体的には「68HC000」、「68EC000」、「68SEC000」の3種類です。このうち、初代Macintoshが発売された翌年の1985年に登場した68HC000については、Macintoshにも採用したモデルが存在しています。Macintoshとして初めてバッテリー駆動を可能にしたMacintosh Portableと、中身はそれとほぼ等価でありながら、劇的に専有スペースを縮小した小型モデルのPowerBook 100です。

写真12：Macintosh Portable（※アップル社カタログより）

Macintosh Portable

マッキントッシュポータブル
フロッピーディスクドライブ内蔵モデル（メモリ：1MB）
フロッピーディスクドライブ＋40MBハードディスク内蔵モデル（メモリ：1MB）

Macintoshの持つ機能のすべてをポータブルな本体に凝縮。CPU、スクリーン、キーボード、ポインティング・デバイス、バッテリ、ディスクを一体化したためどのような場所でも使用できます。また、専用のキャリングケースが付属しているため持ち運びも簡単です。CPUには、16MHzのCMOS68000を採用。演算速度はMacintosh SEの約2倍。ハイコントラストで高速なアクティブマトリクスLCDにより使いやすいグラフィックス・ユーザインターフェイスが保たれています。低消費電力設計によりバッテリで6～12時間の使用が可能です。

バッテリー駆動モデルに採用したことからも分かるように、このHCは消費電力を抑えるために、一般的な68000のHMOSに代わって、CMOSの回路構成を採用したものです。ECやSECという文字を含むバージョンは、だいぶ後になってローコストの組み込み用として登場したもので、パッケージも異なり、ソフトウェア的にも完全な互換性はないものとなっています。

第2世代の68系には、「68020」と「68030」が含まれます。さらに、それぞれの型番の数字の間に「EC」という文字を挿入した「68EC020」と「68EC030」というCPUも登場しました。このECの意味は、第1世代の68EC000のものと同じで、ローコスト版ということになります。68020と68030は、Macintoshの1つの黄金期と重なるような時期を担い、多くのMacintoshのモデルに採用されました。これについては、少し後でまとめます。ただし、68EC020や68EC030を採用したMacintoshのモデルは見当たりません。これらのEC版は、各社のゲーム機などに採用された実績があります。

68020には、Macintoshにとって特に重要な特長が、主に2つあります。1つは、外部のアドレスバスが32ビットになり、最大4ギガバイトのメモリ空間にアクセスできるようになったことです。これは、もちろん良いことなのですが、Macintoshに限って言えば、いいことだけでもありませんでした。というのも、初期のシステムソフトウェアは、アドレスバスが24ビットしかないことを逆手に取って、上位の8ビットを特殊な用途に使っていたからです。そのため、68000から68020への切替時には、ある種の混乱を生じました。もう1つは、68881という浮動小数点演算コプロセッサーを、オプショで利用できるようになったことです。これがあるとなしでは、浮動小数点演算の性能が桁違いに変わります。他にも、68851というメモリマネージメントのユニットを付加することで、仮想メモリの利用を可能にしたり、命令キャッシュやパイプラインを用意することで、パフォーマンスの向上も図っていました。初代Macintoshが発売された1984年には登場しましたが、採用までには少し時間がかかりました。

写真13：セラミック製PGAパッケージに収められた68020（※Wikimedia Commonsより）

続く68030は、それから3年後の1987年に登場しました。68020との主な違いは、オプションだった68851を内蔵したこと、キャッシュを強化したことです。ただし、浮動小数点演算コプロセッサーは内蔵しておらず、相変わらず外部に68881や、その高速版の68882を併せて実装する必要がありました。

写真14：当時のMacintoshの多くのモデルに採用された68030（※Wikimedia Commonsより）

68系として第3世代の68040にもローコスト版の68EC040というバリエーションがありますが、Macintoshには採用したモデルはありません。Macintoshが採用したのは、68040と、これも一種のローコスト版の68LC040です。68030に対する68040の主な特長は、メモリマネージメントユニットに加えて、浮動小数点演算コプロセッサーも内蔵したことです。これによって68040は、1チップで完結するCPUとなったわけです。

写真15：Macintoshが公式に採用した最後の68系CPUとなった68040（※Wikimedia Commonsより）

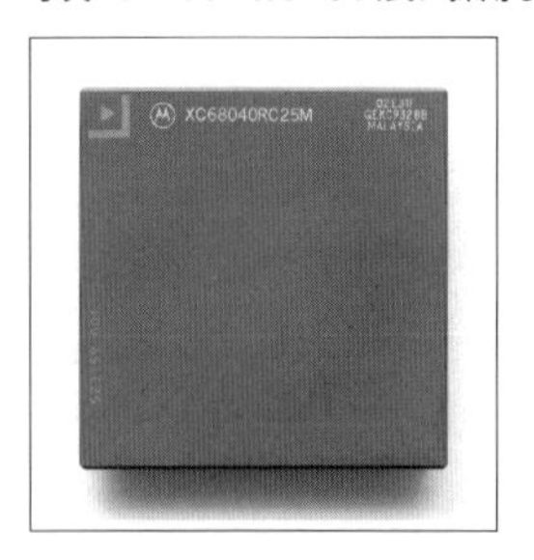

ただし、ローコスト版の68LC040には浮動小数点演算コプロセッサーは内蔵しておらず、これがそのままMacintoshのローコストモデルに採用されました。言うまでもなく、浮動小数点演算の性能には雲泥の差がありました。当時のMacintoshは、採用するCPUの種類によって、高パフォーマンスを重視するものと、低価格を目指すもの、大きく2通りのモデルに分かれていたことになります。

すでに述べたように、68系第4世代は68060で、これにも68040同様にEC版とLC版がありました。ここで気づくのは、68系には68050というシリーズが存在しないことです。その理由は定かではありませんが、どのみちMacintoshが採用した最後の68系は68040なので、68050シリーズの欠番は、Macintoshにはまったく無縁のものとなっていて、当時も話題になりませんでした。

1-3 68000シリーズとMacintoshの発展

筆者がMacintoshを本格的に使い始めたのは、実は初代Macintoshが登場した1984年からではなく、第2世代のMacintosh Plusが登場したころからでした。つまり1986年からということになります。それでも今年2022年で、まるまる36年が経過しました。いろいろな意味で、よくもまあ同じ系列の機種を、そんなに長期間使い続けてきたものだと、しみじみ思います。その間に、Macintoshの世代も、それらが採用するCPUの世代も、何度も大きく入れ替わってきました。しかし、すでに述べたように、本書の第4章以降で取り上げているのは、初代のMacintoshのみです。たまにMacintosh Plusの話が出ることはあっても、比重としてはごくわずかです。そこでここでは、その罪滅ぼしというわけではありませんが、68系のCPUを採用していた時代のMacintoshのモデルを、68系CPUの世代とからめて、一通り挙げておくことにします。

●68000を採用したMacintosh

初代のMacintoshが採用した68000は、純粋なMacintoshとしては初代とほぼ同じ形状の、いわゆるコンパクトマックにだけ採用されたと言っていいでしょう。ここで「純粋な」とつけたのは、名前だけは「Macintosh」でも、形も中身もLisaの改良型の「Macintosh XL」というモデルも68000を採用しているからです。また、いわゆるコンパクトマック以外でも、68000のCMOS版の68HC000を採用したモデルもあります。これはすでに述べた通り、Macintosh PortableとPowerBook 100です。

まずは、68000を採用したコンパクトマックを、CPUのクロック周波数、発売日とともに挙げます。

- Macintosh 128K @8MHz（1984年1月24日）
- Macintosh 512K @8MHz（1984年9月10日）
- Macintosh Plus @8MHz（1986年1月16日）
- Macintosh 512Ke @8MHz（1986年4月14日）
- Macintosh SE @8MHz（1987年3月2日）
- Macintosh Classic @8MHz（1990年10月15日）

本書の他の部分では、ほとんど触れていませんが、初代のMacintoshと、Macintosh Plusの間には、メインメモリの容量を512キロバイトに増やした「Macintosh 512K」というモデルが存在します。さらに、それと紛らわしいのですが、Macintosh Plusよりも後に出た「Macintosh 512Ke」というモデルは、Macintosh 512Kの内蔵フロッピードライブを、Macintosh Plusと同じ2DDの800KBタイプに替えたものです。

この中でちょっと意外に感じられるかもしれないのは、Macintosh SEが含まれていることではないでしょうか。SEでは、CPUを68030に交換して強化した「Macintosh SE/30」というモデルが有名で、人気を集めました。そのため、後ろに何も付かない素のSEのCPUは、なんとなくその1つ前の68020だいう印象を持っている人も多いのではないでしょうか。それが実は68000だったのです。純粋なCPU性能では、初代やPlusと同等ということになります。だからこそ、SE/30が、あれだけもてはやされたのでしょう。

先のリストの中では、やはりMacintosh Classicは異端です。発売が1990年と、初代のMacintoshから6年も後に、少なくともCPUまわりに関してはほとんど同じスペックのモデルを登場させたのです。もちろん、そのClassicという名前に象徴されているように、これは一種の復古主義による製品なので、当然といえば当然の措置ですが、今ではとうてい考えられない企画だったと言えるでしょう。このモデル以外の68000がDIP（Dual Inline Package）を採用したものだったのに対し、Classicの68000だけはQFP（Quad Flat Package）となっていたのは、時代を反映したものでしょう。

写真16：68000を採用する最後のMacintoshとなったClassic（※Wikimedia Commonsより）

すでに述べましたが、CMOS版の68HC000を採用した２モデルも、ここに挙げておきます。

- Macintosh Portable @16MHz（1989年9月20日）
- PowerBook 100 @16MHz（1991年10月21日）

機能的には同じ68000ながら、年代がだいぶ異なるので、クロック周波数が２倍に増速されている点が目を引きます。

●68020を採用したMacintosh

古くからのマックユーザーにとって、68020というCPUは、それほど珍しい感じのするものではなく、多くのMacintoshの機種が採用したような印象を持っているの人も多いのではないでしょうか。しかし、これを採用したMacintoshのモデルは稀と言ってもいいほどの珍しさで、次の２モデルしかありません。

- Macintosh II @16MHz（1987年3月2日）
- Macintosh LC @16MHz（1990年10月15日）

写真17：Macintoshとして初めてセパレート型の筐体を採用したMacintosh II（※Wikimedia Commonsより）

Macintosh IIは、Macintoshとしては、Appleがビジネス用途を意識したおそらく初のモデルで、本体はIBM-PCなどと同様、キーボードもモニターも内蔵しない、完全なセパレートタイプとなったものです。内部に拡張スロットを装備し、ビデオ

カードもモノクロとカラーのどちらかを選べるようになっていました。逆に言えば、本体を購入しただけでは、ビデオ信号の出力さえできなかったのです。キーボードやマウスも別売りでした。

Macintosh LCは、キーボードやモニターを内蔵しないセパレート型であることはIIと同じですが、ビデオ回路も本体マザーボードに内蔵し、カラーモニターを接続するだけでカラー画面を実現できました。名前のLCは、単なるLow Costの略ではなく、Low cost Colorの略だと言われています。初めてカラー表示を実現したMacintosh IIを徹底的に低コスト化したモデルと言えますが、それもあって、IIと同じCPUを採用していたのでしょう。

写真18:いわゆるピザボックス型の本体を採用したMacintosh LC(※Wikimedia Commonsより)

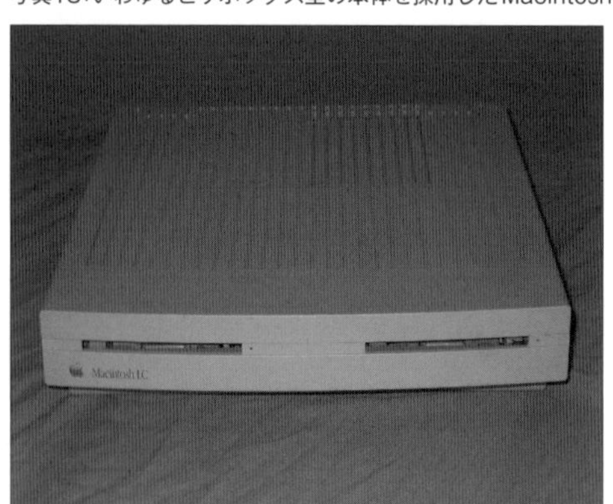

●68030を採用したMacintosh

68030は、数あるMacintoshの中でも、もっとも採用したモデルの種類の多いCPUでしょう。いろいろなシリーズがあり、それぞれに属するモデル数も多いので、シリーズごとに区切り、その中は発売年月日順に並べて示します。そのためモデル名としては前後するものもありますが、とにかくモデルの多い時代でした。

Macintosh II シリーズ

- Macintosh IIx @16MHz（1988年9月19日）
- Macintosh IIcx @16MHz（1989年3月7日）
- Macintosh IIci @25MHz（1989年9月20日）
- Macintosh IIfx @40MHz（1990年3月19日）

- Macintosh IIsi @20MHz（1990年10月15日）
- Macintosh IIvi @16MHz（1992年10月19日）
- Macintosh IIvx @32MHz（1992年10月19日）

Macintosh LC シリーズ

- Macintosh LC II @16MHz（1992年3月23日）
- Macintosh LC III @25MHz（1993年2月10日）
- Macintosh LC 520 @25MHz（1993年6月28日）
- Macintosh LC III+ @33MHz（1993年10月18日）
- Macintosh TV @32MHz（1993年10月25日）
- Macintosh LC 550 @33MHz（1994年2月2日）

Macintosh Classic シリーズ

- Macintosh Classic II @16MHz（1991年10月21日）
- Macintosh Color Classic @16MHz（1993年2月10日）
- Macintosh Color Classic II @33MHz（1993年10月1日）

Macintosh Perfoma シリーズ

- Macintosh Performa 200 @16MHz（1992年9月14日）
- Macintosh Performa 400 @16MHz（1992年9月14日）
- Macintosh Performa 600 @32MHz（1992年9月14日）
- Macintosh Performa 250 @16MHz（1993年4月1日）
- Macintosh Performa 405 @16MHz（1993年4月12日）
- Macintosh Performa 450 @25MHz（1993年4月12日）
- Macintosh Performa 520 @25MHz（1993年6月28日）
- Macintosh Performa 275 @33MHz（1993年10月1日）
- Macintosh Performa 410 @16MHz（1993年10月18日）
- Macintosh Performa 430 @16MHz（1993年10月18日）
- Macintosh Performa 460 @33MHz（1993年10月18日）
- Macintosh Performa 466 @33MHz（1993年10月18日）
- Macintosh Performa 467 @33MHz（1993年10月18日）
- Macintosh Performa 550 @33MHz（1993年10月18日）
- Macintosh Performa 560 @33MHz（1994年1月1日）

PowerBook シリーズ

- PowerBook 140 @16MHz（1991 年 10 月 21 日）
- PowerBook 170 @25MHz（1991 年 10 月 21 日）
- PowerBook 145 @25MHz（1992 年 8 月 3 日）
- PowerBook 160 @25MHz（1992 年 10 月 19 日）
- PowerBook 180 @33MHz（1992 年 10 月 19 日）
- PowerBook Duo 210 @25MHz（1992 年 10 月 19 日）
- PowerBook Duo 230 @33MHz（1992 年 10 月 19 日）
- PowerBook 165c @33MHz（1993 年 2 月 10 日）
- PowerBook 145b @25MHz（1993 年 6 月 7 日）
- PowerBook 180c @33MHz（1993 年 6 月 7 日）
- PowerBook 165 @33MHz（1993 年 8 月 16 日）
- PowerBook 150 @33MHz（1994 年 6 月 18 日）
- PowerBook Duo 250 @33MHz（1993 年 10 月 21 日）
- PowerBook Duo 270c @33MHz（1993 年 10 月 21 日）

なお Macintosh が採用した 68030 には、PGA（Pin Grid Array）パッケージのものと、QFP の 2 種類があります。ただし、前者の PGA を採用しているのは、Macintosh IIx、Macintosh IIcx、Macintosh IIfx の 3 モデルだけです。比較的初期のものと、少し後でもクロック周波数が 40MHz と、68030 採用機としては最速クロックのモデルのみということになります。それら以外のモデルは、すべて QFP を採用しています。

●68040を採用したMacintosh

すでに述べたように、68040 を採用した Macintosh には、68040 そのものと、浮動小数点演算ユニットを省いた廉価版の 680LC040 の大きく 2 種類があります。モデルの数としては、LC 版を採用したものが若干多いくらいですが、数は均衡しています。また、ユーザーが意識する違いではありませんが、CPU のパッケージとしては、PGA のものと QFP のものの 2 種類があり、大きく 4 種類の 68040 が採用されていたことになります。基本的にデスクトップタイプのモデルは PGA、PowerBook は QFP という構図になっています。ここでは、そうした CPU の違いによって分けたグループごとに、それぞれ年代順に Macintosh のモデルを示します。

モデルによっては、同じ名前でもグレードによって、68040を採用するものと、68LC040を採用するバリエーションがあるCentris 650のような ものもあります。その場合は、そのモデルにとって代表的と考えられるCPUのグループに表示しています。

PGAの68040を採用したモデル

- Macintosh Quadra 700 @25MHz（1991年10月21日）
- Macintosh Quadra 900 @25MHz（1991年10月21日）
- Macintosh Quadra 950 @33MHz（1992年5月18日）
- Macintosh Quadra 800 @33MHz（1993年2月9日）
- Macintosh Centris 660AV @25MHz（1993年6月29日）
- Macintosh Quadra 840AV @40MHz（1993年6月29日）
- Macintosh Quadra 610 @25MHz（1993年10月21日）
- Macintosh Quadra 650 @33MHz（1993年10月21日）
- Macintosh Quadra 660AV @25MHz（1993年10月21日）
- Macintosh Quadra 630 @33MHz（1994年6月15日）

PGAの68LC040を採用したモデル

- Macintosh Centris 610 @20MHz（1993年2月10日）
- Macintosh Centris 650 @25MHz（1993年2月10日）
- Macintosh Performa 475 @25MHz（1993年10月18日）
- Macintosh Performa 476 @25MHz（1993年10月18日）
- Macintosh Quadra 605 @25MHz（1993年10月21日）
- Macintosh LC 475 @25MHz（1993年10月21日）
- Macintosh LC 630 @33MHz（1994年7月18日）
- Macintosh LC 580 @33MHz（1995年4月3日）
- Macintosh Performa 575 @33MHz（1994年2月1日）
- Macintosh Performa 577 @33MHz（1994年2月1日）
- Macintosh Performa 578 @33MHz（1994年2月1日）
- Macintosh LC 575 @33MHz（1994年2月2日）
- Macintosh Performa 630 @33MHz（1994年7月18日）
- Macintosh Performa 631 CD @33MHz（1994年7月18日）
- Macintosh Performa 635 CD @33MHz（1994年7月18日）

- Macintosh Performa 636 @33MHz（1994年7月18日）
- Macintosh Performa 637 CD @33MHz（1994年7月18日）
- Macintosh Performa 638 CD @33MHz（1994年7月18日）
- Macintosh Performa 588 @33MHz（1995年4月1日）
- Macintosh Performa 580 @33MHz（1995年5月1日）
- Macintosh Performa 640 CD @33MHz（1995年5月14日）

QFPの68040を採用したモデル

- PowerBook 550c @33MHz（1995年5月30日）

QFPの68LC040を採用したモデル

- PowerBook 520 @25MHz（1994年5月16日）
- PowerBook 520c @25MHz（1994年5月16日）
- PowerBook 540 @33MHz（1994年5月16日）
- PowerBook 540c @33MHz（1994年5月16日）
- PowerBook Duo 280 @33MHz（1994年5月16日）
- PowerBook Duo 280c @33MHz（1994年5月16日）
- PowerBook 190 @33MHz（1995年8月28日）
- PowerBook 190cs @33MHz（1995年8月28日）

余談ですが、Macintosh Quadraというモデル名に含まれる「Quad」は、4を表す語であり、Quadraの全モデルが68040または68LC040を採用しています。このことからこのモデル名は、68040の採用を強く意識して使われたものであることがうかがえます。Macintoshと68系CPUの結びつきの強さを示すエピソードの1つと言えるでしょう。

1-4　初代Macintoshの雰囲気をウェブブラウザーで味わう

本書の第7章では、初代Macintosh上でのプログラミングを再現するために、MacやWindows、Linux PC上で動作するMacintoshのエミュレーターを使います。そこでは、エミュレーターを動作させるための手順を詳しく解説していますが、その手順自体や、そのために必要なものを揃えるのは、さほど簡単ではないかもしれません。実際にエミュレーター上で初代Macintosh用アプリの開発環境を動かして、プログラミングを試してみようという意欲を持った人以外には、少しハードルが高いでしょう。

そこでここでは、本書を読み進めるにあたって、初期のMacintoshがどんなものかをご存じない方にも、その雰囲気を手軽に味わっておいていただけるよう、ウェブブラウザー上で動作するMacintoshのエミュレーターを紹介しておきます。他にもあるかもしれませんが、ここで紹介するのは「PCE.js」(https://jamesfriend.com.au/pce-js/) というものです。ブラウザー上で動作するので、HTML5のCanvasを利用して、JavaScriptで書かれています。

厳密には初代Macintoshではなく、Macintosh Plusのエミュレーターで、含まれているシステムは、もっとも古いものでもSystem 6.0.8となっていますが、初期のMacintoshの小さなモノクロ画面や、その上でのミニマムなユーザーインターフェースの反応など、雰囲気は十分に味わうことができるでしょう。

写真19:ウェブブラウザー上でMacintosh Plusを動かすことのできるPCE.js

デフォルトでは、System 7.0.1 が起動し、サードパーティ製のアプリケーションとして有名な「Kid Pix」が起動するようになっています。

この画面から、右側のコラムにある「Mac Plus - System 6 + games」のリンクをクリックすると、エミュレーターがSystem 6.0.8 で再起動し、初期の Macintosh の代表的なゲームを実際に動かしてみることができるようになります。こうしたアプリケーションを見ると、初期の Macintosh が家庭用のゲーム機としての役割を果たしていたことも確認できるでしょう。

写真20：PCE.jsにはSystem 6.0.8上で動作するゲームも含まれている

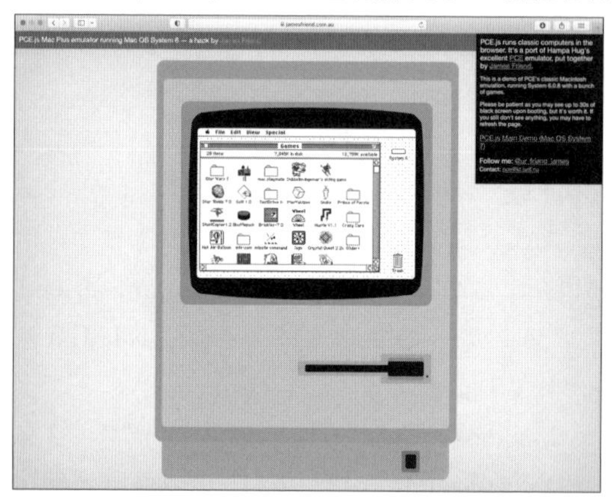

いずれにしても、これがブラウザー上で動作し、ストレスなく利用できるのは驚異的と言えるでしょう。ソースコードも GitHub 上（https://github.com/jsdf/pce）で公開されているので、Macintosh の内部について、本書の内容とはまた異なった趣向の楽しみ方もできるでしょう。うまくすれば、第７章に必要な開発環境を、ウェブサイト上に構築することも可能かもしれません。試してみてください。

第2章
MC68000のアーキテクチャ

この章では、モトローラMC68000のアーキテクチャとして、ハードウェアとソフトウェア、それぞれの概要を示します。ハードウェアの概要と言っても、68000を使ったコンピューターシステムのハードウェアの設計につながるような内容ではありません。どちらかと言うと、プログラマー的な視点に立って、68000をプログラムするために知っておくべき最小限の内容といったところです。そのため電気的な特性やタイミングの話ははしょって、パッケージの形状やピン配置、レジスターの構成、扱えるデータタイプとメモリ中での配置といった話が中心となります。ソフトウェアの概要としては、アドレッシングモードの種類と、それぞれの意味に加えて、68000の16ビットの命令コードの基本形のビットパターンについても見ておくことにします。

2-1　ハードウェア概要

ここでは、まず68000の概要をハードウェアから見ていきます。現在のパソコンでは、一般のユーザーがCPUのチップを直接目にする機会はほとんどないかもしれません。しかし、68000の現役時代には、そうした機会も多く、まずチップそのものを見て、そのCPUに対するイメージを固めて行くのが普通でした。雑誌などでも、新製品が出ると、その機種が採用しているCPUをアップで撮影した写真がお約束のように掲載されていたものです。というわけで、本書の主役の1つ、68000の外観からまず確認していきましょう。

●64ピンの配置

68000の場合、まずはその外観で、68000というCPUの強烈な個性を主張しているように感じられたものです。そう感じさせた大きな要因は、その大きさにあります。8ビットCPUで一般的だった40ピンから、いきなり5割増以上の64ピンになって、パッケージも2回りほど大きくなったように感じられました。もちろん、68000のパッケージは、シリーズとして世代が進むにつれて変化していったのですが、ここでは初代のMacintoshに搭載されていた、64ピンのDIP（Dual Inline Package）形式の初代68000のみを扱います。DIPというのは長方形のチップの左右の長辺にピンが（2列に）並んだ、ごく一般的なICの形です。小さい方では、4ピンくらいの小さなICから、一般的な16ピン程度のTTLのICも、みなDIPの一種です。これはMIL規格というアメリカ軍が定めた規格に則ったもので、寸法はすべて基本的にインチで決められています。

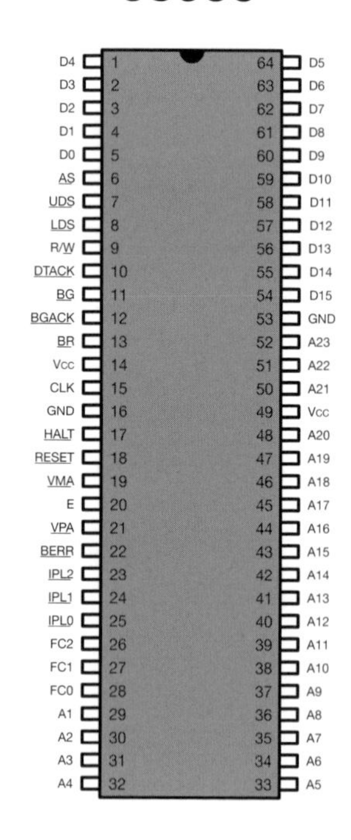

図1:68000の64ピンDIPパッケージのピン配置

大きさは、公差を含めて決められていて、プラスチックパッケージの場合には、長方形の短辺が0.790～0.810インチ、つまり中央値は0.8インチで、メートル法で言えば約20.32mmですね。同様に長辺は3.195～3.225インチ、中央値は3.21インチで、約81.53mmということになります。ざっと2cm×8cm程度の大きさがあります。現在では、CPUと言えども、1つのICがこんなに大きな面積を占めるということは、ほとんどないでしょう。これだけの面積があれば、最近のスマートフォンでは、バッテリーやディスプレイなどを除いた全部の部品をレイアウトする基板が作れそうなほどです。

MIL規格では、このタイプの場合、ICの大きさやピン数に関係なく、隣り合うピンのピッチ（間隔）は0.1インチ（約2.54mm）と決まっています。一方ピンが1直線に並んだ列の間隔は、ピン数によって違いますが、どのような場合も0.1インチの倍数と定まっています。つまり、1/10インチのピッチで格子状に穴の空いた基板を用意しておけば、MIL規格のどんなICでも取り付けることができたわけです。実際にそうした規格で作られた「ユニバーサル」基板が販売されていました。そして、その程度のピンの間隔であれば、十分に手作業で配線し、はんだ付けするのも容易でした。つまり68000が出始めたころは、まだパソコンのハードウェアも自分でゼロから設計して、十分に手作業で作製できる古き良き時代だったのです。

とはいえ、本書の目的は、68000を採用したパソコン基板を設計できるようになることではないので、それに必要なハードウェア情報を細かく解説することはできません。68000のピンの内容については、いくつかのグループに分けてざっと概要を解説するにとどめます。

●グループごとの信号の意味

はじめに、物理的なピン配置で示した64ピンの信号線を、機能ごとにグループに分けて描いた図を示しましょう。

まずは、左上から見ていきます。ここは電源とクロックの入力です。これは厳密には信号線ではありません。電源はVccとGNDが2本ずつあります。それぞれ1本ずつでも電流が足りなくなるということはないと思われますが、外部に出ているピンと68000本体のダイを結ぶ配線は細いので、2本ずつにすることで、その部分の発熱を和らげるという効果はあるかもしれません。VccやGNDが、チップの端に近い方ではなく、中央寄りに配置されているのも、チップ内部の配線の短い部分を使うためでしょう。電源は、もちろんTTLレベル（+5V）で、GNDに対するVcc

の許容範囲は-0.3～7.0Vとなっています。その範囲なら壊れないが、それを逸脱すると壊れてもしかたがないという数字です。もちろん通常は5Vぴったりで使います。CLKには､やはりTTLレベルの矩形波を入力します。デューティ比は1：1です。このクロック信号は、CPU内部でバッファリングされて、必要な内部クロックが生成されます。

図2：68000のグループ別信号線

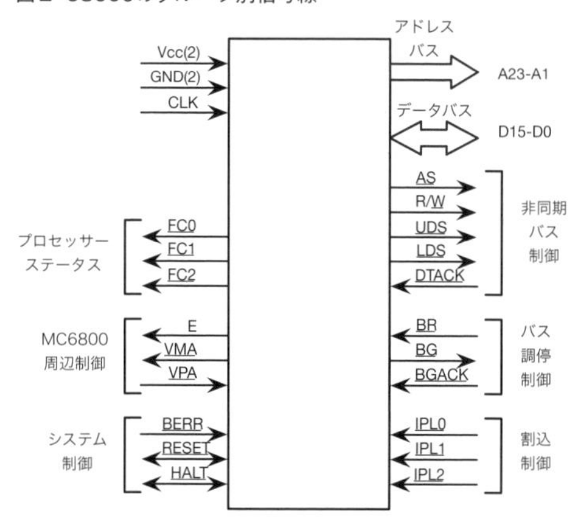

初代のMacintoshは、約8MHz（正確には7.8336MHz）のクロックで動いていました。これは、当時の68000として標準的なクロック速度でしょう。ただし、68000はApple IIに使われていた6502のように、クロックに同期して内部処理と外部処理をきっぱりと切り替えるような構造にはなっていません。そのためMacintosh上の68000は、入力したクロック周波数のフル速度でプログラムを実行し続けることはできませんでした。つまり、CPU以外の装置がDMA（Direct Memory Access）によってCPUを介さずにメモリにアクセスする間は、一時的にCPUは停止する必要があったのです。その最たるものは、ビデオ回路がメインメモリ上に割り当てられたビデオメモリにアクセスすることです。Macintoshの内蔵CRTに画面を表示している間は、常に定期的にDMAによって、ビデオメモリの内容を読み出す必要があります。そのため、CPUがプログラムを実行する速度は、実質的に6MHz程度のクロック相当だったと言われています。6/8の効率というのは悪くないと思われますが、それも初代のMacintoshの画面が比較的小さく、モノクロだったからでしょう。

次に、同じ図の右上の部分に移りましょう。そこにはアドレスバスとデータバスがあります。よく見ると、アドレスバスはA23-A1となっていて、全部で23本しかありません。68000のアドレスバスは24本だと思っていた人も少なくないでしょう。それによって16MBのメモリ空間にアクセスできるからです。もちろん、68000のアクセス可能なメモリ空間は16MBで間違いありませんが、アドレスバスは23本で、最下位のA0が省略されているのです。これは、メモリアドレスとしては、常に偶数アドレスにしかアクセスできないことを意味しています。それはデータバスが16ビットで、必ず一度に2バイトずつアクセスするようになっていることと整合が取れています。ただし、これは68000が2バイト、つまりワード単位でしかメモリ内容を処理できないという意味ではありません。ソフトウェア的には奇数アドレスを指定して1バイト単位で処理することも可能です。それでも、ハードウェア的には、あくまで16ビット単位でアクセスするようになっているのです。また一部の命令では、奇数アドレスにアクセスしようとすると、エラーが発生してしまうものもあります。それについては、また該当する命令の部分で説明します。

データバスの下には、「非同期バス制御」(Asynchronous Bus Control) というグループがあります。これは、CPUが命令コードに従ってメモリにアクセスする際に使うものです。非同期というのは、遅いメモリやI/Oに対しては、それらに合わせてデータ転送の準備ができるのを待つことができるという意味です。ここでは、略号で書かれた信号の正式名を示すにとどめます。CPUとメモリの間の動作の仕組みが、なんとなくでも分かっている人は、それでだいたいの動きを推察できるでしょう。そうでない人には、かなり長い説明が必要だと思われるので、本書では割愛させていただきます。ASはAddress Strobe、R/WはRead/Write、UDSはUpper Data Strobe、LDSはLower Data Strobe、DTACKはData Transfer Acknowledgeです。一言だけ付け加えると、UDSとLDSによって、16ビットのデータの上位バイトと下位バイトに対して別々に、あるいは同時にアクセスできるようになっているのです。

左側の上から2段めには「プロセッサーステータス」(Processor Status) のグループがあります。ここに含まれるのはFC0、FC1、FC2という3本の信号線です。FCはFunction Codeの略です。これらの組み合わせによって、全部で8通りのプロセッサーの状態を表すことできます。実際には、そのうちの5通りしか定義されていません。内容は、主に68000の動作モードが、ユーザーかスーパーバイザーか、ということと、データにアクセスしているのか、プログラムにアクセスしているのかといったことの組み合わせになっています。内容についての説明は省きますが、FC0～FC2の各ピンの状態と意味の対応は図3のようになっています。

図3:68000のファンクションコード

Function Code Outpu			Address Space Type
FC2	FC1	FC0	
Low	Low	Low	(Undefined, Reserved)
Low	Low	High	User Data
Low	High	Low	User Program
Low	High	High	(Undefined, Reserved)
High	Low	Low	(Undefined, Reserved)
High	Low	High	Supervisor Data
High	High	Low	Supervisor Program
High	High	High	CPU Space

その下にある「MC6800周辺制御」(MC6800 Peripheral Control)は、MC68000のミスプリントではありません。これは、モトローラの代表的な8ビットCPUのひとつ、MC6800用の周辺チップを68000で利用できるようにするための、非同期のタイミング信号群です。68000が登場した当初は、まだ68000用の周辺チップが十分に出揃っていない状態でした。その段階で68000の採用を促すために、6800用として出回っていたチップを利用できるようにしたというわけでしょう。実際、たとえばプリンター用のパラレルポートや、通信用のシリアルポートなどは、コンピューターの外にある周辺機器とやり取りするためのもので、CPUとは無関係の規格に沿って動いているため、CPUが16ビットになろうが32ビットになろうが、通信速度も含めて何も変化はありません。これは、そういった意味でも理にかなった措置だったと言えます。このグループにあるEはEnable、VMAはValid Memory Address、VPAはValid Peripheral Addressの略です。

また右側に渡ると、こんどは「バス調停制御」(Bus Arbitration Control)というグループがあります。これは68000自体も含め、コンピューターのバスを利用するデバイスが、バスマスターデバイスとして動作するための調停を実行するための信号群です。普段は68000がバスマスターとなっていますが、他のデバイスがバスマスターになろうとする際には、BR、つまりBus Rquestを68000に対して出します。68000は、それを受け付けるとBG、つまりBus Grantで応答します。実際に他のデバイスがバスマスターになったらBGACK、つまりBus Grant Acknowledgeで、それを68000に知らせるという具合です。

その下のグループは「割り込み制御」(Interrupt Control)です。これは、68000に対して割り込みをリクエストしているデバイスの優先レベルを、IPL0、IPL1、

IPL2の3ビットにエンコードして示すものです。つまりゼロ（000）から7（111）まで、8レベルの優先レベルを表現できます。レベル7は、マスクできない割り込み、つまり一般にNMIと呼ばれるのと同レベルの割り込みです。レベル0は、割り込みをリクエストしているデバイスが何もない状態を示しています。

最後の左下のグループ「システム制御」（System Control）は、文字通り68000のシステムをコントロールする信号群です。BERRは、Bus Errorのことで、バスエラーが発生したことを68000に通知します。RESETは、外部から68000にリセットをかけたり、逆に68000から周辺回路をリセットする際に使います。HALTは、外部から68000の動作を停止させることができるだけでなく、68000の内部エラーによって命令の実行が停止された場合に、それを外部に通知する信号としても利用されます。

●レジスター構成

8ビット時代以降、CPUの仕様の1つを示す用語として「プログラミング・モデル」、または「プログラマーズ・モデル」というものがあります。この言葉だけでは、知らなければ何のことか分からないと思われますが、実はCPUのレジスター構成のことです。当時のプログラマーは、まずCPUのレジスター構成を確認することで、そのCPUの特徴をだいたい把握しました。それからどんなアドレッシングモードが使えるのかを確かめれば、おおよそどのような性格のCPUかは分かります。その上で、実際に使える命令セットを確認すれば、もうすぐにアセンブラーでプログラムを書くことができたのです。

そういう意味でも、CPUの特徴を決める上で、最も基本的で重要な要素が、このレジスター構成、つまりプログラミング・モデルだったのです。そして、それはたいてい、CPUのデータシートやマニュアルの最初の方に掲載されているのでした。

一般的な8ビットCPUなら、アキュムレーターやインデックスレジスター、スタックポインター、ステータスレジスターといった、最小限に近い構成のレジスターを備えるのが普通でした。演算の起点となるアキュムレーターは、通常は1個で、補助的にもう1つ追加しているものもありました。また、アドレスを表現するインデックスレジスターは、2個程度を持つのものが多かったでしょう。しかし、68000のプログラマーズ・モデル、つまりレジスター構成は、それ以前の8ビットCPUのものとは、かなり様相が異なります。8ビットのものを拡張したり、その延長線上にあると考えられるようなものではなく、はっきりと乖離が見られます。

言ってみれば68000のレジスター構成は、マイコンよりもクラスが上の「ミニコン」用のCPUのものを、マイコンの世界に持ち込んだようなものでした。その後、マイコンとかミニコンといった区別は、なくなっていきますが、その先鞭をつけ、マイコンが大きく飛躍するきっかけを作ったのが68000だったと言えるでしょう。

図4：68000のレジスター構成

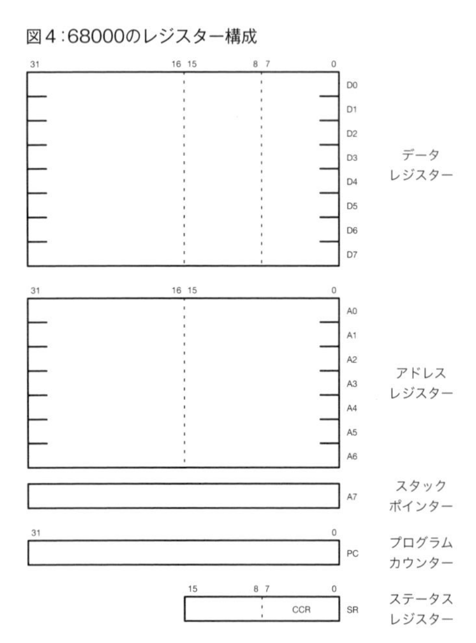

それはともかくとして、68000のレジスター構成は、プログラムカウンターとステータスレジスターに加えて、いずれも32ビットの８本の「データレジスター」と８本の「アドレスレジスター」があるだけです。それは事実なのですが、こう言い切ってしまうと、正確さを欠くことになるので、いくつか但し書きが必要となります。

まず、上に挙げたものだけでは、何かが足りないとお気づきかもしれません。そう、上で８ビットCPUの最小構成でも挙げたスタックポインターですね。実は68000では、アドレスレジスターの１つをスタックポインターとして使います。８本のアドレスレジスターには、A0からA7までの名前が付いていますが、このうちA7はスタックポインター専用として使うことになっています。

これで、レジスターの種類としては一通り出揃いましたが、但し書きはまだまだ必要です。上でデータレジスターは32ビットと書きましたが、実は、32ビットレジスターとしてだけでなく、８ビットレジスターとしても、16ビットレジスターとしても使うことができます。ただし、８ビット用のレジスターや16ビット用のレジスターが別に用意されているのではなく、32ビットのレジスターの下位８ビットだけ、あるいは下位16ビットだけを使うことができる命令が用意されているのです。そうした命令では下位８ビット、または下位16ビットの部分だけに注目し、結果としても、その部分だけのビットが変化することになります。それ以外の部分、つまり、８ビット命令での上位24ビット、16ビット命令での上位16ビットの値は、一種のゴミとして扱われます。このあたり、１つのレジスターに対するビット幅の扱いを途中で変更するような場合には、ゴミの存在に注意が必要となります。たとえば、８ビットとしてゼロにクリアしたレジスターでも、上位の24ビットに何が入っているかは分かりません。その状態で、16ビット、または32ビットとして扱う命令を実行する際には、もうその値はゼロではないものと考える必要があるのです。言われてみれば当たり前だと思われるかもしれませんが、これも68000の機械語プログラミングのバグの発生要因の１つに数えられるでしょう。

もう１つの但し書きは重要ですが、アプリケーションのプログラマーとしては、それほど意識する必要はないかもしれないことです。それは、68000には動作モードとして、「ユーザーモード」と「スーパーバイザーモード」があるということです。それぞれ使用するレジスター構成も微妙に異なります。簡単に言えば、ユーザーモードは、一般のアプリケーションプログラムが動作するモードで、スーパーバイザーモードは、OSを動作させるためのモードです。それに対応して、数としてはわずかですが、スーパーバイザーモードでのみ使える命令があります。言い換えれば、ユーザーモードで使える命令の種類には、若干の制限があるということになります。

ただし、当時のMacOSは、こうしたモードの区別を使わず、一貫してスーパーバイザーモードで動作していました。OSだけでなく、一般のアプリケーションも、すべてスーパーバイザーモードでの動作だったのです。これは、今の感覚からすると、セキュリティ的に問題があるのではと思われるかもしれませんが、当時の一般のユーザーとしては、まったく気になるものではありませんでした。68000のスーパーバイザーモードの意味を理解している人の中には、ちょっと顔をしかめる人もいたかもしれません。しかし、当時のMacはインターネットに接続するわけでもなく、シングルユーザーマシンであって、ログインしてから使うわけでもなかったので、今の感覚で言うセキュリティの問題はほとんどなかったと言っても過言ではありません。

それはともかく、スーパーバイザーモードでのレジスターの違いは、A7、つまりスタックポインターと、もう１つステータスレジスターにあります。まずA7は、ユーザーモード用とスーパーバイザーモード用が別々に用意されています。つまり、厳密に言うと、68000には32ビットのレジスターが16本ではなく17本あることになります。これらは動作モードの変更によって自動的に切り替わります。両モードを行き来しながら動作するプログラムでもない限り、このレジスターの重複は意識する必要はないでしょう。スタックポインターとして使う際には、両者は独立していますが、スーパーバイザーモードでは、ユーザーモードのスタックポインター、つまりA7レジスターに「USP」としてアクセスできます。その逆はできません。つまりユーザーモードからスーパーバイザーモードのスタックポインターは見えないようになっています。

もう1つの違いのステータスレジスターも、やはり動作モードによって内容が異なります。簡単に言うと、ユーザーモードの際には8ビット、スーパーバイザーモードの際には16ビットが使われます。ユーザーモードでは、その8ビットのうち、下位の5ビットだけが演算命令などの結果によって変化するコンディションコードとして使われます。スーパーバイザーモードでは、その上に8ビットが加わりますが、そのうち意味を持つのはやはり5ビットだけです。トレースモード、スーパーバイザーモードを、それぞれ表す1ビットずつと、割り込みマスクとして機能する3ビットの合計5ビットです。

図5：68000のステータスレジスター

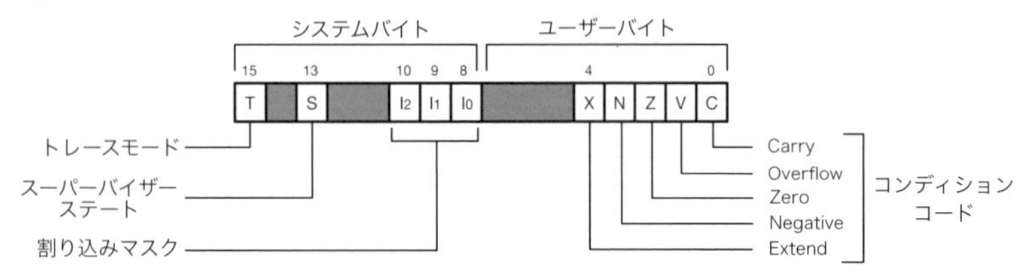

ステータスレジスター内の各ビットの意味、特にコンディションコードの意味については、必要に応じて第3章の各々の命令の説明の中で触れることにします。

●データタイプとメモリ中の配置

68000で扱えるデータの形式として主なところでは、8ビットのバイト、16ビットのワード、32ビットのロングワードの3種類があります。しかし、もう少し細かく見ていくと、命令の中で特定の1ビットだけを指定するものもあるため、1ビット単位のデータを扱えると言うこともできます。また、10進数を1桁ずつ4ビット（0～9）を使って表現するBCD（Binary Coded Decimal）を直接扱う演算（加算、減算、符号の反転）も可能なので、BCDを入れれば5種類のデータタイプがあることになります。さらに、初期の68000では、追加の専用チップが必要でしたが、後継のCPUでは単独でも浮動小数点を扱えるようになりました。ただし、これについては初期のMacintoshでは扱う術がなかったため、本書では考えないことにします。

というわけで、68000では5種類のデータタイプが扱えることになります。もう一度整理すると、以下の5種類です。

- ビット
- BCD（4ビットで1桁の10進数）
- バイト（8ビット）
- ワード（16ビット）
- ロングワード（32ビット）

次に、こうしたタイプのデータが、メモリ中にどのように配置されるのかを確認しておきましょう。

まずはビットですが、これはメモリ中の配置というよりも、1バイトの中のビットの番号の付け方と、上位ビット／下位ビットがどちらになるのかの確認です。

図6：1バイトの中のビットの配置

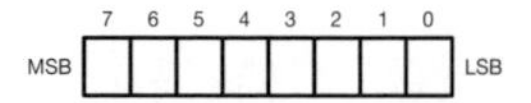

言ってみれば当たり前のように思えますが、ビット番号7が最上位ビット（MSB）で、ビット番号0が最下位ビット（LSB）となります。実際のメモリーには右も左もないわけですが、このように紙の上に模式的に描く場合には、左側がMSB、右側がLSBとするのが普通でしょう。10進数で、上位の桁を左に書くのと同じです。ビデオメモリの画面上のドットとビットの対応では、システムによって左側がLSBで右側がMSBのように割り振られているものもあるでしょう。それを図示する際には左側にLSB、右側にMSBを置かないと実際の配置との対応が分かりにくくなるため、そのように描くことになるでしょう。ちなみにMacの画面のビットマップは、各ワードのMSB側のビットが左側のドットと対応するため、ビデオメモリーと画面の対応を模式的に描く場合でも、MSBが左、LSBが右になります。

次にBCDは、上で述べたとおり4ビットで1桁の10進数の数字を表現するので、常に16ビットを基本とする68000のメモリには、1ワードに4桁のBCDを並べることができます。

図7：メモリ中のBCDの配置

15 14 13 12	11 10 9 8	7 6 5 4	3 2 1 0
MSD BCD 0	BCD 1	BCD 2	BCD 3
BCD 4	BCD 5	BCD 6	BCD 7 LSD

この際、10進数の上位の桁が、メモリ中でも上位のビットで表現されます。また4桁を超えるBCDは、複数のワードにまたがることになりますが、その際には、最初のワードから溢れた下位のBCDの桁が、次の（アドレスが2つ大きい）ワードに入ります。つまりワード単位では、メモリアドレスの若い方から4桁ずつ順に詰められて、メモリアドレスの上位ほどBCDとしては下位の桁が配置されるわけです。

最も基本的なデータタイプの1つ、バイトは、言うまでもなく1バイトが8ビットで表現されます。ということは、68000の基本メモリ単位である16ビットには2バイトが格納されることになります。

図8：メモリ中のバイトデータの配置

15 14 13 12 11 10 9 8	7 6 5 4 3 2 1 0
MSB バイト0 LSB	バイト1
バイト2	バイト3

68000のメモリは16ビット幅ですが、メモリのアドレスは8ビットCPUと同様に、1バイトずつ割り振られています。バイトデータをメモリの下位アドレスから順番にメモリに格納する場合、ワード単位で見ると、上位ビット側に若いアドレスのバイトデータが入ることになります。もし1バイトだけをメモリに書き込む場合、そのアドレスが偶数であれば、16ビット幅のメモリの上位8ビットに、奇数アドレスであれば、下位8ビットに入ります。

ワードデータの場合には、メモリの基本単位と一致しているため、何も問題はないでしょう。68000の場合には、ワードデータは、メモリの偶数アドレスから読み書きするようにしないとエラーとなります。68系のCPUでも、68020以降では、奇数アドレスからワードを読み書きすることもできますが、物理的なメモリのワードの境界をまたぐので、メモリに対する読み書きの操作が二度発生し、動作は遅くなります。

図9：メモリ中のワードデータの配置

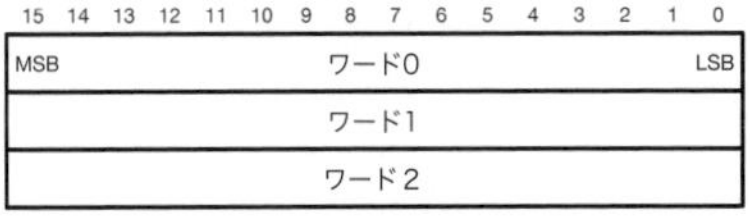

15 14 13 12 11 10 9 8 7 6 5 4 3 2 1 0
MSB　ワード0　LSB
ワード1
ワード2

ロングワードは、32ビットなので、2ワードで構成されます。つまり、メモリ中では、バイト単位の4つのアドレスにまたがって格納されることになります。これも偶数アドレスを指定して読み書きしないと、68000ではエラーとなってしまいます。ただし、この場合4バイト単位だからといって、4の倍数のアドレスにする必要はありません。

図10：メモリ中のロングワードデータの配置

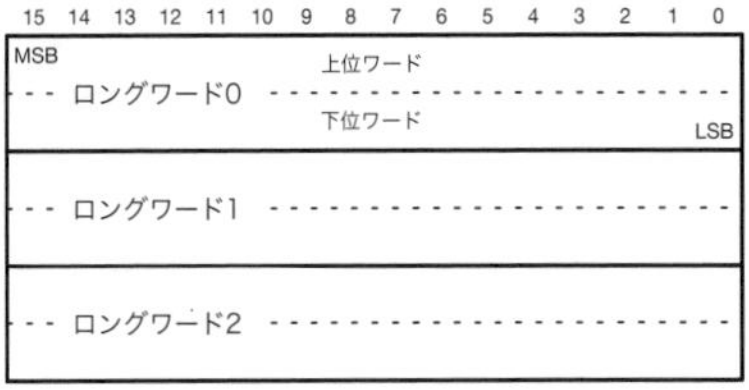

15 14 13 12 11 10 9 8 7 6 5 4 3 2 1 0
MSB　上位ワード　ロングワード0　下位ワード　LSB
ロングワード1
ロングワード2

ロングワードの場合も上位から若いメモリアドレスに格納されていくので、指定したアドレスのバイトが最上位バイト、そのアドレスに3を加えたアドレスにあるのが最下位バイトということになります。

2-2 ソフトウェア概要

ここでは、ハードウェアの概要に続いて68000のソフトウェアの概要について述べます。とはいえ、実際の命令（インストラクション）については、改めて次の第３章でまとめて解説します。ここでは､多くの命令で意識する必要がある｢アドレッシングモード」についてひと通り解説します。また、Macintoshの基本的な動作にも関わりの深い「例外処理」についても取り上げましょう。

●アドレッシングモード

アドレッシングモードは、CPUに与える機械語の命令の対象となる「アドレス」を指定する方法の種類のことです。ただし、ここで言うアドレスは、必ずしもメモリの番地のことだけとは限りません。CPUのレジスターが命令の処理の対象となることもあります。たとえば、命令の中で直接指定する値を、どこかのレジスターに書き込むといった命令には、メモリの番地はまったく出てきませんが、それも１つの立派なアドレッシングモードです。また、命令の形式としては、処理の対象を何も指定していないように見える命令もあります。つまりアドレッシングモードとは無関係のように見える命令ですが、それでも暗黙の了解で対象は決まっているので、それも１つのアドレッシングモードに数えます。

68000のアドレッシングモードには、大きく分けて６つのグループがあり、その中を細かく区切ると全部で14種類のモードがあることになります。

図11:68000のアドレッシングモード

グループ	モード	実効アドレス	表記
レジスター直接	データレジスター直接	EA=Dn	Dn
	アドレスレジスター直接	EA=An	An
絶対	絶対ショート	EA = (Next Word)	xxx.W
	絶対ロング	EA = (Next Two Words)	xxx.L
プログラムカウンター相対	オフセット付き相対	EA = (PC)+d16	d16(PC)
	インデックスとオフセット付き相対	EA = (PC)+(Xn)+d8	d8(PC,Xn)
レジスター間接	レジスター間接	EA = (An)	(An)
	ポストインクリメント・レジスター間接	EA = (An), An ← An+N	(An)+
	プリデクリメント・レジスター間接	An ← An–N, EA=(An)	-(An)
	オフセット付きレジスター間接	EA = (An)+d16	d16(An)
	オフセット付きインデックスレジスター間接	EA = (An)+(Xn)+d8	d8(An,Xn)
イミディエイト	イミディエイト	DATA = Next Word(s)	#<data>
	クイックイミディエイト	Inherent Data	
暗黙	暗黙レジスター	EA = SR, USP, SSP, PC	SR, USP, SSP, PC

ここでは6つのグループに分けて、それぞれの中に含まれる細かな分類についても見ていきましょう。

レジスター直接（Register Direct）

これは、レジスターの内容が、そのまま処理の対象となるモードです。つまりレジスターに何らかの値をロードしたり、レジスターの値を使って演算したりする際に使います。すでに述べたように、68000にはデータレジスターとアドレスレジスターがあるので、このグループには「データレジスター直接」と「アドレスレジスター直接」という2種類のモードが含まれています。アセンブリ言語のニーモニックでは、前者は「Dn」、後者は「An」と表記します。この中の「n」は、もちろん0～7のいずれかの数字のことです。

絶対（Absolute Data）

これは、処理の対象となるデータが格納されているメモリのアドレスを絶対アドレスとして指定するモードです。このグループの中には、「絶対ショート」と「絶対ロング」という2種類がありますが、この場合の「ショート」、「ロング」は、このモードによって使うデータの幅（16ビット／32ビット）ではなく、あくまでアドレスの幅です。したがって、16ビットのアドレスでアクセス可能な64KBを超えるメモリを装備するシステムでは、「絶対ショート」は使えないことになります。その場合、アドレスは32ビットで指定する必要があるので「絶対ロング」を使います。通常のアセンブラーであれば、誤って「絶対ショート」を指定しても、自動的に「絶対ロング」に変換されます。

プログラムカウンター相対（Program Counter Relative）

これは、命令実行時点のプログラムカウンターの値に、ある一定の値を加えた値を実効アドレスとするモードです。一般的には、いわゆる相対ジャンプをする際に使われるモードです。プログラムカウンターに加える値の指定方法には2種類あります。1つは、命令の中で指定する16ビットの値をそのまま使う方法で、それが「オフセット付き相対」です。この場合、16ビットの値は符号付きと見做されるので、指定可能な値は-32768～+32767の範囲となります。負の値を加えた場合には、元のプログラムカウンターよりも小さい値になるので、結果としてはプログラムカウンターから一定の値を差し引くことになります。

もう一方の「インデックスとオフセット付き相対」は、オフセットに加えてさらにインデックスレジスターの値を加えるというものです。でも、68000にはインデックスレジスターは存在しないはず、と思うでしょう。この場合は、任意のデータレジスター、またはアドレスレジスターを指定して、それを機能的にはインデックスレジスターとして使うことができます。この場合、オフセットは16ビットではなく、符号付きの8ビットとなります。つまり、指定可能な値の範囲は、-128～+127に限られます。一方、インデックスレジスターとして利用するレジスターの値は、下位の16ビットだけを使うことも、32ビット全体を使うこともできます。それは、インデックスレジスターとして使うD0～D7、またはA0～A7のレジスター名の後ろに16ビットのワードを表す「.W」、または32ビットのロングワードを表す「.L」を付けて区別します。

レジスター間接（Register Indirect）

基本的には、アドレスレジスターに入っている値を実効アドレスとして、そのアドレスに入っている値を処理の対象とするというものですが、いろいろな「修飾」が付いたり、付随する動作が指定できたりと、比較的複雑な動作が含まれるアドレッシングモードのグループです。同時に、「最も」という言葉を付けてもいいくらい、多用されるモードでもあります。

このグループの中でもいちばん単純なモードは、A0からA7まで、8本のアドレスレジスターのどれかの値をそのまま実効アドレスとするものです。これを単に「レジスター間接」と呼びます。アセンブリ言語では「間接」であることを表すために、アドレスレジスターの名前を「()」で囲って、たとえば「(A3)」のように表記します。

単なるレジスター間接モードと同じように、実効アドレス自体はアドレスレジスターの値そのものを取りながら、その前、または後に、アドレスレジスターの値を自動的に増減するのが、「ポストインクリメント・レジスター間接」と「プリデクリメント・レジスター間接」です。名前から分かるように、前者はアドレスレジスターの値を実効アドレスとして取得した後に、レジスターの値を増やします。後者はアドレスレジスターの値を減らしてから、その値を実効アドレスとして評価して取得します。ポストインクリメントとプリデクリメントはあっても、プリインクリメントやポストデクリメントはありません。というのも、これらはデータの保存方法として「スタック」を、少ない命令で簡単に実現できるようにすることを意識したアドレッシングモードだからです。増やしたり減らしたりする幅は、自由に決められるのではなく、その命令で扱うデータの幅に一致するようになっています。つまり、その命令で扱うデータがバイトなら1、ワードなら2、ロングワードなら4だけ、アドレスが変化します。ただし、スタックポインター（A7）を扱う場合には、1バイトの値を読み書きする場合でも、増減の幅は必ず2になります。これは、68000の場合、スタックポインターが奇数アドレスを指すことは許されないからです。実際のプログラムでは、スタックに値をバイトとしてプッシュしたりポップしたりしたいこともあるのですが、その際でもスタックポインターの値は2バイト単位で動くのです。これは68000をアセンブラーでプログラムしている際に、ちょっと気持ち悪いと感じることのある部分ですが、バグを避ける意味でも非常に重要なポイントです。これらのアドレッシングモードは、ある程度まとまったデータを別のアドレスに転送したりするのにも便利に使えます。その際には、開始アドレスの設定に注意すれば､増減が先でも後でも対応できるでしょう。つまり､これらのモードのうちのどちらか一方があれば困らないでしょう。

レジスター間接モードの残りの2つは、上で見たプログラムカウンター間接にかなり似ています。違いは、プログラムカウンターの代わりに、任意のアドレスレジスター、A0～A7が指定できるということです。確認すると、「オフセット付きレジスター間接」は、指定したアドレスレジスターの値に16ビットの値を加えたものが、最終的な実効アドレスとなります。もちろん、このオフセットの16ビット値は符号を考慮したものなので、オフセットは-32768～+32767の範囲となります。もう一方の「オフセット付きインデックスレジスター間接」は、指定したアドレスレジスターの値に、8ビットで指定するオフセットと、さらにインデックスレジスターの値を加えます。ここでも、任意のデータレジスター、またはアドレスレジスターをインデックスレジスターとして利用できます。ここでのオフセットは符号付きの8ビットなので､指定可能な値の範囲は､-128～+127です。やはり､インデックスレジスターとして利用するレジスターの値は、下位の16ビットだけを使うことも、32ビット全体を使うこともできます。

イミディエイト（Immediate Data）

機械語プログラムにおける「イミディエイト」とは、「直接の」といった意味ですが、日本語だと「ダイレクト」の訳の「直接」と区別が付きにくいので、そのままイミディエイトのように呼ぶことが多いでしょう。「直値」という場合もあるかもしれませんが、それはどちらかと言うと、高級言語で使われる「リテラル」の訳として使われることが多いでしょう。それはともかくこのモードでは、アセンブリ言語のプログラムのソースコードに書いた数値を、そのまま実効アドレスとして使います。ただし、ここでは実効「アドレス」と呼ぶのは語弊があります。この場合の数値は、アドレスではなく、あくまでも「値」として扱われるからです。それはアドレスレジスターに直接値をロードする場合も同じです。データレジスターに値をロードしたり、演算のパラメーターとして使う場合には、アドレスとはほど遠いですが、そういうものだと理解するしかありません。データの幅は、8、16、32 ビットを指定することができます。他のモードと同様、68000 ではニーモニック（命令語）の後ろに「.B」、「.W」、「.L」を付けて、データ幅を指定します。

もう1つの「クイックイミディエイト」は、68000 ならではの、ちょっと特殊なイミディエイト値の指定方法です。それは機械語の命令コードの中に埋め込んだ値を、そのまま利用するというものです。埋め込めるビット数は、命令によって異なります。そのため指定可能な値の範囲も、それに応じて異なることになります。加算の ADDQ と減算の SUBQ 命令では、埋め込めるデータは3ビットです。指定できる値の範囲は0～7だと思われるかもしれませんが、ちょっと違います。加減算では0を指定しても意味がないので、000 は8として扱われます。その結果、指定できる値の範囲は1～8となります。ロード（移動）命令の MOVEQ の場合、埋め込める値は8ビットです。値の範囲としては、符号無しとして扱えば0～255、符号付きとして扱えば -128 ～ +127 ということになります。

暗黙（Implied）

このモードは、実効アドレスを特に指定しなくても、暗黙の了解として指定されているものです。たとえば、サブルーチンから戻る RTS 命令などでは、プログラムカウンターもスタックポインターも変化しますが、命令には、それらのレジスターの名前はまったく出てきません。それが暗黙の指定というわけです。このモードで、暗黙に指定されるレジスターは、SR（ステータスレジスター）、USP（ユーザー・スタックポインター）、SSP（スーパーバイザー・スタックポインター）、PC（プログラムカウンター）などです。SR は、スーパーバイザーモードで使える 16 ビットのステータスレジスターを指すもので、ユーザースタックポインタの下位8ビットを区別して呼ぶ場合には、CCR（コンディションコードレジスター）と呼びます。SR や CCR は、明示的に指定する場合も多いので、その場合には、暗黙のアドレッシングモードとは呼びにくいでしょう。

●命令コードの基本構造

一般的にCPUの命令は、オペコードと呼ばれる部分と、オペランドと呼ばれる部分から構成されています。前者は命令の種類、内容を表すコードそのものです。一方の後者は、実効アドレスなどを記述する部分で、68000では絶対モードのアドレス、相対モードのオフセット、イミディエイトモードの値などの数値を指定します。

このうちオペコードの部分は、68000の場合、それ以前の8ビットCPUなどと比べてかなり規則的な構成になっています。16ビットのオペコードの中のビットの割り振りが決まっていて、そこに所定のコードを入れていくと、オペコードが完成するというイメージです。ビットの区切りや意味は、命令の種類によって異なるので、ここですべての場合を取り上げて説明することはできませんが、分かりやすい例を挙げて、その規則性を見ておくことにします。レジスター間のデータの移動命令です。これはMOVEというニーモニックで表現される命令なので、便宜的に移動と呼びますが、元のデータがなくなるわけではないので、ほんとうの動作はコピーになります。

この場合、オペコードの中のビットパターンは、大きく3つ領域に分かれています。まず上位の4ビットで、大まか命令の種類を表現します。真ん中の6ビットは「デスティネーション」を表します。これは、データの移動の際の目的地のことです。そして下位の6ビットがデータの移動元を表す「ソース」です。

図12：移動命令のビットパターンの内訳

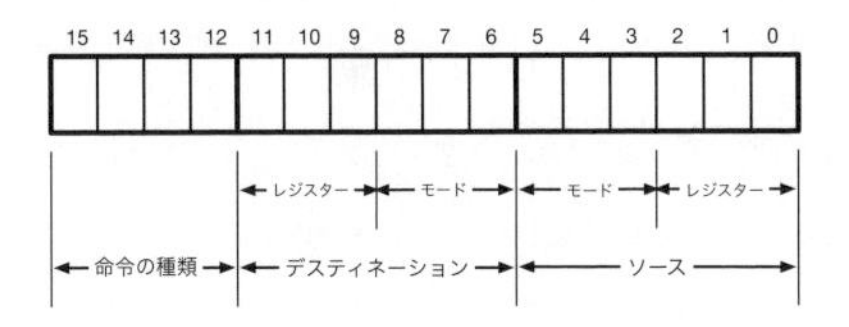

デスティネーションとソースの6ビットは、さらに3ビットずつに分かれています。デスティネーションの場合、6ビットのうちの上位3ビット（ビット9～11）でレジスターを表し、その下位3ビット（ビット6～8）でモードを表します。なぜかソースでは上下が逆で、6ビットのうちの上位3ビット（ビット3～5）でモード、下位3ビット（ビット0～2）でレジスターを表すようになっています。これらうちレジスターを表す3ビットは分かりやすいでしょう。データまたはアドレスレジスターの番号の0～7を表します。どちらのレジスターなのかは、モードで表します。

ここでは例として、32ビットの値をデータレジスターのD1から、アドレスレジスターのA5にコピーする命令コードを作ってみます。この場合、32ビットの移動命令（ニーモニックではMOVE.L）なので、命令コードの最上位4ビットは0010となります。コピー先はA5レジスターなので、デスティネーションのレジスター番号を表す3ビットは101となります。モードはアドレスレジスター直接を表す000です。一方のコピー元はD1レジスターでした。ソースのモードを表す3ビットは、データレジスター直接を表す001です。そしてレジスター番号は1なので、3ビットで表しても001となります。結局この命令は、0010 1010 0000 1001というビットパターンとなり、16進数では、$2A09という1ワードで表されることになります。

図13:「MOVE.L D1,A5」命令のビットパターン

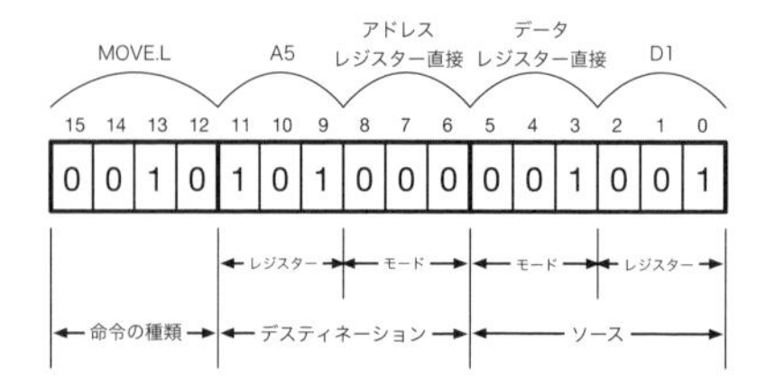

これ以外の命令のビットパターンの意味を網羅的に解説すると膨大なものとなってしまいます。もちろん、68000の機械語プログラミングのために、こうしたビットパターンを理解しておかなければならないということはまったくありません。通常は、アセンブリ言語で記述したプログラムを、アセンブラーが自動的にオペコードとオペランドからなる機械語コードに変換してくれるからです。またデバッグ時にも逆アセンブラーを使うのが普通なので、人間が16進数のコードを見て、命令の意味を理解しなければならない局面も、ほとんどないはずです。それでも、こうした68000の命令コードのビットパターンの原理を知ると、なんとなくこのCPUに対する親しみもわいてくるというものでしょう。

第3章
MC68000のインストラクション

この章は、ひたすら68000の機械語の命令、つまりインストラクションについての話となります。68000の機械語プログラムを読んだり書いたりするために必要な、最も基礎的な知識です。ただし、機械語コードを直接読んだり書いたりするのに必要な機械語のデコード／エンコード方法には触れません。適宜逆アセンブラーやアセンブラーが使えることを前提として、機械語のニーモニックレベルでの話とします。まずは、インストラクションを機能別にグループに分けて、それぞれのグループに含まれる命令について簡単に説明します。次に、全インストラクションをアルファベット順に並べ、より詳しく解説します。68000にはどんな命令があるのかざっと把握したり、求める機能に対するニーモニックを知りたいときには前者を、逆アセンブラーが吐き出したプログラムを読んだり、特定の命令について詳しく知りたいときには後者を参照してください。

3-1 機能別命令の種類

はじめに、機能ごとに分けて68000のインストラクションを挙げ、概要を説明しておきます。68000ではどのような命令が使えるのか、まず全体像をつかむには、この切り口で見渡してみるのが良いでしょう。ここでは細かい説明は省くので、詳しくは、この後の3-2のアルファベット順のインストラクションの方を参照してください。アルファベット順のリストだけでも用は足りると思われるかもしれませんが、それだけを見ていると見落としてしまうような機能についても、同類の命令をまとめて眺めることで気付くことがあるかもしれません。

●データ移動命令

データ移動命令は、68000の2つのレジスター間、あるいはレジスターとメモリの間、あるいは2箇所のメモリ間でデータをコピーします。また、インストラクションで指定したイミディエイト値をレジスターやメモリに書き込むこともできます。一度に動かすことのできるのは、バイト（1バイト）、ワード（2バイト）、ロングワード（4バイト）の各大きさのデータです。8ビットCPUの命令に慣れていると、レジスターを介さずにメモリー間でデータがコピーできることに、驚きがあるかもしれません。しかし、そのような命令の機能の対称性こそ、68000の大きな特長の1つと言えるでしょう。もちろん、そうした命令、というよりもアドレッシングモードを使わずに、常にレジスターを介したデータのやりとりをすることも可能ですが、それでは68000の自由度の高いアドレッシングモードが、宝の持ち腐れになってしまうというものです。

このデータ移動のグループに含まれるのは、EXG、LEA、LINK、MOVE、MOVEM、MOVEP、MOVEQ、PEA、SWAP, UNLKの各命令です。それぞれについてざっと機能を確認しておきましょう。

EXG（EXchanGe）

オペランドで指定した2つのレジスター間でデータを交換します。他のレジスターを介する必要はないので、交換したい2つのレジスターの値だけが変化します。データレジスター同士はもちろん、アドレスレジスター同士でも、データレジスターとアドレスレジスター間でも交換できます。

LEA（Load Effective Address）

これは68000に特徴的な命令の1つです。間接アドレッシングやオフセットを付けて計算した実効アドレスの値をアドレスレジスターに格納します。この場合には、そのアドレスに格納されているデータの値は無視されます。実際に機械語プログラムを書いてみるまでは、その必要性が今ひとつピンとこないかもしれません。初期のMacの機械語プログラミングでも多用します。

LINK

高級言語で、ファンクションやプロシージャ、つまり一種のサブルーチンを呼び出す際に利用するスタックフレームを設定する命令です。アセンブラーによるプログラミングでは、まず使う機会はないでしょう。

MOVE

最も一般的なデータのコピー命令です。ソースとデスティネーションのアドレッシングモードの指定によって、上で述べたようなさまざまなデータ転送が可能です。

MOVEM（MOVE Multiple）

複数のレジスターとメモリの間で、まとめてデータをコピーします。機械語プログラムのサブルーチンの先頭で、中で変化させたくないレジスターの値をメモリにまとめて退避し、サブルーチンが終わる直前に、それらの値をまたまとめてメモリからレジスターに復元するのに便利です。

MOVEP（MOVE Peripheral）

周辺機器とCPUの間で、8ビットのデータをやり取りするのに便利な命令です。Macのアプリケーションでは使うことはないでしょう。

MOVEQ（MOVE Quick）

最大3ビットまでのイミディエイトデータをコピーするのに使います。アセンブラーによっては、データが小さい時、単なるMOVE命令を自動的にこの命令に変換してくれるものもあります。

PEA（Push Effective Address）

途中までの動作はLEA命令と同じですが、その結果計算されたアドレスをレジスターに格納する代わりに、スタックにプッシュします。これもアセンブラーによるMacのアプリケーション開発では多用します。

SWAP

名前もそうですが、データを交換するという点ではEXG命令と紛らわしいのですが、機能はまったく違います。これは指定したデータレジスター内の上位ワードと下位ワードの値を入れ替えるものです。

UNLK（UNLinK）

これは、LINK命令の逆で、高級言語で、ファンクションやプロシージャを呼び出し、そこから帰ってきた際に、戻り値を取り出したり、スタックフレームを元に戻すために使う命令です。やはりアセンブラーによる開発では、めったに使う機会はないでしょう。

●整数演算命令

整数演算は、CPUとしてもっとも頻繁に使われる命令の1種なので、かなり多くのバリエーションを備えています。加算、つまり足し算命令には、ADD、ADDA、ADDI、ADDQ、ADDXといったものがあります。デスティネーションを強制的にゼロにするCLR命令も整数演算の1つに数えられます。比較だけして結果は捨て、フラグを変化させる命令には、CMP、CMPA、CMPI、CMPMがあります。除算（割り算）命令としては、DIVSとDIVUが備わっています。ちょっと変わったところでは、バイトをワードに、ワードをロングワードに変換するEXTという命令もあります。乗算（掛け算）を実行する命令には、MULSとMULUがあります。NEGとNEGXは、名前から想像できるように符号を反転させる命令です。減算（引き算）命令としては、SUB、SUBA、SUBI、SUBQ、SUBXが揃っています。TASはちょっと特殊な用途に使われる命令ですが、演算命令の一種です。TSTはオペランドがゼロかどうかを調べるための命令です。以下、それぞれの命令の機能をひと通り確認しておきましょう。

ADD

もっとも一般的な加算命令です。2つのオペランドを取り、ソースとデスティネーションの値を加えた結果をデスティネーションにストアします。ソースかデスティネーションのいずれかは、データレジスターである必要があります。

ADDA（ADD Address）

アドレス専用の加算命令で、デスティネーションは、必ずどれかのアドレスレジスターとなります。

ADDI（ADD Immediate）

２つのオペランドのうち、ソースが必ずイミディエイトデータとなっている加算命令です。デスティネーションはデータレジスターの他、メモリアドレスを指定することもできます。

ADDQ（ADD Quick）

最大３ビットの小さな値（1～8）をデスティネーションに加える加算命令です。この場合は、デスティネーションとしてアドレスレジスターも指定可能です。

ADDX（ADD eXtened）

32ビットを超える大きさの整数を加算する際に用いる拡張加算命令です。演算によって発生したキャリーはXフラグにも残ります。この命令は、ソースとデスティネーションの和に、さらにXフラグの値（1または0）を加えた結果をデスティネーションにストアします。

CLR（CLeaR）

オペランドに示された実効アドレスの内容をゼロにクリアします。

CMP（CoMPare）

最も一般的な比較命令です。指定したデータレジスターと、もう１つのオペランドの値を比較します。ステータスやCCレジスター以外、すべてのアドレッシングモードに対応しているので、ほとんどどんな実効アドレスの値とでも比較できることになります。

CMPA（CoMPare Address）

アドレス用の比較命令です。指定したアドレスレジスターと、別の何かを比較します。この比較対象も、ステータスとCCレジスター以外、すべてのアドレッシングモードをサポートしています。

CMPI（CoMPare Immediate）

ソースとして指定したイミディエイト値と、デスティネーションの値を比較する命令です。

CMPM（CoMPare Memory）

ソースとデスティネーション、2箇所のメモリの内容を連続的に直接比較する命令です。サポートするアドレッシングモードは、ポストインクリメント付きのアドレスレジスター間接のみという用途のはっきりした命令です。

DIVS（DIVide Signed）

デスティネーションで指定したデータレジスタの32ビットの整数を、ソースの実効アドレスにある16ビットの値で割った結果をデータレジスターに戻す除算命令です。データの符号が考慮されます。

DIVU（DIVide Unsigned）

デスティネーションのデータレジスタの32ビットの整数を、ソースとして指定した実効アドレスにある16ビットの値で割った結果をデータレジスターに戻す除算命令です。データは符号なしとして扱われます。

EXT（sign EXTend）

それぞれ符号を考慮して、データレジスターにある8ビットのバイト値を16ビットのワード値に、16ビットのワード値を32ビットのロングワード値に変換します。

MULS（(MULtiply Signed）

デスティネーションのデータレジスタの16ビットの整数に、ソースの実効アドレスにある16ビットの値を掛けた結果をデータレジスターに戻す乗算命令です。データの符号が考慮されます。

MULU（MULtiply Unsigned）

デスティネーションのデータレジスタの16ビットの整数に、ソースの実効アドレスにある16ビットの値を掛けた結果をデータレジスターに戻す乗算命令です。データは符号なしとして扱われます。

NEG（NEGate）

オペランドの実効アドレスの値の符号を反転させる、つまり2の補数を取る演算命令です。

NEGX（Negate with eXtend）

複数のバイト、ワード、ロングワードにまたがる整数の符号を連続して反転させるための命令です。0（ゼロ）からオペランドの値を引いた上に、さらにXフラグの値（1または0）を引いた結果をオペランドに戻します。

SUB（SUBtract）

もっとも一般的な減算命令です。デスティネーションのオペランドからソースの値を引いた結果をデスティネーションにストアします。ソースかデスティネーションのいずれかは、データレジスターにする必要があります。

SUBA（SUBtract Address）

アドレス用の減算命令で、デスティネーションのアドレスレジスターから、ソースの実効アドレスの値を引いた結果を、元のアドレスレジスターにストアします。

SUBI（SUBtract Immediate）

デスティネーションの実効アドレスの値から、ソースのイミディエイト値を引いた結果を、元の実効アドレスの値として戻します。

SUBQ（SUBtract Quick）

最大3ビットの値（1～8）をデスティネーションの実効アドレスの値から引いた値を実効アドレスに戻す減算命令です。デスティネーションにアドレスレジスターを指定することもできます。

SUBX（SUBtract eXtended）

32ビットを超える大きさの整数の引き算を計算できる拡張減算命令です。実際には、複数のバイト、ワード、ロングワードにまたがる整数の引き算に使えます。デスティネーションの値からソースの値を引き、さらにXフラグの値（1または0）を引きます。

TAS（Test And Set）

この命令字体は、実効アドレスのバイト値を調べてNフラグとZフラグを変化させてから、そのバイトの最上位ビットを1にセットするというものです。何のためにあるかというと、同じメモリを共有するマルチプロセッサーシステムで、CPU同士を同期させるためです。

TST（TeST）

オペランドの実効アドレスがの値が、負の値か、あるいはゼロかどうかを調べ、Nフラグと Z フラグを変化させます。

●論理演算命令

高級言語では、論理演算と言えば、if による分岐や、while による繰り返しの際の条件を決める真偽値の演算ということになります。機械語の場合には、真偽値に相当するのはステータスレジスター内のフラグなので、直接演算の対象とはなりません。したがって機械語の論理演算命令は、もっぱら高級言語で言うところのビット単位の論理演算ということになります。その中には、AND、ANDI、OR、ORI、EOR、EORI、NOT の各演算命令が含まれています。

AND

ソースとデスティネーションのビットごとの AND（論理積）を取って、結果をデスティネーションにストアします。ソースとデスティネーションのいずれか一方は、必ずデータレジスターでなければなりません。

ANDI（AND Immediate）

ソースがイミディエイトデータ専用の AND 命令です。アドレスレジスターダイレクトやプログラムカウンター間接以外のたいていのアドレッシングモードが使えます。

OR

ソースとデスティネーションのビットごとの OR（論理和）を取って、結果をデスティネーションにストアします。ソースとデスティネーションのいずれか一方は、データレジスターでなければなりません。

ORI（OR Immediate）

ソースとして必ずイミディエイトデータを指定する OR 命令です。アドレスレジスターダイレクトやプログラムカウンター間接以外のたいていのアドレッシングモードが使えます。

EOR（Exclusive OR）

ソースとデスティネーションのビットごとのEOR（排他的論理和）を取って、結果をデスティネーションにストアします。ソースは、必ずデータレジスターでなければなりません。その点はANDやORとは異なるので注意が必要です。

EORI（Exclusive OR Immediate）

ソースとしてイミディエイトデータを指定するEOR命令です。アドレスレジスターダイレクトやプログラムカウンター間接以外のたいていのアドレッシングモードが使えます。

NOT

指定された実効アドレスの値のビットをすべて反転する論理演算命令です。その結果の値は、元の値に対して1の補数を取った値となります。

●シフトとローテイト命令

高級言語の中でも、比較的低レベルの演算機能としてシフト演算を可能にしているものがあります。しかし機械語の場合には、シフトだけでなく、ビットを循環させるローテート命令を持つのが普通で、それもフラグを含めるか含めないかなど、より細かな動作が選べます。68000の場合、このグループに属するのは、ASL、ASR、LSL、LSR、ROL、ROR、ROXL、ROXRです。

ASL（Arithmetic Shift Left）

左方向の算術シフト命令です。データレジスターを対象とする場合には、一度にイミディエイト値で8まで、または他のデータレジスターで指定した値だけシフトを繰り返すことができます。メモリ内容を対象とする場合には、1ビット分だけシフトできます。シフトの結果、最後に左からはみ出したビットがCとXフラグに入ります。最下位ビットには必ず0が入ります。

図1：ASL命令の動作

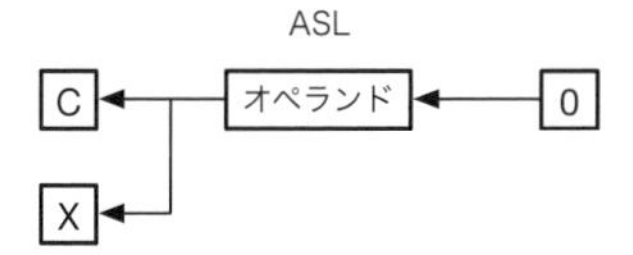

ASR（Arithmetic Shift Right）

右方向の算術シフト命令です。データレジスターを対象とする場合には、一度にイミディエイト値で8まで、または他のデータレジスターで指定した値だけシフトを繰り返すことができます。メモリ内容を対象とする場合には、1ビット分だけシフトできます。シフトの結果、最後に右からはみ出したビットがCとXフラグに入ります。最上位ビットは符号ビットであり、常に元の値が維持されます。これが「算術シフト」と呼ばれる所以です。

図2：ASR命令の動作

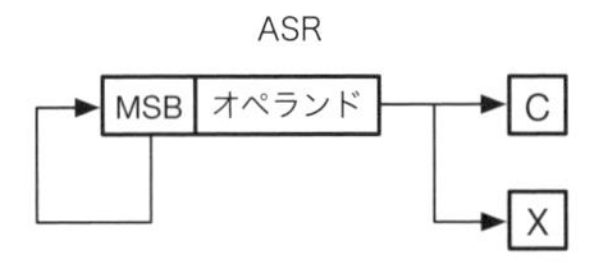

LSL（Logical Shift Left）

左方向の論理シフト命令です。データレジスターを対象とする場合には、一度にイミディエイト値で8まで、または他のデータレジスターで指定した値だけシフトを繰り返すことができます。メモリ内容を対象とする場合には、1ビット分だけシフトできます。シフトの結果、最後に左からはみ出したビットがCとXフラグに入ります。最下位ビットには必ず0が入ります。この動作は、ASLと同じです。

図3：LSL命令の動作

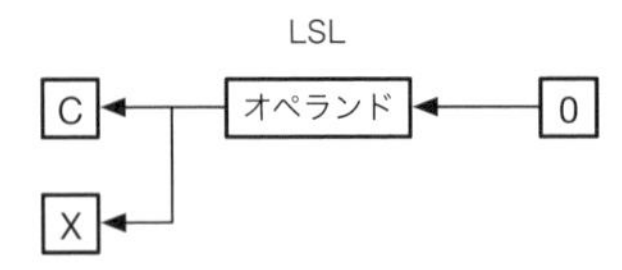

LSR（Logical Shift Right）

右方向の論理シフト命令です。データレジスターを対象とする場合には、一度にイミディエイト値で8まで、または他のデータレジスターで指定した値だけシフトを繰り返すことができます。メモリ内容を対象とする場合には、1ビット分だけシフトできます。シフトの結果、最後に右からはみ出したビットがCとXフラグに入ります。最上位の符号ビットには、常に0が入ります。これが算術シフト（ASR）との違いです。

図4：LSR命令の動作

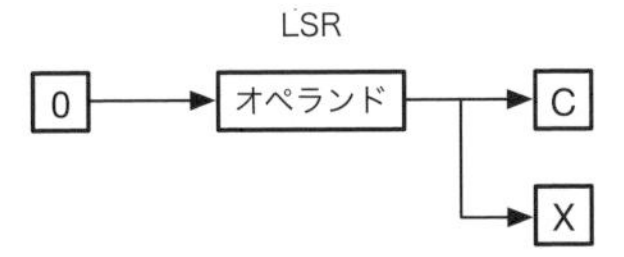

ROL（ROtate Left）

左方向のローテイト（ビット循環）命令です。データレジスターを対象とする場合には、一度にイミディエイト値で8まで、または他のデータレジスターで指定した値だけシフトを繰り返すことができます。メモリ内容を対象とする場合には、1ビット分だけローテイトできます。循環の結果、最後に左からはみ出したビットがCフラグに入ります。その同じビットは、最下位ビットにも回されます。この命令では、Xフラグの状態は変化しません。

図5：ROL命令の動作

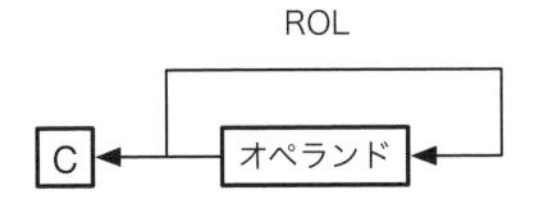

ROR（ROtate Right）

右方向のローテイト（ビット循環）命令です。データレジスターを対象とする場合には、一度にイミディエイト値で8まで、または他のデータレジスターで指定した値だけシフトを繰り返すことができます。メモリ内容を対象とする場合には、1ビット分だけローテイトできます。循環の結果、最後に右からはみ出したビットがCフラグに入ります。その同じビットは、最上位ビットにも回されます。この命令では、Xフラグの状態は変化しません。

図6：ROR命令の動作

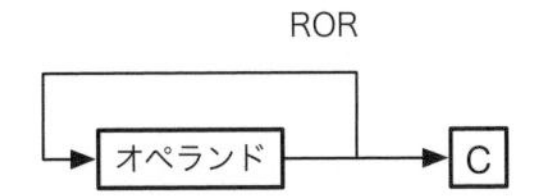

ROXL（ROtate Left with eXtend)）

Xフラグを含めた左方向のローテイト命令です。複数のバイト、ワード、ロングワードからなる大きな数値を下位から順番にローテイトさせることで、全体をローテイトさせることができます。データレジスターを対象とする場合には、一度にイミディエイト値で8まで、または他のデータレジスターで指定した値だけシフトを繰り返すことができます。メモリ内容を対象とする場合には、1ビット分だけローテイトできます。循環の結果、最後に左からはみ出したビットがCとXフラグに入ります。ただしその前に、元のXフラグの値が最下位ビットに入ります。

図7：ROXL命令の動作

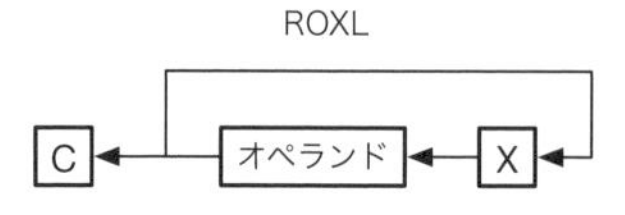

ROXR（ROtate Right with eXtend）

Xフラグを含めた右方向のローテイト命令です。複数のバイト、ワード、ロングワードからなる大きな数値を上位から順番にローテイトさせることで、全体をローテイトさせることができます。データレジスターを対象とする場合には、一度にイミディエイト値で8まで、または他のデータレジスターで指定した値だけシフトを繰り返すことができます。メモリ内容を対象とする場合には、1ビット分だけローテイトできます。循環の結果、最後に右からはみ出したビットがCとXフラグに入ります。ただしその前に、元のXフラグの値が最上位ビットに入ります。

図8：ROXR命令の動作

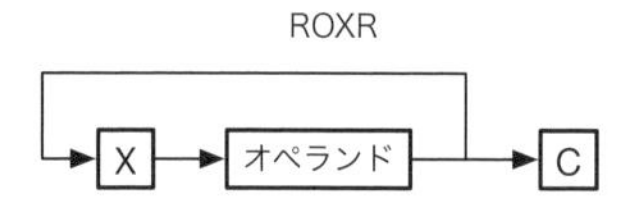

●ビット操作命令

ビットを直接操作するという意味では、論理演算やシフト、ローテイト命令もそうですが、このグループのビット操作は、指定したビットを1ビット単位で操作するものです。BCHG、BCLR、BSETの各命令があります。

BCHG（test a Bit and CHanGe）

デスティネーションの実効アドレスのデータの、ソースで番号を指定したビットの状態を調べ、その値をZフラグにコピーしてから、そのビットの状態を反転させます。デスティネーションがデータレジスターの場合にはロングワード、メモリの場合にはバイトのデータが扱えます。

BCLR（test a Bit and CLeaR）

デスティネーションの実効アドレスのデータの、ソースで番号を指定したビットの状態を調べ、それをZフラグにコピーしてから、そのビットをクリア（ゼロ）します。デスティネーションがデータレジスターの場合にはロングワード、メモリの場合にはバイトのデータが扱えます。

BSET（test a Bit and SET）

デスティネーションの実効アドレスのデータの、ソースで番号を指定したビットの状態を調べ、それをZフラグにコピーしてから、そのビットをセット（1に）します。デスティネーションがデータレジスターの場合にはロングワード、メモリの場合にはバイトのデータが扱えます。

●BCD演算命令

第2章で説明した68000で扱えるデータ形式の中には、データを4ビットずつ区切って10進数の1桁を表現するBCDがありました。このグループは、そのBCD形式で表現された10進数の演算命令です。ABCD、SBCD、NBCDという3種類の命令があります。

ABCD（Add BCD with extend）

BCDデータ専用の加算命令です。ソースとデスティネーション、2つのBCDバイトを加算し、結果をデスティネーションにストアします。必ず1バイト、つまり1桁単位の演算です。繰り上がりはXフラグに反映されます。正確にはソースとデスティネーションに加えてXフラグの値を1または0として加えることになります。

SBCD（Subtract BCD with extend）

BCDデータ専用の減算命令です。デスティネーションのBCDから、ソースのBCDを引いた結果を、デスティネーションにBCDとしてストアします。1バイト、1桁単位の演算となります。繰り下がりはXフラグに反映されます。正確にはデスティネーションからソースを引いた値から、さらにXフラグの値を1または0として引くことになります。

NBCD（Negate BCD）

BCDデータの符号を反転させる演算命令です。BCDの値の符号を反転させるとは、10の補数を取ることです。たとえば2桁のBCDの場合、1（01）の符号を反転させると99になります。4桁のBCDなら1（0001）の符号を反転させたものは9999となります。この演算はバイト単位（BCDとしては2桁ずつ）ですが、Xフラグを利用して複数桁のBCDを連続して扱うことが可能です。

●プログラムコントロール命令

プログラムコントロールとは、ちょっと大げさな名前のような気がしますが、簡単に言えばプログラムの流れを変える命令で、高級言語で言う制御命令に相当するものと考えればよいでしょう。単純なジャンプや条件分岐、サブルーチンの呼び出しや、そこからの復帰などがあります。命令としては、Bcc、DBcc、Scc、BSR、JSR、RTS、JMP、RTRが含まれます。

Bcc（Conditional Branch）

全部で15種類の分岐命令の総称です。そのうち14種類はステータスレジスターの値によって分岐するかしないかが決まる条件分岐命令です。残りの1つは無条件分岐となります。これらの分岐命令は、いわゆる相対ジャンプで、オフセットは1バイト、または2バイトで指定します。いずれも符号を考慮したものなので、現在のプログラムカウンターの前後に分岐できます。通常は、アセンブラーがオフセットの大きさを計算して、自動的にオフセットのバイト数を選択してくれるのため、オフセットのバイト数はほとんど気にする必要がありません。もちろん、オフセットが符号付きのワード（2バイト）で足りない場合は、直接条件分岐することはできません。とはいえ、普通は条件分岐で32KB以上も離れた場所にジャンプすることはないので、それで困ることはめったにないでしょう。

15種類の分岐命令とは、BCC、BCS、BEQ、BGE、BGT、BHI、BLE、BLS、BLT、BMI、BNE、BPL、BVC、BVS、BRAです。ステータスレジスターの下位4ビットのコンディションコードと、各命令の分岐の条件の対応を表に示します。なおXフラグは分岐の条件には関係しません。

図9：コンディションコードと条件分岐

コンディションコード				分岐命令（●は分岐）														
N	Z	V	C	BRA	BHI	BLS	BCC	BCS	BNE	BEQ	BVC	BVS	BPL	BMI	BGE	BLT	BGT	BLE
0	0	0	0	●	●		●		●		●		●		●		●	
0	0	0	1	●		●		●	●		●		●		●		●	
0	0	1	0	●	●		●		●			●	●			●		●
0	0	1	1	●		●		●	●			●	●			●		●
0	1	0	0	●		●	●			●	●		●		●			●
0	1	0	1	●		●		●		●	●		●		●			●
0	1	1	0	●		●	●			●		●	●			●		●
0	1	1	1	●		●		●		●		●	●			●		●
1	0	0	0	●	●		●		●		●			●		●		●
1	0	0	1	●		●		●	●		●			●		●		●
1	0	1	0	●	●		●		●			●		●	●		●	
1	0	1	1	●		●		●	●			●		●	●		●	
1	1	0	0	●		●	●			●	●			●		●		●
1	1	0	1	●		●		●		●	●			●		●		●
1	1	1	0	●		●	●			●		●		●	●			●
1	1	1	1	●		●		●		●		●		●	●			●

DBcc

ループを形成するための条件分岐命令です。分岐するかどうかを決める条件は先のBccとほぼ同じですが、常に分岐しないという条件のものも含めて16種類の命令が含まれています。具体的には、DBCC、DBCS、DBEQ、DBGE、DBGT、DBHI、DBLE、DBLS、DBLT、DBMI、DBNE、DBPL、DBVC、DBVS、DBF（またはDBRA）、DBTの16種類です。これらの命令の分岐条件とコンディションコードの関係は、Bcc命令と同じです。先頭の「D」を外した名前を表に当てはめれば、動作が分かるはずです。

このDBcc命令は、先頭に「D」が付いていることからも想像できるように、指定したデータレジスターの値を1つ減らすという機能を持っています。そして、その値が-1になったら、各命令の持つ固有の条件如何に関わらず、強制的に分岐をスキップしてループを終了します。つまりループカウンターとして指定したデータレジスターの値が、条件ループの回数リミッターとして機能するわけです。

これらのDBcc命令の場合、分岐する際のオフセットは、Bccとは異なり、常に16ビットの符号付きワードで指定します。

Scc

この命令の名前の最初の「S」は「Set」の意味です。「cc」の部分で示す条件が成立すれば、実効アドレスで指定したバイトのすべてのビットを1にセットします。つまりそのバイトの値は$FFになります。指定した条件が正立しない場合には、すべてのビットが0になり、値は$00になります。

セットするかクリアするかの条件は条件分岐命令の条件とほぼ同じで16種類あります。1つずつ挙げれば、SCC、SCS、SEQ、SGE、SGT、SHI、SLE、SLS、SLT、SMI、SNE、SPL、SVC、SVS、SF、STの16種類です。これらの先頭の「S」を「B」に入れ替えて、先のBccの表に当てはめれば、条件を示すコンディションコードが分かります。ただし、SFは無条件でセットしない、STは無条件でセットする、という命令です。

BSR（Branch to SubRoutine）

無条件で、サブルーチンを呼び出す命令です。その際のジャンプは相対ジャンプで、オフセットはバイトまたはワード（2バイト）で指定します。もちろん、符号を考慮するので、この命令の位置の前後のアドレスにあるサブルーチンを呼び出すことができます。

JSR（Jump to SubRoutine）

無条件で、サブルーチンを呼び出す命令です。その際のジャンプは絶対ジャンプです。飛び先のアドレスは、実効アドレスの値で指定します。オフセットやインデックスを含むアドレッシングモードも使用可能です。

RTS（ReTurn from Subroutine）

上のBSRやJSRで呼び出されてサブルーチンから戻るための命令です。具体的には、スタックからロングワード（4バイト）の値をポップして、その値をプログラムカウンターにセットします。これによって、サブルーチンを呼び出した元のBSRやJSRの次の命令から実行を続けることになります。

JMP（JuMP）

絶対ジャンプ命令です。飛び先のアドレスは、実効アドレスの値で指定します。

RTR（ReTurn and Restore）

まず、ワード（2バイト）の値をスタックからポップし、その下位8ビットをコンディションコード・レジスターにセットします。ステータスレジスターの上位8ビットは変化しません。さらに続けてロングワード（4バイト）の値をポップして、その値をプログラムカウンターにセットします。これは、サブルーチン側で、たいていはその先頭で、コンディションコードの値をスタックにプッシュしておき、サブルーチンから戻る直前にスタックから復帰させて、元の状態で呼び出したプログラムに戻るためのものと考えられます。

●システムコントロール命令

システムコントロールとは、ハードウェアとしての68000の状態を設定したり、制御したりするための命令です。ほとんどが、スーパーバイザーモードでのみ利用可能です。ここには、MOVE USP、RESET、RTE、STOP、CHK、TRAP、TRAPVの各命令が含まれています。これらのうち、MOVE USP、RESET、RTE、STOPの各命令はスーパーバイザーモードでのみ実行可能な特権命令です。もしユーザーモードでこれらの命令を実行しようとすると、TRAP命令と同じ動作となります。

MOVE USP（MOVE User Stack Pointer）

ユーザースタックポインターの値を、デスティネーションで指定したアドレスレジスターにコピー、またはその逆のコピー操作を実行します。これは、スーパーバイザーモードでのみ実行可能な特権命令です。

RESET

68000のRESETピンをアサートして、周辺機器をリセットします。これもスーパーバイザーモードでのみ実行可能な特権命令です。68000自体にリセットがかかるわけではないので、この後、続きの命令から実行します。

RTE（ReTurn from Exception）

68000の例外処理から戻るための命令です。一般的なアプリケーションは、例外処理の中で動いているわけではないので、この命令を使うことはまずないでしょう。ただし、TRAPなどによるシステムコールをすると、システムのプログラムから戻ってくる際には、この命令が使われているはずです。これも特権命令の1つです。

STOP

周辺機器などからの割り込みを有効にして、実際に割り込みが発生するまでCPUを停止して待つための命令です。これもスーパーバイザーモードでのみ利用可能な特権命令です。

CHK（CHecK register against bounds）

デスティネーションで指定したデータレジスターのワードとしての値の範囲を調べる、ちょっと特殊な比較命令です。そのデータレジスターの値が負か、ソースの実効アドレスの値よりも大きいと、CHK 例外が発生します。

TRAP

ユーザーモードのプログラムから、スーパーバイザーモードで動作するプログラムを呼び出すために使うトラップ（一種のソフトウェア割り込み）命令です。現在のプログラムカウンターとステータスレジスターの値をスーパーバイザースタックにプッシュし、オペランドで指定するベクトルにしたがって、対応するアドレスにジャンプします。ベクトルは、命令の下位4ビットで表現されるので、16 種類あります。ベクトル0に対する飛び先アドレスは、メモリの $80 ～ $83 の4バイトに、ベクトル1のアドレスは $84 ～ $87 に、以下同様で、最後のベクトル 15 のアドレスは、$BC ～ $BF に入れておきます。初期の Mac も、このしくみを利用してシステムコールを実現しています。

TRAPV

オーバーフロー（V）フラグをチェックして、それが立っていれば TRAPV 例外を引き起こす命令です。TRAPV 例外は、TRAP 命令を実行した場合と同様に、現在のプログラムカウンターとステータスレジスターの値をスーパーバイザースタックにプッシュし、メモリの $1C ～ $1F に格納されているアドレスにジャンプします。CPU はスーパーバイザーモードに移行して、そのアドレスから実行を続けます。

3-2 インストラクションセット(アルファベット順)

ここでは、アルファベット順に68000の全インストラクションを示します。個々のインストラクションの説明は、「動作」、「アセンブラー文法」、「可能なアドレッシングモード」、「可能なデータサイズ」、「コンディションコードの変化」という共通の項目に分けて示します。

「動作」は、それぞれのインストラクションの動作を模式的に記号で表したものです。たとえば加算命令では、

Source + Destination → Destination

といった形になります。ここで「Source」はソース(出所)、「+」は加算、「Destination」はデスティネーション(行先)、「→」は代入(転送)を表しています。

「アセンブラー文法」は、一般的なアセンブラーを使ってプログラミングする際の文法、つまり記述方法です。ここでは、特徴的な記号によって、ソースやデスティネーションのアドレッシングモードを表現しています。その一覧を表に示します。この中で「<ea>」となっている部分は、多彩なアドレッシングモードによって表現される実効アドレスです。その内容については命令によって異なるので、次の「可能なアドレッシングモード」で示します。

図10:アセンブラーシンタックス固有の記号

記号	意味
Dn	データレジスターダイレクト(nは0~7)
Dx/Dy	データレジスターダイレクト(xとyはそれぞれ異なる0~7)
An	アドレスレジスターダイレクト(nは0~7)
(An)	アドレスレジスター間接(nは0~7)
(Ax)/(Ay)	アドレスレジスター間接(xとyはそれぞれ異なる0~7)
<ea>	実効アドレス

「可能なアドレッシングモード」は、それぞれの命令で利用可能なアドレッシングモードです。ソースとデスティネーションで異なる場合も多いので、その際には2つの場合に分けて記述します。ここでの表記に使っている記号は、第2章のアド

レッシングモードの表に示したものと同じです。章が改まっているので、モードの名前と記号の対応だけに絞った表を再掲します。

図11:アドレッシングモードの表記

モード名	表記
データレジスター直接	Dn
アドレスレジスター直接	An
絶対ショート	xxx.W
絶対ロング	xxx.L
オフセット付き相対	d16(PC)
インデックスとオフセット付き相対	d8(PC,Xn)
レジスター間接	(An)
ポストインクリメント・レジスター間接	(An)+
プリデクリメント・レジスター間接	-(An)
オフセット付きレジスター間接	d16(An)
オフセット付きインデックスレジスター間接	d8(An,Xn)
イミディエイト クイックイミディエイト	#<data>
暗黙レジスター	SR, USP, SSP, PC

「可能なデータサイズ」は、命令の対象となるレジスターや実効アドレスで示されたデータのうち、処理の対象となるサイズ（ビット数）です。68000の仕様に従って、バイト（8ビット）／ワード（16ビット）／ロングワード（32ビット）のいずれか、あるいは複数のサイズが命令ごとに選べます。

「コンディションコードの変化」では、命令の実行の結果、コンディションコード（X、N、Z、V、Cの各フラグ）が、どのような状態に対応してどのように変化するかを示します。

ABCD（Add Decimal with Extend）

- 動作：Source(10) + Destination(10) + X → Destination
- アセンブラー文法：ABCD Dy,Dx
  ABCD -(Ay),-(Ax)
- 可能なアドレッシングモード：ソース、デスティネーション：Dn／-(An)
- 可能なデータサイズ：バイト
- コンディションコードの変化：

X：Cフラグと同じ

N：不定

Z：結果がゼロでない場合はクリアされるがゼロなら変化しない

V：不定
C：10 進数として繰り上がりが出た場合はセットされるが繰り上がらなければクリア

ADD（Add）

- 動作：Source + Destination → Destination
- アセンブラー文法：ADD <ea>,Dn
  ADD Dn,<ea>
- 可能なアドレッシングモード：ソース：Dn ／ An ／ (An) ／ (An)+ ／ -(An) ／ d16(An) ／ d8(An,Xn) ／ xxx.W ／ xxx.L ／ d16(PC) ／ d8(PC,Xn) ／ #<data>
  デスティネーション：(An) ／ (An)+ ／ -(An) ／ d16(An) ／ d8(An,Xn) ／ xxx.W ／ xxx.L
- 可能なデータサイズ：バイト／ワード／ロング
- コンディションコードの変化：
  X：C フラグと同じ
  N：結果の最上位ビットが 1 だった場合にセット、でなければクリア
  Z：結果がゼロならセット、でなければクリア
  V：演算でオーバーフローが生じればセット、生じなければクリア
  C：演算の結果、最上位ビットに繰り上がりが生じればセット、生じなければクリア

ADDA（Add Address）

- 動作：Source + Destination → Destination
- アセンブラー文法：ADDA <ea>,An
- 可能なアドレッシングモード：ソース：Dn ／ An ／ (A…n) ／ (An)+ ／ -(An) ／ d16(An) ／ d8(An,Xn) ／ xxx.W ／ xxx.L ／ d16(PC) ／ d8(PC,Xn) ／ #<data>
  デスティネーション：An
- 可能なデータサイズ：ワード／ロング
- コンディションコードの変化：
  なし

ADDI（Add Immediate）

- 動作：Immediate Data + Destination → Destination

- アセンブラー文法：ADDI #<data>,<ea>
- 可能なアドレッシングモード：ソース：#<data>
  デスティネーション：Dn ／ (An) ／ (An)+ ／ -(An) ／ d16(An) ／ d8(An,Xn) ／ xxx.W ／ xxx.L
- 可能なデータサイズ：バイト／ワード／ロング
- コンディションコードの変化：
  X：C フラグと同じ
  N：結果の最上位ビットが1だった場合にセット、でなければクリア
  Z：結果がゼロならセット、でなければクリア
  V：演算でオーバーフローが生じればセット、生じなければクリア
  C：演算の結果、最上位ビットに繰り上がりが生じればセット、生じなければクリア

ADDQ（Add Quick）

- 動作：Immediate Data + Destination → Destination
- アセンブラー文法：ADDQ #<data>,<ea>
- 可能なアドレッシングモード：ソース：#<data>
  デスティネーション：Dn ／ (An) ／ (An)+ ／ -(An) ／ d16(An) ／ d8(An,Xn) ／ xxx.W ／ xxx.L
- 可能なデータサイズ：バイト／ワード／ロング
- コンディションコードの変化：
  X：C フラグと同じ
  N：結果の最上位ビットが1だった場合にセット、でなければクリア
  Z：結果がゼロならセット、でなければクリア
  V：演算でオーバーフローが生じればセット、生じなければクリア
  C：演算の結果、最上位ビットに繰り上がりが生じればセット、生じなければクリア

ADDX（Add Extended）

- 動作：Source + Destination + X → Destination
- アセンブラー文法：ADDX Dy,Dx
  ADDX -(Ay),-(Ax)
- 可能なアドレッシングモード：ソース：Dn ／ -(An) ／ #<data>

デスティネーション：Dn ／ -(An)
- 可能なデータサイズ：バイト／ワード／ロング
- コンディションコードの変化：

X：C フラグと同じ
N：結果の最上位ビットが 1 だった場合にセット、でなければクリア
Z：結果がゼロならセット、でなければクリア
V：演算でオーバーフローが生じればセット、生じなければクリア
C：演算の結果、最上位ビットに繰り上がりが生じればセット、生じなければクリア

AND（And Logical）

- 動作：Source ^ Destination → Destination
- アセンブラー文法：AND <ea>,Dn
  AND Dn,<ea>
- 可能なアドレッシングモード：ソース：Dn ／ (An) ／ (An)+ ／ -(An) ／ d16(An) ／ d8(An,Xn) ／ xxx.W ／ xxx.L ／ d16(PC) ／ d8(PC,Xn) ／ #<data>
  デスティネーション：(An) ／ (An)+ ／ -(An) ／ d16(An) ／ d8(An,Xn) ／ xxx.W ／ xxx.L
- 可能なデータサイズ：バイト／ワード／ロング
- コンディションコードの変化：

X：変化しない
N：結果の最上位ビットが 1 だった場合にセット、でなければクリア
Z：結果がゼロならセット、でなければクリア
V：常にクリア
C：常にクリア

ANDI（And Immediate）

- 動作：Immediate Data ^ Destination → Destination
- アセンブラー文法：ANDI #<data>,<ea>
- 可能なアドレッシングモード：ソース：#<data>
  デスティネーション：Dn ／ (An) ／ (An)+ ／ -(An) ／ d16(An) ／ d8(An,Xn) ／ xxx.W ／ xxx.L
- 可能なデータサイズ：バイト／ワード／ロング

- コンディションコードの変化：
  X：変化しない
  N：結果の最上位ビットが1だった場合にセット、でなければクリア
  Z：結果がゼロならセット、でなければクリア
  V：常にクリア
  C：常にクリア

ANDI to CCR（CCR And Immediate）

- 動作：Source ^ CCR → CCR
- アセンブラー文法：ANDI #<data>,CCR
- 可能なアドレッシングモード：ソース：#<data>
  デスティネーション：CCR
- 可能なデータサイズ：バイト
- コンディションコードの変化：
  X：ソースのイミディエイト値のビット4がゼロならクリア、でなければ変化しない
  N：ソースのイミディエイト値のビット3がゼロならクリア、でなければ変化しない
  Z：ソースのイミディエイト値のビット2がゼロならクリア、でなければ変化しない
  V：ソースのイミディエイト値のビット1がゼロならクリア、でなければ変化しない
  C：ソースのイミディエイト値のビット0がゼロならクリア、でなければ変化しない

ANDI to SR（And Immediate to the Status Register）

- 動作：（スーパーバイザーモードの場合）
  Source ^ SR → SR
  （スーパーバイザーモードでない場合）
  TRAP
- アセンブラー文法：ANDI #<data>,SR
- 可能なアドレッシングモード：ソース：#<data>
  デスティネーション：SR

• 可能なデータサイズ：ワード
• コンディションコードの変化：
X：ソースのイミディエイト値のビット4がゼロならクリア、でなければ変化しない
N：ソースのイミディエイト値のビット3がゼロならクリア、でなければ変化しない
Z：ソースのイミディエイト値のビット2がゼロならクリア、でなければ変化しない
V：ソースのイミディエイト値のビット1がゼロならクリア、でなければ変化しない
C：ソースのイミディエイト値のビット0がゼロならクリア、でなければ変化しない

ASL（Arithmetic Shift Left）

• 動作：デスティネーションをカウント分だけ左にシフト
• アセンブラー文法：ASL Dx,Dy
ASL #<data>,Dy
ASL <ea>
• 可能なアドレッシングモード：デスティネーション：(An)／(An)+／-(An)／d16(An)／d8(An,Xn)／xxx.W／xxx.L
• 可能なデータサイズ：バイト／ワード／ロング
• コンディションコードの変化：
X：最後にシフトされてはみ出したビットが1ならセット、0ならクリア
N：結果の最上位ビットが1ならセット、0ならクリア
Z：結果がゼロならセット、でなければクリア
V：シフト処理中に一度でも最上位ビットの状態が変化すればセット、しなければクリア
C：最後にシフトされてはみ出したビットが1ならセット、0ならクリア。ただしシフトカウントがゼロの場合はクリア

ASR（Arithmetic Shift Right）

• 動作：デスティネーションをカウント分だけ右にシフト
• アセンブラー文法：ASR Dx,Dy

ASR #<data>,Dy
ASR <ea>

- 可能なアドレッシングモード：デスティネーション：(An)／(An)+／-(An)／d16(An)／d8(An,Xn)／xxx.W／xxx.L
- 可能なデータサイズ：バイト／ワード／ロング
- コンディションコードの変化：
  X：最後にシフトされてはみ出したビットが1ならセット、0ならクリア
  N：結果の最上位ビットが1ならセット、0ならクリア
  Z：結果がゼロならセット、でなければクリア
  V：シフト処理中に一度でも最上位ビットの状態が変化すればセット、しなければクリア
  C：最後にシフトされてはみ出したビットが1ならセット、0ならクリア。ただしシフトカウントがゼロの場合はクリア

Bcc（Branch Conditionally）

- 動作：（条件が満たされた場合）
  PC + dn → PC
- アセンブラー文法：Bcc <label>
  「cc」の部分のニーモニックで分岐条件を表す。ニーモニックと条件の対応は以下の通り。
  CC：Carry Clear
  CS：Carry Set
  EQ：Equal
  GE：Greater or Equal
  GT：Greater Than
  HI：High
  LE：Less or Equal
  LS：Less or Same
  LT：Less Than
  MI：Minus
  NE：Not Equal
  PL：Plus
  VC：Overflow Clear

VS：Overflow Set
ステータスレジスターに含まれる4つ（N、Z、V、C）のフラグビットそれぞれの値と、各命令の分岐の条件については、3-1の図9で示した通り。
- 可能なアドレッシングモード：デスティネーション：#<data>
- 可能なデータサイズ：バイト／ワード
- コンディションコードの変化：
X：変化しない
N：変化しない
Z：変化しない
V：変化しない
C：変化しない

BCHG（Test a Bit and Change）
- 動作：~(<bit number> of Destination) → Z;
~(<bit number> of Destination) → <bit number> of Destination
- アセンブラー文法：BCHG Dn,<ea>
BCHG #<data>,<ea>
デスティネーションがデータレジスターの場合のみ、32ビットすべてのビットが指定可能。デスティネーションがメモリの場合は最下位の8ビットのみが対象となる。
- 可能なアドレッシングモード：デスティネーション：Dn／(An)／(An)+／-(An)／d16(An)／d8(An,Xn)／xxx.W／xxx.L
- 可能なデータサイズ：バイト／ロング
- コンディションコードの変化：
X：変化しない
N：変化しない
Z：テストしたビットが0ならセット、1ならクリア
V：変化しない
C：変化しない

BCLR（Test a Bit and Clear）
- 動作：~(<bit number> of Destination) → Z;
0 → <bit number> of Destination

- アセンブラー文法：BCLR Dn,<ea>
  BCLR #<data>,<ea>

  デスティネーションがデータレジスターの場合のみ、32ビットすべてのビットが指定可能。デスティネーションがメモリの場合は最下位の8ビットのみが対象となる。
- 可能なアドレッシングモード：デスティネーション：Dn ／ (An) ／ (An)+ ／ -(An) ／ d16(An) ／ d8(An,Xn) ／ xxx.W ／ xxx.L
- 可能なデータサイズ：バイト／ロング
- コンディションコードの変化：

  X：変化しない

  N：変化しない

  Z：テストしたビットが0ならセット、1ならクリア

  V：変化しない

  C：変化しない

BRA（Branch Always）

- 動作：PC + dn → PC
- アセンブラー文法：BRA <label>
- 可能なアドレッシングモード：デスティネーション：#<data>
- 可能なデータサイズ：バイト／ワード
- コンディションコードの変化：

  X：変化しない

  N：変化しない

  Z：変化しない

  V：変化しない

  C：変化しない

BSET（Test a Bit and Set）

- 動作：~(<bit number> of Destination) → Z;
  1 → <bit number> of Destination
- アセンブラー文法：BSET Dn,<ea>
  BSET #<data>,<ea>

  デスティネーションがデータレジスターの場合のみ、32ビットすべてのビット

が指定可能。デスティネーションがメモリの場合は最下位の８ビットのみが対象となる。

- 可能なアドレッシングモード：デスティネーション：Dn ／ (An) ／ (An)+ ／ -(An) ／ d16(An) ／ d8(An,Xn) ／ xxx.W ／ xxx.L
- 可能なデータサイズ：バイト／ロング
- コンディションコードの変化：

X：変化しない
N：変化しない
Z：テストしたビットが 0 ならセット、1 ならクリア
V：変化しない
C：変化しない

BSR（Branch to Subroutine）

- 動作：SP － 4 → SP;
  PC → (SP);
  PC + dn → PC
- アセンブラー文法：BRA <label>
- 可能なアドレッシングモード：デスティネーション：#<data>
- 可能なデータサイズ：バイト／ワード
- コンディションコードの変化：

X：変化しない
N：変化しない
Z：変化しない
V：変化しない
C：変化しない

BTST（Test a Bit）

- 動作：~(<bit number> of Destination) → Z
- アセンブラー文法：BTST Dn,<ea>
  BTST #<data>,<ea>

  デスティネーションがデータレジスターの場合のみ、32 ビットすべてのビットが指定可能。デスティネーションがメモリの場合は最下位の８ビットのみが対象となる。

- 可能なアドレッシングモード：デスティネーション：Dn ／ (An) ／ (An)+ ／ -(An) ／ d16(An) ／ d8(An,Xn) ／ xxx.W ／ xxx.L ／ d16(PC) ／ d8(PC,Xn) ／ #<data>
- 可能なデータサイズ：バイト／ロング
- コンディションコードの変化：

  X：変化しない

  N：変化しない

  Z：テストしたビットが0ならセット、1ならクリア

  V：変化しない

  C：変化しない

CHK（Check Register Against Bounds）

- 動作：(Dn < 0 または Dn > Source なら)

  　　　TRAP（CHK 命令例外）
- アセンブラー文法：CHK <ea>,Dn
- 可能なアドレッシングモード：ソース：Dn ／ (An) ／ (An)+ ／ -(An) ／ d16(An) ／ d8(An,Xn) ／ xxx.W ／ xxx.L ／ d16(PC) ／ d8(PC,Xn) ／ #<data>
- 可能なデータサイズ：ワード
- コンディションコードの変化：

  X：変化しない

  N：Dn < 0 ならセット、Dn > 実行アドレスの値ならクリア、それ以外では不定

  Z：変化しない

  V：変化しない

  C：変化しない

CLR（Clear an Operand）

- 動作：0 → Destination
- アセンブラー文法：CLR <ea>
- 可能なアドレッシングモード：デスティネーション：Dn ／ (An) ／ (An)+ ／ -(An) ／ d16(An) ／ d8(An,Xn) ／ xxx.W ／ xxx.L
- 可能なデータサイズ：バイト／ワード／ロング
- コンディションコードの変化：

  X：変化しない

  N：常にクリア

Z：常にセット

V：常にクリア

C：常にクリア

CMP（Compare）

- 動作：Destination － Source → cc
- アセンブラー文法：CMP <ea>,Dn
- 可能なアドレッシングモード：ソース：Dn ／ (An) ／ (An)+ ／ -(An) ／ d16(An) ／ d8(An,Xn) ／ xxx.W ／ xxx.L ／ d16(PC) ／ d8(PC,Xn) ／ #<data>
- 可能なデータサイズ：バイト／ワード／ロング
- コンディションコードの変化：

  X：変化しない

  N：演算結果が負ならセット、そうでなければクリア

  Z：演算結果がゼロならセット、そうでなければクリア

  V：演算でオーバーフローが発生すればセット、そうでなければクリア

  C：演算でボローが発生すればセット、そうでなければクリア

CMPA（Compare Address）

- 動作：Destination － Source → cc
- アセンブラー文法：CMPA <ea>,An
- 可能なアドレッシングモード：ソース：Dn ／ An ／ (An) ／ (An)+ ／ -(An) ／ d16(An) ／ d8(An,Xn) ／ xxx.W ／ xxx.L ／ d16(PC) ／ d8(PC,Xn) ／ #<data>
- 可能なデータサイズ：ワード／ロング
- コンディションコードの変化：

  X：変化しない

  N：演算結果が負ならセット、そうでなければクリア

  Z：演算結果がゼロならセット、そうでなければクリア

  V：演算でオーバーフローが発生すればセット、そうでなければクリア

  C：演算でボローが発生すればセット、そうでなければクリア

CMPI（Compare Immediate）

- 動作：Destination － Immediate Data → cc
- アセンブラー文法：CMPI #<data>,<ea>

- 可能なアドレッシングモード：ソース：Dn ／ (An) ／ (An)+ ／ -(An) ／ d16(An) ／ d8(An,Xn) ／ xxx.W ／ xxx.L ／ d16(PC) ／ d8(PC,Xn)
- 可能なデータサイズ：バイト／ワード／ロング
- コンディションコードの変化：

  X：変化しない

  N：演算結果が負ならセット、そうでなければクリア

  Z：演算結果がゼロならセット、そうでなければクリア

  V：演算でオーバーフローが発生すればセット、そうでなければクリア

  C：演算でボローが発生すればセット、そうでなければクリア

CMPM（Compare Memory）

- 動作：Destination − Source → cc
- アセンブラー文法：CMPM (Ay)+,(Ax)+
- 可能なアドレッシングモード：ソース：(An)+

  デスティネーション：(An)+
- 可能なデータサイズ：バイト／ワード／ロング
- コンディションコードの変化：

  X：変化しない

  N：演算結果が負ならセット、そうでなければクリア

  Z：演算結果がゼロならセット、そうでなければクリア

  V：演算でオーバーフローが発生すればセット、そうでなければクリア

  C：演算でボローが発生すればセット、そうでなければクリア

DBcc（Test Condition Decrement, and Branch）

- 動作：（cc の条件が満たされた場合）

  NOP

  （cc 条件が満たされない場合）

  Dn − 1 → Dn;

  （さらに Dn が -1 でない場合）

  PC + dn → PC
- アセンブラー文法：DBcc Dn,<label>

  「cc」の部分のニーモニックでループ終了条件を表す。ニーモニックと条件の対応は次の通り。

CC：Carry Clear
CS：Carry Set
EQ：Equal
GE：Greater or Equal
GT：Greater Than
HI：High
LE：Less or Equal
LS：Less or Same
LT：Less Than
MI：Minus
NE：Not Equal
PL：Plus
VC：Overflow Clear
VS：Overflow Set
ステータスレジスターに含まれる4つ（N、Z、V、C）のフラグビットそれぞれの値と、各命令の分岐の条件については、3-1の図9で示した通り。

- 可能なアドレッシングモード：デスティネーション：#<data>
- 可能なデータサイズ：ワード
- コンディションコードの変化：
  X：変化しない
  N：変化しない
  Z：変化しない
  V：変化しない
  C：変化しない

DIVS（Signed Divide）

- 動作：Destination ÷ Source → Destination
- アセンブラー文法：DIVS <ea>,Dn
- 可能なアドレッシングモード：ソース：Dn／(An)／(An)+／-(An)／d16(An)／d8(An,Xn)／xxx.W／xxx.L／d16(PC)／d8(PC,Xn)／#<data>
- 可能なデータサイズ：ワード／ロング
- コンディションコードの変化：
  X：変化しない

N：演算結果が負ならセット、そうでなければクリア、オーバーフローが発生したり、ゼロによる除算が発生した場合には不定

Z：演算結果がゼロならセット、そうでなければクリア、オーバーフローが発生したり、ゼロによる除算が発生した場合には不定

V：演算でオーバーフローが発生すればセット、そうでなければクリア、ゼロによる除算が発生した場合には不定

C：常にクリア

DIVU（Unsigned Divide）

- 動作：Destination ÷ Source → Destination
- アセンブラー文法：DIVS <ea>,Dn
- 可能なアドレッシングモード：ソース：Dn ／ (An) ／ (An)+ ／ -(An) ／ d16(An) ／ d8(An,Xn) ／ xxx.W ／ xxx.L ／ d16(PC) ／ d8(PC,Xn) ／ #<data>
- 可能なデータサイズ：ワード／ロング
- コンディションコードの変化：

X：変化しない

N：演算結果が負ならセット、そうでなければクリア、オーバーフローが発生したり、ゼロによる除算が発生した場合には不定

Z：演算結果がゼロならセット、そうでなければクリア、オーバーフローが発生したり、ゼロによる除算が発生した場合には不定

V：演算でオーバーフローが発生すればセット、そうでなければクリア、ゼロによる除算が発生した場合には不定

C：常にクリア

EOR（Exclusive-OR Logical）

- 動作：Source ⊕ Destination → Destination
- アセンブラー文法：EOR Dn,<ea>
- 可能なアドレッシングモード：デスティネーション：Dn ／ (An) ／ (An)+ ／ -(An) ／ d16(An) ／ d8(An,Xn) ／ xxx.W ／ xxx.L
- 可能なデータサイズ：バイト／ワード／ロング
- コンディションコードの変化：

X：変化しない

N：演算結果が負ならセット、そうでなければクリア

Z：演算結果がゼロならセット、そうでなければクリア

V：常にクリア

C：常にクリア

EORI (Exclusive-OR Immediate)

- 動作：Immediate Data ⊕ Destination → Destination
- アセンブラー文法：EORI #<data>,<ea>
- 可能なアドレッシングモード：デスティネーション：Dn ／ (An) ／ (An)+ ／ -(An) ／ d16(An) ／ d8(An,Xn) ／ xxx.W ／ xxx.L
- 可能なデータサイズ：バイト／ワード／ロング
- コンディションコードの変化：

X：変化しない

N：演算結果が負ならセット、そうでなければクリア

Z：演算結果がゼロならセット、そうでなければクリア

V：常にクリア

C：常にクリア

EXG (Exchange Registers)

- 動作：Rx ←→ Ry
- アセンブラー文法：EXG Dx,Dy
EXG Ax,Ay
EXG Dx,Ay
- 可能なアドレッシングモード：ソース、デスティネーション：Dn ／ An
- 可能なデータサイズ：ロング
- コンディションコードの変化：

X：変化しない

N：変化しない

Z：変化しない

V：変化しない

C：変化しない

EXT (Sign-Extend)

- 動作：デスティネーションの符号を拡張
- アセンブラー文法：EXT Dn

- 可能なアドレッシングモード：デスティネーション：Dn
- 可能なデータサイズ：ワード／ロング
- コンディションコードの変化：

  X：変化しない

  N：演算結果が負ならセット、そうでなければクリア

  Z：演算結果がゼロならセット、そうでなければクリア

  V：常にクリア

  C：常にクリア

ILLEGAL（Take Illegal Instruction Trap）

- 動作：SSP - 4 → SSP; PC → (SSP);

  SSP - 2 → SSP; SR → (SSP);

  Illegal Instruction Vector Address → PC
- アセンブラー文法：ILLEGAL
- 可能なアドレッシングモード：－
- 可能なデータサイズ：－
- コンディションコードの変化：

  X：変化しない

  N：変化しない

  Z：変化しない

  V：変化しない

  C：変化しない

JMP（Jump）

- 動作：Destination Address → PC
- アセンブラー文法：JMP <ea>
- 可能なアドレッシングモード：ソース：(An) ／ d16(An) ／ d8(An,Xn) ／ xxx.W ／ xxx.L ／ d16(PC) ／ d8(PC,Xn)
- 可能なデータサイズ：－
- コンディションコードの変化：

  X：変化しない

  N：変化しない

  Z：変化しない

V：変化しない

C：変化しない

JSR（Jump to Subroutine）

- 動作：SP － 4 → SP;

  PC → (SP);

  Destination Address → PC

- アセンブラー文法：JSR <ea>
- 可能なアドレッシングモード：ソース：(An) ／ d16(An) ／ d8(An,Xn) ／ xxx.W ／ xxx.L ／ d16(PC) ／ d8(PC,Xn)
- 可能なデータサイズ：－
- コンディションコードの変化：

X：変化しない

N：変化しない

Z：変化しない

V：変化しない

C：変化しない

LEA（Load Effective Address）

- 動作：<ea> → An
- アセンブラー文法：LEA <ea>,An
- 可能なアドレッシングモード：ソース：(An) ／ d16(An) ／ d8(An,Xn) ／ xxx.W ／ xxx.L ／ d16(PC) ／ d8(PC,Xn)
- 可能なデータサイズ：ロング
- コンディションコードの変化：

X：変化しない

N：変化しない

Z：変化しない

V：変化しない

C：変化しない

LINK（Link and Allocate）

- 動作：SP － 4 → SP;

An → (SP);

SP → An;

SP + dn → SP

- アセンブラー文法：LINK An,#<displacement>
- 可能なアドレッシングモード：ソース：(An) ／ d16(An) ／ d8(An,Xn) ／ xxx.W ／ xxx.L ／ d16(PC) ／ d8(PC,Xn)
- 可能なデータサイズ：ワード
- コンディションコードの変化：

  X：変化しない

  N：変化しない

  Z：変化しない

  V：変化しない

  C：変化しない

LSL（Logical Shift Left）

- 動作：デスティネーションをカウント分だけ左にシフト
- アセンブラー文法：LSL Dx,Dy

  LSL #<data>,Dy

  LSL <ea>
- 可能なアドレッシングモード：デスティネーション：(An) ／ (An)+ ／ -(An) ／ d16(An) ／ d8(An,Xn) ／ xxx.W ／ xxx.L
- 可能なデータサイズ：バイト／ワード／ロング
- コンディションコードの変化：

  X：最後にシフトされてはみ出したビットが1ならセット、0ならクリア

  N：結果の最上位ビットが1ならセット、0ならクリア

  Z：結果がゼロならセット、でなければクリア

  V：常にクリア

  C：最後にシフトされてはみ出したビットが1ならセット、0ならクリア。ただしシフトカウントがゼロの場合はクリア

LSR（Logical Shift Right）

- 動作：デスティネーションをカウント分だけ右にシフト
- アセンブラー文法：LSR Dx,Dy

LSR #<data>,Dy
LSR <ea>

- 可能なアドレッシングモード：デスティネーション：(An) ／ (An)+ ／ -(An) ／ d16(An) ／ d8(An,Xn) ／ xxx.W ／ xxx.L
- 可能なデータサイズ：バイト／ワード／ロング
- コンディションコードの変化：
  X：最後にシフトされてはみ出したビットが1ならセット、0ならクリア
  N：結果の最上位ビットが1ならセット、0ならクリア
  Z：結果がゼロならセット、でなければクリア
  V：常にクリア
  C：最後にシフトされてはみ出したビットが1ならセット、0ならクリア。ただしシフトカウントがゼロの場合はクリア

MOVE (Move Data from Source to Destination)

- 動作：Source → Destination
- アセンブラー文法：MOVE <ea>,<ea>
- 可能なアドレッシングモード：ソース：Dn ／ An ／ (An) ／ (An)+ ／ -(An) ／ d16(An) ／ d8(An,Xn) ／ xxx.W ／ xxx.L ／ d16(PC) ／ d8(PC,Xn) ／ #<data>
  デスティネーション：Dn ／ (An) ／ (An)+ ／ -(An) ／ d16(An) ／ d8(An,Xn) ／ xxx.W ／ xxx.L
- 可能なデータサイズ：バイト／ワード／ロング
- コンディションコードの変化：
  X：変化しない
  N：結果の最上位ビットが1ならセット、0ならクリア
  Z：結果がゼロならセット、でなければクリア
  V：常にクリア
  C：常にクリア

MOVEA (Move Address)

- 動作：Source → Destination
- アセンブラー文法：MOVE <ea>,An
- 可能なアドレッシングモード：ソース：Dn ／ An ／ (An) ／ (An)+ ／ -(An) ／ d16(An) ／ d8(An,Xn) ／ xxx.W ／ xxx.L ／ d16(PC) ／ d8(PC,Xn) ／ #<data>

- 可能なデータサイズ：ワード／ロング
- コンディションコードの変化：
  X：変化しない
  N：変化しない
  Z：変化しない
  V：変化しない
  C：変化しない

MOVE to CCR（Move to Condition Code Register）

- 動作：Source → CCR
- アセンブラー文法：MOVE <ea>,CCR
- 可能なアドレッシングモード：ソース：Dn ／ (An) ／ (An)+ ／ -(An) ／ d16(An) ／ d8(An,Xn) ／ xxx.W ／ xxx.L ／ d16(PC) ／ d8(PC,Xn) ／ #<data>
- 可能なデータサイズ：ワード
- コンディションコードの変化：
  X：ソースのビット4の値にセット
  N：ソースのビット3の値にセット
  Z：ソースのビット2の値にセット
  V：ソースのビット1の値にセット
  C：ソースのビット0の値にセット

MOVE from SR（Move from the Status Register）

- 動作：SR → Destination
- アセンブラー文法：MOVE SR,<ea>
- 可能なアドレッシングモード：ソース：Dn ／ (An) ／ (An)+ ／ -(An) ／ d16(An) ／ d8(An,Xn) ／ xxx.W ／ xxx.L
- 可能なデータサイズ：ワード
- コンディションコードの変化：
  X：変化しない
  N：変化しない
  Z：変化しない
  V：変化しない
  C：変化しない

MOVE to SR（Move to the Status Register）

- 動作：（スーパーバイザーモードの場合）
  Source → SR
  （スーパーバイザーモードでない場合）
  TRAP
- アセンブラー文法：MOVE <ea>,SR
- 可能なアドレッシングモード：ソース：Dn ／ (An) ／ (An)+ ／ -(An) ／ d16(An) ／ d8(An,Xn) ／ xxx.W ／ xxx.L ／ d16(PC) ／ d8(PC,Xn) ／ #<data>
- 可能なデータサイズ：ワード
- コンディションコードの変化：
  X：ソースのビット 4 の値にセット
  N：ソースのビット 3 の値にセット
  Z：ソースのビット 2 の値にセット
  V：ソースのビット 1 の値にセット
  C：ソースのビット 0 の値にセット

MOVE USP（Move User Stack Pointer）

- 動作：（スーパーバイザーモードの場合）
  USP → An ／ An → USP
  （スーパーバイザーモードでない場合）
  TRAP
- アセンブラー文法：MOVE USP,An
  MOVE An,USP
- 可能なアドレッシングモード：ソース：An
  デスティネーション：An
- 可能なデータサイズ：ロング
- コンディションコードの変化：
  X：変化しない
  N：変化しない
  Z：変化しない
  V：変化しない
  C：変化しない

MOVEM（Move Multiple Registers）

- 動作：Registers → Destination ／ Source → Registers
- アセンブラー文法：MOVEM <list>,<ea>
  MOVEM <ea>,<list>
- 可能なアドレッシングモード：ソース：(An) ／ -(An) ／ d16(An) ／ d8(An,Xn) ／ xxx.W ／ xxx.L ／ d16(PC) ／ d8(PC,Xn)
  デスティネーション：(An) ／ (An)+ ／ d16(An) ／ d8(An,Xn) ／ xxx.W ／ xxx.L
- 可能なデータサイズ：ワード／ロング
- コンディションコードの変化：
  X：変化しない
  N：変化しない
  Z：変化しない
  V：変化しない
  C：変化しない

MOVEP（Move Peripheral Data）

- 動作：Source → Destination
- アセンブラー文法：MOVEP Dx,d16(Ay)
  MOVEP d16(Ay),Dx
- 可能なアドレッシングモード：ソース、デスティネーション：d16(An)
- 可能なデータサイズ：ワード／ロング
- コンディションコードの変化：
  X：変化しない
  N：変化しない
  Z：変化しない
  V：変化しない
  C：変化しない

MOVEQ（Move Quick）

- 動作：Immediate Data → Destination
- アセンブラー文法：MOVEQ #<data>,Dn
- 可能なアドレッシングモード：デスティネーション：Dn
- 可能なデータサイズ：ロング

- コンディションコードの変化：
  X：変化しない
  N：結果の最上位ビットが1ならセット、0ならクリア
  Z：結果がゼロならセット、でなければクリア
  V：常にクリア
  C：常にクリア

MULS（Signed Multiply）

- 動作：Destination × Source → Destination
- アセンブラー文法：MULS <ea>,Dn
- 可能なアドレッシングモード：ソース：Dn ／ (An) ／ (An)+ ／ -(An) ／ d16(An) ／ d8(An,Xn) ／ xxx.W ／ xxx.L ／ d16(PC) ／ d8(PC,Xn) ／ #<data>
- 可能なデータサイズ：ワード
- コンディションコードの変化：
  X：変化しない
  N：演算結果が負ならセット、そうでなければクリア
  Z：演算結果がゼロならセット、そうでなければクリア
  V：演算でオーバーフローが発生すればセット、そうでなければクリア
  C：常にクリア

MULU（Unsigned Multiply）

- 動作：Destination × Source → Destination
- アセンブラー文法：MULU <ea>,Dn
- 可能なアドレッシングモード：ソース：Dn ／ (An) ／ (An)+ ／ -(An) ／ d16(An) ／ d8(An,Xn) ／ xxx.W ／ xxx.L ／ d16(PC) ／ d8(PC,Xn) ／ #<data>
- 可能なデータサイズ：ワード
- コンディションコードの変化：
  X：変化しない
  N：演算結果が負ならセット、そうでなければクリア
  Z：演算結果がゼロならセット、そうでなければクリア
  V：演算でオーバーフローが発生すればセット、そうでなければクリア
  C：常にクリア

NBCD（Negate Decimal with Extend）

- 動作：0 − Destination(10) − X → Destination
- アセンブラー文法：NBCD <ea>
- 可能なアドレッシングモード：デスティネーション：Dn ／ (An) ／ (An)+ ／ -(An) ／ d16(An) ／ d8(An,Xn) ／ xxx.W ／ xxx.L
- 可能なデータサイズ：バイト
- コンディションコードの変化：

  X：C フラグと同じ

  N：不定

  Z：結果がゼロでなければクリア、でなければ変化しない

  V：不定

  C：10 進演算の結果ボローが発生すればセット、しなければクリア

NEG（Negate）

- 動作：0 − Destination → Destination
- アセンブラー文法：NEG <ea>
- 可能なアドレッシングモード：デスティネーション：Dn ／ (An) ／ (An)+ ／ -(An) ／ d16(An) ／ d8(An,Xn) ／ xxx.W ／ xxx.L
- 可能なデータサイズ：バイト／ワード／ロング
- コンディションコードの変化：

  X：C フラグと同じ

  N：演算結果が負ならセット、そうでなければクリア

  Z：演算結果がゼロならセット、そうでなければクリア

  V：演算でオーバーフローが発生すればセット、そうでなければクリア

  C：演算結果がゼロならクリア、そうでなければセット

NEGX（Negate with Extend）

- 動作：0 − Destination − X → Destination
- アセンブラー文法：NEGX <ea>
- 可能なアドレッシングモード：デスティネーション：Dn ／ (An) ／ (An)+ ／ -(An) ／ d16(An) ／ d8(An,Xn) ／ xxx.W ／ xxx.L
- 可能なデータサイズ：バイト／ワード／ロング
- コンディションコードの変化：

X：Cフラグと同じ
N：演算結果が負ならセット、そうでなければクリア
Z：演算結果がゼロでなければクリア、結果がゼロなら変化しない
V：演算でオーバーフローが発生すればセット、そうでなければクリア
C：演算の結果ボローが発生すればセット、しなければクリア

NOP（No Operation）

- 動作：－
- アセンブラー文法：NOP
- 可能なアドレッシングモード：－
- 可能なデータサイズ：－
- コンディションコードの変化：

X：変化しない
N：変化しない
Z：変化しない
V：変化しない
C：変化しない

NOT（Logical Complement）

- 動作：~Destination → Destination
- アセンブラー文法：NOT <ea>
- 可能なアドレッシングモード：デスティネーション：Dn ／ (An) ／ (An)+ ／ -(An) ／ d16(An) ／ d8(An,Xn) ／ xxx.W ／ xxx.L
- 可能なデータサイズ：バイト／ワード／ロング
- コンディションコードの変化：

X：変化しない
N：演算結果が負ならセット、そうでなければクリア
Z：演算結果がゼロならセット、そうでなければクリア
V：常にクリア
C：常にクリア

OR（Inclusive-OR Logical）

- 動作：Source ∨ Destination → Destination

- アセンブラー文法：OR <ea>,Dn
  OR Dn,<ea>
- 可能なアドレッシングモード：ソース：Dn／(An)／(An)+／-(An)／d16(An)／d8(An,Xn)／xxx.W／xxx.L／d16(PC)／d8(PC,Xn)／#<data>
  デスティネーション：(An)／(An)+／-(An)／d16(An)／d8(An,Xn)
- 可能なデータサイズ：バイト／ワード／ロング
- コンディションコードの変化：
  X：変化しない
  N：結果の最上位ビットが1だった場合にセット、でなければクリア
  Z：結果がゼロならセット、でなければクリア
  V：常にクリア
  C：常にクリア

ORI（Inclusive-OR）

- 動作：Immediate Data ∨ Destination → Destination
- アセンブラー文法：ORI #<data>,<ea>
- 可能なアドレッシングモード：ソース：#<data>
  デスティネーション：Dn／(An)／(An)+／-(An)／d16(An)／d8(An,Xn)／xxx.W／xxx.L
- 可能なデータサイズ：バイト／ワード／ロング
- コンディションコードの変化：
  X：変化しない
  N：結果の最上位ビットが1だった場合にセット、でなければクリア
  Z：結果がゼロならセット、でなければクリア
  V：常にクリア
  C：常にクリア

ORI to CCR（Inclusive-OR Immediate to Condition Codes）

- 動作：Source ∨ CCR → CCR
- アセンブラー文法：ORI #<data>,CCR
- 可能なアドレッシングモード：ソース：#<data>
  デスティネーション：CCR
- 可能なデータサイズ：バイト

- コンディションコードの変化：

  X：ソースのイミディエイト値のビット4が1ならセット、でなければ変化しない
  N：ソースのイミディエイト値のビット3が1ならセット、でなければ変化しない
  Z：ソースのイミディエイト値のビット2が1ならセット、でなければ変化しない
  V：ソースのイミディエイト値のビット1が1ならセット、でなければ変化しない
  C：ソースのイミディエイト値のビット0が1ならセット、でなければ変化しない

ORI to SR (Inclusive-Or Immediate to the Status Register)

- 動作：（スーパーバイザーモードの場合）

  Source ∨ SR → SR
  （スーパーバイザーモードでない場合）
  TRAP
- アセンブラー文法：ORI #<data>,SR
- 可能なアドレッシングモード：ソース：#<data>

  デスティネーション：SR
- 可能なデータサイズ：ワード
- コンディションコードの変化：

  X：ソースのイミディエイト値のビット4が1ならセット、でなければ変化しない
  N：ソースのイミディエイト値のビット3が1ならセット、でなければ変化しない
  Z：ソースのイミディエイト値のビット2が1ならセット、でなければ変化しない
  V：ソースのイミディエイト値のビット1が1ならセット、でなければ変化しない
  C：ソースのイミディエイト値のビット0が1ならセット、でなければ変化しない

PEA (Push Effective Address)

- 動作：SP －4 → SP;

  <ea> → (SP)
- アセンブラー文法：PEA <ea>
- 可能なアドレッシングモード：ソース：(An) ／ d16(An) ／ d8(An,Xn) ／ xxx.W ／ xxx.L ／ d16(PC) ／ d8(PC,Xn)
- 可能なデータサイズ：ロング
- コンディションコードの変化：

  X：変化しない
  N：変化しない

Z：変化しない
V：変化しない
C：変化しない

RESET（Reset External Devices）

- 動作：（スーパーバイザーモードの場合）
  RESET 信号ピンをアサート
  （スーパーバイザーモードでない場合）
  TRAP
- アセンブラー文法：RESET
- 可能なアドレッシングモード：－
- 可能なデータサイズ：－
- コンディションコードの変化：
  X：変化しない
  N：変化しない
  Z：変化しない
  V：変化しない
  C：変化しない

ROL（Rotate Left）

- 動作：デスティネーションをカウント分だけ左にローテイト
- アセンブラー文法：ROL Dx,Dy
  ROL #<data>,Dy
  ROL <ea>
- 可能なアドレッシングモード：デスティネーション：(An)／(An)+／-(An)／d16(An)／d8(An,Xn)／xxx.W／xxx.L
- 可能なデータサイズ：バイト／ワード／ロング
- コンディションコードの変化：
  X：変化しない
  N：結果の最上位ビットが1ならセット、0ならクリア
  Z：結果がゼロならセット、でなければクリア
  V：常にクリア
  C：最後にローテイトされてはみ出したビットが1ならセット、0ならクリア。

ただしローテイトカウントがゼロの場合はクリア

ROR (Rotate Right)

- 動作：デスティネーションをカウント分だけ右にローテイト
- アセンブラー文法：ROL Dx,Dy
  ROL #<data>,Dy
  ROL <ea>
- 可能なアドレッシングモード：デスティネーション：(An) ／ (An)+ ／ -(An) ／ d16(An) ／ d8(An,Xn) ／ xxx.W ／ xxx.L
- 可能なデータサイズ：バイト／ワード／ロング
- コンディションコードの変化：
  X：変化しない
  N：結果の最上位ビットが1ならセット、0ならクリア
  Z：結果がゼロならセット、でなければクリア
  V：常にクリア
  C：最後にローテイトされてはみ出したビットが1ならセット、0ならクリア。
  ただしローテイトカウントがゼロの場合はクリア

ROXL (Rotate with Extend Left)

- 動作：デスティネーションをXフラグも含めてカウント分だけ左にローテイト
- アセンブラー文法：ROXL Dx,Dy
  ROXL #<data>,Dy
  ROXL <ea>
- 可能なアドレッシングモード：デスティネーション：(An) ／ (An)+ ／ -(An) ／ d16(An) ／ d8(An,Xn) ／ xxx.W ／ xxx.L
- 可能なデータサイズ：バイト／ワード／ロング
- コンディションコードの変化：
  X：最後にローテイトされてはみ出したビットが1ならセット、ゼロならクリア。
  ローテイトカウントがゼロの場合は変化しない
  N：結果の最上位ビットが1ならセット、0ならクリア
  Z：結果がゼロならセット、でなければクリア
  V：常にクリア
  C：最後にローテイトされてはみ出したビットが1ならセット、0ならクリア。

ただしローテイトカウントがゼロの場合は、X フラグと同じ値になる

ROXR（Rotate with Extend Right）

- 動作：デスティネーションを X フラグも含めてカウント分だけ右にローテイト
- アセンブラー文法：ROXL Dx,Dy
  ROXL #<data>,Dy
  ROXL <ea>
- 可能なアドレッシングモード：デスティネーション：(An) ／ (An)+ ／ -(An) ／ d16(An) ／ d8(An,Xn) ／ xxx.W ／ xxx.L
- 可能なデータサイズ：バイト／ワード／ロング
- コンディションコードの変化：

X：最後にローテイトされてはみ出したビットが1ならセット、ゼロならクリア。
　ローテイトカウントがゼロの場合は変化しない

N：結果の最上位ビットが1ならセット、0 ならクリア

Z：結果がゼロならセット、でなければクリア

V：常にクリア

C：最後にローテイトされてはみ出したビットが1ならセット、0 ならクリア。
　ただしローテイトカウントがゼロの場合は、X フラグと同じ値になる

RTE（Return from Exception）

- 動作：（スーパーバイザーモードの場合）
  (SP) → SR;
  SP + 2 → SP;
  (SP) → PC;
  SP + 4 → SP;
  （スーパーバイザーモードでない場合）
  TRAP
- アセンブラー文法：RTE
- 可能なアドレッシングモード：－
- 可能なデータサイズ：－
- コンディションコードの変化：

スタックからリストアしたSRの値に応じて変化

RTR（Return and Restore Condition Codes）

- 動作：(SP) → CCR;
  SP + 2 → SP;
  (SP) → PC;
  SP + 4 → SP
- アセンブラー文法：RTR
- 可能なアドレッシングモード：－
- 可能なデータサイズ：－
- コンディションコードの変化：
  スタックからリストアしたCCRの値に応じて変化

RTS（Return from Subroutine）

- 動作：(SP) → PC;
  SP + 4 → SP
- アセンブラー文法：RTS
- 可能なアドレッシングモード：－
- 可能なデータサイズ：－
- コンディションコードの変化：
  X：変化しない
  N：変化しない
  Z：変化しない
  V：変化しない
  C：変化しない

SBCD（Subtract Decimal with Extend）

- 動作：Source(10) － Destination(10) － X → Destination
- アセンブラー文法：SBCD Dx,Dy
  SBCD -(Ax),-(Ay)
- 可能なアドレッシングモード：ソース、デスティネーション：Dn ／ -(An)
- 可能なデータサイズ：バイト
- コンディションコードの変化：
  X：C フラグと同じ
  N：不定

Z：結果がゼロでない場合はクリアされるがゼロなら変化しない

V：不定

C：10進数としてボローが出た場合はセットされるがボローがなければクリア

Scc（Set According to Condition）

- 動作：（条件が満たされた場合）
  デスティネーションのすべてのビットを1にセット
  （条件が満たされない場合）
  デスティネーションのすべてのビットを1にセット
- アセンブラー文法：Scc <ea>
  「cc」の部分のニーモニックでセット条件を表す。ニーモニックと条件の対応は以下の通り。
  CC：Carry Clear
  CS：Carry Set
  EQ：Equal
  GE：Greater or Equal
  GT：Greater Than
  HI：High
  LE：Less or Equal
  LS：Less or Same
  LT：Less Than
  MI：Minus
  NE：Not Equal
  PL：Plus
  VC：Overflow Clear
  VS：Overflow Set
  ステータスレジスターに含まれる4つ（N、Z、V、C）のフラグビットそれぞれの値と、各命令の動作の条件については、3-1の図9で示したものと同じ
- 可能なアドレッシングモード：デスティネーション：Dn ／ (An) ／ (An)+ ／ -(An) ／ d16(An) ／ d8(An,Xn) ／ xxx.W ／ xxx.L
- 可能なデータサイズ：バイト
- コンディションコードの変化：
  X：変化しない

N：変化しない
Z：変化しない
V：変化しない
C：変化しない

STOP（Load Status Register and Stop）

- 動作：（スーパーバイザーモードの場合）
  Immediate Data → SR;
  STOP
  （スーパーバイザーモードでない場合）
  TRAP
- アセンブラー文法：STOP #<data>
- 可能なアドレッシングモード：ソース：#<data>
- 可能なデータサイズ：ワード
- コンディションコードの変化：
  イミディエイトデータからロードしたSRの値に応じて変化

SUB（Subtract）

- 動作：Destination − Source → Destination
- アセンブラー文法：SUB <ea>,Dn
  SUB Dn,<ea>
- 可能なアドレッシングモード：ソース：Dn／An／(An)／(An)+／-(An)／d16(An)／d8(An,Xn)／xxx.W／xxx.L／d16(PC)／d8(PC,Xn)／#<data>
  デスティネーション：(An)／(An)+／-(An)／d16(An)／d8(An,Xn)／xxx.W／xxx.L
- 可能なデータサイズ：バイト／ワード／ロング
- コンディションコードの変化：
  X：Cフラグと同じ
  N：結果の最上位ビットが1だった場合にセット、でなければクリア
  Z：結果がゼロならセット、でなければクリア
  V：演算でオーバーフローが生じればセット、生じなければクリア
  C：演算の結果ボローが生じればセット、生じなければクリア

SUBA（Subtract Address）

- 動作：Destination － Source → Destination
- アセンブラー文法：SUBA <ea>,An
- 可能なアドレッシングモード：ソース：Dn ／ An ／ (An) ／ (An)+ ／ -(An) ／ d16(An) ／ d8(An,Xn) ／ xxx.W ／ xxx.L ／ d16(PC) ／ d8(PC,Xn) ／ #<data>
  デスティネーション：An
- 可能なデータサイズ：ワード／ロング
- コンディションコードの変化：

なし

SUBI（Subtract Immediate）

- 動作：Destination － Immediate Data → Destination
- アセンブラー文法：SUBI #<data>,<ea>
- 可能なアドレッシングモード：ソース：#<data>
  デスティネーション：Dn ／ (An) ／ (An)+ ／ -(An) ／ d16(An) ／ d8(An,Xn) ／ xxx.W ／ xxx.L
- 可能なデータサイズ：バイト／ワード／ロング
- コンディションコードの変化：
  X：C フラグと同じ
  N：結果の最上位ビットが1だった場合にセット、でなければクリア
  Z：結果がゼロならセット、でなければクリア
  V：演算でオーバーフローが生じればセット、生じなければクリア
  C：演算の結果ボローが生じればセット、生じなければクリア

SUBQ（Subtract Quick）

- 動作：Destination － Immediate Data → Destination
- アセンブラー文法：SUBQ #<data>,<ea>
- 可能なアドレッシングモード：ソース：#<data>
  デスティネーション：Dn ／ An ／ (An) ／ (An)+ ／ -(An) ／ d16(An) ／ d8(An,Xn) ／ xxx.W ／ xxx.L
- 可能なデータサイズ：バイト／ワード／ロング
- コンディションコードの変化：
  X：C フラグと同じ

N：結果の最上位ビットが1だった場合にセット、でなければクリア
Z：結果がゼロならセット、でなければクリア
V：演算でオーバーフローが生じればセット、生じなければクリア
C：演算の結果ボローが生じればセット、生じなければクリア

SUBX（Subtract with Extend）

- 動作：Destination − Source − X → Destination
- アセンブラー文法：SUBX Dx,Dy
  SUBX -(Ax),-(Ay)
- 可能なアドレッシングモード：ソース：Dn／-(An)
  デスティネーション：Dn／-(An)
- 可能なデータサイズ：バイト／ワード／ロング
- コンディションコードの変化：
  X：Cフラグと同じ
  N：結果の最上位ビットが1だった場合にセット、でなければクリア
  Z：結果がゼロならセット、でなければクリア
  V：演算でオーバーフローが生じればセット、生じなければクリア
  C：演算の結果ボローが生じればセット、生じなければクリア

SWAP（Swap Register Halves）

- 動作：データレジスターの上位ワードと下位ワードを入れ替える
- アセンブラー文法：SWAP Dn
- 可能なアドレッシングモード：デスティネーション：Dn
- 可能なデータサイズ：ワード
- コンディションコードの変化：
  X：変化しない
  N：対象レジスターの最上位ビットが1だった場合にセット、でなければクリア
  Z：対象レジスターの値がゼロの場合はセット、でなければクリア
  V：常にクリア
  C：常にクリア

TAS（Test and Set an Operand）

- 動作：デスティネーションの値に応じてコンディションコードをセット
  デスティネーションのビット7を1にセット
- アセンブラー文法：TAS <ea>
- 可能なアドレッシングモード：デスティネーション：Dn／(An)／(An)+／-(An)／d16(An)／d8(An,Xn)／xxx.W／xxx.L
- 可能なデータサイズ：バイト
- コンディションコードの変化：
  X：変化しない
  N：デスティネーションの最上位ビットが1だった場合にセット、でなければクリア
  Z：デスティネーションの値がゼロの場合はセット、でなければクリア
  V：常にクリア
  C：常にクリア

TRAP（Trap）

- 動作：1 → SRのSビット
  SSP －4 → SSP;
  PC → (SSP);
  SSP －4 → SSP
  SR → (SSP);
  Vector Address → PC
- アセンブラー文法：TRAPS #<vector>
- 可能なアドレッシングモード：－
- 可能なデータサイズ：－
- コンディションコードの変化：
  X：変化しない
  N：変化しない
  Z：変化しない
  V：変化しない
  C：変化しない

TRAPV（Trap on Overflow）

- 動作：（V フラグが立っていたら）
  TRAP
- アセンブラー文法：TRAPV
- 可能なアドレッシングモード：－
- 可能なデータサイズ：－
- コンディションコードの変化：
  X：変化しない
  N：変化しない
  Z：変化しない
  V：変化しない
  C：変化しない

TST（Test an Operand）

- 動作：デスティネーションの値に応じてコンディションコードをセット
- アセンブラー文法：TST <ea>
- 可能なアドレッシングモード：デスティネーション：Dn ／ (An) ／ (An)+ ／ -(An) ／ d16(An) ／ d8(An,Xn) ／ xxx.W ／ xxx.L
- 可能なデータサイズ：バイト／ワード／ロング
- コンディションコードの変化：
  X：変化しない
  N：デスティネーションの最上位ビットが 1 だった場合にセット、でなければクリア
  Z：デスティネーションの値がゼロの場合はセット、でなければクリア
  V：常にクリア
  C：常にクリア

UNLK（Unlink）

- 動作：An → SP;
  (SP) → An
  SP + 4 → SP
- アセンブラー文法：UNLK An
- 可能なアドレッシングモード：デスティネーション：An

- 可能なデータサイズ：－
- コンディションコードの変化：

  X：変化しない

  N：変化しない

  Z：変化しない

  V：変化しない

  C：変化しない

第4章
Macintosh誕生までの経緯

この章からは、CPU自体からは離れて、初代Macintosh本体に話を進めます。初代Macintoshは、MC68000を搭載したパーソナルコンピューターの中で、当時として最も多く販売された機種であることに議論の余地はないでしょう。しかも、その後ほぼ10年間にわたってMacintoshシリーズの各機種は、MC68000の後継となるCPUを採用し続けました。その間にMacintoshに搭載されて出荷された68000や、その後継CPUの数も膨大なものとなります。というわけで、Macintoshシリーズが、68000系のCPUを最も多く世に出したコンピューターだったことも、まず間違いないでしょう。とはいえ、Macintoshが開発の初期段階で採用していたCPUは、実は68000ではなかったのです。この章では、そのあたりの事情に触れつつ、Macintosh誕生までの経緯を簡単に紹介します。

4-1 Macintoshプロジェクト誕生の背景と開発意図

Macintoshの誕生に関しては、当初から、いろいろな場所でいろいろな人が、数え切れないほどの論評を繰り広げてきました。すでにほとんど語り尽くされた感があるのと同時に、さまざまに異なる説が流布され、どれが本当なのかよく分からないということもあるでしょう。そして、どれが事実で、どれは事実ではないのかということについては、議論してもキリがない部分もあります。事実というのは一面的なものではなく、見る角度、見る人の立場によって異なって表現されることが往々にしてあるからです。

一般的な話としてかいつまんで言えば、Macintoshは、スティーブ・ジョブズが率いるAppleの開発チームが、PARC（Palo Alto Research Center）と呼ばれるXeroxの研究所を訪れ、そこでSmalltalkというGUIを活用したプログラミング環境を搭載したワークステーション（Alto）を見て衝撃を受け、ビットマップディスプレイ上でGUIを採用したパソコンを作ろうと思い立った結果として生まれたものだ、ということになっているでしょう。確かに、ごくごく簡単に言えば、そういう表現も可能で、それが大きく事実と異なっているわけでもないのです。しかし、それだけでは足りないパズルのピースは、他にいくつもありそうです。それを知らなければ納得できない、何かうまくだまされているように感じられる事情もあるのです。そのあたりを正確かつ網羅的に解き明かすことは本書の目的ではありませんが、Macintoshの成り立ちとして知っておくべきことを、一通り見ていくことにします。ただしくどいようですが、それはあくまでも筆者なりの見方、解釈であって、まったく違った見解を持っている人も少なからずいるであろうことはお断りしておきます。

●Macintoshプロジェクトの始まり

上のように単純化したMacintoshの開発経緯の話に、まず抜けている重要なピースの1つは、その開発プロジェクトの始まりの部分です。それほど知られていないことかもしれませんが、実は「Macintosh」というプロジェクトを始めたのは、ジョブズではありませんでした。それは、Appleのかなり古くからの社員だったジェフ・ラスキン（Jef Raskin）という人物だったのです。ラスキンは、1976年に31番めの社員として Apple に入社したので、かなりの古株です。時期的には、「Apple I」と「Apple II」の間くらいでしょうか。最初は雑誌の取材のために Apple 社を訪問したのですが、そのまま引き込まれてしまった、ということのようです。つまり、ミイラ取りがミイラになった典型的な事例の１つと考えられるでしょう。Apple の社員となって最初うちは、ドキュメンテーション部門のマネージャをしていたということです。簡単に言えばマニュアルを作成していたわけです。最初に手掛けたのは、Apple II のマニュアルだと思われます。

写真1：Apple IIのマニュアルの表紙（左）と裏表紙（右）

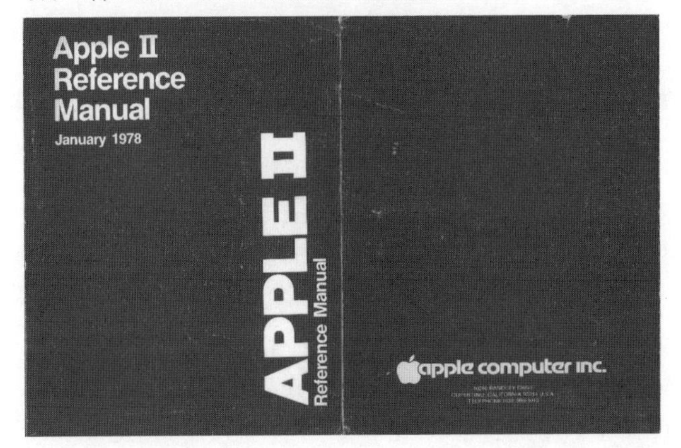

実はラスキンは、それ以前にはカリフォルニア大学サンディエゴ校（UCSD）でコンピューターサイエンスの教授をしていたり、サンフランシスコ室内オペラ楽団の指揮者をしていたこともあるという、かなり多才な人物でした。余談ながら重要なポイントですが、その大学教授時代の教え子の一人に、ビル・アトキンソン（Bill Atkinson）がいました。言うまでもなく、Macintosh のソフトウェア開発における重要な人物です。Toolbox の中でももっとも重要な要素の１つである QuickDraw というグラフィックルーチンを開発し、その後パソコン用としておそらく世界初の GUI を使ったグラフィックアプリ、MacPaint を開発し、さらには今だに比類するものがないユニークな Mac 用ソフトウェア、HyperCard を創作した、あのアトキンソンです。アトキンソンが Apple に入社したきっかけとなったのも、ラスキンからの誘いだったと思われます。

図1：HyperCard画面

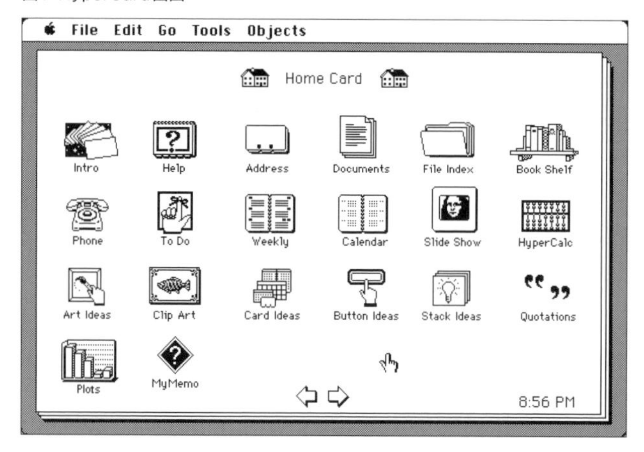

それはともかくラスキンは、Apple IIが軌道に乗った後、Apple社内で品質保証やアプリケーション開発など、さまざまな部門を立ち上げました。そして最終的には、自分のやりたいことを始める自由を認められるまでの地位を獲得したのです。そこで、以前から温めていたMacintoshというパソコンを開発するプロジェクトを発足させました。1979年頃のことです。そのころのApple社のビジネスとしては、Apple IIの全盛期が始まろうとしていた時期でしょう。しかし、すでにApple IIの後継の「Applle III」や、「Lisa」の開発も始まっていました。特にこのLisaは、後になって製品としてのMacintoshにも大きな影響を与えることになった重要な製品です。もちろん、実際に発売もされましたが、残念ながら社会に対して、それほど大きなインパクトを与えたとは言えません。また日本語化されることもなかったので、日本でも普及するには至りませんでした。

ところで、ラスキンが構想していた当初のMacintoshは、製品として発売された初代Macintoshとは、かなり様相の異なるものでした。われわれがよく知る製品としてのMacintoshは、ラスキンがプロジェクトを離れたあと、元の構想とはかなり異なるものとして発展していった結果です。ラスキンのMacintoshは、一言で表せば、パソコンと言うよりもワープロ専用機に近いものだったのかもしれません。

ラスキンは、アップルを退社した後に自らInformation Applianceという会社を立ち上げて、実際に製品を開発しています。そこで作ったのが、元のMacintoshの構想にかなり近いと考えられる製品でした。より正確に言えば、もし元来のMacintoshの開発が、ラスキンの手によってそのまま進められていれば、生まれるはずだった製品と言うべきでしょうか。それは、日本のCanonのアメリカ法人から「Canon Cat」として1987年に発売されました。初代Macintoshよりも3年ほど後のことです。

もちろん1987年は、まだ液晶ディスプレイの時代ではなく、CatもMacintosh同様にCRTを搭載していました。ただし本体とCRTだけでなく、キーボードまでが一体となっていて、日本の8ビットパソコンで言えば、SHARPのMZ-80シリーズに近いスタイルの製品に仕上げられていました。ただし、外部記憶装置としては、MZのようなカセットテープレコーダーではなく、Macintoshが他に先駆けて普及させたとも言える3.5インチのフロッピードライブを内蔵していました。CRTのサイズはMacintoshと同じ9インチで、キーボード部分も含めて、かなりコンパクトにまとめられています。

写真2：Canon Cat

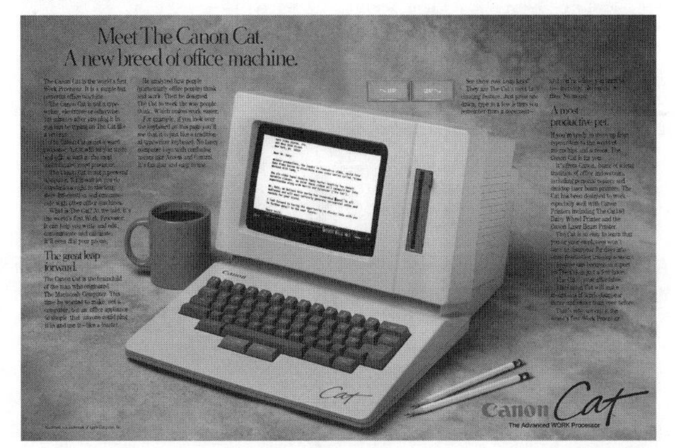

キーボードまでが一体となっている点では異なりますが、CPUにMC68000を採用していたことも含めて、初代Macintoshとの共通点が多いことにも気付きます。少し後で述べるように、もし初期のMacintoshプロジェクトがジョブズに乗っ取られることなく続いていたなら、初代Macintoshは、Catのようなマシンになっていた可能性も高かったと考えられるのです。ただし、Catの発売はMacintoshの3年後であり、そのMacintoshの発売予定も大幅にスリップした結果なので、その年代の違いは考慮する必要があるでしょう。

初代MacintoshとCatには、ハードウェアの外観からだけでも分かる大きな違いがあります。それは、Catはマウスを装備していないことです。言うまでもなくマウスは、パソコン用としてはMacintoshが一般化した入力装置でした。実はこの点でもLisaが先行していましたが、Lisaがそれを普及させたとまでは言えないでしょう。それはともかく、MacintoshとCatのユーザーインターフェースは、互いにかなり異なるものとなっていました。

Catは、プルダウンメニューやオーバーラップするウィンドウ、アイコンといった、Macintoshが世に広めたとされている基本的なGUIの要素を備えていません。Catのインターフェースは、Macintoshを知った人の目で見れば、むしろCUI（Charactor User Interface）のように見えるものだったでしょう。ただし、Unixのターミナルのような、コマンドの文字列を入力すると、その結果も文字列として表示する伝統的な1次元的CUIではなく、画面いっぱいを2次元平面として活用する、視覚的な要素の強いCUIでした。CatもMacintosh同様のビットマップディスプレイを採用していましたから、行間を調整したり、文字の書体を変えて表示することも可能でした。また、今でもワープロアプリに表示されているルーラーや、文字揃えを切り替えるボタンなど、グラフィカルな要素も採用していました。

図2:Canon Catのスクリーンショット

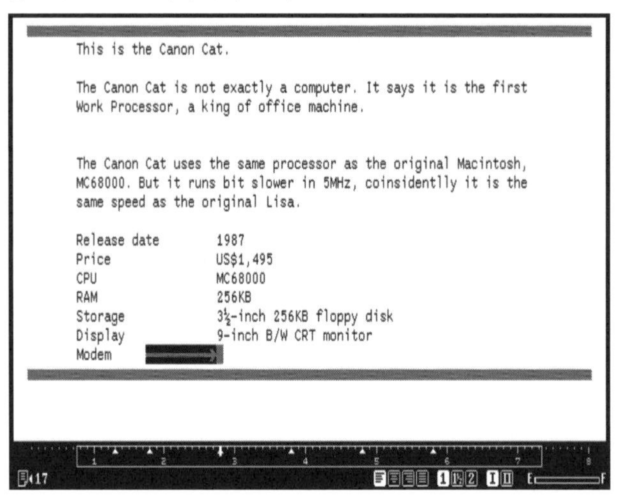

それでもMacintoshのような典型的なGUIとは異なるため、マウスのようなポインティングデバイスは備えていません。その代わり、キーボードショートカットを多用する、操作効率を重視した設計となっていたのです。言うまでもなくキーボードショートカットでは、キーボードに置いた両手を、ホームポジションから大きく動かすことなく、さまざまコマンドを実行することが可能です。そのキーボードショートカットの操作の効率を最大化するために、Catはスペースバーの手前

に、リープ（Leap）キーと呼ばれる2つのキーを用意していました。これらのキーと他のキーと組み合わせて押すことでコマンドを実行できるようにしていたのです。見た目は、どことなく日本語入力のための親指シフトキーに似ていますが、もちろん機能的にはまったく異なるものです。

写真3：Catのキーボード

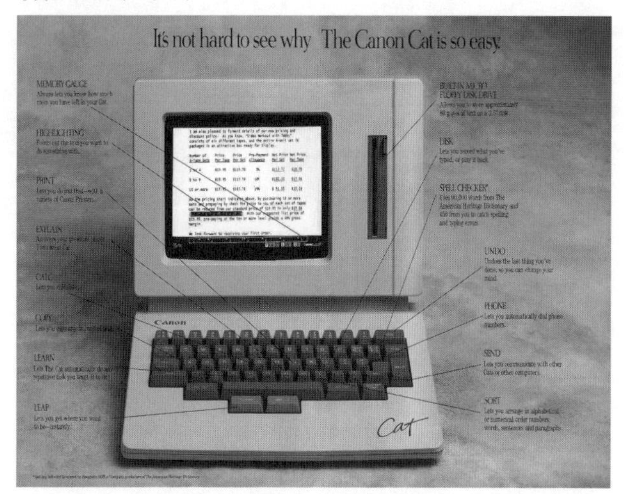

Catのリープキーは、むしろMacintoshが初代から現在まで一貫して備えているコマンド（Command）キーと似たような機能を発揮するものと考えれば良いでしょう。Macintoshでも最初から、頻繁に利用するメニューの項目を、いちいちマウスでメニューを開くことなく、コマンドキーとアルファベットを組み合わせたショートカットとして選択できるようになっていました。これは、操作効率を重視したラスキンの発想の名残とも言うべきものなのです。

またラスキンは、コマンドの選択以外でも、GUIの操作が非効率的になりがちなのを嫌っていました。たとえば、テキストを編集する際に、いちいちマウスをドラッグして範囲を選択したり、コピー&ペーストの行き先をクリックして指定する操作は、効率的ではないと考えていたようです。そのため、そうした目的でもマウスを使わざるを得ない一般的なGUIの操作方法を避けたのだと考えられます。Catにマウスを装備しなかったのはもちろん、マウス（鼠）に対してキャット（猫）というネーミングにしたのも、そのあたりの反骨的な気持ちの現れと考えることができるかもしれません。

●Apple II上で産声を上げたMacintosh

最初にちょっと述べたように、プロジェクト開始当初のMacintoshは、CPUとして68000を採用したものではなかったことも、しっかりと認識しておく必要があるでしょう。初期のMacintoshのプロトタイプは、実は6809を採用し、しかもApple II上で動いていました。Apple IIの拡張スロットに6809のCPUカードを装着し、そのカード上で動作するものだったのです。つまり最初期のMacintoshは、8ビットマシンだったわけです。この場合Apple II本体は、キー入力や画面表示など、ユーザーインターフェースをはじめとする入出力機能を担います。おそらくメモリも、Apple IIの基板上のものを利用する形式だったのではないかと考えられます。Apple IIの柔軟な拡張スロットのことを理解している人なら、プロトタイプのコンピューターのハードウェアをゼロから作るよりも、Apple IIの拡張カードとして作るほうが、はるかに簡単だということが分かるでしょう。それは、CPUが異なる場合でもそうなのです。独立したCPUを載せた拡張カードを装着したApple IIは、一種のヘテロなデュアルCPUマシンとして動作します。

これも余談ですが、Apple IIの全盛時代、ちょうど現在のMacに対するWindows PCのような存在として、デジタルリサーチ社（Digital Research Corporation）のCP/Mという、原始的なOSを搭載した8ビットパソコンがありました。CP/Mは、各種プログラミング言語の処理系など、実務的なアプリケーションを豊富に備えていたこともあり、その搭載機は、分野によってはApple IIよりも人気の高い製品でした。そのため、Apple II上でもCP/Mを使いたいという要求があったのです。そうした要求に応えたのは、Apple自身の製品ではなく、なんとマイクロソフト社が発売したApple II用の「Z80 SoftCard」でした。

写真4：Z80SoftCardの広告（BYTE June 1981）

これは、バスのタイミングも含めて、本体のマザーボード上の6502とはまったく性格の異なるCPUを、拡張スロットにカード（小基板）として装着して動作するものでした。Z80カード上ではCP/Mが動作し、Apple II本体はキーボード入力や画面表示に加えて、ディスクやプリンターを含むI/O機能を提供していました。Apple IIのメモリ上には、6502とZ80用のプログラムが混在し、動作するルーチンによってバスを支配するCPUがオンデマンドで切り替わるという、なかなか巧みな動作をするものでした。Apple II上で産声を上げた6809版のMacintoshも、似たような構成だったものと思われます。

この6809を採用した初期Macintoshのプロトタイプの写真は、筆者も見たことがありません。誰も写真を撮らなかった可能性もありますが、どのようなものだったかは、なんとなく想像することができます。というのも、Apple IIの拡張スロットに装着できるカードのサイズは決まっていて、アップル自身もプロトタイピング用のユニバーサル基板を販売していたからです。筆者自身も学生だった1980年台の初頭、日々Apple IIで遊んでいた時期に、Apple IIの拡張スロットに挿して動作する6809CPUカードを独自に制作したことがあります。今になって思えば、当時は奇しくも初代のMacintoshが盛んに開発されていた時期でしたが、遠い日本にいた筆者は、もちろんそのようなプロジェクトの存在を知る由もなく、それが最初はApple II上の6809カードという姿をしていたことなども、まったく知りませんでした。筆者の6809カードも、Apple純正のユニバーサル基盤を使ったもので、幸いにしてその現物も残っています。Maintoshのプロトタイプとは直接関係ありませんが、それに近いイメージとして写真を掲載しておきます。

写真5：Apple II用の6809CPUカードの一例

これは、Apple IIの拡張カードとして、6809を動作させるために必要な最小限の回路をTTL-ICで構成したものです。Z80 SoftCardの配線パターンを紙に写し

取り、独自に回路図を起こして、それを参考に設計したもので、RAMやROMはカード上には載っていません。メモリやI/Oは、すべてApple II本体のものを利用するようにしていました。Z80の場合には、バスのタイミングを合わせるために、データバスに8ビットのラッチを必要としていましたが、実際に動かしてみたら、6809では不要と分かりました。そのため、ソケットに入れていたラッチ用のICを取り除き、回路をバイパスしてあります。実際にMacintoshのプロトタイプがどんなものだったかは、具体的には分かりません。しかし、Apple II上で動作させるという制約条件を考えると、6809CPUは当然として、それ以外にも、これと共通する部分があったことは間違いないと思っています。

4-2　68000を採用してプロジェクトを方向転換

　このApple II上の6809カードによるMacintoshのプロトタイプを設計したのは、バレル・スミス（Burrell Smith）という人物でした。スミスは、もともとApple II部門にいたAppleの社員でしたが、新しいハードウェアの設計を担当するエンジニアではなく、故障してユーザーから送り返されてきたApple IIを修理する、いわばサービス担当のテクニシャン的な立場の人でした。しかしスミスは、Apple IIを設計したスティーブ・ウォズニアク（Steve Wozniak）の設計思想を深く理解し、単なる修理技師にとどまらない技術力を自ら獲得していたのです。

　そのバレルの技量を高く買い、Apple II部門からスカウトしてきたのもラスキンでした。スミスは、後に初代Macintoshのハードウェアの設計に最初から最後まで携わり、ほぼ一人で基幹部分を設計するという重要な役割を果たすことになります。その技術力も大したものですが、それ以前には独立した製品の設計を完成させた実績もない人物の技量を見抜いて、スカウトしてきたラスキンの人を見る目も確かなものがあったことは間違いありません。このスミスは、ラスキンを含めて、たった4人のMacintoshプロジェクト創立メンバーの一人となったのです。

●6809から68000への転換

　スミスが最初に設計したのは、すでに述べたとおり、Apple IIの拡張カード上で動作する6809を採用したシステムでした。しかし、プロジェクトは、それができた段階で、早くも停滞してしまったようです。というのも、ハードウェアはできても、ソフトウェアに関して、捗々しい進展が見られなかったからです。もっとも、Apple II上の6809カードでは、動作にも制限があり、少なくとも画面の見た目に関しては、原理的にApple II以上のものは得られないわけなので、それも無理がないことだったように思えます。

　そのような停滞を吹き飛ばして、プロジェクトに新たな息を吹き込んだのは、少し遅れてメンバーに加わったソフトウェア担当のメンバー、バッド・トリブル（Bud Tribble）でした。トリブルは、やはりUCSD時代からラスキンとアトキンソンの共通の知り合いで、当時はシアトルにあるワシントン大学で医学部の博士課程に在籍していました。それだけでも、かなり優秀な人物だったことが分かります。そのトリブルをMacintoshのプロジェクトに勧誘したのはアトキンソンでした。そこに具体的にどのようなやり取りがあったのかは分かりません。しかし将来が確実と思われる医学部の博士課程を休学してまで、まだ海の物とも山の物とも分からないようなMacintoshのプロジェクトに参加するということは、それだけその仕事が魅力的なものに見えたということは確かでしょう。いくらラスキンやアトキンソンが熱心に説得しようとしても、優秀なトリブルが、それほど期待を持てそうもないプロジェクトに参加するとは思えないからです。参加するからには、将来有望なキャリアを棚上げにし、シアトルからクパチーノ近辺に引っ越しをしなければならないわけなので、なおさらです。余談ながらトリブルは、Macintoshプロジェクトで働く際に、アトキンソンの家に間借りしていたようです。この二人の互いの信頼感の強さがうかがい知れるエピソードです。

トリブルは、スミスの設計した6809システムのために、いくつかのグラフィックルーチンを書くところから始め、Apple IIのビットマップディスプレイ用のデモプログラムも開発しました。しかし、すぐに6809の限界に突き当たってしまったようです。そこでトリブルは、6809に替えて、同じモトローラ製の68000を採用するよう、スミスに勧めます。このような8ビットのシステムに限界を感じていたのは、スミスも同じだったのでしょう。すぐさまそれに応えて、スミスはApple IIから独立して動作する68000システムを設計し、新たなプロトタイプを制作したのです。これが、製品化に直接つながる68000版Macintoshが最初に動いた瞬間でしょう。残念ながら、その詳細も明らかになっていませんが、想像するところ、I/Oなどの細かな部分を除けば、基本的には製品版の初代Macintoshと、それほど大きく異なるものではなかったように思われます。というのも、最終的な製品版のMacintoshでも、少なくとも部品のレイアウトなどにApple IIからの影響を垣間見ることができるからです。

この6809から68000への変更によって、Macintoshのハードウェアだけでなく、プロジェクト自体が大きく進展することになりました。しかし、それと同時にプロジェクトの方向性が大きく転換するきっかけにもなってしまいました。というのも、スミスが設計した68000システムの出来栄えがあまりにも素晴らしかったために、最初はMacintoshプロジェクトに興味を示さなかった、というよりも、むしろ疎ましくすら感じていたであろうジョブズに目をつけられることになったからです。

●スティーブ・ジョブズの関与

すでに述べたように、ラスキンの話によれば、Macintoshのプロジェクトがゼロから始まったは1979年のことでした。そして、これはよく知られているように、初代Macintoshが発売されたのは1984年の1月です。ということは、実際の開発期間としては、79年の途中から、80、81、82、83年後半までの4年強ということになります。単なる発想の段階から、何段階かのプロトタイプを経て、それまでに類を見なかったような製品として完成させるまでの開発期間としては、かなり短かったと言えるでしょう。

しかし、その短い期間に渡って開発が順風満帆に進んだというわけではありません。それまでには一般の人が誰も見たことがなかったような本体の形、画面表示、動作のマシンを作ろうとしていたのはもちろん、それを最初からできるだけ低価格で販売しようと考えていたわけですから、その過程には数え切れないほどの試行錯誤や方針転換、設計変更があったことは容易に想像できます。特に初期の段階で、プロジェクトに最も大きなインパクトを与えたのは、リーダーの交代でしょう。そう、Appleの共同創立者の一人、ジョブズがラスキンをMacintoshプロジェクトから外し、プロジェクトを乗っ取って、自らリーダーに収まったのです。

そのリーダー交代があった時期は、1981年の2月のことだと考えられます。この時期についても諸説あるようで、はっきりしない面もあるのですが、たまたまラスキンと入れ替わるようにしてMacintoshプロジェクトに参加することになった「アンディ・ハーツフェルド（Andy Hertzfeld）」の話から特定すれば、そうなります。言うまでもなくハーツフェルドは、その後、Macintoshプロジェクトの中で大活躍し、本書の主題の1つでもあるToolboxと呼ばれるROMのソフトウェアを、一部を除いてほぼ単独で開発した人物です。

その時期が、ほぼ間違いのないものだと分かるのは、Apple社内の大きなできごとと、ほとんど同時に起こったことだからです。その年の2月25日には、当時のApple社内で「ブラック・ウェンズデー（Black Wednesday）」と呼ばれて語り草になった大規模な組織変更がありました。簡単に言えばいわゆるリストラで、Apple II開発部門などでも、多くのエンジニアに首が言い渡されたと言われています。それに乗じたのかどうかは分かりませんが、その直後にジョブズはラスキンからMacintoshプロジェクトを奪い取るようにして引き継ぎ、結局ラスキンを退社に追い込んでいます。おそらく、ジョブズの振る舞いに嫌気が指したラスキンが自ら辞職したのではないかと思われますが、Macintoshプロジェクトの部屋にあった自分の机の中身を片付ける暇もないほど、急な出来事だったようです。

当時のAppleのCEOは、創立時のメンバーではなく、後からAppleにやってきたマイク・スコット（Mike Scott）でした。そのころのジョブズは、やや微妙な立場にいたものと考えられます。それでも、3人の共同創立者の一人には違いないので、ある程度の権力を保持していたことは間違いないでしょう。言い方を変えれば、かなり自由な立場で、好きなことを好きなようにできる程度の特権は握っていたものと想像できます。

Macintoshプロジェクトを乗っ取る以前のジョブズは、前述のLisaという別の製品開発のリーダーを務めていました。この間に、実際にジョブズがLisaの開発と具体的にどのように関わっていたのかのははっきりしませんが、1つ大きな功績があったことは間違いありません。それは、少し後になってMacintoshにも大きな影響を与え、ひいては世界のパーソナルコンピューターの常識を変えることにもつながるのものです。そのきっかけとなったのは、すでに述べたように、ジョブズを含むLisaの開発チームが、サンフランシスコのちょっと南のパロアルト（Palo Alto）にあったXerox社の研究所、PARCを訪問したことでした。それ以前のLisaは、ユーザーインターフェースとしてグラフィカルなもの、いわゆるGUIを採用したものではなかったと言われています。しかしPARCで、当時として最先端のGUIを目撃したことに触発され、ジョブズはLisaプロジェクトにもGUIを導入することを決定したと言われます。Lisaチームの PARC訪問については、改めて少し後で述べます。

Lisaは、Apple IIの後継機であるApple IIIの、さらなる後継機として開発が開始されたものでした。Apple IIIには、すでに当時、失敗作という烙印が押されていました。しかし、LisaがApple IIIの二の舞になることを恐れたCEOのスコットは、ジョブズをLisaのプロジェクトリーダーから外してしまったのです。おそらく、ジョブズの勝手な振る舞いを苦々しく感じていたスコットは、会社の命運をかけたプロジェクトをジョブズにまかせておく気にはなれなかったものと思われます。その結果、行き場をなくしたジョブズが、Macintoshプロジェクトを乗っ取ることになったというわけです。当時のMacintoshは、まだ具体的な製品化の予定もはっきりせず、社内でのプライオリティも、さほど高くないプロジェクトだったのです。それならジョブズに任せて、仮に失敗しても、大した打撃にはならないと思われていたのでしょう。

しかし皮肉なもので、実際にAppleを立て直し、新たな収益の柱となったのはLisaではなく、他ならぬMacintoshであったことは、後に誰もが知ることになる事実です。Lisaは膨大な開発費をかけた割には、それに見合う利益を獲得することなく終わってしまいました。しかも、最後は名前も「Macintosh XL」と呼ばれることになり、開発チームもMacintoshに吸収される形で収束してしまいました。Lisaチームにとっては、かなり不名誉なことです。とはいえ、もしLisaがなければ、初代のMacintoshは、少なくともあのような形では存在していなかったことも間違いありません。最初から独立して設計されたハードウェアはともかくとして、Macintoshのシステムソフトウェアは、少なくとも見た目はよく似ていましたし、内部的にLisaのものを流用した部分があるのも事実です。その結果、Macintoshの開発費自体もそれなりに低減され、開発期間も短くなったことは確かでしょう。Lisaの開発者側から見れば、MacintoshはLisaの成果を横取りするようにして開発された廉価版のLisa、ミニLisa的な存在に見えたはずです。もしLisaの影響がなければ、Macintoshは最初から大きく異なったものになり、おそらく今日まで超ロングセラーのシリーズとして生きながらえることもなかったでしょう。現在では「Macintosh」という名前は正式な製品名からは消えてしまいましたが、今もその流れにあるマシンを使い続けていられるのも、もとを正せばLisaのおかげと言えるのです。

4-3 GUIの採用と独自システムの開発経緯

ここで少し戻って、Lisaがビットマップディスプレイを採用し、GUIを前面に押し出したユーザーインターフェースを採用するきっかけ、経緯について詳しく検討してみましょう。Lisa開発チームのリーダーだった当初のジョブズは、自身の発案による独自のユーザーインターフェースのアイディのようなものは持っていなかっただろうと思われます。彼の頭の中にあったのは、とにかくApple IIや、Apple IIIの次の世代として、世の中をあっと言わせるようなものを作りたいという一念だけだったのではないでしょうか。しかし、そのようなマシンに仕上げるための具体的な決め手は、そう簡単に見つかるものでもないでしょう。そんなときに思わぬチャンスが訪れました。Xerox社の研究所、PARCを訪問して見学できることになったのです。それは、1978年に始まったLisaのプロジェクトとしても比較的初期、1979年のことだとされています。そしてこの訪問は、おそらくジョブズやLisaチームが期待していた以上の大きな成果をもたらすことになりました。

●Lisa開発チームのXerox PARC訪問

Lisa開発チームが訪問したXeroxの研究所PARCは、いわゆる総合研究所で、いろいろな分野の研究部門が集まっています。その中には当然ながらコンピューターサイエンスを研究する部門がありました。内部ではCSLと呼ばれているComputer Science Laboratoryです。ラスキンの話によると、LisaチームがPARCを訪問できるようにセッティングしたのも、ラスキン本人だったということです。たぶん、UCSD関連の知り合いがPARC内にいたのでしょう。

写真6：PARCの建物

しかしAppleとXeroxの関係は、それだけではなかったようです。後で述べるように、ビットマップディスプレイの採用を推していたアトキンソンからの話も聞いて、いよいよPARC訪問に興味を抱いたジョブズは、XeroxにAppleの株式を大口購入する権利を与えることで、Lisaの開発チームがPARC内を見学できるよう、話を付けたという説があります。実際にXeroxはAppleの比較的大口の株主となったようなので、この話には信憑性があると考えられます。Xeroxとしては、Appleというまだ駆け出しの会社に投資しておき、そこにPARCの研究成果の一部を見せ、それが優れたApple製品の開発につながれば、Appleの株価も上昇してXeroxの利益にもつながる、という考えがあったのかもしれません。なんだか風が吹けば桶屋が儲かる的な話のようにも見えますが、筋は通ります。いずれにしても、当時のXeroxはAppleを、ほとんど警戒していなかったのは間違いなさそうです。

しかし、だいぶ後になって発生した両社のGUIをめぐる争いを考えれば、Xeroxとしてはもっと慎重に行動すべきだったと言えるでしょう。また研究者自身には、会社の方針とは関係なく、自分たちの成果を見せびらかしたいという気持ちがあったことも容易に想像できます。もちろん、見学者にソースコードを公開するというようなことはなかったはずですが、PARCで開発されていたGUIは、それまでにはほとんど世間に知られていないものだっただけに、その画面の構成や動きをひと目見ただけで、Lisaに限らずパソコンの開発者にとっては多大なインパクトがあったことは間違いありません。

ここで、Lisaの開発チームが実際にPARCで何を見て、それが具体的にどのような影響をもたらしたのかという点については、少し注意深く考えてみる必要があります。ひとくくりに「ビットマップディスプレイ」や「GUI」というキーワードを見ただけで分かったようなつもりになってしまうのは危険です。

これもラスキンによれば、当初のLisaは、GUIどころか、メイン画面にビットマップディスプレイすら採用していない、キャラクター画面を中心とするユーザーインターフェースのマシンだったようです。つまり、Apple IIやApple IIIの延長線上にあるようなものだったのでしょう。ここで念のために付け加えると、必ずしもビットマップディスプレイ＝GUIということではありません。そして、一口にGUIと言っても、いろいろなタイプ、あるいはレベルがあります。LisaチームのPARC訪問による影響を含む設計の変化を考える上では、この２点をしっかりと把握しておく必要があります。それが、Macintoshの生い立ちにも大いに関係があるからです。１つずつ見ていきましょう。

まず必ずしもビットマップディスプレイ＝GUIではないというのは、これらがイコールの関係ではなく、必要条件と十分条件の関係だということです。つまり、GUIを実現するためには、ビットマップディスプレイが必要ですが、ビットマップディスプレイを装備しているからといって、必ずしもGUIを実現しているとは限らないという意味です。

それでは、GUIのためではないとすれば、何のためにビットマップディスプレイを装備する必要があるのでしょう。それは1つには、バリエーション豊かな文字表示のためです。言い換えれば、文字の大きさを自由に変化させたり、書体を変えて画面に表示したりできるようにするためには、ビットマップディスプレイであることが不可欠なのです。

LisaやMacintosh以前のパーソナルコンピューターは、ほとんど例外なく文字表示のための固定的なフォントをROMに収容していました。その場合のフォントは、アルファベットや基本的な記号、数字を表示するための最小限とも言える8×8ドットを基本とするビットマップパターンとして表現したものがほとんどでした。キャラクターディスプレイでは、ビデオメモリには文字の形状を表すビットパターンではなく、文字コードを書き込みます。それを文字として表示するには、ハードウェアがビデオメモリから読み込んだ文字コードをフォントROMのアドレスに変換し、ROMの対応する場所から読み込んだビットパターンを使ってビデオ信号を生成するのです。この方式では、あらかじめROMに保存してある形状の文字しか表示できず、その配置も文字の大きさ単位で決められてしまいます。これでは、プログラミングのような用途なら問題がなくても、文字の大きさや書体を変えながら表現するワープロのようなアプリケーションを作るのは困難だったのです。ビットマップディスプレイであれば、ソフトウェアによって文字の形状を示すビットパターンを生成し、それを直接ビデオメモリに書き込むことができるので、どのような大きさ、形状の文字でも自由に描くことができます。もちろん、1画面内に文字とグラフィックを自由に混在させて配置し、表現力の豊かな文書を作成することも可能となります。

このようなビットマップディスプレイの使い方は、GUIとは直接関係のない、いわゆるWYSIWYG（What You See Is What You Get）を実現するためのものと言えます。これは画面に表示されているものが、そのまま紙に印刷された文書のページとして得られるという意味です。実際に、当時のMacintoshでラスキンが目指していたのは、まさにそれだったのです。つまり、現在では当たり前になったような、文字表現にサイズや書体のバリエーションが付けられる文書作成機能でした。これも筆者がラスキン本人から直接聞いた話ですが、もともとは単一サイズの文字しか表示できないキャラクターディスプレイ仕様だったLisaを、多彩な文字が表示可能なビットマップディスプレイに移行するよう促していたのは、他でもないラスキンだったというのです。しかも、それは開発チームのPARC訪問以前のことだったようなのです。Lisaチームが、PARC訪問以前にビットマップディスプレイの採用を決断していたかどうかは分かりませんが、PARC訪問によってそれが決定的になったということは、十分に考えられます。

また筆者は、その当時Lisa開発チームに所属していアトキンソン本人にも直接話を聞いたことがあります。すでに述べたように、彼はLisaのグラフィックを担当していました。アトキンソンもまた、Apple IIのように文字画面とグラフィック画面を別々のものとするのではなく、1画面内に文字とグラフィックを自由に混在させるためにも、全面的にビットマップディスプレイにすべきだと主張していたようです。本人がどう思っていたかは別として、アトキンソンはラスキンの愛弟子とも言える人物であり、Lisaに対しては師弟そろってビットマップディスプレイの採用を促していたことになります。少なくとも水面下では、PARC訪問以前から、Lisaの画面をビットマップディスプレイにしようという動きがあったことは間違いなさそうです。

さてもう1つの、GUIと言ってもみんな同じではないという話に移りましょう。LisaやMacintoshのGUIの生い立ちを考える上では、こちらの方がはるかに重要です。結論から言えば、Lisaの開発チームがPARCで実際に目にしたXeroxマシンのGUIは、必ずしもLisaチームが導入したGUIと同じスタイル、操作性、いわゆるルック・アンド・フィールを持ったものではなかったということになります。実際にPARCで、どのようなGUIを見せられたのか、確証はありません。しかし1979年という年代からすると、それはAltoという縦長のビッ

写真7：Alto（BYTE September 1981）

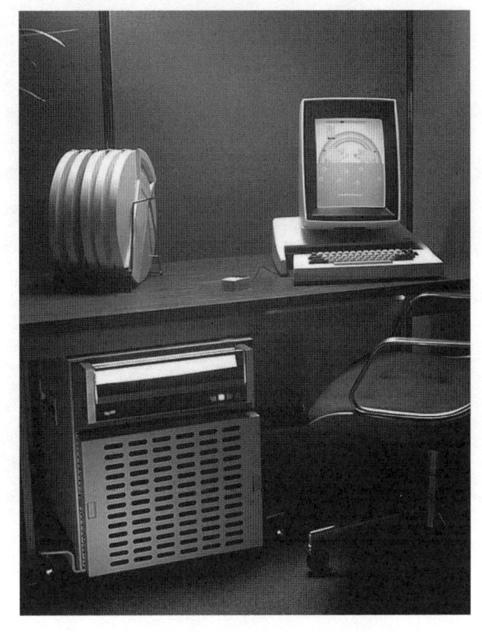

トマップディスプレイを備えた、オールインワンのパーソナルコンピューターのプロトタイプのようなマシンだったと思われます。その当時、他のどこにも存在しなかったイーサネット（Ethernet）を使ったLANに接続し、ポインティングデバイスとしてマウスを備え、おまけにリムーバブル式のハードディスクまで装備した伝説的なマシンです。

ちなみにマウスはPARCで発明されたものではありませんが、イーサネットはPARCで発明され、初めて実用化されたもので、基本的な原理は今でも同じものが世界中で使われているLANのインフラ技術です。当時は、もっぱら太い同軸ケーブルを使ったものでした。最初に製品化されたものは10Mbps（10Base5）のものですが、当初は3Mbpsで動いていました。Lisa開発チームが見た1979年当時のAltoも、3Mbpsのインターフェースでネットワークが動いていたはずです。余談ですが、イーサネットの名前の由来を知らないという人は意外に多いようです。その理由は「Ether」の部分単独では、日本語では「イーサ」ではなく「エーテル」と読まれているからでしょう。電波が真空のはずの宇宙空間を伝わることができるのは、宇宙がエーテルで満たされているからだという説が昔ありましたが、そのエーテルです。つまり、エーテルのように世界中に信号を伝えるための媒体となることを目指して付けられた名前なのです。見事なネーミングと言えるでしょう。

話が横道に逸れましたが、問題は、そのAltoの画面に映し出されていたのが何かということです。これも確証はありませんが、時代から類推すると、よく言われているとおり、有名なSmalltalk（Xeroxの製品としてはSmalltalk-80）だった可能性が高いでしょう。しかし、同時期にPARCで開発されていたInterlisp（同Interlisp-D）だった可能性も捨てきれません。あるいは、その両方だったかもしれません。いずれにしても、Smalltalkが広く世の中に知れ渡ったのは、米BYTE誌がSmalltalkの特集を組んだ1981年の8月号によるも

写真8：BYTE誌1981年 Smalltalk特集表紙

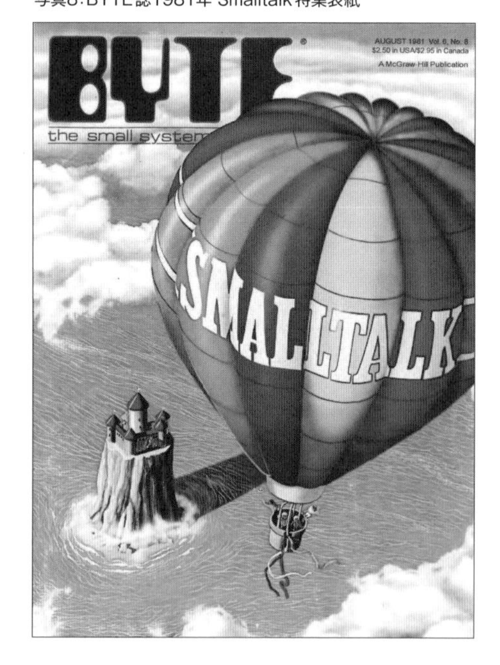

のと思われます。Lisaチームは、それよりざっと2年も早くSmalltalkを知っていたことになります。

Smalltalkにせよ、Interlispにせよ、いずれも単なる言語処理系というわけではなく、今で言うOSや、付随するアプリケーションを含む統合的なソフトウェア環境でした。いずれもAltoの上で、独自のGUIを実装して動いていたものです。それらのGUIには、それほど大きな違いはありませんでしたが、現在のmacOSやWindowsなどの一般的なGUIから想像するものと比べれば、かなり異なるものでした。筆者は、実際にAltoを実用に供したことはありませんが、それより少し後のDolphin（Xerox 1100）と呼ばれるマシン上で、Interlisp-Dによるプログラミング経験があります。同じGUIとは言っても、Macintoshのものとは、ルック・アンド・フィールがまったく異なるものでした。

Smalltalkについては、後になってパソコン上でも動作するSqueakという環境が広く普及したので、その画面を目にしたことがあるという人も多いでしょう。そのユーザーインターフェースは、良くも悪くもXeroxのSmalltalk-80から大きく変わるものではありませんでした。Interlisp-Dのルック・アンド・フィールも似たようなものでした。

写真9：Smalltalkの画面（BYTE August 1981）

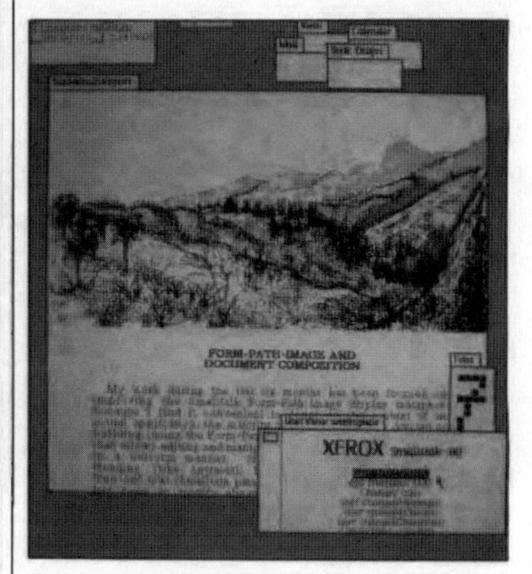

least 256 K bytes of memory. This much memory is required because the whole integrated environment lives in one address space. It includes not only the usual run-time language support, but window-oriented graphics, the

Photo 2: *A typical Smalltalk display. The various "windows" look and behave like overlapping sheets of paper.*

●デスクトップメタファーの起源は？

以前、といってもだいぶ前になりますが、Macintoshが発売された直後のころには、よくGUIの3大要素として、メニュー、ウィンドウ、アイコンが挙げられていました。Smalltalk-80やInterlisp-D、あるいはそれに続くXeroxの開発環境のGUIにも、当然ながらメニューやウィンドウはあります。しかし、意外に感じられるかもしれませんが、ファイルやフォルダー、あるいはディスクやサーバーを擬似的に表すものとしてのアイコンは存在していなかったのです。もちろん、ファイルやフォルダー（ディレクトリ）という概念はありましたが、それらはアイコンなどによる視覚的なオブジェクトして表示されるようにはなっていませんでした。今のmacOSやWindowsでいえば、ウィンドウの中のリスト表示のようなものですが、ファイルブラウザーと呼ばれるアプリケーションが組み込まれていました。ファイル名やフォルダー名は、文字列によるリストとして表示したり、Unixのターミナルと同じようなCUIを通してアクセスするようになっていたのです。

一方、Appleが製品化したLisaやMacのユーザーインターフェースは、画面全体を「デスクトップ」に見立て、その上にファイルやフォルダー、ディスクなどのアイコンを配置する、いわゆる「デスクトップメタファー」というモデルを採用したものです。

写真10：Lisa

この点で、LisaやMacintoshのGUIは、Lisaの開発者がPARCで見たものとは大きく異なっていると言えます。では、デスクトップと、その上に配置するオブジェクトとしてのアイコンは、どこから来たのでしょうか。

実はこれにも諸説あって、本当のところはよく分からないのですが、大きくは、Lisaの開発チームが独自に開発したという説と、やはりXeroxの別のワークステーションからヒントを得て開発したという説の2つがあるでしょう。筆者個人としては、前者だと言い張るには、ちょっと無理があるのではないかと感じています。しかし、このあたりは、XeroxとAppleの間のGUIをめぐる法廷闘争があったために、事実が歪められて、あるいは煙に巻いたような形で語られるようになり、本当のことが分からなくなってしまったのではないかと思われます。

Xeroxの別のワークステーションとは、Starというオフィス向けのコンピューター、というよりも文書作成システムです。ユーザーが直接操作するワークステーションだけでなく、ファイルサーバー、プリントサーバー、ユーザーやネットワーク上の機器を管理するクリアリングハウスサービスなどを含む大掛かりなものでした。これは1981年に発表､発売されました。Lisaが発売される2年も前のことです。

写真11：Star(BYTE April 1982)

どこで読んだかは記憶が定かではないのですが、Starが最初にトレードショーで発表された際に、Appleの関係者が、そのデスクトップメタファーを基本とするGUIに衝撃を受け、その報告を受けたLisaの開発チームが、さっそくデスクトップメタファーを取り入れるよう、GUIを設計変更したというような記述を読んだ憶えがあります。

これは､筆者の個人的な感触としては､ありそうなことだと考えています。しかし､Lisaのユーザーインターフェースが Starから影響を受けたという事実を否定する説もあります。それを否定する1つの根拠として、そもそも誤った認識があることを前提に、それはあり得ないから、LisaもStarから影響を受けていないとするものがあります。その誤った認識とは、Lisaの開発チームがPARCを訪問した際に、

Alto だけでなく、開発中だった Star も見て、デスクトップメタファーを含む GUI を目の当たりにし、それを真似て Lisa の GUI を設計したというものです。

この認識が誤りである可能性が非常に高いといえるのは、Star は PARC で開発されたものではなかったからです。Star は PARC ではなく、エルセグンド（El Segundo）という場所にあった Xerox の一拠点で開発されたものです。PARC にいたメンバーがスピンアウトする形で製品開発チームを編成し、エルセグンドに移って製品としてのワークステーションを開発したのです。エルセグンドは、筆者も1回だけ訪れたことがあります。同じカリフォルニア州ですが、PARC がある北部のサンフランシスコに近いパロアルト（Palo Alto）から遠く離れた、同州の南端に近いロサンゼルス郡の一角にあります。直線距離でも軽く 600km 以上離れているでしょう。その当時、PARC に開発中の Star が存在しなかったことを証明するのは困難ですが、Lisa の開発チームが PARC で Star を見る可能性はかなり低い上に、PARC を訪れたついでにエルセグンドの Star 開発拠点を見るというのは、完全にあり得ない話なのです。

しかしだからと言って、Lisa が Star から影響を受けていないとは言えないのです。むしろ状況証拠としては、影響を否定できないと考えるのが普通でしょう。まず、Star の発表から Lisa の発売まで約2年もあり、先に示したように 1982 年の BYTE 誌にも大きく取り上げられているのです。その間に Lisa の開発チームが Star のことをまったく知る機会がなかったと考えるのは、かなり不自然でしょう。そして、いわゆるルック・アンド・フィールの類似性は、誰の目にも明らかです。Star を使った経験のある人は、それほど多くないかもしれませんが、実際に使ってみれば良かれ悪しかれ違和感なく両者を使いこなせるでしょう。

具体的な GUI の構成要素を見ても、角の折れた書類、タブの付いたフォルダーのアイコンのデザインなどはそっくりです。これらは、ありふれたものだから似ていて当然だと思われるかもしれませんが、Star 以前のコンピューターの画面で、そのようなアイコンを表示するものはありませんでした。影響の有無はともかくとして、オリジナルは Star の方であることは間違いありません。Lisa や Macintosh の GUI にあって、Star の GUI になかったものは、画面の上辺にあるメニューバーに配置され、文字によるタイトル（File、Edit など）で分類されたメニューくらいのものでしょう。実は Star の画面の上部にある白い横長の領域はメニューバーで、右端には、今で言うハンバーガーメニューのアイコンが配置されていました。

筆者がアトキンソンから直接 Lisa の GUI についての話を聞いたとき、その進化の過程は説明してくれました。時期は分かりませんが、デスクトップやアイコンがない状態から、デスクトップメタファーを採用するようになった変化は確認することができました。ただし、それがStarの影響だという話は、まったくしていませんでした。アトキンソンが口をつぐんでいるのは、前述したような訴訟の影響があったからだと、筆者個人としては考えています。とはいえ、それも筆者の憶測であって、事実かどうかは分かりません。しかし、1981年に登場したStarと1983年に登場したLisaのデスクトップ画面のスクリーンショットを並べて見たとき、LisaがStarの影響を受けていないと考えるのは無理があるように思えてなりません。

図3:Starのデスクトップ画面(BYTE April 1982)

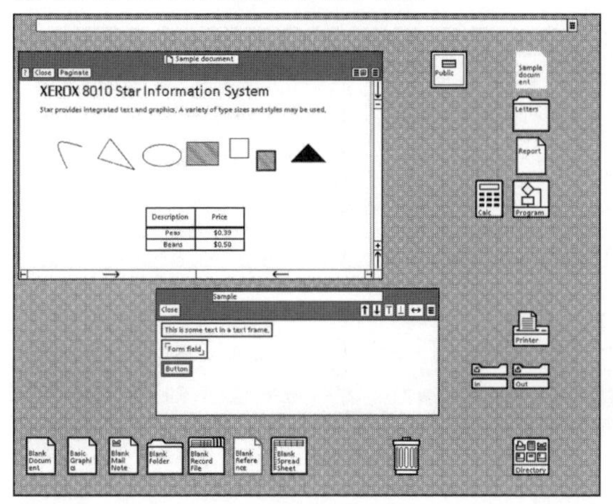

図4:Lisaのデスクトップ画面

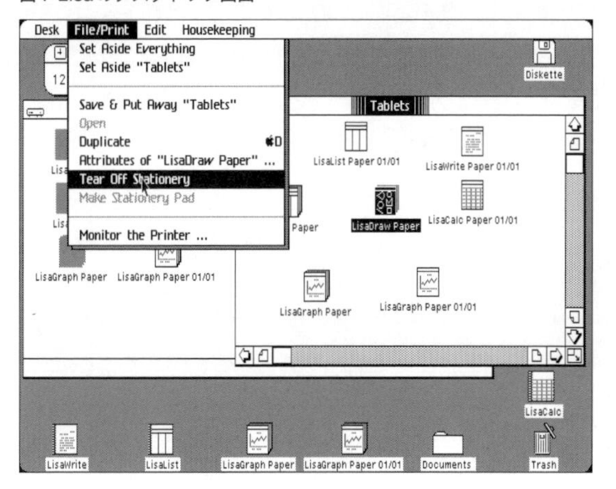

いずれにしても、1981年のPARC訪問と1983年のLisaの発売の間に、Lisaのユーザーインターフェースに大きな変化が、少なくとも2回はあったことになります。1回目はAltoを見てビットマップディスプレイを採用することを決定し、その上にメニューやウィンドウといったGUIの要素を実現したこと。そして2回目は、それに加えてデスクトップメタファーを採用し、アイコンを導入したこと、ということになります。そして、その2回の変化を経た結果のGUIが、ほとんどそのままMacintoshにも採用されることになったのです。そのアイディアやインスピレーションがどこから来たかは別として、それだけは、間違いのない事実と言えるでしょう。

●MacintoshにあってLisaにないもの

ここまでは、LisaとMacintoshについて、少なくともユーザーインターフェースについてはひとまとめにして扱ってきました。そのため、MacintoshはLisaの廉価版のようなものであって、Lisaの持つ機能や性能を削ってコンパクトに作り直しただけのものだという印象を持った人も多いかもしれません。しかし実際のMacintoshは、それとはまったく異なるものです。Macintoshの画面や、そこから生じるルック・アンド・フィールは、確かにLisaの影響を受けて開発されたものです。実際よく似ているのですが、中身はまったくと言ってよいほどの別物なのです。それはハードウェアについても、ソフトウェアについても言えることです。唯一とも言えるような例外は、最初にLisa上で開発し、後にそれをMacintoshに移植したグラフィックルーチン、QuickDrawくらいのものでしょう。それとても、Macintoshの小さなROM（オリジナルでは64KB）に収まるよう、ソースコードから見直してコンパクトに書き換えたものでした。ROMに収められたのは、もちろんQuickDrawだけではありません。Toolboxルーチンと呼ばれる他のGUI関連のルーチンや、低レベルのOSコードも同じROMに格納しなければなりませんでした。そのため、QuickDrawをはじめとするコードに対するコンパクト化の要求は、かなりタイトなものでした。もちろんQuickDrawについては、オリジナルのLisa版の開発も、Macintoshへの移植も、アトキンソン本人の仕事によるものです。

それでも、CPUも同じ68000だし、ハードウェアにも共通要素はあるだろうと考える人も少なくないかもしれません。しかし、共通なのはそのCPUくらいのもので、その他はまったく異なる設計と言ってもよいようなものでした。実は、オリジナルのLisa（1983年）の68000のCPUクロックは、約5MHzで、オリジナルのMacintoshの約8MHzに比べて6割強しかないという遅いマシンだったのです。だからと言って必ずしも非力だとは限りません。それは、Lisaのメモリは標準で1MB、オプションで2MBまで拡張できるようになっていたことが大きく影響しています。オリジナルのMacintoshのメモリは、128KBしかなく、公式には拡張する手段も用意されていませんでした。Lisaの標準状態と比べても、わずかに1/8しかありません。その数字も悲劇的と言えるような少なさですが、2MBに増設したLisaと比べれば、なんと1桁以上も異なる1/16しかなかったのです。

当然ながらソフトウェアは、メモリ容量の制限の影響を強く受けていました。結果としてMacintoshは、常に1つのアプリケーションしか起動した状態にしておけないという制約を設けざるを得なかったのです。これは、グラフィカルなユーザーインターフェースのシェルとして機能するFinderも含めての制約でした。Finderも1つのアプリケーションとして動作していたからです。ユーザーは、Finderを使って目的のアプリを探して起動します。すると、Finderは自動的に終了して、代わりにその目的のアプリがメモリに読み込まれて起動します。その際、Finderのプログラムはメモリから追い出されてしまい、Macintoshは、ほぼ完全に起動したアプリに乗っ取られたような状態になります。そして、その目的のアプリを使い終わってプログラムを終了すると、こんどはFinderのプログラムがメモリに読み込まれ、自動的にFinderが起動する仕組みになっていました。いわば、一昔前のゲーム機のような感覚です。しかも、Finderもアプリも、今から考えればアクセス速度の非常に遅いフロッピーディスクから読み込んで動作するようになっていたため、レスポンスはお世辞に良いとは言えないものでした。

Macintoshに比べれば、メモリに余裕のあったLisaには、マルチタスクのOSが搭載されていました。複数のアプリケーションを同時に起動しておいて、切り替えながら使うことができたのです。絶対的な動作速度には雲泥の差があるものの、ユーザーインターフェースの操作感覚としては、今のパソコンとほとんど同じようなものです。それに対してMacintoshは、最初からLisaとはまったく異なる用途、ユーザー層を想定して設計されたものです。Macintoshのシステムソフトウェアは、OSと呼ぶのにも抵抗があるようなシングルタスクのシステムでした。ここでのシングルタスクの意味は、すでに述べたような、同時には1つのアプリケーションしか起動しておけないということだけではありません。システム内部のプログラムとしても一度に1つしか動作できないのです。そのため、たとえばFinderでファイルのコピーを始めると、それが完了するまで他のことは何もできなくなります。また、何かのアプリケーションの中で書類をプリントするような場合も、印刷動作が完了するまで、編集作業や、データのファイルへの保存など、何もできなくなります。初期のMacintoshの画面のスクリーンショットなどを見ているだけでは分かりませんが、実際にはかなり使い勝手の悪い部分があったのです。

それでも、そんな使い勝手の悪さをできるだけ軽減する工夫するための工夫も盛り込まれていました。それが、デスクアクセサリ（Desk Accessory）です。これは、比較的最近の言葉で言えばウィジェットのようなもので、いわばミニアプリケーションです。確かに一般のアプリケーションは一度に1つしか使えませんが、デスクアクセサリは、一般のアプリケーションを使用中でも、アプリとは独立した別ウィンドウを開いて利用できます。さらに、デスクアクセサリであれば、同時にいくつでも（空きメモリによる制限はあるものの）開いて、交互に操作することができます。これはシングルタスクの制約を緩和する救世主のような存在でした。初期のMacintoshでは、プログラムの一形式として一世を風靡したと言っても過言ではありません。ちなみに、現在のmacOSのメニューバーの左端にもあるアップルメニューは、もともとはこのデスクアクセサリを格納して選べるようにするというのがメインの用途だったのです。

図5：初代MacintoshのAppleメニュー

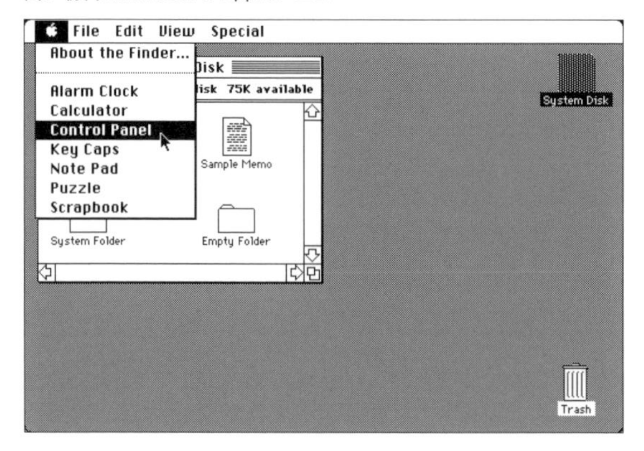

初期のMacintoshをシングルタスクのシステムとして設計することは、かなり早くから（1981年の春頃）決定していたことでした。しかし、それでは使い勝手が悪くなることは目に見えていたので、開発者は何か良い手はないかと常に考えていたようです。そして、一般のアプリケーションとは異なる仕様のミニアプリケーションなら動かすことができるはずだと思いついたのは、Macintoshの初期からのメンバー、トリブルでした。1981年の秋頃のことのようです。しかしトリブルは、

その後早くも1981年の12月にはAppleの職を辞して、医学部の大学院に戻ってしまったので、そのアイディアを実現する人がいなくなってしまいました。

しかし、それから半年後には、MacintoshのROMに格納するToolboxとOSの低レベルのルーチンの仕事に一段落を付けたハーツフェルドが、いよいよデスクアクセサリの実現に向けた開発に取り掛かれるようになったようです。彼は、デスクアクセサリを一般のアプリケーションではなく、デバイスドライバーとして組み込むことを思いつきました。当時すでにMacintoshのシステムは、必要に応じてディスクからメモリにダイナミックに読み込んで利用できるローダブルなデバイスドライバーを実現していました。デスクアクセサリをデバイスドライバーとして組み込むというアイディアは、そのあたりを自分自身で開発し、仕組みを熟知していたハーツフェルドだからこそ思いついた秀逸なものでしょう。

ちなみにハーツフェルド自身は、当初これをデスクアクセサリではなくデスクオーナメント（Desk Ornament）と呼んでいました。オーナメントは装飾といった意味です。しかしその後、Appleの広報担当者の意見でデスクアクセサリに改名したということです。客観的に見ても、オーナメントよりもアクセサリの方が平易で馴染みやすい名前であり、これに限って言えば、ハーツフェルドよりも広報担当者の方が正しかったのではないかと思われます。蛇足ですが、ときどき「ディスクアクセサリ」のような誤記を目にすることもあります。しかし前半はデスクトップの略なので、「ディスク」ではなく、あくまでも「デスク」です。

図6：代表的なデスクアクセサリの１つ、Control Panel

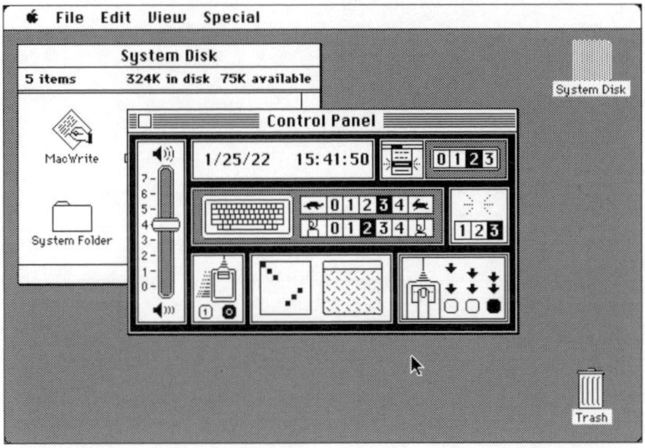

それはともかくとして、初期のMacintoshの大きな特徴の１つであるデスクアクセサリは、時間差はあったものの、トリブルとハーツフェルド両者の卓抜したア

イディアの連携によって実現されました。これがない初期のMacintoshは、ちょっと想像するのも難しいほど、特徴的な機能となっていました。もし仮にこれがなかったとしたら、かなり退屈にさえ感じられるシステムとなってしまっていたでしょう。デスクアクセサリの存在が、初期のユーザーインターフェースに活気を与え、ひいては初期のMacintoshそのものに熱狂的な支持を集めるようになった1つの大きな要因であると筆者は確信しています。

第5章 初代Macintoshのハードウェア概要

この章では、まず初代Macintoshのハードウェアの仕様について、ざっと確認しておきます。ここでいう「初代Mac」とは、1984年の1月に発売された、RAMの容量が128KBのオリジナルのMacのことです。その同じ年の9月には、他の仕様はまったく同じで、RAM容量だけを4倍の512KBに増加させたモデル（Macintosh 512K）、いわゆるFat Macが登場し、実質的に初代モデルを置き換えました。そのため、初代Macの製品寿命は、かなり短かったことになります。とはいえ、さまざまな面でハードウェア仕様を見直した、真の後継機、Macintosh Plusが登場したのは、初代の発売からちょうど2年後の1986年1月でした。その2年間は、メモリ容量の違いこそあれ、基本的に初代Macの設計が生き延びていたのです。今よりも、時代の流れはずっとゆっくりだったことになります。ここでは、初代の128KBのMacに的を絞って、ハードウェア仕様の概要を見ていきます。

5-1 外観とインターフェース

まずは、製品として公開される仕様、いわゆるカタログスペックを確認します。それには、CPUの種類やクロック周波数、メモリ容量のように、外部から見ただけでは分からないものと、周辺機器などを接続するポート類のように、外から見れば、細かい仕様はともかく、何なのかくらいはだいたい分かるものがあります。それぞれ順に見ていきましょう。

●ハードウェアスペック

まずは、改めて本体の外観を確認しましょう。いわゆるトールボーイスタイルの一体型です。ここで「一体型」というのは、カタカナ英語で言えばオールインワン型という意味ですが、初代Macの場合、厳密にすべての要素が1つにまとまっていたわけではありません。というのも、キーボードとマウスは外付けで使うようになっていたからです。もちろんAC電源に接続する必要もありました。しかし、その後に登場した、現在のMacBookシリーズに通じるMacintosh Powerbookや、その前身とも言えるMacintosh Portableは、キーボードはもちろん、当初はトラックボールを採用していたポイティングデバイスも本体と一体化していました。さらにはバッテリーまで内蔵し、何も付けず、どこにもつながずに使うことができました。これこそオールインワンと呼ぶに相応しいでしょう。それに比べれば、初代Macの一体型というのは、だいぶ緩い意味での一体型ということになります。

写真1：縦長一体型のMacintosh本体

以下のスペック表に挙げたサイズと重量は、キーボードやマウスを含まない、本体のみものです。このスタイルでCRT内蔵型にすれば、どうしてもディスプレイのサイズは小さくならざるを得ません。もちろん、当時から画面の小ささは指摘されていました。しかしそれ以上に、画面に表示される内容がそれまでの一般的なパソコンとはまったく異なっていたこともあって、画面が小さいのもある意味しかたがないことと受け取られていた節もあります。また、画面サイズに目をつぶっても、やはり設置面積の小さいことが歓迎されてもいたのも事実です。というのも、現在のようにパソコン１台あれば、他に何もいらないという状況ではなく、パソコンはあくまでも補助的な道具に過ぎなかったという事情もありました。仕事や勉強をするデスクの上には、他にも多くのものを乗せておく必要があったので、パソコンの占める面積は少ないほど良かったのです。

図１：ハードウェア・スペック表

項目	仕様
プロセッサー	MC68000
クロック周波数	7.8336MHz
RAM	128KB
ROM	64KB
ディスプレイ	内蔵9インチモノクロCRT（512×342 ドット）
ストレージ	内蔵3.5インチフロッピードライブ（400KB）（外付け増設可）
キーボード	外付け58キーアルファニューメリック（テンキーはオプション）
マウス	１ボタン・メカニカル
サイズ	244（幅）×345（高さ）×277（奥行き）mm
重量	7.5 Kg

初代MacのCPUは、言うまでもなく本書のテーマの１つであるモトローラーのMC68000です。その後のMacは68000の後継の68020や68030、さらには68040といった68系のCPUを採用していくわけですが、初代のMacが、68000シリーズのCPUとしても初代の68000を採用していたのは、何か運命的なものさえ感じさせます。もちろん68000系CPU側からすれば、Macだけではなく、ゲーム機から業務用のマシンまで、68000シリーズを採用していた装置は数え切れないほどあります。しかしMacユーザー側からすると、少なくとも当初は、Macと68000CPUは、ともに進化を重ねる運命共同体のような雰囲気を漂わせていました。中には、あのMacが採用しているのだから間違いないだろう、という判断で、68000シリーズの採用に踏み切った器機も少なからずあったでしょう。

CPUのクロック周波数は7.8336MHzです。これはApple IIの6502にクロックが約1MHzであったことを思い出すと、約８倍になっています。最近のiMacのCPU

のクロック周波数は、最大で5.0GHz程度にもなっているので、初代Macの1000倍近い領域に到達していることになります。後で見るメモリやストレージの容量の増加は、数字の上ではもっとすごいことになっていますが、そうした「量」の増加以上に、周波数が1000倍というのは、凄まじい変化のように思えます。これは電波の領域だったものが光の領域に達してしまうのではないかとさえ思えるほどですが、さすがにそこまでではありません。確かに約8MHzというのは、「短波」と呼ばれる電波の領域ですが、5GHzではまだ光になりません。せいぜい電子レンジの電磁波の領域です。ちなみに光の周波数は数十THzになって、ようやく赤外線の領域に入ります。

初代Macのロジックボードに直付けのRAMの容量は128KBでした。これは、比較的すぐ後に登場したメモリを512KBに増強したモデルと区別するため、初代Macのモデル名の一部として使われることもある数字です。またこの数字を最近のiMacと比較すると、最終的なインテルCPU搭載モデルのRAMの最大搭載容量は、ちょうど128GBとなっています。キロとギガの間にはメガが入っているので、これはなんと1000倍のさらに1000倍で、100万倍です。ついでにストレージ容量ですが、初代Macが内蔵していたストレージは、容量400KBのフロッピードライブ1台でした。上記のiMacに実装可能なSSDの最大容量は8TBです。400KBを20倍すると、ようやく8MBになります。そしてメガとテラの間にはギガが挟まっているので、400KBと8TBでは、20倍の1000倍の1000倍で、2000万倍ということになります。これはもはや天文学的な差と言ってもよいでしょう。

もちろん、こうした数字の比較自体には、特別な意味があるわけではありません。それでも、初代Macが登場してから、いかに長い時間が経過したのかを感じる、ひとつの指標にはなるでしょう。現在のパソコンのスペックを見慣れた人にとっては、上に挙げたような初代Macのスペックの数字は、間違いではないのかとさえ思えるものでしょう。これで本当にGUIを含めたMacのソフトウェアが動作するのか、信じられないような気持ちになるかもしれません。しかし、実際にはこれで、考えようによっては今よりもずっと創意に満ちたアプリケーションが立派に動くのです。ここでこれを言うのはまだ少し気が早いですが、本書ではこの先、その秘密を解き明かしていくことになります。

●入出力機能

次に、本体の外側に装備している入出力ポート類についても確認しておきましょう。現在のパソコンでも、いわゆるデスクトップ型の機種では、前面にUSBポートなどを装備したものがあります。ただし、ディスプレイ内蔵型のモデルでは、そういったものは少ないように思います。初代 Mac は前面に、と言ってもディスプレイのベゼル面からは少し奥まった位置に、キーボード接続用のコネクタを装備していました。これは、アナログの電話機にも使われている 4 極の四角い透明プラスチックのコネクターで、規格としては RJ22 と呼ばれるものです。キーボード用のコネクターとしてはかなり特殊で、初期の Mac 以外に使われた例はあまり見当たらないでしょう。

このポートに限らず、初代 Mac ではポートの意味をアイコンで表示していました。このキーボードポートの表示をよく見ると、テンキーのない小型のキーボード用のコネクターと、テンキー用のコネクターを兼ねたものであることが理解できます。

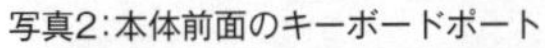
写真2：本体前面のキーボードポート

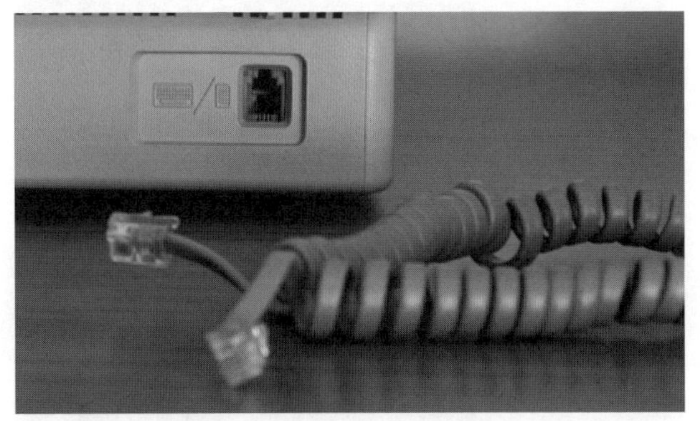

オリジナル Mac 本体に付属する標準キーボードは、テンキーのない 58 キーのアルファニューメリックタイプでした。オプションとして用意されていたテンキーも、同じポートにつなぐことになるのですが、ポートは 1 つだけなので、物理的には 1 台のキーボードしか接続できません。それでいて、標準キーボードとテンキーを同時に利用できるのです。どういうことでしょうか。それは、テンキー側に秘密があって、標準キーボード用の入力ポートが付いているのです。つまり、テンキーを加える場合には、あたかもデイジーチェーンのように、まずテンキーを Mac 本体に接続し、そのテンキーに、標準キーボードからのケーブルを接続するのでした。このコネクターの信号は、後の ADB や USB などと同様に、一種のバスになっていたものと思われます。これで、標準キーボードにテンキーを増設するというよりも、テンキーに標準キーボードを増設する形で併用することができたのです。

入出力ポートではありませんが、初代Macの前面には、もう1つユーザーが操作できるパーツが組み込まれていました。今で言えば、ディスプレイの「輝度」調整ですが、当時のディスプレイは、何度も言うようにCRTなので、正確に言えば「コントラスト」の調整ということになるでしょう。これが物理的なボリュームとして前面に配置されていたことは、当時のCRTディスプレイの特性を考えると、むしろ当然のことのように感じられるものでした。

続いて後面に移動しましょう。後面には、本体の下端に近い部分にI/Oポート類が並んでいます。これは、本体の底面付近にいわゆる「ロジックボード」が配置されていて、その後端部分に端子が並んでいるため、このような配置になっているのです。

写真3：リアパネルのポートの配置

ポートは、左から、マウス、フロッピードライブ、プリンター、モデム、外部スピーカーの各端子です。それぞれのコネクターの規格も含めて表にまとめます。

図2：I/Oポート一覧

ポート	仕様
キーボード（フロント）	RJ22
マウス（リア）	DE-9
フロッピードライブ（リア）	DB-19
プリンター（リア）	DE-9
モデム（リア）	DE-9
外部スピーカー	ミニフォーン・モノラル

このうち、マウスはもちろん必需品であり、接続しないで使うことは考えられないものでした。一方のフロッピードライブは、本体に1台内蔵しているのと同じものを、オプションで外部にもう1台増設するためのものです。これらはいずれも独自の信号内容、独自のピン配置を採用しています。その後に何種類か登場したMac専用のサードパーティ製のものを除けば、他社の製品と互換性はありませんでした。また、本体には小型のスピーカーも内蔵しているので、外部スピーカーポートも、どちらかというと補助的なものです。これは単純なアナログ音声出力で、現在の音響機器のイヤフォン端子とほぼ同じ規格の、ミニ・フォーンと呼ばれているものです。ただし、当時のMacの音声出力はモノラルなので、端子は2極です。

Macも含めて当時のパソコンは、現在のように音楽プレーヤーとしてデジタル音声を再生し続けるだけのリソースも処理能力も持っていませんでした。したがって、この音声出力端子が音楽再生用でないことは確かです。では何のためのものだったかといえば、1つ考えられるのはプレゼン用ということになるでしょう。とはいえ、映像信号を外部に出力するポートはありませんし、本体の画面サイズを考えると、一度にプレゼンの視聴者になれるのは、せいぜい数人なので、外部スピーカーはいらないだろうとも考えられます。それでもほとんど1回限りの例外的な機会として、初代Macintoshの発表会のために用意したのではないかという考えも浮かびます。そのときは、画面はテレビカメラで撮影し、プロジェクターを使って会場に大きく投影していました。そして、特別に作った音声合成プログラムで、Macの自己紹介をしゃべらせていたのです。その音声を会場のスピーカーから大音量で鳴らすために、この外部スピーカーポートが利用されたことは間違いありません。

それはともかく、残るポートのうち、Macの本体内にはもともと備わっていない機能のための真の拡張用のポートは、プリンターとモデムの2つだけということになります。これら2つのポートは、いずれもRS-422規格のシリアルポートです。プリンターとモデムという名前が付いていますが、ソフトウェアしだいで汎用ポートとして使えるものでした。ちなみにRS-422は、簡単に言えば、それ以前のシリアルポートの代名詞だったRS-232Cの改良型で、より高速な通信が可能で、ノイズにも強くなり、より長いケーブルでの接続を可能にしたものです。RS-232Cに対して上位互換性を持ち、変換コネクターを用意すれば、RS-232C規格の周辺機器にも接続できました。

RS-232Cは、今では完全にレガシーのインターフェースですが、USBが登場するまでは、さまざまな周辺機器用の、ある意味汎用的なインターフェースとして広く利用されていました。一方のRS-422は、アップル以外の製品に標準的に採用された例は、それほど多くなかったという印象が強いでしょう。実際、Mac専用に開発された器機以外では、あまり目にする機会がありませんでした。アップルの製品は、あまり一般的でないインターフェースでも積極的に採用するという印象がありますが、それはこの当時からそうだったのです。これもアップル製品の伝統的な特徴の1つと言えるでしょう。

もしかすると、プリンターは分かるが、モデムとは何のことかと思われる人もいるかもしれません。モデム（Modem）は、ごく一般的に言えば、デジタル信号とアナログ信号の双方向の変換装置ということになります。この当時のパソコンのモデムと言えば、もっぱらアナログの電話回線を通してデジタル通信を実現するための装置で、ほとんどの製品が、ちょうど弁当箱ほどの大きさと形をしていました。パソコン側のインターフェースはRS-232C、電話回線側は電話機と同じRJ22コネクターを備えているのが標準でした。当時は、まだインターネットも普及していなかったので、現在のSNSに相当するBBS（Bulletin Board System）、日本語で言えばパソコン通信のホストにつないで、電子メールやソフトウェアのやり取りを楽しんでいました。最近は家庭内で一般のユーザーがプリンターを利用する機会も減っているかもしれません。それでもちょっと前までは、ネット接続と印刷が、パソコンの対外活動の主なものだったことを考えると、まだインクジェットプリンターもインターネットも普及していなかった1984年当時に、Macがこの2種類のインターフェースだけを装備して登場したのは、かなり先進的だったと言えるでしょう。

入出力機能ではありませんが、リアパネルにあるもので、現在のパソコンでは直接目にする機会がほとんどないものを挙げておきましょう。それは小さなバッテリを交換するためのバッテリホルダーで、普段は蓋で覆われているものです。その蓋を外すと、単2をちょっと細くしたような特殊なバッテリーが現れます。

写真4：背面パネルのバッテリホルダー

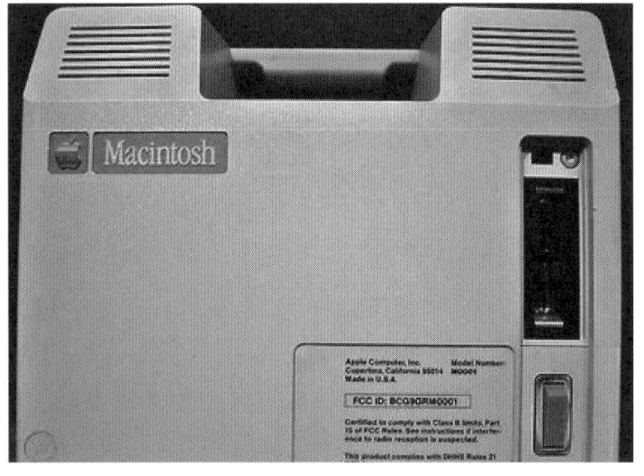

このバッテリーは、言うまでもなくMacをバッテリー駆動するためのものではありません。これは、Macの内蔵カレンダー／クロックのバックアップ用の電源でとして機能するものです。つまり、Macの電源を完全に切った状態でも、日付と時刻を正しく刻み続けるためのものです。Macの使い方によっても異なりますが、こ

のバッテリーは数年以内に容量が底をつくので、ある程度の頻度で交換する必要がありました。そのため蓋を設けてユーザーが容易に交換できるようにしたのです。

注意すべきは、このバッテリーホルダーの位置です。なぜ背面の底部近くではなく、側面に近い高い位置に、しかも縦に配置されているのか。それは、このバッテリーホルダーは、ロジックボードとは別の、「アナログボード」という基板に取り付けられているからです。初代Macには、ロジックボードとアナログボードがちょうど90度に、L字型を描くような配置で内蔵されています。アナログボードは、コンピューターのデジタル回路用の5Vと12Vを発生するスイッチング電源と、高圧のCRT駆動回路を含んでいます。Macの場合、コンピューターとしての本体基板を、一般的な「マザーボード」と呼ばずに、「ロジックボード」と呼ぶことが多いのは、初代Macに内蔵されていた2枚のボードのうち、CPUやメモリといったデジタル回路専用の基板を、アナログ回路中心の基板と区別するためだと思われます。いずれにしても、外から見た場合、ロジックボードの位置は、I/Oポート類の配置で判明し、アナログボードの位置と取付方向は、バッテリーホルダーの配置で判明するというわけです。

C O L U M N

２種類の「拡張」ポート

筆者は、1990年代のことだったと思いますが、Apple IIの設計者にしてアップル社の共同創立者の一人、スティーブ・ウォズニアクに直接会って、Apple II開発当時の話などを聞く機会を持つことができました。Apple IIを開発していたころ、おそらくスティーブ・ジョブズはプロデューサー的な立場で、ウォズニアクにいろいろ意見を言っていたようです。その際の話の中で印象的だったのは、Apple IIの拡張スロットに対するジョブズの意見です。拡張スロットは、プリンターとモデムの2つだけでいいとジョブズはウォズに対して主張していたというのです。もちろんウォズは、それを跳ね除けてApple IIには8本の拡張スロットを実装しました。Apple IIは、一般ユーザー向けに用途を限定したマシンではなく、マニアや、各業種のプロが実験的に使ったりする性格が強かったマシンなので、8本の拡張スロットは、むしろ当然の装備でした。それに対して、Macの汎用拡張ポートはプリンターとモデムの2つだけとなっています。これはおそらく、Apple IIで主張を通すことができなかったジョブズが、そのときのカタキをMacとったものでしょう。ジョブズ自身が理想とするコンピューターを、初代Macに投影して実現させたものと考えられます。そういうエピソードを知っていると、この2つのポートの意味が、なんだか重いものに感じられてくるから不思議なものです。

●プログラマー専用のスイッチ

ハードウェアスペックや入出力ポートには直接関係がないのですが、初代Macに特徴的な「スイッチ」についても触れておきましょう。スイッチと言っても、上で述べたバッテリーホルダーの下、AC電源コネクターの上に位置する電源スイッチのことではありません。これからの述べるスイッチは、本体の側面、正面から見ると左側の底辺部分に位置しているものです。その位置からして、ロジックボードに直接実装されたスイッチであることが分かります。スイッチは2つ1組で、1つがリセット、もう1つがインタラプトです。つまりCPUをリセットしたり、割り込みをかけるためのものです。

写真5：プログラマーズ・スイッチを取付けた状態

実は、これらのスイッチは、最初から本体サイドから操作できるように設置されているわけではありません。ロジックボードの端に2つのマイクロスイッチが並んで取り付けられていますが、そのままでは操作することができません。そこで、それらを操作したい人は、別部品として付属しているレバーのような治具を本体側面の通気口から差し込むように取り付けます。すると、レバーの先がマイクロスイッチを押せる位置に届き、外部から操作できるようになるのです。

写真6：プログラマーズ・スイッチ単体

これらのスイッチは、一般のユーザー向けのものではなく、ソフトウェアを開発し、デバッグする必要のあるプログラマーのために用意されたものです。そのため、これは「プログラマーズ・スイッチ」と呼ばれていました。ジョブズの美学としては、そうした一般ユーザー向けでないものを本体に常設しておくことには抵抗があったのでしょう。そこで、このように必要に応じてユーザーの判断で取り付けて使う形式になったものと思われます。ただし実際には、一般のユーザーが普通にMacを使っている際にも、ソフトウェアが不具合を起こしてMac自体がハングしてしまうことも少なくありませんでした。その場合、電源をいったん切って再び入れるよりも、プログラマーズ・スイッチを使ってリセットする方が、遥かにスマートな対処方法です。そのため現実的には、プログラマー以外にも多くのユーザーが、このスイッチを利用していました。

なお、MacがCRT内臓の一体型から脱却したMacintosh II以降では、このプログラマーズ・スイッチが本体の後面、そしてやがてPower Macintoshの時代になると正面に常設されることになりました。そのころは、ジョブズの美学はどこかに吹き飛び、背に腹は代えられないという状態だったのかもしれません。ちなみに、初代Mac以前のアップルの主力機種Apple IIでは、本体の側面や正面どころか、ユーザーが常に触れるキーボード上に、1つのキーとしてCPUのリセットスイッチが用意されていました。それだけ使用頻度が高かったことを反映しています。もちろん現在のMacには、どこを探しても、そのような外部から操作できる物理的なリセットスイッチの類は付いていません。それには色々な理由が考えられますが、1つにはOSやソフトウェア開発環境の進化によって必要なくなったということもあるでしょうが、最大の要因はジョブズがアップルに復帰したことで、当初と同じような美学も取り戻したということでしょう。

C O L U M N

Macintosh Plusのハードウェア

本書で扱うのは、基本的に初代Macだけなので、それ以降の機種については本文ではほとんど触れていません。しかし、ここで少しだけ真の意味での後継機となったMacintosh Plusについて見ておきましょう。初代のMacintoshが登場してから、ほぼちょうど2年後の1986年1月に発売されました。初代とPlusの間には、メモリだけを512KBに拡張したMacintosh 512Kが入っているものの、本質的にはPlusが第2世代のMacと言ってもよいでしょう。

本体の外観は、色が白っぽくなった以外に

大きな違いはなく、画面サイズも同じ、正面から見た形はほとんど同じなので、ぱっと見には違いが分かりにくくなっています。しかし中身のロジックボードには大きな変更が加えられました。最も大きな違いは、外部ハードディスク用のインターフェースとして、SCSI（Small Computer System Interface）を装備したことと、メインメモリーの実装方法として、SIMM（Single In-line Memory Module）を採用したことです。これにより、Macでも、ようやく標準的な規格に則ったハードディスクが利用できるようになり、メモリ容量も1MBから4MBの範囲でユーザーの都合に合わせて実装できるようになりました。必然的に扱うファイルの数も増えるので、ソフトウェア的にはHFS(Hierarchical File System）を採用し、階層的なフォルダーの管理が可能となりました。それにともない、Toolboxが入ったROMの中身もHFSをサポートしたものとなり、サイズも128KBに拡張されています。

ただし、CPUはクロック周波数も約8MHzで、初代と同じ68000が採用されていました。今の感覚で考えると、2年も経過した後継機が、旧モデルと同じCPUを同じクロック周波数で採用するなど、とうてい考えられません。当時はCPUの進化もかなり緩やかだったのです。

SCISポートを加えたことで、リアパネルのポートのレイアウトは、比較的大きく変更されました。SCSIポートは、省スペースを考慮して、独自にRS-232Cと同じ25ピンのD-SUBコネクターを採用していました。まだSCSI自体が、パソコン用として普及する以前なので、このように標準と異なるコネクターの採用も、それほど問題視されなかったと記憶しています。それでもSCSIコネクターのスペースを確保するために、2つのシリアルポートのコネクターも、D-SUBから、8ピンのミニDINタイプに変更されました。これも、当時のシリアルポートのコネクターとしては例外的なものでした。しかしその後は、シリアルポートで接続するMac用の周辺機器は、ミニDIN用のケーブルを付属するのが標準になり、Macと同様にミニDINコネクターを採用する機器も登場しました。いずれにせよ、Mac用のシリアルポートと言えばミニDIN、というのが一般的になったのです。

写真7：Macintosh Plusのリアパネルのポート配置

本体とは直接関係ありませんが、Mac Plusの場合、付属するキーボードも変更になっています。インターフェースこそ初代のMacと変わりませんが、最初からテンキーを含む横幅の大きいものとなり、オプションのテンキーを用意する必要がなくなりました。この結果、キーボードを含めた専有面積で言えば、初代Macならではのコンパクトさを損なうというデメリットがあったことは否定できません。それでも、当時のMacを仕事で使いたいという人にとってはありがたい変更でした。

また内蔵3.5インチフロッピードライブも、オリジナルの片面（1DD）から両面（2DD）をサポートするドライブに変更され、1枚で800KBの容量が使えるようになりました。もちろん外付け用の増設ドライブも、Mac Plus用は両面をサポートするものになっています。

5-2 基本的なアーキテクチャ

Macintoshは、それ以前のアップルの主力製品、Apple IIとは、まったく関係なく開発されたもののように思われている節があります。私自身、初めてMacを見た頃は、そう感じていました。同じデザイナーの手になる本体のケースのデザインには、確かに共通性も感じられるものの、一般向けのパソコンとしてGUI（Graphical User Inteface）を初めて実現した画面も、実現している機能も、まったく性格の異なるマシンに見えたからです。しかし、実はその中には、Apple IIから受け継いだスピリットが、脈々と息づいていたのです。それは特にロジックボードの設計に顕著に表れています。ここでは、そのあたりを少しずつ紐解いていきます。

●比較的シンプルな機能ブロック

一般的には、初代Macintoshのハードウェアの中身については、それほど詳しく知られていないように思われます。その要因にはいくつか考えられます。1つには、Macは最初から筐体を固く閉じ、特殊な工具を使わなければ、開いて中身にアクセスすることができない構造になっていたことも大きく影響しているに違いありません。しかし、その工具を入手して筐体をこじ開け、ロジックボードにアクセスできるようにしたところで、ほとんど何もすることができませんでした。拡張スロットなどは1つもなく、何かを増設しようにも空きスペースはほとんどありませんでした。またケースには、コネクタを取り付けたりケーブルを引き出す隙間もほとんどなかったからです。

またアップルは、一般ユーザー向けにはMacの細かなハードウェアのスペックを公開していませんでした。分かっていたのは、CPUに約8MHzのクロック周波数で動作する68000を使っていたこと、RAMはきっちり128KBを搭載し、原則として増設はできないこと、そして上で先に述べたように、2つのシリアルポートを含む外部の入出力ポートを備えていたことくらいです。

しかし、初代のMacが発売された1984年の米国のパーソナルコンピューター専門誌BYTEの2月号は、早くもMacを大きく取り上げ、そこには内部のハードウェアについても、かなり詳しい解説が掲載されていました。当時は、まだ日本語版のBYTE誌は発刊されていなかったので、日本でこれを目にした人はかなり限られていたものと思われます。その内容の一部は、初代Macintoshハードウェアの主力設計者であるBurrell C. Smith（バレル・C・スミス）が自ら書いているので、これは、アップルとBYTEのタイアップ記事と言っても良いようなものでした。その中には、かなり詳しいハードウェアのブロックダイアグラムも掲載されています。設計者でなければ知り得ないような、細かな信号線も書き込まれているので、おそらくその図もバレル・スミス自身の手になるものだと考えられます。

ここでは、それをそのまま掲載する訳にもいかないので、筆者なりの解釈で簡略化して描きなおした図を示しながら、1984年当時のMacのハードウェア構成について、本質的な部分に絞りつつ、できるだけ詳しく見ていくことにします。

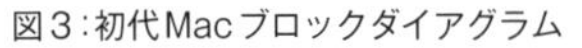

図3：初代Macブロックダイアグラム

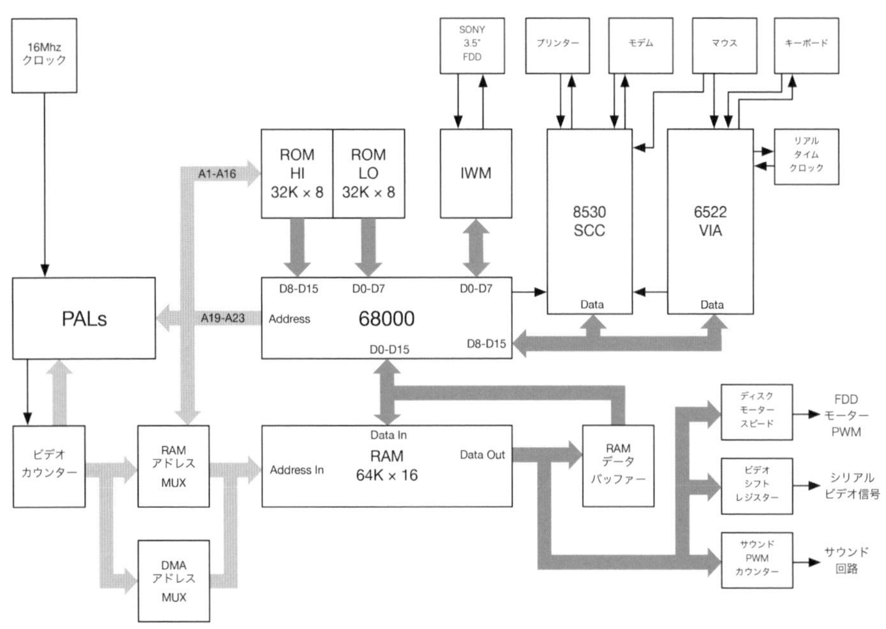

まず、チップサイズが比較的大きなLSIクラスの要素としては、メインのCPUである68000の他に、8530SCCと6522VIAがあります。8530は、Z80で有名なZilog社が開発したシリアル通信機能を担うためのLSIで、SCCはSerial Communication Controllerのアクロニムです。これは、2つのシリアルポートをサポートするために使われています。もう一方の6522は、最初の2つの数字から想像が付くように、Apple IIに採用されていたCPU、6502のファミリーLSIで、

MOS Technology 社の手になるものです。VIA は、汎用インターフェースアダプターを意味する Versatile Interface Adapter のアクロニムです。その名の通り、汎用のインターフェース機能を内蔵し、2組の8ビットパラレル入出力、シリアル入出力用の8ビットシフトレジスター、16 ビットのタイマーなどを内蔵しています。Mac には、当時のプリンターで標準的に使われていた、いわゆるセントロニクス方式の8ビットパラレル入出力機能は備わっていませんが、この LSI をマウスボタンの入力や、キーボードからのキーコードの入力、さらには常に日付と時刻を刻み続けているリアルタイム・クロックとのやりとりのために使っていました。

少しチップサイズも小さくなりますが、集積度が比較的高いものとして IWM があります。これは、Integrated Woz Machine のアクロニムで、日本語に訳せば「集積ウォズマシン」といったところでしょうか。このチップはアップルのオリジナルで、ウォズとは、もちろんスティーブ・ウォズニアクのことです。このチップの役割については、話が少し長くなるので、後で改めて述べることにします。

比較的サイズの大きなチップとしては、他に2個の ROM もあります。IWM と同じ 28 ピンの MIL 規格のチップです。当時の ROM は、1チップで8ビットのデータ幅を持つものが一般的でした。Mac でも、そのような ROM チップ2個を組み合わせて 16 ビットのデータを読み出すことを可能にしていました。上位の8ビットと下位の8ビットを、それぞれ別々のチップから読み出して、68000 の D8 ～ D15、D0 ～ D7 のデータ入力ピンに供給するのです。

一方、同じメモリでも RAM は、基本的に1チップで1ビットのデータの読み書きができるだけなので、16 ビットのデータを供給するためには 16 個のチップが必要となります。後は、1チップごとのビット容量によって全体の容量が決まります。初代の Mac では、当時として主流だった、というよりもプライスパフォーマンス的に最適だった 64K ビットのチップを使っていました。それが 16 個で 128KB（64KB × 2）となっていたわけです。なお、これらの RAM チップは、ロジックボードに直にはんだ付けされていたので、引き抜いて 128K ビットや 256K ビットのチップに交換することはできませんでした。それでもサードパーティの中には、このロジックボード上の RAM チップの上に2階建てのようにして RAM チップを重ねて取り付け、半ば無理矢理 RAM を増設する加工を施した Mac を販売するところもありました。「Monster Mac」などという名前で、最大 2MB の RAM を搭載したマシンが市場を賑わしていた時期もあったのです。

この RAM には、68000 の他に、ビデオ出力回路とサウンド出力回路が接続され、見かけ上 CPU と同時にアクセスすることになります。特にビデオは常に表示していなければならないので、CRT の縦横のスキャンに合わせて定期的に RAM からデータを読み出し続けなければなりません。もちろんサウンド出力も同様で、音声を出力している間は、その音の波形を形成するためのデータを RAM から読み出し続けなければなりません。当然ながら、画面を表示しながらプログラムは動作しなければなりませんし、音が鳴ったからといって画面が消えるようなことがあってはなりません。そのため、CPU とビデオとサウンドは、少なくとも見かけ上同時に RAM にアクセスする必要があるのです。実際には、ビデオ回路とサウンド回路は、CPU を介さずに、DMA（Direct Memory Access）によって定期的に RAM からデータを読み出します。CPU は、そうした DMA が発生していない間、いわば余った時間で RAM にアクセスし、データを読み書きしなければなりません。その結果、RAM 上のプログラムの実質的な実行速度は、平均的なクロック周波数に換算すると、約 6MHz になっていました。

それに対して、ROM にアクセスするのは CPU だけです。そのため、ROM に置いたプログラムは、CPU のフル速度、8MHz で動作することが可能です。最近のシステムでは、RAM に対して多重のキャッシュが用意されているため、RAM に置いたプログラムの動作が特に遅くなるということはないのですが、当時の Mac では、ROM の中のシステムプログラムの動作が最も効率的になるのでした。また、次章で詳しく述べますが、ROM の中のプログラムは、68000 の未定義命令を利用して効率よく呼び出すことができるようになっていました。バレル・スミスは、このような ROM の特性を指して、ROM 内のプログラムは 68000 のインストラクションセットを拡張するようなものだと表現しています。

先のブロック図で見る限り、もう１つ機能的に大きなくくりのブロックとして「PALs」があります。これは、６個の PAL（Programmable Logic Array）をまとめてひとくくりにしたブロックです。PAL は、一種のカスタムチップですが、今の感覚で考えるカスタムチップよりはずっと規模も小さく、チップのサイズも集積度も一般的な IC クラスのものでした。それでも、それは初代 Mac の回路の中で、独自の機能を実現している部分に使われ、大きな役割を担っていたのです。BYTE 誌の記事には、全部で８個の PAL が使われているという記述がありますが、ブロックダイアグラムにあるのは６個であり、基板を探しても、他にそれらしいチップはないので、おそらく８個は誤りで６個が正しいものと思われます。いずれにせよ、少なくとも６個の PAL には、機能を表した名前が付けられています。その６種類の名前を次に示します。

- Timing State Machine (TSM)
- Linear Address Generator (LAG)
- Bus Management Unit 0 (BMU0)
- Bus Management Unit 1 (BMU1)
- Timing Signal Generator (TSG)
- Analog Signal Generator (ASG)

こうした比較的複雑なロジックをPALで実現したことで、全体的に部品数を減らすことができました。その結果、当時のパソコンとしても例外的にコンパクトな基板で、Macならではの機能を実現できたのです。その反面、PALの存在がMacintoshのハードウェアの中身の理解を難しいものにしているという側面もあります。たとえロジックボードを解析して回路図を起こしたところで、PALの中身はブラックボックスなので、その中の機能までは分かりません。PALの中身は、ハードウェアとして動作するソフトウェアのようなものなのです。これらのPALの中身は、上述した名前以外、今日に至るまで公開されていません。いずれにせよ、Macの動きを目にした人が誰でも驚くような外見的な機能の実現には、実はソフトウェアの果たした役割が大きかったと考えられます。それについては次章以降で詳しく取り上げます。

●IWMの採用で大容量、高信頼性を実現したフロッピードライブ

すでに上で触れたIWMは、ウォズがApple IIに採用した独創的なフロッピーディスクのコントロール方法を、ほとんどそのままMacでも実現するために開発されたチップです。ごく簡単に言えば、同心円状に配置されるフロッピーディスク上の複数のトラックに対し、外周に近い部分にアクセスする際には、内周に近い部分に比べてディスクの回転速度を遅くし、ヘッドに対するディスク表面の線速度をなるべく一定に保とうというものです。そうすることで、外周では、1トラックあたりのセクター数を内周よりも増やすことができます。それによって得られるメリットは、大きく2つあるでしょう。1つはディスク1枚あたりの記憶容量を増やせること。もう1つは、記録の信頼性を向上させるのが可能になることです。

円周の長さは半径に比例するので、半径が2倍になれば円周の長さも2倍になります。ディスクの回転の角速度が一定であれば、ヘッドに対するディスク表面の線速度も2倍になります。3.5インチのフロッピーディスクを見てみれば分かります

が、最内周と最外周の半径の差は、少なくとも２倍はありそうです。一般的なフロッピードライブのように、ディスクを一定の角速度で回転させていると、内周と外周で２倍以上の線速度の差が生じてしまうことになります。そのままでは、ディスク上の記録密度も、線速度が遅い内周では外周に比べて２倍ほど高くなってしまいます。ディスクの物性的な性能は内周と外周で同じなので、内周で無理のない記録密度を確保しようとすると、外周では記録密度的に余裕がありすぎ、ということになり、もったいない使い方になってしまいます。逆に外周でちょうどよい密度にすれば、内周では密度が高すぎて信頼性の低い記録になってしまうのです。線速度を一定に保つことで、容量の増加と記録の信頼性の向上の両立が図れるのは、そういうわけです。

当時の片面の3.5インチフロッピーディスク１枚の標準的な記憶容量は320KBでしたが、IWMを採用することによって、Macでは同じ規格のフロッピーディスクで、25%も多い400KBの容量を実現していました。特に初期のMacでは、フロッピードライブから発生するノイズがかなり大きく、その回転から生じるノイズの「音程」で、ディスクの回転速度の高低は容易に判断できるものでした。Macは、フロッピーディスクにアクセスすると、あたかも歌でも歌うように、音程の変化する回転ノイズを発しました。それはうるさいというより、むしろユーザーとして心地よいものだったのです。

Apple IIでは、このようなフロッピーディスクの線速度を一定に保つためのロジックを、ほとんどソフトウェアによって実現していました。しかしMacでは、その大部分をハードウェアによって置き換えるためにIWMを開発したと考えてよいでしょう。このIWMは、その後もさまざまに形を変えて、Macがフロッピードライブをサポートする限り、受け継がれていったのです。ちなみに、初代の２年後に登場した後継機であるMacintosh Plusは、フロッピーディスクの両面を使うドライブを採用していました。その結果、通常の3.5インチの両面フロッピーでは640KBの容量のところ、楽々と800KBを実現していたのです。

●Apple IIに似たレイアウトのロジックボード

先に示したブロックダイアグラム中の部品の配置は、面白いことに実際のロジックボード上の部品のレイアウトに、だいたい沿ったものとなっています。このあたりも、いかにも設計者自らが描いたものだろうという印象を濃くさせる部分です。そのロジックボードを写真で確認しておきましょう。

写真8：初代Macのロジックボード

この写真は、背面パネルに突き出すコネクター類を上にして撮ったものですが、基板上の縦横の位置を示すA～Gの文字と、1～15の数字が正しく読めるので、これが本来の向きということになります。

中央よりやや下に、左右に長く横たわっているのが言うまでもなく68000です。その上には2個のROMとIWM、さらには8530SCCと6522VIAが並んでいます。また、68000の下にはRAMチップが並んでいるのが確認できるでしょう。RAMの左側には4つのアドレスマルチプレクサー（AS253）も見えます。PALは、CPUの左側E1の位置にLAGが、その右のE2の位置にBMU0があります。さらにROMと同じ行のD1にはTSM、D2にはBMU1、D3にTSGがあり、ちょっと離れてROMの右のE14にはASGが確認できます。一方、基板の左上のB2のあたりには、クロック用のオシレーターが配置されています。キーボードのコネクターの位置こそ、上下が逆になっていますが、ブロックダイアグラムでは右上に置かれている入出力ポート類は、基板の上辺に沿って並んでいるのです。

このロジックボードのレイアウトを見ていると、もう1つ気づくことがあります。それは、このレイアウトが、かなりApple IIのものに似ているということです。

Apple IIのマザーボードも写真で確認しましょう。

写真9：Apple IIのマザーボード

もちろん規模や構成がまったく違うので、部品ごとの配置が対応するというわけではないのですが、横向きのCPUの下にROMが縦に並び、その下にRAMが並んでいるというApple IIのレイアウトは、CPUとROMの上下を入れ替えれば、だいぶMacに雰囲気が似たものになってきます。Macには拡張スロットはありませんが、その代わりとして入出力ポート類が並んでいます。基板の左上のあたりに電源コネクターがあるのも共通です。こうした特徴を照らし合わせて見れば、Macの基板レイアウトを考える際に、Apple IIのレイアウトが頭にあったことは、まず間違いないと言えるでしょう。

ウォズ自身は、Macの設計にはほとんど絡んでいないはずですが、その薫陶を受けて育った弟子たちが、Apple IIから学んだウォズ流の設計思想をMacでも活かしてハードウェアを設計したのです。そしてその印の1つとして、部品のレイアウトを模したものでしょう。

ロジックボードを見たついでに、アナログボードも写真で確認しておきましょう。すでに述べたように、このボードにはロジックボード用のスイッチング電源回路と、CRT 駆動用の高圧回路が共存しているのでした。

写真10：初代Macのアナログボード

写真を見ると、スピーカーも配置されていることに気付きます。これは回路的に必然性があるものではなく、スピーカーの音の出口を本体の側面の開口部に合わせたかったからだと思われます。部品として目立つのは、ASTEC 社製のトランスです。Apple II の内部の写真を見たことのある人は、同社製の電源ユニットが使われていて、同じロゴのステッカーが貼ってあったことを憶えているかもしれません。このあたりも、Apple II からの流れが感じられる部分です。

●起動時と通常動作時で変化するアドレスマップ

Mac のアプリケーションをプログラムする上では、特に必要ないのですが、ハードウェアアーキテクチャの1つの側面として、初代 Mac のアドレスマップを確認しておきましょう。68000の24ビットのアドレス空間の中には、ROM、RAM、そしてI/O領域が配置されています（図4）。

68000は、電源が入ったときや、リセットされた直後には、アドレス$000000～$000007に置かれたベクトルを読み込んでプログラムカウンターとスタックポインターを設定します。そのためリセット時には、少なくともその8バイトだけはROMに割り当てて、固定的な値を設定しておく必要があります。それに続くアドレスは、例外処理のベクトルとなっています。組み込みのシステムなどで、常に一定の動作しかしないものであれば、固定的なベクトルをROMから読み込む方式でも構わないかもしれません。しかし、パーソナルコンピューターのような柔軟な動作が期待されるシステムでは、その部分は起動後に書き換えられるようになっていないと不便です。

図4：Macのアドレスマップ

アドレス	リセット～起動時	起動後
$FFFFFF		
$F80000	フェーズ読み出し	フェーズ読み出し
$F00000	VIA	VIA
$E80000		
$E00000	IWM	IWM
$D00000		
$C00000	SCC 書き込み	SCC 書き込み
$B00000		
$A00000	SCC 読み込み	SCC 読み込み
$900000		
$620000	128KB RAM	
$600000		
$410000	ROM イメージ	64KB ROM
$400000		
$020000		128KB RAM
$010000	64KB ROM	(128KB RAM)
$000000		

Macでは、リセットがかかってから起動プロセスの期間のみ、$000000～$00FFFFの64KBの領域にROMを割り当てています。しかし、ROM本来のアドレスは$400000～$40FFFFであり、その範囲にもROMのイメージ（ミラー）が見えるようになっています。またその間は、128KBのRAMは、$600000～$61FFFFのエリアに割り当てられています。その期間は､実際には非常に短く､MacOSのブートが始まるころには、メモリマップは切り替わり、$000000～$01FFFFの128KBの領域がRAMとなります。そしてROMは、元来の$400000～$40FFFFの領域のみとなります。

一方、$900000から上のアドレスは、もっぱらI/O領域として利用しています。SCC、IWM、VIAのいずれも、かなり広い領域を確保してありますが、これはアドレスのデコードを省略している部分があるからです。当初はRAMが128KBしかないこともあり、アドレスマップにも余裕があったため、このような緩い設計でもまったく問題がなかったのです。I/O領域については、リセット時と起動後で、配置は変わりません。

128KBのRAMの用途の内訳についても見ておきましょう。当然ながら、128KBのすべての領域がプログラムを動かすために利用できるわけではありません。

図5：128KBのRAM領域の用途内訳

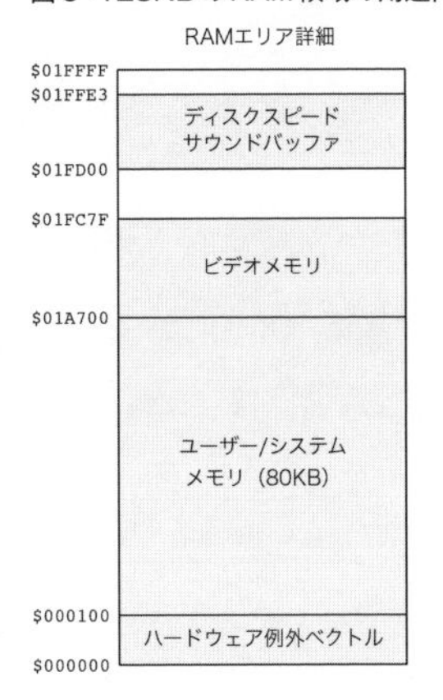

アドレスの最下位の256バイトは、68000が定めた例外ベクトルの領域となっていて、システムとユーザー用を合わせたプログラム領域は、その上の約80KBしかありません。その上には、GUI画面を運用するために不可欠なビデオメモリがあります。Macの画面は1ビットのオンオフで1ピクセルの白黒を表現するモノクロで、解像度は横が512ピクセル、縦が342ピクセルでした。横方向に並ぶ1本の

スキャンライン上のピクセルは512÷16で、32ワードの連続したメモリ領域を占めます。それが342ラインあるので、全部で1万944ワード、バイトで言えば2万1888バイト、約21KBということになります。ビデオメモリは、DMAによってその領域の最下位アドレスのデータから読み始めて、画面の左上から表示していくので、下位アドレスほど画面の左上、上位アドレスのデータほど画面の右下に対応することになります。

さらにその上には、サウンド用と、ディスクの回転速度を可変にするためのデータバッファがあります。この領域は、ビデオメモリに比べればかなり小さく、全部で484バイトほどです。

ハードウェアについての解説は、簡単ながら以上となります。次章からは、いよいよ初代Macの真髄である、ソフトウェアに話を進めていきましょう。

第6章
Macintosh Toolbox詳解

ここからは、本書で扱うテーマの1つの柱であるMacintoshのシステムソフトウェアについて話を進めていきます。ここでシステムソフトウェアと書いたのには理由があります。それは、その部分をMacintoshのOSや、一般的に愛称として呼ばれているMacOSと呼ぶと、話があまり正確でなくなり、その後の話を続ける際に用語の混乱を招くことになってしまうからです。というのも、当初のMacintoshのシステムソフトウェアは、大きく2つの部分に分かれていて、より低レベルの部分がOS（The Operating System）と呼ばれ、上位の部分がToolbox（The User Interface Toolbox）と呼ばれていたのです。ちなみに、現在のMacの環境で使われるmacOSは、その両者のカバー範囲を合わせ、さらにそこに基本的なアプリケーションを加えたものと考えていいでしょう。当時のアプリケーションは、主に後者のToolboxを相手にしながらプログラミングすることになります。そのため、現在のプログラマーの感覚で言えば、むしろ後者の方がOSの本体のように見えるというネーミングの紛らわしさもあります。この章では、まずシステムソフトウェア全体を見渡してから、Toolboxについて詳しく見ていきます。

6-1 Toolboxとは何か?

初期のMacintoshについてある程度の知識を持っていれば、Toolboxという言葉を聞いたことがある、という人も多いでしょう。正確には「The User Interface Toolbox」と呼ばれるものです。その名が示すように、主にMac用アプリケーションとしての統一的なユーザーインターフェースを実現するための機能を提供するソフトウェア群です。しかしこの用語だけが有名になって、中身はあまり正しく理解されていないような気もします。そこで、ここでは、まずToolboxとは何かについて解説します。はじめは概要から入り、徐々に詳しく見ていきましょう。

●Macintosh OSとToolbox

Toolboxは、今日ではOSが提供するAPI（Application Programming Interface）に近いものとも考えられます。そのように理解している人も少なくないかもしれませんが、ツールボックス（道具箱）というネーミングが示すように、感覚的に言えば、OSの一部というよりも、アプリケーションから使えるユーティリティ集のような位置付けに近いものでした。

最初に述べたように、初代のMacのシステムソフトウェアを大きく2つの部分に分けるとすれば、下位、つまりハードウェアに近い「The Operating System」と呼ばれる部分と、上位、つまりアプリケーションプログラムに近いToolboxになります。初期のMacのアプリケーションはToolboxだけでなく、Operating System部分も呼び出しながら動作します。とはいえ、呼び出しの頻度としては圧倒的にToolbox部分の方が多かったのも確かです。

図1：Macintoshのシステムソフトウェアの構成要素

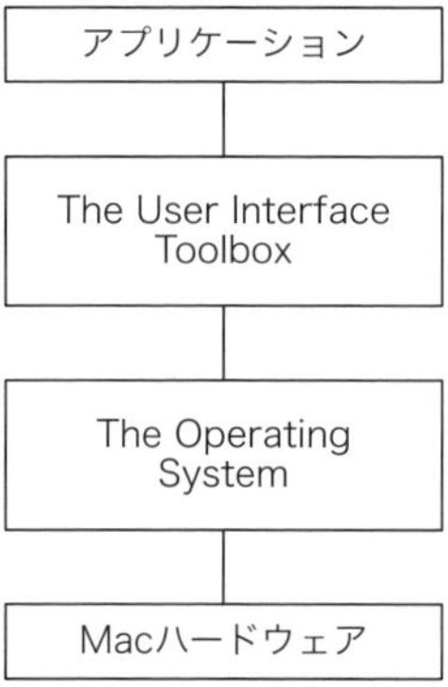

アプリケーション
The User Interface Toolbox
The Operating System
Macハードウェア

ただし、少なくとも現在のOSと同様の外観を持つには、それではまだ足りないものがあります。それは、macOSで言えばFinderに相当する部分で、アプリケーションを起動したり、ファイルやフォルダーを操作するためのプログラムです。このようなソフトウェアをシェル（shell）と呼ぶこともありますが、シェルはもともと卵の殻のような、いちばん外側の薄い層を意味

する言葉です。当初は、Unixなどのコマンドラインのインターフェースを指す語でした。Finderのように多彩な機能を持ち、ある意味OSの顔のような性格を持った部分を呼ぶ語としては、あまりふさわしくないように感じられます。

それはともかく、初代のMacintoshにも、もちろんFinderはありました。ただし、それはシステムソフトウェアの一部というよりも、1つのアプリケーションとして動作していたのです。つまり、図1の「アプリケーション」というのは、サードパーティ製などの一般的なアプリケーションだけでなく、Finderも含んでいることになります。しかも、初期のMacでは、同時に複数のアプリケーションを起動しておくことができませんでした。Macを起動した直後には、その時点では唯一のアプリケーションとしてFinderが起動しますが、ユーザーがFinderを使って別のアプリケーションを起動すると、Finderはメモリから追い出されて、ユーザーが選んだアプリケーションに置き換えられてしまうのです。そして、ユーザーがそのアプリケーションを終了すると、再びFinderがディスクから読み込まれて、そのアプリと入れ替わりにユーザーの相手をするという仕組みになっていました。

サードパーティ製のソフトウェアでは、フロッピーにFinderを含まないものもありました。そのフロッピーから起動すると、最初からいきなりアプリケーションが立ち上がるのです。特にゲームソフトなどでは、そもそもFinderによる操作は不要なので、このような形態の製品も少なくありませんでした。もちろんアップルも、このような形式でのシステムソフトウェアの配布を容認していたのです。このような仕組みを見ると、Macは一種の「ソフトウェアプレーヤー」としての性格も備えていることが分かります。その後、様々なメーカーから登場して発展したゲーム専用機の原型のような面も持っていたことになります。

OS部分とToolbox部分を細かく見ると、ほとんどの要素はROMに書き込まれていて、そのままROM上で動作しました。少なくともその部分は、Macのハードウェアをリセットして起動すれば、待ち時間なしで直ちに動作します。ということは、初期のMacintoshのブートプロセスは、もっぱらFinderというアプリケーションを、フロッピーディスクからRAMに読み込んで起動することだったと考えることもできます。ただし、OSとToolboxにも、RAMから読み込んで実行する部分がありました。それはROMに入り切らなかった部分と、ROMに入れた分に不具合が見つかったのを修正したり、新たな機能を追加するためのプログラムでした。何しろ初期のROMは、容量が64KBしかなかったのです。

OSとToolboxそれぞれについて、ROMに格納されていて、その場で動作するプログラムと、ディスクからRAMに読み込んで動作するプログラムの割り振りを確認しておきましょう。プログラムには機能ごとに名前が付けられています。多くのプログラムは、「〜 Manager」という名前になっていますが、中には「〜 Utilities」や「〜 Driver」、あるいは「〜 Package」というものもあります。これらのネーミングには、プログラムの機能や形態によってある程度の意味があるものと考えられますが、それほど厳密な区別ではないと考えたほうがいいでしょう。ここでは、すべてのプログラムについて内容や意味を説明することはしませんが、重要なものについては、本書のこの後で、おいおい取り上げていきます。機能的にはこの章の後半で解説しますが、具体的な使い方については、次章で示します。

図2：Operating System部分のプログラムの内訳

The Operating System	
ROM	RAM
Memory Manager	RAM Serial Driver
Segment Loader	Printing Manager
Operating System Event Manager	Printer Driver
File Manager	AppleTalk Manager
Device Manager	Disk Initialization Package
Disk Driver	Floating-Point Arithmetic Package
Sound Driver	Transcendental Functions Package
ROM Serial Driver	
Vertical Retrace Manager	
System Error Handler	
Operating System Utilities	

図3：User Interface Toolbox部分のプログラムの内訳

The User Interface Toolbox	
ROM	RAM
Resource Manager	Binary-Decimal Conversion Package
Quick Draw	International Utilities Package
Font Manager	Standard File Package
Toolbox Event Manager	
Window Manager	
Control Manager	
Menu Manager	
TextEdit	
Dialog Manager	
Desk Manager	
Scrap Manager	
Toolbox Utilities	
Package Manager	

これらの図を見ていると、Toolboxの中にはネーミングの趣向が他とまったく違ったプログラムが混じっていることに気付きます。それは、QuickDrawとTextEditの２つです。これらはToolboxの中でも特別な意味を持ち、ひいてはMacintoshのアプリケーションの構成や機能にも大きな影響を与えている、特に重要なプログラムです。簡単に言えば、それぞれMacの驚異的なグラフィック機能と、柔軟なテキストの編集機能を担うものです。プログラムサイズ的にも他の××マネージャといったものよりも大きくなっています。また、OSやToolboxは、主にAndy Hertzfeldという Apple II時代からの職人的なエンジニアが中心となって開発したものですが、QuickDrawはMacPaintの作者としても知られるBill Atkinsonの手になるもので、ソースコードも完全に独立しています。TextEditについては、そうしたスター的な開発メンバー一人の作とすることは難しいかもしれません。少なくともAndy Hertzfeldが一人で作ったものでないことは確かでしょう。

●Toolboxの階層構造

前の章でも示した米BYTE誌の1984年２月号のMacintosh特集には、当然ながらハードウェアだけでなくソフトウェアについての解説も掲載されています。ソフトウェア側の中心を成しているのは、Toolboxとシステムソフトウェア全般についての解説です。そこで筆を執ってるのが、他でもないAndy Hertzfeld本人です。そこでも、やはりBurrell Smithが言うように、Macの64KBのROMは、68000のインストラクションセットを拡張するものとみなすことができると主張しています。その拡張されたインストラクションの数は480以上にもなり、すべて68000のアセンブラーで記述したものであるとしています。

また、ROMの容量の割り振りにも触れています。それによれば、だいたい1/3がThe Macintosh Operating System、そしてToolbox部分も1/3、残りの1/3はQuickDrawが占めているということです。ここでも、やはりQuickDrawは特別な存在として扱われていますが、分類からすれば、QuickDrawはToolboxの一部なので、1/3がOperating System、2/3がToolboxという見方もできるでしょう。いずれにせよ、64KBの1/3なので、それぞれの部分が約21KBになります。今日の感覚では、とてもシステムソフトウェアのサイズを測る単位には見えません。ディスクのアロケーションの都合で生じたゴミ程度の大きさしかないように思えるほどです。しかし、本書のこの後の記述で明らかになるように、それぞれの部分に詰め込まれた多彩で豊富な機能を知れば、その密度の高さに驚かざるを得なくなるでしょう。

BYTE誌のToolboxについての具体的な記述は、Andy Hertzfeld本人によるものではないかもしれませんが、少なくとも間接的にはHertzfeldからの情報を元にして執筆されたものと考えられます。そこには、Toolboxに関してよく見かける、各機能ごとの階層構造を表したブロック図が示されています。

図4：BYTE誌に掲載されたToolboxの階層構造

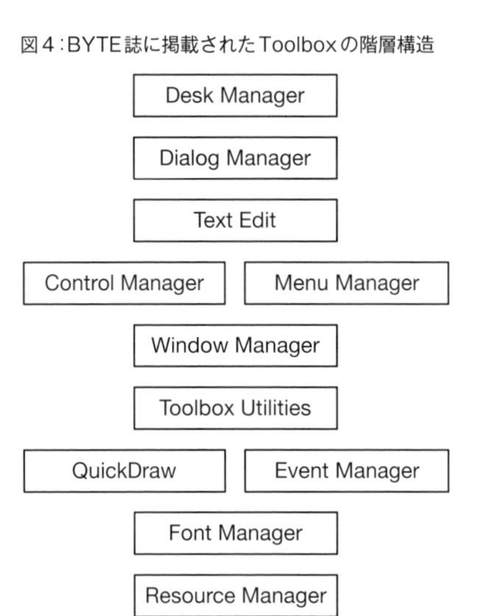

この図には、簡単な説明の都合で選ばれた主要なマネージャやユーティリティ、それにQuickDrawとText Editも登場しています。それぞれの機能について詳しいことは後でじっくりと説明しますが、個々の長方形で囲った機能の意味を、ここでざっと確認しておきましょう。図の下の方から見ていきます。

Resource Manager

Resource Manager（リソースマネージャ）は、文字通り「リソース」を管理するための機能を備えた部分です。リソースとは、一般的には「資源」のことで、コンピューター用語としては、メモリやCPU、ディスクなど、プログラムの実行のために利用できるハードウェア部品、装置などを指すことがほとんどでしょう。しかしMacの言うリソースはちょっと違います。これは、一言で表せば、Macならではの GUIを構成するデータのことで、それぞれ特有の構造を持っています。たとえば、GUIには欠かせないアイコン、文字の字形を決めるフォント、設定などに使うボタンやチェックボックスといったコントロール、メニュー、ウィンドウ、ダイアログなどは、すべてリソースとして扱われます。またちょっと特殊なところでは、データではなくプログラムそのものも、CODEというタイプのリソースとして扱われています。リソースマネージャは、そうした資源を、Toolboxの他の部分から容易に扱えるようにします。それがこの図の底の部分にある理由です。ただし、ちょっと凝ったことをやろうとするアプリケーションなら、リソースマネージャを直接使うことも可能です。

Font Manager

Font Manager（フォントマネージャ）は、Macで使うのとのできる様々な種類のフォントを扱います。Macは、システムソフトウェアレベルで、複数の種類のフォントを利用できるようになった最初のパソコンと言えるでしょう。Apple IIでも、すでにさまざまな字形のフォントを扱えるようにするプログラムはありましたが、それはあくまでグラフィックの一部として文字を描くものでした。また、そうするためにはアプリケーションレベルでフォントデータを用意する必要がありました。Macのようにシステムレベルで様々なフォントを扱う機能は、今では当たり前のものですが、当時としては画期的でした。これによってパソコンが日常の道具として使えるようになり、マニアやプログラマーだけでなく、新たな領域のユーザーを獲得できるようになったのです。Font Managerも、Resouce Managerを使ってフォントデータを取得します。

QuickDraw

QuickDraw（クイックドロー）こそ、初期のMacのToolboxを代表する存在であると同時に、他のToolboxルーチンとはいろいろな意味で異なった特異な存在だったと言えます。異色な点は、いくつでも挙げることができます。すでに述べたように、まず作者がToolbox全体をまとめたAndy Hertzfeldではなく、Bill Atkinsonだったことです。Atkinsonは、元はアップル内でMacintoshとは別プロジェクトとして動いていたLisaのチームの一員でした。簡単に言えば、QuickDrawは、Lisa用に開発していたものをMacに移植したものということになります。しかし、Lisa用にはPascalで書いていて、コンパイル後のコードサイズは160KB程度だったということです。それでは、全部で64KBしかないMacのROMには、とうてい収まりません。そこでAtkinsonは、そのコードを68000の機械語として徹底的に最適化し、最終的に24KB程度に収めたのです。そこには、血の滲むような努力を必要とする課題が多くあったことは容易に想像できます。

Atkinsonは、QuickDrawの開発に約3年半かかったと明らかにしています。当時のMacintosh開発チームを率いていたSteve Jobsは、Atkinsonのソフトウェア開発能力は、他のアップルのエンジニアの6倍ほど高いものだったと信じていたようで、それもあながち大きな誇張だとは思えないフシがあります。つまり、仮に普通のエンジニアがQuickDrawを開発できたとしても、それには20人年以上の工数がかかったであろうという見積もりになるのです。

QuickDrawの具体的な描画機能については、後で詳しく述べますが、基本的には文字の表示とグラフィック描画ルーチンの集まりです。アプリのウィンドウの内側に描く機能だけでなく、Macの画面に表示されるものすべてに責任を負っていました。メニューやウィンドウ、ダイアログ、コントロール類、すべてです。また、当時の技術水準では誰も考えていなかったRegion（リージョン）という概念を導入し、それを目の覚めるような速度で実際に動作する機能として実装していたことは特筆に値します。また描画対象の領域は、ある意味抽象化されていて、ウィンドウの中身を表すビットマップだけでなく、直接目には見えないプリンター出力用のビットマップにも、まったく同じ命令体系で描くことができるという先進的な機能も備えていました。

Event Manager

初代MacのEvent Manager（イベントマネージャ）には、実は2種類あります。1つは、下層のOS部分に含まれる、Operating System Event Manager、もう1つが、このToolboxに含まれるToolbox Event Managerです。もちろん図4にあるのは後者のことです。

Toolbox Event Managerは、大きく2種類のイベントを扱います。1つは、マウスのボタンを押した／放した、どれかのキーを押した／放した、フロッピーディスクをドライブに入れた、といったような、ユーザーが直接動作の主体となって発生するイベントです。もう1つは、あるウィンドウがアクティブになったとか、ウィンドウの中身のアップデートが必要になったといった、複数の（重なった）ウィンドウがあるがゆえに発生するタイプのイベントです。後者も元はユーザーの操作に起因することが多いのですが、アプリケーションの動作の結果として発生することもあるでしょう。

Toolbox Utilities

Toolbox Utilities（ツールボックスユーティリティ）は、その名の通り、アプリケーションプログラムから使えるユーティリティ集です。提供している機能は、文字列処理、固定小数点の実数演算、変数間のビット単位の論理演算、グラフィック関係として、アイコンやパターンのデータへのアクセス、ちょっと変わったところでは、角度と縦横比の変換機能や、画面の解像度の確認機能などがあります。

Window Manager

メニューを除くと、Macのアプリケーションによる描画は、文字かグラフィックかを問わず、すべてウィンドウの中で発生します。デスクトップにもアイコンを置く（描く）ことができましたが、それが許されるのはFinderだけで、一般のアプリケーションはデスクトップにアクセスできません。そもそも、デスクトップ上のアイコンはFinderが管理しているので、それ以外のアプリケーションが起動している際には見えません。というわけで普通のアプリケーションは、描画も、マウス操作への対処も、もっぱらウィンドウの内側を対象にして動作しています。そのウィンドウの管理を一手に引き受けているのが、このWindow Manager（ウィンドウマネージャ）です。アプリケーションから描画可能なウィンドウのコンテンツ部分だけでなく、タイトルバーと、その中のクローズボックス、スクロールバー、サイズボックスなどの描画もこのマネージャの仕事です。

Control Manager

アプリケーションがウィンドウの中に配置するボタン、チェックボックス、ラジオボタン、「量」を設定したり表示したりするダイアルとしてのスクロールバーなどは、総称して「コントロール」と呼ばれます。Control Manager（コントロールマネージャ）は、それらを描いたり、状態を確認したりする機能を提供します。

Menu Manager

Menu Manager（メニューマネージャ）は、デスクトップの上部のメニューバーにメニュータイトルや、タイトル部分からドラッグして開くプルダウンメニューを表示し、ユーザーがメニュー項目を表示中にはハイライト表示したり、選んだ項目を点滅させたりといった基本的なメニューの機能を実現します。当初は、ポップアップメニューのようなものはなかったので、メニューと言えば、もっぱらこのようなプルダウンメニューでした。

Text Edit

Text Edit（テキストエディット）は、文字（列）の表示と、その場での編集を実現するための機能を提供します。これを使えば、ウィンドウの中で、いわゆる「スクリーンエディター」タイプのテキストエディターを実現するのも簡単でした。それだけではなく、たとえばダイアログボックスの中のテキスト入力領域など、どんな場所でも使えるのが強みでした。Finderがアイコンの下部に表示するファイル名をその場で変更できるようになっていたのも、この機能のおかげです。

Dialog Manager

Dialog Manager（ダイアログマネージャ）は、ダイアログ（対話）ボックスを扱います。ダイアログも一種のウィンドウですが、中身の自由度は限られています。その代わり、簡単な処理で効果的な表示できるようになっています。このようなユーザーインターフェースは、現在では標準的なものですが、少なくともパソコンではMacが初めて採用し、一般化させたと言えるものです。通常のダイアログボックスに加えて、Alert Box（アラートボックス）という、さらに特殊なダイアログも多用されます。

Desk Manager

Desk Mangare（デスクマネージャ）は、アプリケーションプログラムの起動中に、ユーザーがDesk Accessary（デスクアクセサリ）を利用できるようにするための機能を提供します。デスクアクセサリは、いわばミニアプリケーションのようなもので、一度に1つのアプリケーションしか起動できなかった初期のMacの欠点を補うものです。ユーザーは、これをアップルメニューから選んで利用することができました。このようなミニアプリケーションに近い機能は、現在でも「ウィジェット」として生き残っています。

先の図4に示した階層構造、言い換えれば依存関係は、それほど厳密なものではないとは言え、少なくとも機能的な依存関係としては、なんとなくでも納得できる位置に配置されているように見えます。ところが、これと似たような図で、マネージャの位置関係や配置が異なるものも存在します。それは、アップルがMacintoshの発売前からアプリケーションの開発者向けに配っていたInside Macintoshという資料に掲載されたものです。大きく矛盾するほどの差異があるわけではないのですが、BYTE誌に掲載されていたもの以外のマネージャもいくつか見ることができます。

ざっと比べてみると、BYTE誌のものは、Inside Macintosh版（以下IM版）を簡略化して描いたようにも見えます。まずIM版には、Resource Mangaerの上に、Font Managerと並んで「Package Manager」が配置されています。また、QuickDrawと同列だったEvent Managerは、より正確な名前の「Toolbox Event Manager」として、ちょっと上の階層に移動しています。上で述べたように、Event Mangaerには、「Operating System Event Manager」というものも別に存在しているので、それと区別するためには、このように書くほうが正確です。BYTE版では、そのあたり簡略に描いていることが分かります。しかしもっと大きな違いは、BYTE版ではいちばん上にあったDesk Managerが、IM版では「Scrap Manager」と並んで、QuickDrawのすぐ上に置かれていることでしょう。

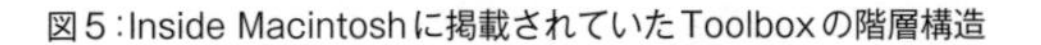
図5：Inside Macintoshに掲載されていたToolboxの階層構造

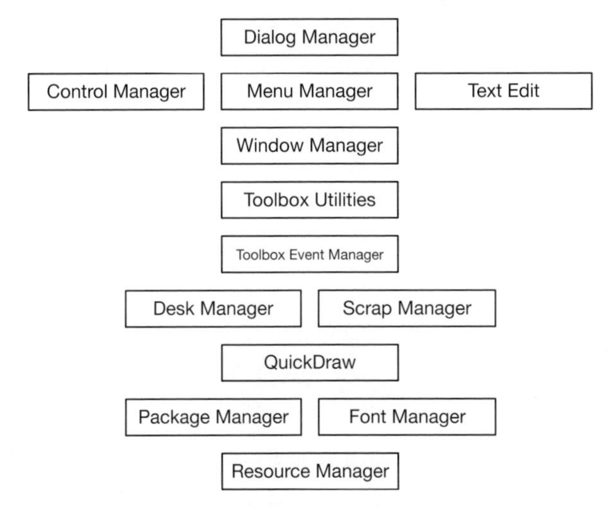

他にも細かな違いはありますが、BYTE版だけにあってIM版にはない、という機能はないので、やはりBYTE版はIM版を簡略化したものと言って差し支えなさそうです。結局、BYTE版にはなくて、IM版にだけあるのは、Package ManagerとScrap Managerの2つです。以下、それらについてもざっと説明しておきます。

Package Manager

Package Manager（パッケージマネージャ）は、その名の通り、パッケージを管理する機能を持っています。ここで言うパッケージは、やはりMac独自のデータ構造で、ある目的に沿ったデータと、それを処理するプログラムから構成されるものです。リソースとしては、「PACK」というタイプとして定義されています。

初期のMacでは、標準的なファイルを扱う「Standard File Package」、フロッピーディスクを初期化するための「Disk Initialization Package」、国際的な（といっても最初は欧米圏だけですが）日付の表記や通貨の単位などを扱う「International Utilities Package」など、6種類のパッケージが用意され、システムのリソースファイルに含まれていました。

Scrap Manager

Scrap Manager（スクラップマネージャ）は、スクラップを扱うマネージャですが、この場合のスクラップは、クリップボードと言い換えると意味が分かるでしょう。これは、アプリケーション内で扱うデータの一部を切り出してクリップボードにコピー、あるいはカットしたり、逆にアプリケーション内の狙った位置にクリップボードからペーストする機能をサポートするものです。このような機能は、今でも綿々と受け継がれていますが、当時は今よりもずっと大きな意味を持っていました。何度も言うように、当時のMacは一度には1つのアプリケーションしか使うことができなかったので、複数のアプリケーション同士でデータをやり取りする方法として、クリップボードが非常に有効に機能していたのです。つまり、1つのアプリケーションがクリップボードに入れたデータは、そのアプリケーションを終了してもそのまま残り、さらに別のアプリケーションを起動しても、その初期化の際に消えることがないように配慮されていました。それでも、異なるアプリケーション間でデータをやり取りするには、共通のフォーマットが必要です。そのためには、大きく2種類のフォーマットが用意されていました。1つはプレーン（素）なテキスト（リソースタイプはTEXT）と、もう1つはQuickDrawのピクチャ（同PICT）です。個々のアプリケーションは、他のフォーマットのデータもクリップボードに入れることができますが、それを転送先のアプリが受け取れるとは限りません。しかし、この2種類のデータに限っては、多くのアプリで受け取ることができるようになっていたのです。クリップボードに対する出し入れとは直接関係ありませんが、初期のMacで扱う標準ファイルフォーマットとしてよく聞く「ピクト（PICT）ファイル」は、このPICTリソースの中身をファイルに記録したものです。

C O L U M N

QuickDrawの起源

QuickDrawというネーミングは、今でこそ歴史的に定着した名前なので、それほど奇異なものには感じられないでしょう。しかし、当時はToolboxの中で、これだけ他とは異なった趣旨のネーミングであるというだけでなく、その名前自体が独特の雰囲気を醸し出していると感じられるものでした。もちろんQuick（素早い）とDraw（描画）の組み合わせで、高速なグラフィック機能であることを表した名前であることが分かります。しかし、この名前には単なる思い付きではない、さらに古い歴史的な背景があるのです。

Bill Atkinsonは、UCSD（カリフォルニア大学サンディエゴ校）の出身です。在学中には、Jef Raskinという教授の生徒でした。しかしRaskinは、その後1976年にアップルに入社して、31番めの社員になりました。当初はApple IやApple IIに関わっていましたが、自らの発案で「Macintosh」プロジェクトを立ち上げました。それがそのまま初代Macintoshの発売につながったわけではありませんが、その原型の1つとなったのは紛れもない事実です。

そのRaskinが、UCSDの教授時代に書いた論文の1つに「The Quick-Draw Graphics System」というものがあります。執筆したのは、アップルへの入社よりも10年近くも前の1967年の12月となっています。内容は、もちろんコンピューターグラフィックに関するものです。Atkinsonがアップルに入社したのは1978年ですが、これは当時すでにアップルの社員になっていたRaskinの勧誘によるものと言われています。Atkinsonも、当初はApple IIのアプリ開発に取り組み、その後Lisaのプロジェクトに参加しました。そこでグラフィック機能として開発したのがQuickDrawだったというわけです。時期もだいぶ離れていますし、Raskinの論文の内容を具現化したものとは考えにくいのですが、少なくともネーミングだけは、Raskinの論文の影響を受けたものと見て間違いないでしょう。

アップルは、OS X以降については、そのグラフィック機能にQuickDrawという名前を使うのやめてしまいました。しかしその直前までは、QuickDrawの機能を大幅に強化した「QuickDraw GX」を開発し、MacOSに搭載していました。QuickDrawという名前は、最初に登場してから、かなり長期間に渡って使われたことになります。また、その間にもアップルは、「QuickTime」という、QuickDrawのネーミングを応用したような名前の機能と、それを利用したアプリケーションを開発し、世に送り出しています。さらに言えば、ハードウェア製品として「QuickTake」という名前の、業界を先導するようなデジカメもありました。そして現在のmacOSにも残っているファイルのプレビュー機能「QuickLook」も、元を正せばQuickDrawと同じ系列上にあるネーミングと言えるでしょう。

C O L U M N

Inside Macintosh

古くからのMacユーザーなら、「Inside Macintosh（インサイド・マッキントッシュ）」という資料の名前を耳にしたことがあるという人も多いでしょう。このタイトルの意味は、言うまでもなく「Macの内側」あるいは「Macの中身」ということです。実際に、初期のMacの、主にシステムソフトウェアについて解説し、アプリケーションを作成する際に、そうしたシステム側の機能をどのように使えばよいのか、ということを詳しく記述したものです。当時は、Macのアプリケーション開発者にとって、一種のバイブル的な存在として、不可欠のものとされていました。

アップルは、初代のMacintoshが完成する前から、このInside Macintoshの制作にとりかかっていました。サードパーティのアプリケーション開発者向けに広く正確な情報を提供して、アプリケーションの開発を促すためです。最近のパソコンは、最初から数え切れないほどのアプリケーションをプリインストールした状態で販売されるのが普通になっています。しかしMac以前のパソコンは、メンテナンスなどに必要不可欠なツールやユーティリティのようなものを除くと、一般のユーザーがそのまま使えるような高機能なアプリケーションは付属していないのが当たり前でした。しかしMacには、最初からMacPaintというペイントソフトと、MacWriteというワープロソフトが付属するという、当時としては異例の措置が取られていたのです。

その背後にあったのは、実はアプリケーション不足への不安でした。何しろMacは一般向けパソコンとして、GUIを装備した初めての製品として発売されることになっていました。どんなユーザーにも使いやすいものを目指したものですが、アプリの開発者にとっては、扱いやすいどころか、だれもそんなパソコンのアプリを開発した経験がない、未知の世界のものだったのです。アップルとしても、コンピューターのことを知らないユーザーにも使いやすいという、高い要求レベルに応えられるようなアプリを、サードパーティの未経験の開発者がどんどん開発してくれるかどうか、かなりの不安があったはずです。しかもMac本体の発売に合わせて、十分な数、種類のアプリを揃えることが課題となっていました。

それに対してアップルが取った方策の1つは、MacPaintやMacWriteのような完成度の高い優れたアプリケーションを、Mac本体に最初から付属させてしまうことでした。ユーザーは、サードパーティ製のアプリケーションが出揃うまでの間、とりあえずそれらを使って満足してくれるだろうという期待もあったでしょう。それに加えて、それまで誰も見たことのないGUIを活かしたMacらしいアプリケーションの手本を提供することで、サードパーティの開発を促し、レベルを上げようという狙いもあったはずです。そしてもう1つの方策がアプリケーション開発者の教育でした。その中心を担うのがInsdie Macintoshだったのです。

Inside Macintoshは、当初は1枚ずつ紙に印刷したページを分厚いバイダーで綴じた手作り感の漂う資料として作成されたものでした。それを、アップルが見込みのありそうだと判断した開発者に無料で配っていました。Mac本体が発売されると、やがて本体の販売もアプリケーションの開発、販売も軌道に乗り始め、Inside Macintoshに対する需要も爆発的に増加することになりました。それに対応するため、アップルでは工学系の大手出版社であるAddison-Wesley社から、一般の書籍と同じように製本したInside Maintoshを大々的に発売することにしたのです。1980年代にシリコンバレーに行って、市中の書店や、大学生協の書店などに入ると、かなり目立つ位置にInside Macintoshが平積みになっている光景を目にすることができたものです。

この製本されたInside Macintoshは、情報の種類に応じて複数のボリュームに分かれていました。1冊にまとめるには情報量が多すぎた、ということもありますが、システムソフトウェに新しい機能が追加されたり、新しいMacのモデルが発売されたりすると、それについての情報を掲載するために、新しいボリュームが追加発行されていきました。たとえば、1988年に発行されたVolume Vは、それまでとはかなり異なったハードウェア構成となったMacintosh SEとMacintosh IIに関する情報をカバーしています。特に、Mac IIでは本格的なカラーグラフィックが使えるようになったため、QuickDrawは、「Color QuickDraw」に拡張され、色に関するデータを扱うための「Color Manager」などが追加されています。

こうして製本された本として発売されていたInside Macintoshも、1991年のVolume VIで最後となりました。これは当初のMacのOSからすれば、かなり手が加えられたSystem 7をカバーしたものです。そのころには、CD-ROMが普及して電子的なドキュメントを配布する手段が整い始めたことや、必要な情報のアップデートのペースが速くなり、印刷して製本した紙の本では間に合わなくなったといった状況がありました。やがてインターネットも本格的に普及し、PDFも登場したことで、アップルの開発者向けドキュメントも、完全に電子化、オンライン化されて現在に至っています。

●基本的なMacのGUIとToolbox

Macintosh の GUI は、今ではスタンダードの1つとなり、部分的に見れば iPhone や iPad といった他のデバイスにも色濃く影響を与えるものとなっています。またこうした Mac から派生したとも言えるデバイス上で独自に発展した要素が、Mac に逆輸入されるような例も見ることができます。さらに、もともとは Mac から強い影響を受けて設計された Windows との絡みも考えると、ここまでの GUI の発展は非常に複雑な様相を呈しています。ここでは、今からは考えられないほどシンプルなものでありながら、基本的な要素や考え方は今と何も変わっていないと言える初代MacのGUIを確認し、それとToolboxとの関係を見ていきましょう。

現在のMacのアプリケーション開発は、言うまでもなくオブジェクト指向の開発言語、環境が整っているため、基本的なUI部分の処理は非常に簡単なものになっています。少なくとも初期のMacに比べると雲泥の差があります。メニューの表示、その中の項目をユーザーが選択した際の処理、ウィンドウ操作、その他のイベントに対する処理など、ほとんどテンプレートを選ぶだけで、簡単に最初から実現できています。イメージとしては、アプリケーションの容器や包装に相当する部分はあらかじめ用意されているので、後はその中に中身を入れて並べるだけ、という感じでしょうか。

しかし、Macのアプリケーション開発にオブジェクト指向が導入されたのは、初代のMacが登場してから何年も後のことでした。それまでは、アプリケーションの容器に相当する部分から、毎回手作りしていくような作業が必要でした。中身に取り掛かる前に、その外側の準備にかなりの労力を費やす必要があったのです。たとえば、メニュー1つにしても、メニューバーにメニュー1つずつ配置するところから始め、ユーザーの操作に応じてそれを開き、さらにユーザーに項目を選ばせ、それに対応する処理を起動しなければなりません。1つ1つは、それほどの労力ではないとしても、一連のシーケンスを、すべてアプリケーションのプログラマーの責任で実行しなければなりません。アプリケーションの処理の合間に、なるべく頻繁にマウスイベントを監視し、メニュー操作に該当するイベントを見つけたら、それを識別して必要な処理を実行するのです。そうしたイベントへの対処は、メニューに限らず、ほとんどあらゆる操作に対して必要でした。

Toolboxルーチンの詳しい説明に入る前に、シンプルなサンプルプログラムを示して、それがToolbox内のどのようなマネージャを利用して動いているのかをざっと見ておきましょう。サンプルプログラムとしては、次章で使うことになるMac用の最初期のセルフ開発環境として有名なMDS（Macintosh 68000 Development System）に付属している「Window Sample」というアプリケーションを例にとって説明します。このプログラムのソースコードについては、本書では説明しません。その代わり、そのプログラムと同等以上の処理を含む本書オリジナルのサンプルのソースコードについて、次章で詳しく説明します。

まずは、このアプリケーションの操作中の場面を見ておきましょう。起動すると「A Sample」というウィンドウが表示されます。メニューバーには、アップル／

File ／ Edit という3つのメニューが配置されています。基本的なGUIの要素としてはそれだけです。

図6：MDSに付属する「Window Sample」の画面

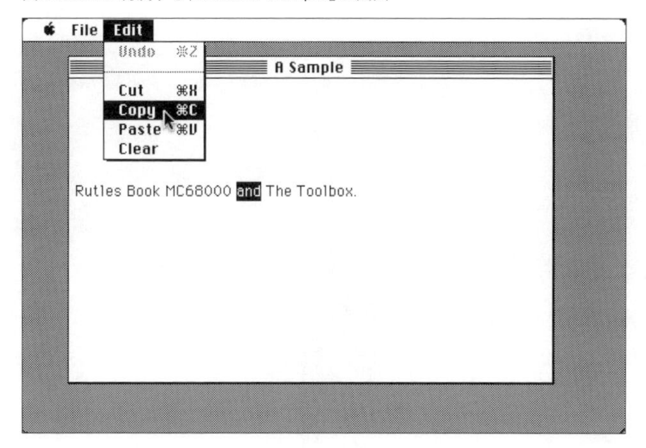

この「A Sample」ウィンドウの中は、シンプルなテキストエディターになっているので、キーボードで文字をタイプ入力することができます。これは、このウィンドウの内側でText Editを動作させることで実現しています。ちなみに、初代のMacには、おそらくジョブズのこだわりだと思われますが、カーソルキーというものがありません。タイプしてウィンドウに表示された文字は、必ずマウス操作で場所や範囲を設定して編集します。

図7：ウィンドウの中はテキストエディターになっている

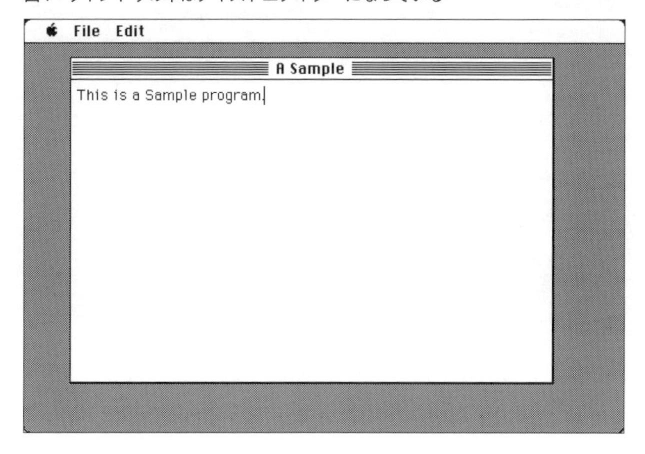

このウィンドウには、タイトルバーに「A Sample」という文字列を表示しているものの、そのタイトルバーの左端（ウィンドウの左上）にはクローズボックスがありません。そのため、ウィンドウを直接操作して、このウィンドウだけを閉じることはできません。またウィンドウの右下にサイズボックスもないので、サイズの変更もできません。またスクロールバーも用意してないので、中身をスクロールさせることもできません。このウィンドウに対して唯一可能な操作は、タイトルバーをドラッグして位置を移動することです。

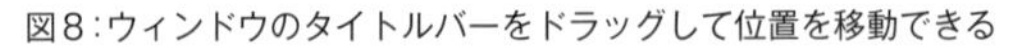
図8：ウィンドウのタイトルバーをドラッグして位置を移動できる

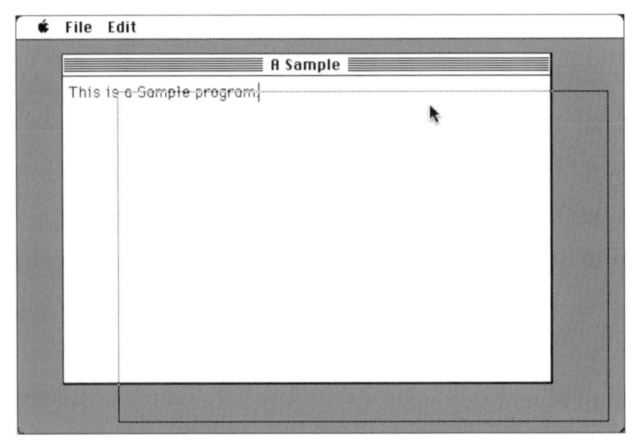

このようなウィンドウの操作は、ユーザーの操作に応じてWindow Managerの機能を使って実現します。

次に、メニューバーの左端のアップルメニューを見てみましょう。メニューバーへのメニューの配置や、ユーザーがメニュー上でボタンをプレスした際のメニュー項目の展開には、もちろんMenu Managerを使います。なお、当時のMacでは、マウスボタンを「クリック」しただけでは、メニューは一瞬表示されるだけで、すぐに消えてしまいます。メニューの上でボタンを押し続け、開いたメニューの上をドラッグするように動かし、目的の項目の上でボタンを放す、というのが正当なメニューの操作方法だったのです。クリックしてメニューを開き、ボタンを押さずにマウスポインターを動かして、目的のメニュー項目の上で再びクリックするという操作方法は、Windowsの流儀を逆にMacが取り入れたものです。

このように画面の左上にアップルメニューを置く習慣は、現在のmacOSまで受け継がれています。当時のアップルメニューの一番上の項目としては、そのときに動作しているアプリケーションについての情報を表示するものを置くことになっていました。この場合は、「About This Example...」という項目がそれです。

図9：アップルメニューのいちばん上には、アプリケーションについて表示するための項目が置かれている

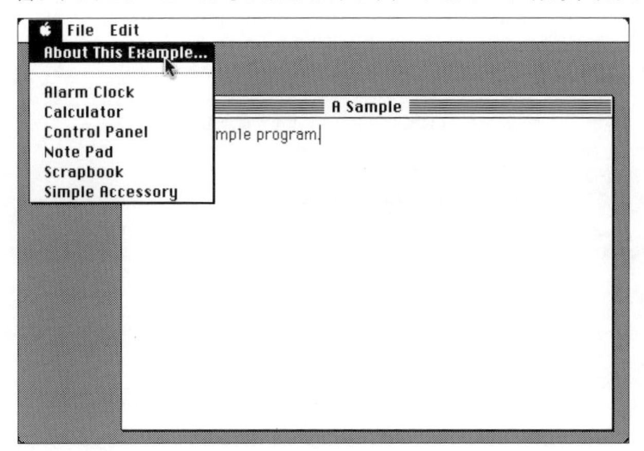

この「About This Example...」という項目を選ぶと、このサンプルプログラムに関する簡単な情報を表示するダイアログが開きます。これもアプリケーションが、Dialog Managerを使って処理しなければならない仕事です。このようにダイアログを開いてアプリケーションの情報を示すのも、現在まで受け継がれている習慣です。当時からこのようなダイアログを「アバウトダイアログ」と呼んでいました。

図10：アプリケーションについての情報は、いわゆるアバウトダイアログに表示する

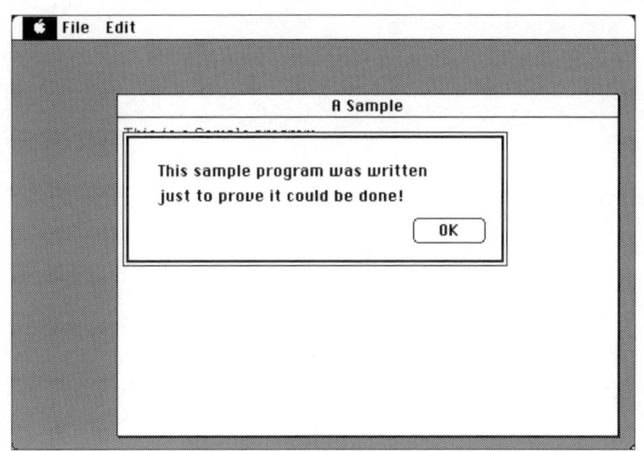

アップルメニューには、アバウトダイアログを開くための項目以外に、デスクアクセサリを選ぶための項目を置くのが普通です。デスクアクセサリは、システムファ

イルにインストールされているので、システム側で表示してくれても良さそうなものですが、そのままでは何も表示されません。実はアップルメニューから選ばれたデスクアクセサリを表示するだけでなく、メニューにデスクアクセサリを登録するのもアプリケーションの仕事なのです。いずれもMenu Managerを使って実行します。ここでは試しに「Calculator」を開いて電卓を使ってみましょう。

図11：デスクアクセサリとしてシステムにインストールされているCalculatorを選んで電卓を使う

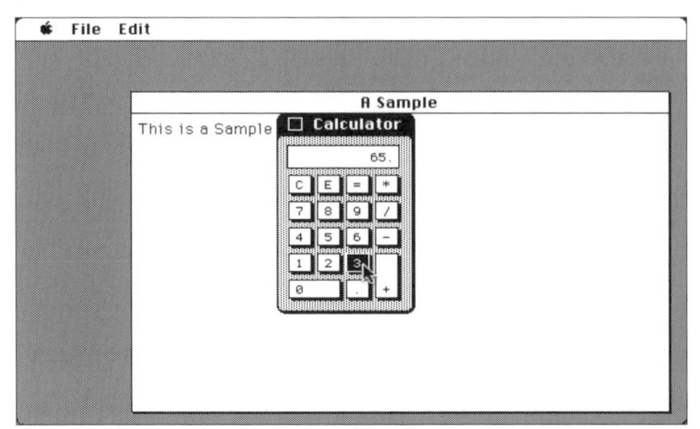

ここでまたメインのウィンドウに戻って、テキストを編集してみましょう。キーボードからタイプ入力した文字列をいったんクリップボードにコピーし、それをペーストして増殖させています。このようにクリップボードがらみの処理は、結局はScrap Managerの働きによるものですが、一般的なテキストエディターのアプリケーションでは、それを直接使うのではありません。Text Edit経由で文字列をクリップボードにカット／コピーしたり、クリップボードからペーストしたりします。

図12：マウス操作で選択した文字列を、「Edit」メニューのコマンドを使ってカット／コピーしたり、ペーストしたりして編集する

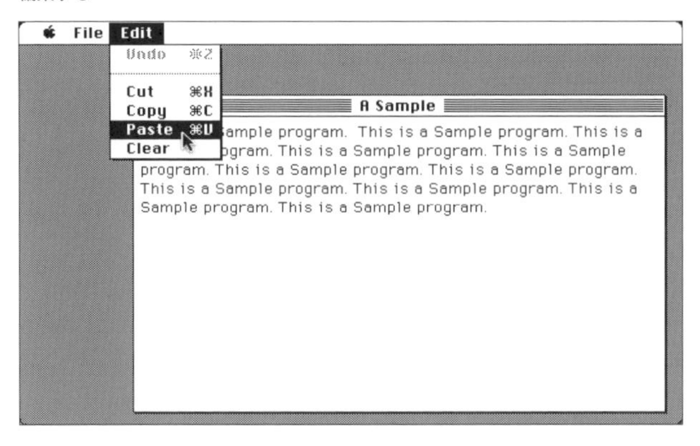

最後に「File」メニューを見てみましょう。このプログラムの場合は「Quit」という項目だけを登録しています。これは言うまでもなく、このアプリケーションを終了するためのコマンドです。

図13:このアプリケーションを終了してFinderに戻るための「Quit」コマンドを選択する

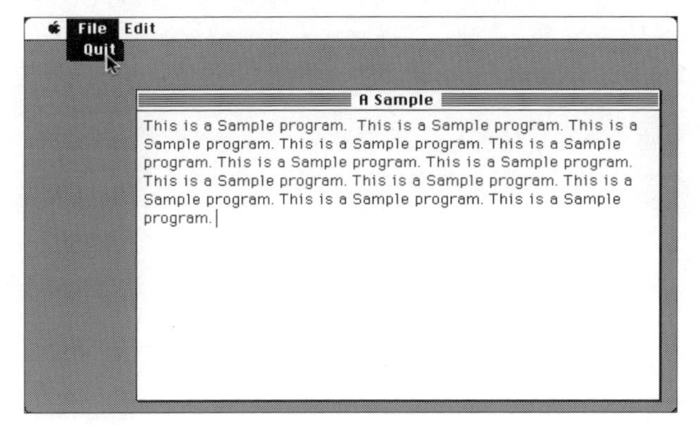

ユーザーがそのコマンドを選択すると、このプログラムはメモリから追い出され、代わりにアプリケーションとしてFinderがロードされて、このプログラムを起動した時点の続きから動作することになります。

Finderに戻るには、OSに含まれているSegment LoaderのExitToShellという機能を使うのがいちばん確実で、どういう状態からでもFinderに戻ることができます。ただし、最初にアプリがFinderから呼ばれた際のスタックが正しい状態に維持してあれば、単にアプリケーションからRTS命令を実行するだけで正常にFinderに戻ることができます。それがいちばん穏やかな方法です。

6-2 Toolboxの利用方法

ここからは、実際にOSやToolboxをアプリケーションプログラムから呼び出す方法について、具体的に見ていくことにします。はじめにMacのアプリケーションをプログラミングするための言語について軽く触れてから、OSやToolboxルーチンの実際の呼び出し方に話を進めていきます。Macのアプリケーションは、基本的に高級言語とアセンブラーのどちらによっても、あるいはそれらを組み合わせて開発することができました。Inside Macintoshも、両方の場合について配慮した記述になっています。しかし、ここでは、本書の趣旨に従って、68000のアセンブラーを使う場合を中心に説明します。そうしないと、初期のMacのOSやToolboxの本当の特徴が見えにくいのも、また事実なのです。

●Toolboxを利用するプログラミング言語

初期のMacは、今でいうとiPadのような位置付けで、コンピューターの専門家ではない、あくまで一般のユーザー向けに設計されたマシンでした。つまり、Macはプログラマーのためのものではなく、Macを使ってMac用のアプリケーションを作成することは、もともと考えられていませんでした。ではどうするのかと言えば、Macの前任機というよりは、まったく別系統のマシンであるLisaを使うのです。

Lisaには、Lisa Workshopという開発環境がありました。もともとは、Lisa自身のアプリケーションを作成するためのものでしたが、それを使ってMacのアプリケーションも開発できるようにしたのです。Lisa Workshopのメインの言語は、当時幅広く利用されていたPascalでした。LisaのCPUもMacと同じMC68000だったので、68000のアセンブラーも使えました。

そういうわけで、Macのアプリケーションを開発するための標準高級言語はPascalだったのです。そして、細かい処理が必要だったり、パフォーマンス的に重要な部分で、そうした方が明らかに実行効率が上がると分かっている部分だけ、補助的にアセンブラーを使う、というのが推奨されるスタイルでした。たとえば、初期のMacのアプリケーションを代表する存在のMacPaintも、Pascalと68000アセンブラーの組み合わせで書かれていました。

当時、すでにC言語もありましたが、Unix系の環境以外では、それほど普及していなかったのが実情です。しかし、PascalよりもC言語を好む人も、やはりそれなりにいて、Mac上でMac用のアプリケーションを作成できるサードパーティ製のセルフ開発環境としては、C言語を使うものも登場しました。ただし、Macのアプリケーション開発にC言語を使うのは、後に述べるような問題があるため、Toolboxに対してはあまり相性の良い言語とは言えませんでした。

Macintosh OSやToolbox自体は、100%が68000のアセンブラー（アセンブリ言語）で書かれていました。したがって、呼び出す際のパラメーターをレジスターで渡して、結果もレジスターで戻すというルーチンが多く、アプリケーションもアセンブラーで書くのが最も効率が良かったのです。ただし、ToolboxのルーチンをPascalで書いたプロシージャやファンクションとまったく同じように呼び出せるような仕組みも用意していました。ちなみにPascalでは、値を返さないものはプロシージャ、返すものはファンクションと呼んでいます。いずれにせよ、アプリケーションのプログラマーは、Toolboxがどのような言語で書かれているかを特に意識する必要はなかったのです。

C O L U M N

Pascal

Pascalはオブジェクト指向の前、1970年代から1980年代の前半あたりに流行った「構造化プログラミング」を実現するための代表的なプログラミング言語の1つです。設計者は、当時スター的な存在の情報科学者だったNiklaus Wirthです。Pascalは、米国を中心として、多くの大学や企業で教育からシステム開発まで広く採用され、色々な実装が生まれました。中でも有名なのは、コンパイラーにエディタやリンカーなどを加えて、一通りの開発環境をパッケージにしたUCSD Pascalでした。これはApple IIの純正プログラミング環境としても採用されました。言うまでもなく、カリフォルニア大学サンディエゴ校で開発されたものです。

Pascalは、その時代以降、多くのプログラミング言語に影響を与えましたが、C言語もその流れを汲むものの1つに数えられるでしょう。ただし、いずれもALGOLという共通の祖先となるプログラミング言語から派生したものと考える方が自然かもしれません。Pascalでは、プログラム中のブロックを、必ずBEGINで始めてENDで締めることになっていました。そのため、ちょっと制御構造の複雑なプログラムは、BEGINとENDだらけになってしまいました。C言語は、BEGINを{、ENDを}で置き換えるなど、Pascalのキーワードを短い記号で示すようにして、ソースコードが簡潔に見えるようにしていました。ただし、Pascalのような英単語に近いキーワードを採用した言語に慣れた目からすると、記号だらけのC言語のソースコードは、当初はかなり奇異な感じがしたものです。

アップルでは、Apple IIに引き続き、LisaでもPascalを標準的なプログラミング言語とみなしていたようです。初期のMacのアプリケーションは、Lisa Pascalと呼ばれたLisa上のPascalとアセンブラーを組み合わせて開発するのが普通でした。MacでセルフI開発ができるようにしたアップル純正のMPW（Macintosh Programmer's Workshop）が登場してからしばらくの間も、Pascalは標準的なプログラミング言語の1つであり続けていました。Pascalの直系の子孫としては、Modula-2などを挙げることができます。ただし、その頃にはC言語が圧倒的な人気を獲得していたため、そうしたPascalの直系の子孫が広く使われることはありませんでした。

●Toolboxルーチンを呼び出すためのジャンプテーブルの構造

前節で述べたように、Mac の Operating System と Toolbox のプログラムの大部分は ROM の中にありました。ということは、それらのエントリーポイント、つまりそれらの機能を利用する際に呼び出すべきプログラムの先頭アドレスは、固定されていることになります。そうした機能を API として利用できるようにするための、もっとも素朴な方法は、エントリーポイントのアドレスを公開して、68000 ならそのアドレスを指定した JSR 命令で呼び出してもらうようにすることです。もちろん、それには大きな問題があります。ROM 内のプログラムの変更に対応しにくいということです。その後、ROM 内のエントリーポイントが絶対に移動しない保証があれば、それでも良いかもしれません。しかし現実的にそれは難しいので、その API のエントリーポイントのアドレスは、その ROM バージョン限定のものとなってしまいます。

エントリーポイントのアドレスが変化しても、API として呼び出すアドレスを一定に保つには、ROM のどこかにジャンプテーブルのようなものを用意して、そこに実際のプログラムのエントリーポイントのアドレスをずらずらと並べておくという方法があります。そうすれば、ジャンプテーブルのアドレスを指定して、間接アドレッシングの JSR 命令によって、目的のルーチンにジャンプすることができます。ROM のバージョンが上がってプログラムの先頭アドレスが変わっても、ジャンプテーブルの内容を変更するだけなので、アプリケーションプログラムのコードは影響を受けません。

しかし、もう少し柔軟性を高くするには、ジャンプテーブルを ROM ではなく、RAM 上に置く方法が考えられます。システムの起動時に、ROM 上のジャンプテーブルを RAM にコピーして、アプリケーションからは、その RAM 上のテーブルを使うようにします。そうしておけば、もし ROM 内のルーチンにバグが見つかった場合、ディスクからRAM上にバグ修正済のルーチンを読み込み、RAM上のジャンプテーブルを書き換えて、飛び先をRAM上の新しいルーチンに変更するという「パッチ」処理が可能となります。今では考えられないことですが、アプリケーションが、このテーブルのアドレスを変更することで、システム既定の動作を変更し、アプリケーションの動作環境を独自にカスタマイズすることさえ可能となります。いずれにせよ、こうすることで、基本的なプログラムをROM上に置いたまま、柔軟性の高いシステムを実現できます。

初期のMacも、やはりRAM上に置いた一種のジャンプテーブルを利用してOSやToolboxのルーチンを呼び出しています。しかし、その方法は普通ではちょっと思いつかないような巧妙なものです。普通に考えれば、オフセット付きの相対アドレッシングモードでJSR命令を使うことになるでしょうか。その方法だと、相対JSR命令だけで、最低でも命令語が1ワード、ジャンプテーブルの中のエントリのアドレスが1ロングワードで、合計3ワードとなります。ジャンプテーブルの先頭アドレスをアドレスレジスターに入れておいて、そこにオフセットを加えたアドレスの値に相対ジャンプするとすれば、命令は2ワードで済みそうですが、アドレスレジスターの設定に別のロード命令が必要となります。どれかのアドレスレジスターの値をプログラムの先頭で設定しておいて、後はずっとそのアドレスレジスターをジャンプテーブル専用に使うとすれば、貴重なアドレスレジスターが1つ潰れてしまいます。また、不用意にレジスターの値を変化させてしまったりして、バグの原因にもなりかねません。

いずれにしても、OSやToolboxのルーチンの呼び出しは、アプリケーションの中でかなり頻繁に使うので、そのための命令語は、できるだけ少なくしたいところです。何しろ、RAMは全部で128KBしかなく、そのうちプログラムの実行に使えるのは、システムとアプリケーション合わせて80KBほどしかないのですから、1バイトでも貴重です。そこでMacでは、68000の未定義命令を利用して、たった1ワードで、OSやToolboxのルーチンを呼び出す方法を編み出しました。

まず、これまで述べてきたジャンプテーブルのことは「トラップ・ディスパッチ・テーブル」と呼び、ROMの中にエンコードして格納してある情報を展開してRAM上に置いてあります。このテーブル全体のサイズは1KB（1024バイト）しかありません。1つのエントリは1ワード（2バイト）なので、これで512のエントリを格納できることになります。各エントリ（16ビット）のうちの最上位ビットはフラグとして利用されていて、それが0なら、そのエントリの指すルーチンは

ROMに、1ならRAM上にあると定義しています。各エントリの残りの15ビットでアドレスを表すわけですが、68000のプログラムのアドレスは、ワード単位でなければならないので､飛び先のアドレスの最下位ビットは必ず0です。そこで､残った15ビットを左に1ビットだけシフトして（数値で言えば2倍にすることになります)、最下位ビットに0を入れます。これで16ビットのプログラムアドレスが生成できます。そしてこのアドレスに、元の最上位ビットが0ならROMBase、1ならRAMBaseという、いずれもグローバルな変数の値を加えたものが、実際の飛び先アドレスとなります。

図14:トラップ･ディスパッチ･テーブルのエントリーの構造

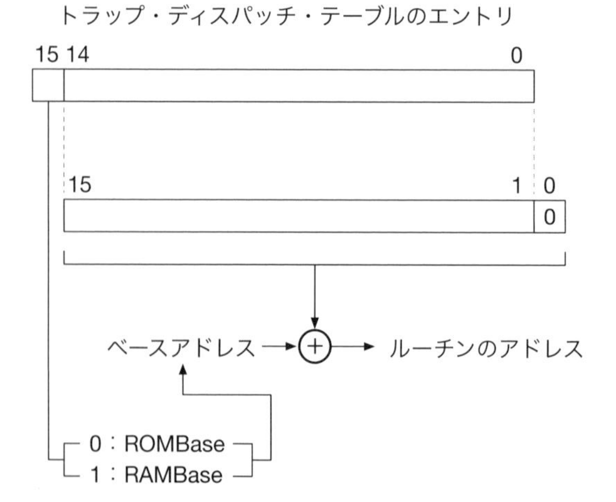

このROMBaseは、Macintoshのハードウェアで設定されているROMの先頭アドレスになります。一方のRAMBaseは、システムヒープの先頭アドレスとなります。システムヒープについては､後で説明します。いずれにしても､トラップ･ディスパッチ・テーブルのエントリで表現可能なアドレスのオフセットは16ビットなので、サイズにすれば64KBとなり、そのアドレス範囲にしか飛べないことになります。

しかし、前章で確認したように、初代のMacではROM自体が64KBしかなかったので、これでまったく困りません。この仕組は、ROMが64KBであることを前提にして設計されたものと考えることもできます。しかしMac Plusでは、ROMのサイズが128KBに拡張されたので、これでは後半のアドレスに飛べないことになり、困ってしまうのではないかとも思えます。しかし、128KBのROMでも、

ROM上の各ルーチンのエントリーポイントを、ROMの前半、つまり先頭から64KBの範囲に置いておけば、この問題は簡単に解決できます。各ルーチンは、必ずしも連続したひと塊のアドレスに置いておく必要はないのです。

●未定義命令を活用したToolboxルーチンの呼び出し

さて、トラップ・ディスパッチ・テーブルの構造と仕組みが分かったところで、次にそのテーブルにあるアドレスを、実際にどうやって呼び出しているのかを見ていきましょう。先に「普通ではちょっと思いつかないような巧妙なもの」と表現した方法です。その後でちょっと触れたように、それは68000の未定義命令を利用する方法です。これは密かに「1010エミュレーター」と呼ばれている、いわば68000の隠し機能を使ったものと言えるでしょう。少なくとも一般向けの68000のプログラマーズマニュアルなどには出ていません。この1010というのは2進数の表現で、16進数にすれば「A」です。68000では、この$Aで始まる命令語（$Axxx）は、無条件で未定義命令として処理されます。これは、68000のハードウェアでは実装されていない命令をソフトウェアによって処理することでエミュレートして、実質的に68000の命令を拡張することを可能にするものです。前の章で、Macintoshのハードウェアの設計者のSmithが、ROMは68000の命令セットを拡張するものと表現していることを紹介しましたが、実はそれは、ここまで含めての話だったのです。

このようにOSやToolboxを呼び出す命令は、2進数で1010から始まるので、命令語のビット15（最上位ビット）～ビット12までは自動的に決まります。先の説明で、ROM内のルーチンとRAM内のルーチンではベースアドレスが違うということを述べました。それはアプリケーションのプログラマーには関係ないことなので意識する必要はありませんが、ここに、それとはまた異なる区分が登場します。ちょっと紛らわしいのですが、こんどはOSとToolboxの区別です。それは、命令語のビット11(最上位から5番め)のビットで区別します。Toolboxを呼び出すルーチンの場合は、そのビットが1、OSの場合は0となります。さらにToolboxを呼び出す場合には、ビット10が「auto-pop」と呼ばれるビット、ビット9は「将来」のための予約ビットで、下位9ビットがトラップ番号となります。これで512種類のルーチンを呼び出せるわけです。一方、OSを呼び出す場合には、ビット10と9がフラグで、ビット8は、トラップ・ディスパッチャーがA0レジスターを保存しない場合には1にセットされることになっています。結局こちらはビット7～0の8ビットでトラップ番号を表すので、256種類のルーチンを呼び出せます。

Toolboxに対するトラップワードのauto-popは、Lisa Pascalやアセンブラーのように直接トラップを実行する場合には0にしておき、トラップ命令に対してJSRするような他の言語の場合には1にしておきます。Toolboxルーチンから戻る際のリターンアドレスとして、トラップ命令に対するものとJSR命令に対するものが続けてスタックにプッシュされることになり、無駄なので、auto-popが1の場合には、トラップ命令に対するものを自動的にポップして、直接JSR命令の次に戻れるようにするというものです。

図15:トラップワードのビット構成

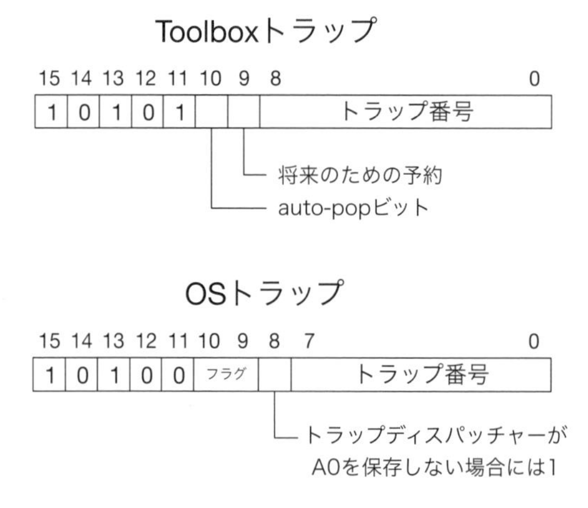

OSを呼び出す場合の2ビットのフラグについては、呼び出すルーチンによって意味が変わります。それについては本書では説明しないので、必要な場合はInside Macintoshを参照してください。

いずれにしても、アプリケーションプログラマーは、トラップワードの中身のビット構成までは意識する必要がありません。使用する言語ごとに、OSやToolboxの呼び出し方法は定められていて、目的のルーチンの名前を指定するだけでいいようになっているからです。また少なくともPascalやアセンブラーの場合は、ほとんどのルーチンが両者同じ名前で呼べるようになっています。アセンブラーの場合、識別可能な名前の文字数の制限の関係で、一部のルーチンの名前はPascalとまったく同じになっていない場合もありますが、その際にはInside Macintoshにアセンブラーを利用する場合の注意点として明記されています。実例は次章で示しますが、アセンブラーの場合はルーチン名の先頭にアンダースコア（_）を付けて別途定義されたマクロを呼び出すようになっています。そのための定義ファイルは、すべてのOS、Toolboxルーチンのために用意されています。

図16:Toolbox用トラップワードの定義の先頭部分

```
; File:   ToolTraps.TxT  (15 Dec 84)
;_______________________________________________________________________
;
; User Interface ToolBox Assembly Language Interface
;
; Copyright 1984, Apple  Computer, Inc.
;_______________________________________________________________________


    .TRAP      _InitFonts         $A8FE
    .TRAP      _GetFName          $A8FF
    .TRAP      _GetFNum           $A900
    .TRAP      _FMSwapFont        $A901
    .TRAP      _RealFont          $A902
    .TRAP      _SetFontLock       $A903
    .TRAP      _DrawGrowIcon      $A904
    .TRAP      _DragGrayRgn       $A905
    .TRAP      _NewString         $A906
    .TRAP      _SetString         $A907
    .TRAP      _ShowHide          $A908
    .TRAP      _CalcVis           $A909
    .TRAP      _CalcVBehind       $A90A
    .TRAP      _ClipAbove         $A90B
    .TRAP      _PaintOne          $A90C
    .TRAP      _PaintBehind       $A90D
    .TRAP      _SaveOld           $A90E
```

これを見ると、確かにトラップワードの先頭の5ビットが10101で始まっていることが分かります。

なお、このように$A で始まる未定義命令のことを、特に「Aライン」命令と呼ぶことがあります。実は68000には最初の4ビットが1111、つまり$F で始まる未定義命令もあって、それは「Fライン」命令と呼んでいます。Inside Macintoshによると、Aライン命令はアップルがMacintoshで用いるために予約されているのに対して、Fライン命令はモトローラが将来のプロセッサーで使うために予約されている、ということになっています。この記述から察するに、アップルがMacで68000のAライン命令を利用するにあたっては、モトローラとの間に何らかの協議、合意があったものと推察されます。

●Toolbox呼び出しの2種類のパラメーターの渡し方

OSやToolboxのルーチンには、それがROM上にあるかRAM上にあるかという区分とは別に、さらにその対象がOSかToolboxかという区分とも別に、もう1つの区分があります。それは呼び出しの際にどうやってパラメーターを渡し、またどうやって結果を受け取るか、ということに関わる区分です。その区分とは、「スタック渡し」か「レジスター渡し」か、という２種類です。

スタック渡しのルーチンは、基本的にPascalから呼ぶことを前提に設計されたものです。それに対してレジスター渡しは、アセンブラーから呼ぶことが前提です。Pascalのような高級言語では、CPUのレジスターの値を直接指定することはできないからです。したがって、スタック渡しの方法は比較的高レベルのルーチンで、レジスター渡しは逆に比較的低レベルのルーチンで使われていることになります。ということは、ToolboxのルーチンはスタックAppearance渡しで、OSのルーチンはレジスター渡しなのかと思われるかもしれません。実はほとんどのルーチンについては、実際にそうなっているのですが、例外もあります。つまりToolboxルーチンにもレジスター渡しのものがあり、OSルーチンにもスタック渡しのものがあるのです。これらは個々のルーチンごとに異なるので、正確なところは、Inside Macintoshを参照していただくしかありません。

スタック渡しのルーチンを呼び出す際には、パラメーターをあらかじめスタックにプッシュしておきます。ただし、戻り値があるルーチン、つまりPascalで言うところの「ファンクション（関数）」を呼び出す際には、まずその戻り値のためのスペースをスタック上に確保してから、パラメーターをプッシュします。パラメーターが複数ある場合には、その数だけ次々にスタックにプッシュします。その後に戻りアドレスをプッシュしてから目的のルーチンにジャンプすることになります。

図17：スタック渡しのルーチンを呼び出す際のスタックの動き

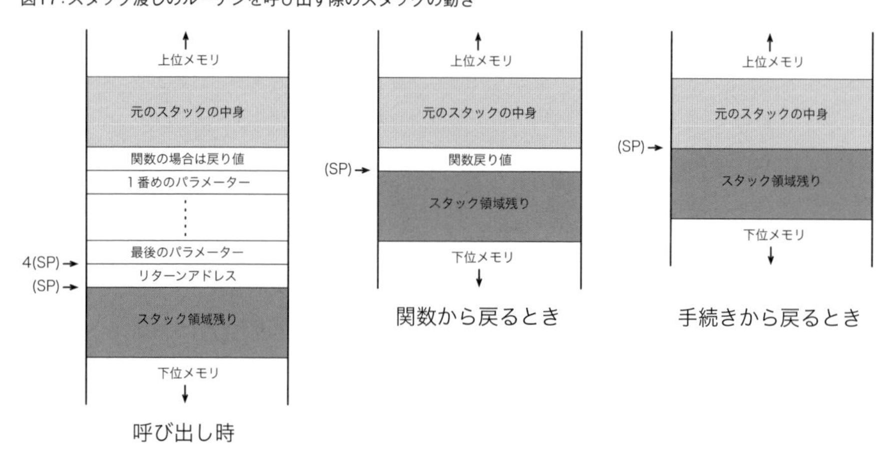

何らかの戻り値があるルーチン、つまりファンクションから戻った後には、スタック上に、その戻り値がプッシュされた状態になっています。そこで、それをポップ

すると、スタックはファンクションを呼び出す前の状態に戻ります。戻り値のないルーチン、つまりPascalで言うところの「プロシージャ（手続き）」を呼び出して戻ってきた時点では、渡したパラメーターは消費されていて、スタックには何もない状態、正確に言えば、そのプロシージャを呼び出す前の状態になっています。

レジスター渡しのルーチンの場合、基本的にアドレスを渡す場合にはA0、何らかのデータを渡す場合にはD0の各レジスターを使います。戻り値を返すにも、それらのレジスターが使われるものが多いでしょう。複数のパラメーターを渡す必要がある場合には、あらかじめメモリ中にパラメーターブロックを作成し、その先頭アドレスをA0に入れて呼び出すことになるでしょう。ただし、これらの仕様はルーチンごとに異なる可能性があります。確実なところは、やはり個々のルーチンについて、Inside Macintoshを確認するしかありません。

●Toolbox内部で値が変化するレジスター

OSやToolboxを使ったMacintoshアプリケーションのプログラムでは、OSやToolboxの中で、レジスターの値がどのように保存され、あるいは変化するのかは気になるところです。これはアセンブラーでプログラミングする際には常に気にかけていなければなりません。もちろんPascalなどの高級言語を利用してアプリケーションをプログラミングする場合には、レジスターの値の変化などは気にする必要はありません。そもそもレジスターという概念が言語仕様の中にないからです。ただし、そうした高級言語のコンパイラーやランタイムルーチンを設計する際には、やはり重要な情報になってきます。

OSもToolboxも、レジスターに関しては、アプリケーションに対してかなり優しい設計になっていると言えるでしょう。68000の16本のレジスターのうち、変化するのはA0、A1、A7、D0、D1の5本だけです。A7はスタックポインターなので変化させないわけにはいきませんが、それを除けばアドレスレジスターとデータレジスターで各2本ずつしか変化しません。残りの11本のレジスターの値は、OSやToolboxを呼ぶ前と呼んだ後で変化しないようになっているのです。一般的に言って、68000のアセンブラーでプログラムを書く人は、添字の番号の小さいレジスターは、特に目的を定めずに、毎回違った用途でスクラッチ的に、あるいは演算用に使う傾向が強いと思われます。そのため、A0、A1、D0、D1が変化しても、ほとんど困ることはないでしょう。

また、レジスター渡しのルーチンでは、個々のルーチンを呼び出す前に、トラップ·

ディスパッチャーがA1とD1に加えてD2も保存し、アプリケーションに戻る前に復元してくれるので、結局変化するのはA0、D0、A7の３本だけということになります。さらに細かいことを言えば、OSトラップワードのビット８の値によって、A0が保存されるかどうかが決まってきます。そのビットを０にすると、トラップ・ディスパッチャーは、トラップがかかった時点でのA0の値を保存し、トラップから戻る際にA0の値を復元します。しかし、レジスター渡しのルーチンが値を返す際には、A0に値を入れて戻るので、A0を保存／復元されては困ります。そうしたルーチンに対しては、トラップワードのビット８を１にしておくことで、OSルーチンから戻されたA0の値を、そのままアプリケーションに戻すようになります。とはいえ、トラップワードのビット８の値は、ルーチンごとに適切な値が決まっているので、アプリケーションのプログラマーが気にする必要はありません。

●スタックとヒープ

前章のMacのハードウェアで示したメモリマップや、もう少し細かなRAMの内訳では、個々のアプリケーションが実際にどのようにメモリを使うのかという細かいレベルまでは示していませんでした。ここでは、アプリケーションをプログラミングするという視点に立って、そのあたりをもう少し細かく見ていきましょう。まず、アプリケーションが使えるメモリは、大きくスタックとヒープの２種類であることを示し、その後、ヒープにアクセスするためのポインターとハンドルについて解説します。

Mac以前に、パソコンのプログラミング経験があった人、特にアセンブラーでプログラムを書いたことのあった人には、「スタック」は馴染みのあるものだったでしょう。サブルーチンを呼び出したり、そこから戻ったりする際には必ず使いますし、レジスターの値を一時的に保存しておきたいときも、スタックにプッシュしておいて、後で必要になったらポップして元に戻す、ということをかなり頻繁に実行する必要があったからです。スタックは、OSの機能とは直接関係なく、CPUがハードウェア的に備えている根源的な機能です。68000が、それ以前のCPUと異なる点の１つとして、スタックポインター（SP）という名前の専用レジスターを設けず、A7レジスターをスタックポインターとして使うことが挙げられます。さらに、プッシュ（PUSH）やポップ（POP）といった名前の命令も持たず、自動デクリメント／インクリメント付きのデータ移動命令（MOVE）を使って、スタックを操作しています。といっても、結果的な動きは、PUSHやPOP命令を使うのとまったく同じになります。ただし、PUSHやPOPよりもずっと汎用的です。一般的なMOVE命令を使うことで、A7以外のアドレスレジスターを指定して独自のスタックを作ることができるという大きな特長も生まれます。ただし、サブルーチンを呼び出したり、そこから戻ってくるJSR／RTSといった命令については、暗黙的にA7によるスタックを使うので、他のアドレスレジスターで代用することはできません。

それに対して「ヒープ」というのは、当時は耳慣れない言葉でした。スタック(stack)がお皿などを「積み重ねたもの」といった意味であるのに対して、ヒープ(heap)は、「ひとかたまりのもの」といったニュアンスの言葉です。英和辞典を引くとheapの訳に「積み重なったもの」という日本語も当てられていたりするので紛らわしいのですが、両者を区別する際には、スタックは「積み重ね」、ヒープは「かたまり」をイメージしたほうが分かりやすいでしょう。たとえばApple IIのように、メモリ管理機能を備えたOSのないシステムでは、アプリケーションが独自に空きメモリ領域を使って、データを蓄えたり消費したり、自分で管理していました。それがMacでは、OS側で管理するようになり、そのための領域をヒープと呼ぶことにしたというわけです。Macでは、メインメモリ中でヒープに割り当てられる領域を「ヒープゾーン(heap zone)」と呼びます。そしてその管理機能をOSのメモリマネージャとして実現しました。アプリケーションのプログラマーは、もはや勝手に空きメモリを使うことはできず、すべてメモリマネージャを通して必要な領域を確保し、使い終わったらやはりメモリマネージャを通して確実に開放しなければなりません。実はこの部分が初期のMacのプログラミングで最も難しかったところです。特に空きメモリの少ない最初期のMacではそうでした。アプリの動作は、常にメモリ不足との戦いだったと言っても過言ではありません。ここをいい加減に処理すると、プログラムは必ずと言っていいほどクラッシュしてしまいます。さらに悪いことに、初期のMacでは、多くの場合OSを巻き込んで落ちてしまいます。そしてユーザーは再起動を余儀なくされ、それまで苦労して編集していたデータを失う、ということも珍しくなかったのです。珍しくないどころか、使い方によっては「しょっちゅう」と感じられるほどの頻度で発生していました。

ここで、前章で見た大まかなメモリマップを、より詳しく見ておきましょう。このうちアプリケーションが使えるのは、「ApplZone」というグローバル変数が示すアドレスから上で、かつ「CurStackBase」というグローバル変数が示すアドレスから下の領域です。

CurStackBaseは「現在のスタックの底」といった意味で、アプリケーションが起動した直後のスタックポインター（A7レジスター）と同じ値を指しています。つまり、そこから下のアドレスがスタック領域になります。先に述べたように、スタックはサブルーチンを呼ぶ際の戻りアドレスを保存しておくために暗黙的に使われるので、アプリケーションがそれほど自由にできるわけではありません。とはいえ、アプリケーションごとに用意される領域であることは間違いありません。プログラマーは、MOVE命令によってデータをプッシュしたりポップしたりして、適切な範囲では自由に使うことは可能です。

図18：初代Macintoshの詳細なメモリマップ

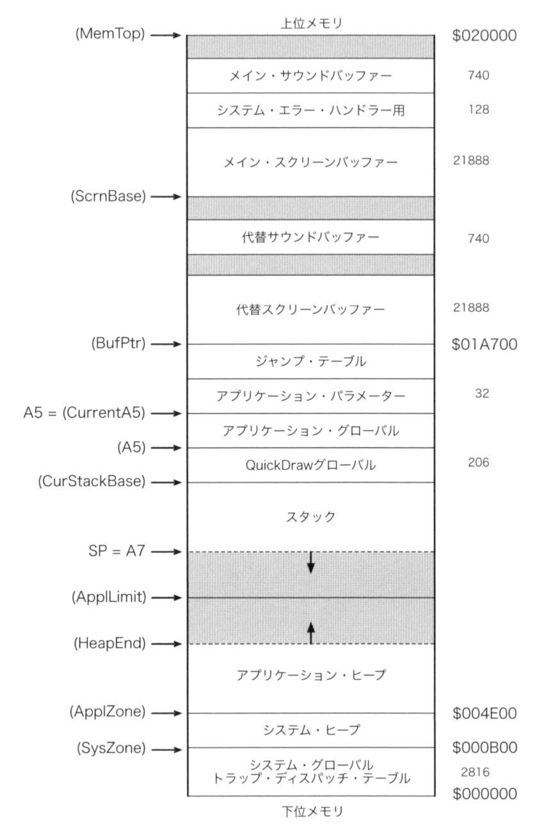

ヒープは前述のApplZoneと同じく、グローバル変数の「HeapEnd」によって挟まれた領域です。必ずしもこの中が、隙間なくすべて利用されているわけではありません。不要になったヒープを開放したりすると、少なくとも一時的には隙間ができることになります。いずれにしてもアプリケーションが多くのメモリを必要とすれば、ヒープ領域は徐々に成長し、HeapEndは押し上げられていきます。しかし、どこまで際限なく増やすわけにもいかないので、HeapEndの上限は、グローバル変数「ApplLimit」の値までと定められています。つまり、HeapEndの値がApplLimitと一致するか、かなり近付いた状態は、メモリ不足になっていることを示します。そのままさらに多くのメモリを必要とするアプリケーションは、それ以上ので動作ができなくなり、そこで適切に処置しないとクラッシュしてしまうというわけです。

●ポインターとハンドル

メモリマネージャは、アプリケーションの要求に応じて、ヒープの中にメモリの「ブロック」を割り当てます。1つのブロックのサイズは、アプリケーションがニーズに応じて指定します。そのブロックには、大別して2種類があります。1つは「リロケータブル」で、ブロックを実際にメモリ中に置くアドレスが、後から移動可能なものです。もう1つは「ノンリロケータブル」で、いったん確保したブロックは、後から移動できないものです。リロケータブルブロックを移動するのは、アプリケーション自身ではなく、メモリマネージャです。上で述べたように、不要になったブロックを削除すると、ヒープの中で複数のブロックが飛び飛びに配置されることになります。これは、いわゆるフラグメンテーションが発生した状態です。メモリの空き領域に余裕があるうちは良いのですが、余裕がなくなってくると、新しいブロックを確保しようとしても、十分な大きさの隙間が見つからないということが起きます。1つのブロックを複数の領域に分けることはできないので、メモリマネージャは、そのような場合には既存のリロケータブルなブロックの位置をヒープの中で移動して隙間を埋めるような処理を実行します。これは「コンパクション(compaction)」と呼ばれる一種のメモリ圧縮処理です。

なお、リロケータブルとして確保したブロックも一時的に「ロック」することで、コンパクションの動作が発生しても、そのブロックが移動しないよう、固定することができます。これはアプリケーションの中で、メモリに対して集約的な処理を実行する際に、アドレスが変わってしまっては都合が悪いような場合に使える手です。通常は、そうした処理が終わったら、なるべく早くブロックを「アンロック」して、再びリロケータブルにすべきでしょう。それを忘れたり、意図的にずっとロックしたままにしたりすると、結局はメモリ不足を招き、プログラムが落ちてしまう原因となり得ます.

さて、メモリマネージャはアプリケーションの要求に応じて確保したブロックに、そのアプリケーションがアクセスできるようにするために、ブロックへの「ポインター(pointer)」を返します。ここで言うポインターとは、特定のメモリのアドレスを示す変数のことです。

図19:ノンリロケータブルブロックに対してはポインターを返す

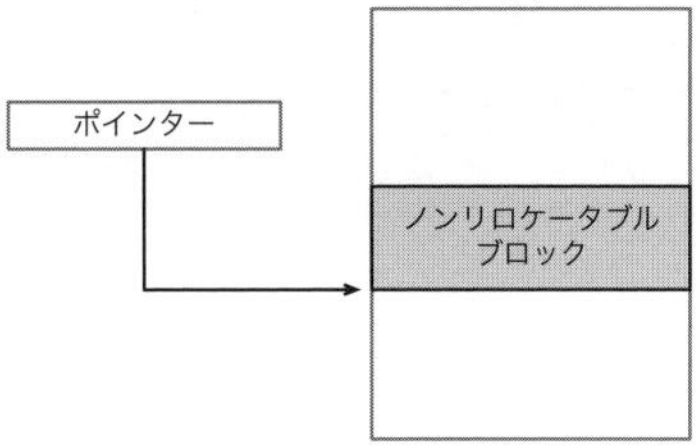

返されたポインターは、アセンブラーで書いているアプリケーションなら、どこかのレジスターに保持しておいてもいいし、アプリケーション内のグローバル変数などに保存しておいてもいいでしょう。それはアプリケーションしだいなので、この図では別枠で表現しています。

ノンリロケータブルブロックの場合は、それでいいのですが、リロケータブルブロックの場合には、ポインターを返されても、すぐに困ったことになるでしょう。1回でもコンパクションが発生すると、ポインターとして返されたアドレスには、もはやその目的のブロックは存在しない可能性が高くなるからです。そこでメモリマネージャは、リロケータブルブロックに対しては「ハンドル（handle）」を返します。このハンドルというのは、初期のMacのプログラミングに特有の用語で、平たく言えばポインターへのポインターです。これによってポインターのアドレスを知り、さらにそのポインターの指すアドレスのメモリに間接的にアクセスすることになります。

図20：リロケータブルブロックに対してはハンドルを返す

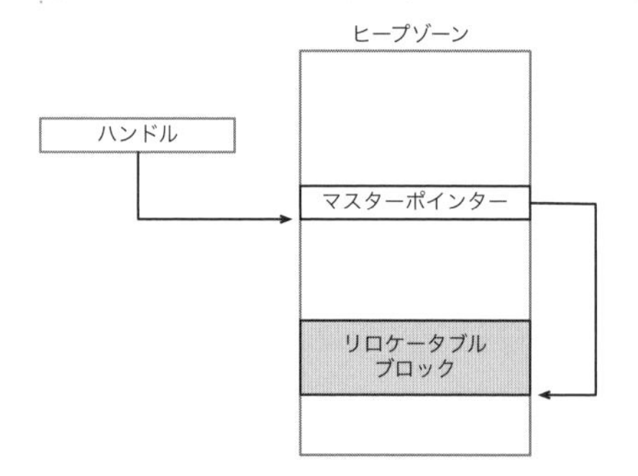

メモリマネージャは、リロケータブルブロックを確保した後、その先頭アドレスを指すポインター「マスターポインター」をヒープの中に置きます。そして、アプリケーションに対しては、そのマスターポインターに対するポインター、つまりハンドルを返すというわけです。

メモリマネージャがコンパクションを実行する際には、該当するリロケータブルブロックの移動があった場合、マスターポインターの内容を適宜書き換えます。しかし、マスターポインター自体のアドレス、つまりハンドルが指しているアドレスは移動しません。それによって、アプリケーションはハンドル経由でブロックにアクセスすることで、いつでも確実に目的のブロックにたどり着くことができるのです。

プログラムの書き方によっては、ハンドルの指すマスターポインターの内容をコピーして、そのまましばらく使い回すことで、間接アドレッシングの無駄を１段階省きたくなるかもしれません。それによって特に繰り返し処理の場合には、実行の高速化を図ることができるからです。それが常に問題を引き起こすわけではありませんが、そうしている間にコンパクションが発生すると、その後に大きなエラーが発生する可能性が生まれます。それによってマスターポインターの値が変更されてしまえば、その値をコピーしたポインターの値は、もはや目的のメモリアドレスを指さなくなってしまうからです。このようなプログラミングの手法は、よほど確信がない限り、やってはいけないことでしょう。

ところで、このような当初のマスターポインターを利用するメモリマネージャのアーキテクチャは、後々まで、いわゆる「24ビットアドレッシング」という制約となって残りました。これは、後にハードウェア性能、規模が大幅に拡張されたMacにとって、大きな問題となりました。その段階になると、この24ビットアドレッシングは諸悪の根源のように言われました。しかし、当時の68000のハードウェアや、その上で究極の効率化を狙ったOSを考えれば、やむを得なかったというよりも、むしろ称賛に値する手法だったさえと言えるでしょう（コラム参照）。

COLUMN

24ビットアドレッシング

初期のMacが採用した68000のアドレスバスの信号線は24本ありました。これによって、16MBのアドレス空間にアクセスできるように設計されてました。初代のMacのメモリが128KBしかなく、その改良型も高々512KBのメモリしか実装していなかったことを考えれば、この16MBという数字は十分すぎるほどのものと感じられたはずです。初代から２年後に登場したMac Plusですら、搭載可能な最大メモリ容量は4MBだったので、まだまだ余裕がありました。しかし、68系のCPUとして初代の68000ですら、アドレスレジスターは32ビットの幅があったことを考えれば、68000の世界は、少なくともソフトウェア的には最初から32ビット指向だったのは確かです。やがて、後継の68020が登場すると、アドレスバスも32ビットになり、アドレスレジスターの幅と一致して、完全な32ビットコンピューターが実現できるようになりました。32ビットであれば、最大4GBものアドレス空間にアクセスできます。

Macの後継機も当然ながら68020を採用しました。しかしMacの場合、簡単には「32ビットクリーン」な環境は実現できませんでした。それはROMに格納されたメモリマネージャが24ビットにしか対応していなかったからです。そのROMとは、もちろん初代のMacから受け継ぐ、OSやToolboxが収められたROMのことです。そのメモリマネージャの何がいけなかったかと言えば、最大の要因は、ヒープ領域のリロケータブルブロックを指すマスターポインターが24ビット仕様だったことです。もちろんマスターポインター自体の大きさは、アドレスレジスターと同じで32ビットあるのですが、そのうちブロックのアドレスを指す部分を24ビット（3バイト）に絞り、最上位の1バイトの上位3ビットをフラグビットとして使っていたのです。

図21：マスターポインターの構造

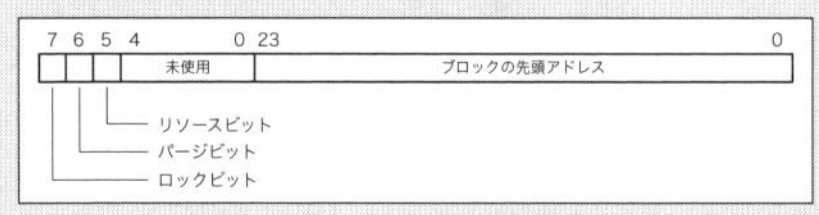

具体的には、最上位の第7ビットは、そのブロックがロックされているかどうかを示す「ロックビット」、第6ビットは、そのブロックがパージ（消去）可能かどうかを示す「パージビット」、そして第5ビットは、リソースマネージャによって使われ、そのブロックがリソースを含んでいるかどうかを表す「リソースビット」と定められていました。

どうしてこのような措置を採ったかと言えば、それはひとえに効率化のためでした。そもそも当時の68000には、アドレスバスが24本しかなかったわけなので、ポインターとしてもアドレスに24ビット以上を割り振る必然性はまったくありませんでした。そこで上位の1バイトをフラグとして使えば、マスターポインター1つで、それが指すリロケータブルブロックの属性まで表現できるようになります。これは当時としては画期的なアイディアとして称賛に値するものだったのです。とはいえ、将来のハードウェアの発展を考えれば、やがてアドレスバスが32ビットになるであろうことは予想できなかったことではないでしょう。そうした判断に将来性があったかどうかと言えば、それは否ということにならざるを得ません。ただし、何についてもギリギリのハードウェアリソースを前提に、ギリギリの効率化を追求し、ギリギリのスケジュールで開発していた初代のMacの開発者に、そこまでの見通しを求めるのは酷だったことは間違いありません。

●特定のアドレスレジスターA5、A6の使いみち

先に示した細かなメモリマップには、グローバル変数が指し示すメモリアドレスの中に2つの68000レジスターが混じっていたことにお気付きでしょうか。1つはスタックポインターとしてのA7なので、当然含まれるべきものです。しかし、なぜそこにA5レジスターが入ってくるのか、疑問に思った人もいるでしょう。実は初期のMacのアプリケーションでは、A5レジスターが重要な役割を果たしていました。

図18のメモリマップをもう一度見てください。A5レジスターの値は、「アプリケーショングローバル」と「QuickDrawグローバル」の境界を指し示しています。

前者のアプリケーショングローバルは、アプリケーションが独自のグローバル変数エリアとして使う部分です。もちろん用途もアプリケーションに任されています。一方後者のQuickDrawグローバルは、主にQuickDrawの内部で使われる変数領域ですが、QuickDrawを初期化する際などには、そのアドレスを指定して所定のルーチンを呼び出す必要があります。

アプリケーションが起動した時点で、A5はその両者の境界を指しています。そしてA5の値は、通常はアプリケーションが動作中、けっして変更してはいけないことになっています。それがアプリケーションのすべての変数の起点になっているからです。アプリケーション独自の変数や、必要に応じてQuickDrawの内部変数を参照する際には、すべてA5レジスターの値にオフセットを付けた間接アドレッシングでアクセスするのです。

メモリマップには出てきていませんが、A6レジスターも、場合によっては重要な役割を果たします。今述べたグローバル変数領域へのポインターとしてA5を使っていることから、それとスタックポインターのA7との間にあるA6にも、何か特定の役割が割り当てられているはずだと考えるのも当然です。A6は、1つのアプリケーションをPascalとアセンブラーの両方の言語を使って記述する場合、Pascalから呼ばれるアセンブラーのルーチンを記述する際に使います。

Pascalは、スタックを利用してパラメーターを渡し、ファンクションからは最後にスタックに残った戻り値を受け取ります。そのため、Pascalから呼ばれるアセンブラーのルーチンも、その流儀に従って書かなければなりません。それには、68000のLINKとUNLK命令を使って、スタックフレームを構成するのが便利です。その際に両命令に指定するアドレスレジスターとしてA6を使うのが、Macのプログラミングでは慣習になっているのです。これは呼ばれたアセンブラールーチンの中だけの問題なので、別のレジスターを使っても動作には支障ありません。ただし、A6以外のレジスターを使うと、他人がそのプログラムを読む際に混乱しやすくなります。ひいては自分が後から読んでも混乱してしまう可能性が高くなります。必要ないからと言って慣習を無視するのではなく、特に支障がない限り、それに従っておくほうが問題を起こしにくいというわけです。

●ToolboxならではのPascalデータ型

これまでも繰り返し述べてきたように、MacのOperating Systemルーチンの多くと、ほとんどのToolboxルーチンは、Pascalのプログラムから呼ばれることを前提として設計されています。そのため、当然ながらInside Macintoshに代表されるドキュメンテーションでも、Pascalから呼ぶ方法、つまりPascalのプロシージャやファンクションの形で、ルーチンの仕様を掲載しています。ただし、アセンブラーから呼ぶためのトラップの名前も併記しているため、どのルーチンをどうやって呼ぶかについての情報は、アセンブラーのプログラマーでも困ることなく提供されています。とはいえ、それらのルーチンでは、データの形式、つまりタイプもPascalから呼ばれることを前提としているため、タイプの名前もLisa Pascalが定義する名前で記述されています。

Pascalでプログラムする場合には、タイプを名前で指定すれば、それらのサイズも厳密に決まってしまうため、何も悩む必要もなく、そこで誤りを犯す心配もありません。しかし、アセンブラーによるプログラムでは、特にスタックで渡す変数のサイズをしっかり把握して厳格に合わせないと、大変なことになってしまいます。具体的に言えば、サブルーチンを呼ぶ際のパラメーターのサイズを間違えると、値が正しく伝わらないのは当然として、呼び出す側でスタックにプッシュしたデータのサイズと、呼び出された側でスタックからポップするデータのサイズが異なれば、リターンアドレスがずれてしまい、正しく元の場所に戻って来ることができなくなってしまいます。その結果、プログラムは確実に暴走することになります。

ここでは、Lisa Pascalに定義されたデータタイプの一覧と、それぞれのバイトサイズ、内容を表に示します。この中には、BOOLEANやSignedByteのように、プログラムの中では1バイトで表現されていても、スタックに積む際には2バイトになるものもあります。またIEEE形式の浮動小数点数のように、もともと4バイト以上のサイズのデータには、数値そのものがスタックにプッシュされるのではなく、別の場所にあるデータ本体へのポインターをスタックを通してやり取りするものもあります。

図22：Pascalに定義されたデータ形式

タイプ	サイズ（バイト）	スタック上のサイズ	内容
INTEGER	2	2	16ビット整数（2の補数）
LONGINT	4	4	32ビット整数（2の補数）
BOOLEAN	1	2	真偽値（ビット0で表現：スタック上では上位バイトのビット0）
CHAR	2	2	拡張ASCIIコード（変数では下位バイト、スタック上では上位バイト）
SINGLE／REAL	4	4	IEEE標準の単精度実数（スタック上ではEXTENDEDに変換した値へのポインター）
DOUBLE	8	4	IEEE標準の倍精度実数（スタック上ではEXTENDEDに変換した値へのポインター）
EXTENDED	10	4	IEEE標準の拡張精度実数（スタック上では値へのポインター）
COMP（COMPUTATIONAL）	8	4	64ビット整数（スタック上ではEXTENDEDに変換した値へのポインター）
STRING[n]	n+1	4	文字数を表す先頭の1バイトに続けて文字列を表すASCIIコード列 （スタック上では文字数を表すバイトへのポインター）
SignedByte	1	2	8ビット整数（2の補数）（スタック上では下位バイト）
Byte	2	2	8ビット整数（2の補数）（スタック上では下位バイト）
Ptr	4	4	データのアドレス
Handle	4	4	マスターポインターのアドレス

特にスタックによる1バイトデータの受け渡しは、慣れないと誤解やエラーの原因となります。というのも、スタックポインターは奇数アドレスになることができないので、1バイト単位のオートインクリメントやオートデクリメントを指定したMOVE命令を実行しようとしても、スタックポインターは、必ず2バイト単位でしか変化できないからです。この表のスタック上でのサイズを頭に入れておけば、そうした誤解を極力避けてプログラミングすることができるでしょう。

6-3 主要なToolboxマネージャ概説

初代Macのアプリケーションをアセンブラーで記述できるようになるためには、各マネージャの機能の詳しい解説とともに、その中のルーチンの呼び方、それによって引き起こされる作用、得られる結果の意味などについて、網羅的に記載された資料を熟読する必要があります。現実的に考えると、本書をその資料として機能させるのには無理があります。OSやToolboxのマネージャには多くの数があり、そのそれぞれが膨大なルーチンを含んでいるからです。そのすべてについて詳しく述べていくと、本書は内容もボリュームも、Inside Macintoshのようになってしまうでしょう。つまり何冊もの電話帳のようなものにならざるを得ません。

一方、現在ネット上では、初期のInside MacintoshをスキャンしたPDFや、以前はアップル自身がウェブで公開していた同様の情報を掲載したページのアーカイブを簡単に見つけることができます。そこで、各種マネージャについての具体的な内容については、ネット上の資料に任せることにして、ここではToolboxの主要なマネージャの要点をまとめていくことにします。それによって、まず全体像をつかみ、個別のマネージャへの理解への糸口を提供することを目指します。

ここで取り上げるのは、リソースマネージャ、QuickDraw、フォントマネージャ、Toolboxイベントマネージャ、ウィンドウマネージャ、コントロールマネージャ、メニューマネージャ、TextEdit、ダイアログマネージャ、デスクマネージャ、スクラップマネージャです。これだけ把握しておけば、Toolboxを使ったアプリケーションのプログラミングに出てくるマネージャ類の呼び出しの頻度にして、8割以上はカバーできそうな気がします。マネージャ同士の依存関係や、理解しやすさを考慮して、Inside Macintoshのボリューム1に掲載されているのと同じ順序で解説していきます。また、各マネージャの解説の最後に、そのマネージャに定義されているファンクションやプロシージャの一覧を、Pascalの宣言形式で示すことにします。個々の内容については説明を省きますが、それらのファンクション、プロシージャ名をネット検索すれば、詳しい解説が出てくるはずです。

次章に示す何本かのサンプルプログラムでは、アセンブラーを使って各マネージャのルーチンを呼び出す方法ついて、可能な限り詳しい具体的な解説を加えています。それぞれのプログラムで実際に使っているものについては、この章で取り上げていないものも含めて解説するので、一般的なアプリケーションによく出てくるルーチンの具体的な使い方の参考にしていただけるものと思います。

●リソースマネージャ(Resource Manager)

リソースマネージャとリソースについては、すでに本章前半の「Toolboxの階層構造」の部分で簡単に述べました。そこでは、初期のMac内部で扱う特定の形式のデータは、すべてリソースとして存在し、リソースマネージャによって管理されるということを述べました。ここでは、そうしたリソースが、どのようにディスク上のファイルに保存されるのかということを簡単に示した後、初期のMacのリソースマネージャが扱う主なリソースタイプについて述べます。

リソースは、ごく一部のものはROMに含まれていると考えられますが、ほとんどは「リソースファイル」としてディスクに保存されているものをメモリに読み込んで使います。そのリソースファイルには、大別して3種類があります。「システムリソースファイル」、「アプリケーションリソースファイル」、「ドキュメントリソースファイル」の3種です。これらは、時系列的に見て、この順番にオープンされます。つまり、システムの起動時にシステムリソースファイルが開かれ、そこから何かアプリケーションを起動すると、そのアプリケーションのリソースファイルが開かれ、さらにそのアプリケーションがドキュメントを開くとドキュメントリソースファイルが開かれる、というごく自然な流れです。

そして特定のリソースをサーチする順番は、その逆になります。つまり、最初にドキュメント、次にアプリケーション、そして最後にシステムの各リソースファイルをサーチします。これにより、同じタイプで同じIDのリソースがあった場合、アプリケーションリソースがシステムリソースを上書きし、さらにドキュメントのリソースがアプリケーションのリソースを上書きするのと同じ効果が得られます。もちろん、実際にファイルの中身を上書きするのではなく、最初に見つかったものを使うので、サーチの順番が早いほうが使用の優先順位が高いという意味です。ただし、どこからサーチを始めるかはリソースマネージャに対して指定することができます。たとえば、ドキュメントのリソースを無視してアプリケーションのリソースからサーチしたり、最初からシステムのリソースだけをサーチすることも可能です。

初期のMacのファイルの中身には、「リソースフォーク」と「データフォーク」という2つの部分があるという話は聞いたことのある人が多いかもしれません。そして、それがDOSやWindowsなど、他のシステムとのファイルの互換性の観点から、しばしば問題になっていたという記憶とリンクしているという人もいるでしょう。それはともかくとして、この「フォーク（fork）」という用語は、初期のMac以外ではほとんど耳にしないものです。これは日本語にもなっている食器のフォークと同じく、「枝分かれしたもの」という意味です。楽器の音程の基準となる音叉も、二股に分かれた形状からフォークと呼ばれています。この語は、Macのファイルが1つのファイル名から枝分かれしてリソース部分とデータ部分の両方を参照している様子から連想して使われたものでしょう。

図23：Macファイルの２つのフォーク

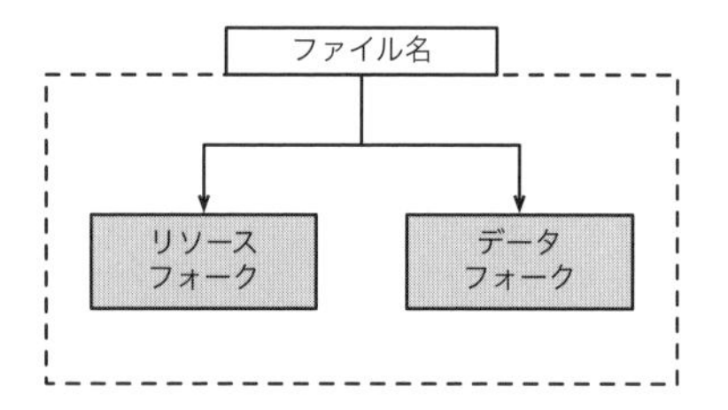

初期のMacのファイルには、必ずリソースフォークとデータフォークの2つが含まれていました。ただし、どちらか一方は中身の無い空の状態という場合もあります。その場合でも、両フォークの枠組みだけは用意されていて、後から中身を追加できるようになっていたのです。システムリソースファイル、アプリケーションファイル、ドキュメントファイルそれぞれのリソースフォークとデータフォークの中身の使いみちは、以下のように表にまとめることができます。

図24：３種類のファイルの両フォークの中身の使いみち

	リソースフォーク	データフォーク
システムリソースファイル	システムリソース	ROMへのパッチ
アプリケーションファイル	アプリケーションのリソース	最初は空。 アプリケーション固有のデータをストア可能。
ドキュメントファイル	ドキュメントのリソース	ドキュメントのデータ

システムリソースファイルとは、起動ディスクの「System」フォルダーに入っている「System」ファイルそのものです。そのリソースフォークには、文字通りシステムとして機能するための基本的なリソースが含まれています。また、そのデータフォークには、ROMのバグを修正したり、機能を拡張するためのパッチのコードがデータとして含まれています。

アプリケーションファイルは、たとえば「MacPaint」などのアプリケーションの本体そのものです。そのリソースフォークには、CODEリソースとして保存されているプログラム本体を含め、メニューやダイアログなど、アプリケーションを構成するリソースが含まれています。また、アプリケーションのデータフォークは基本的に空ですが、アプリケーション自身によって、任意のデータを保存することもできます。

ドキュメントファイルの中身は、それを作成したアプリケーションによって大きく異なります。たとえば単純なテキストエディターのようなアプリケーションでは、純粋なテキストデータだけをデータフォークに格納し、リソースフォークは空の場合もあるでしょう。一方、単純なテキストだけでなく、装飾的な要素も扱えるワープロなどでは、純粋なテキストをデータフォークに格納しておいて、フォーマットやフォントの情報をリソースフォークに保存しておくという使い方ができます。そうしておけば、異なるアプリケーションの間でも、最低限データフォークにある純粋なテキスト情報だけは交換できるので、ドキュメントの互換性を確保する上でかなり有利になるのです。

いずれの場合も、リソースフォークに格納される個々のリソースには、必ず1つの「リソースタイプ」が割り振られています。リソースタイプは4文字の英数字で表現され、大文字と小文字が区別されます。システムに定義されているリソースタイプの英字は、すべて大文字だけで構成されています。アプリケーションは独自のタイプを定義して使うこともできますが、その際にはシステムに定義されたタイプと被らないようにする必要があります。似たような名前を付けたければ、システムのタイプと区別するために、タイプ名に小文字を混ぜるのも手かもしれません。

初期のシステムに定義されたリソースタイプと、その意味の一覧を次ページの表に示します(図25)。

この中には、CNTLやDLOG、WINDなど、「テンプレート」というものがあります。そうしたものは、たとえばアイコンのようなオブジェクトそのものではなく、Toolboxが扱うオブジェクトを作成するためのパラメーターのリストという意味です。Toolboxは、そうしたテンプレートに含まれるパラメーターを読み取って、自らコントロールやダイアログ、ウィンドウなどのオブジェクトを作成し、その作成済のオブジェクトの方をメモリに保管します。

また、リソースタイプの最後(4文字目)が「#」になっているのは「リスト」を表します。たとえばICN#リソースには、複数のアイコン(ICON)が含まれています。PATに対するPAT#や、STRに対するSTR#も同様で、それぞれパターンと文字列のリストを表しています。タイプの名前が３文字のように見えるPATとSTRは４文字のタイプ名の例外ではありません。それらは３文字の英文字の後ろにスペースが付いて４文字になっているのです。ちょっと紛らわしいのですが、タイプの名前にはスペースを含むことができることを、あえて示しているのかもしれません。

図25：標準的なリソースタイプとその意味

リソースタイプ	意味
'ALRT'	アラートのテンプレート
'BNDL'	バンドル
'CDEF'	コントロール定義のファンクション
'CNTL'	コントロールのテンプレート
'CODE'	アプリケーションコードのセグメント
'CURS'	カーソル
'DITL'	ダイアログやアラート内のアイテムリスト
'DLOG'	ダイアログのテンプレート
'DRVR'	デスクアクセサリまたはデバイスドライバー
'DSAT'	システム起動時のアラートテーブル
'FKEY'	Command、Shift、数字を同時に押して起動するルーチン
'FONT'	フォント
'FREF'	ファイルリファレンス
'FRSV'	システム用に予約されたフォントのID
'FWID'	フォントの幅
'ICN#'	アイコンリスト
'ICON'	アイコン
'INIT'	初期化用リソース
'INTL'	国際化用リソース
'MBAR'	メニューバー
'MDEF'	メニュー定義手続き
'MENU'	メニュー
'PACK'	パッケージ
'PAT '	パターン（最後の文字はスペース）
'PAT#'	パターンリスト
'PDEF'	プリンター用のコード
'PICT'	ピクチャ
'PREC'	プリンター用のレコード
'SERD'	RAMシリアルドライバー
'STR '	文字列（最後の文字はスペース）
'STR#'	文字列リスト
'WDEF'	ウィンドウ定義のファンクション
'WIND'	ウィンドウのテンプレート

以下、リソースマネージャに含まれるファンクションとプロシージャを、大きな機能別に挙げます。

初期化

- FUNCTION InitResources : INTEGER;
- PROCEDURE RsrcZonelnit;

リソースファイルのオープンとクローズ

- PROCEDURE CreateResFile (fileName: Str255);
- FUNCTION OpenResFile (fileName: Str255) : INTEGER;
- PROCEDURE CloseResFile (refNum: INTEGER);

エラーのチェック

- FUNCTION ResError : INTEGER;

現在のリソースファイルを設定

- FUNCTION CurResFile : INTEGER;
- FUNCTION HomeResFile (theResource: Handle) : INTEGER;
- PROCEDURE UseResFile (refNum: INTEGER);

リソースタイプを取得

FUNCTION CountTypes : INTEGER;

PROCEDURE Getlnd Type (VAR theType: ResType; index: INTEGER);

リソースの取得と破棄

- PROCEDURE SetResLoad (load: BOOLEAN);
- FUNCTION CountResources (theType: ResType) : INTEGER;
- FUNCTION GetlndResource (theType: ResType; index: INTEGER) : Handle;
- FUNCTION GetResource (theType: ResType; thelD: INTEGER) : Handle;
- FUNCTION GetNamedResource (theType: ResType; name: Str255) : Handle;
- PROCEDURE LoadResource (theResource: Handle);
- PROCEDURE ReleaseResource (theResource: Handle);
- PROCEDURE DetachResource (theResource: Handle);

リソースの情報を取得

- FUNCTION UniquelD (theType: ResType) : INTEGER;
- PROCEDURE GetResInfo (theResource: Handle; VAR thelD: INTEGER; VAR theType: ResType; VAR name: Str255);
- FUNCTION GetResAttrs (theResource: Handle) : INTEGER;
- FUNCTION SizeResource (theResource: Handle) : LONGINT;

リソースの編集

- PROCEDURE SetResInfo (theResource: Handle; theID: INTEGER; name: Str255);
- PROCEDURE SetResAttrs (theResource: Handle; attrs: INTEGER);
- PROCEDURE ChangedResource (theResource: Handle);
- PROCEDURE AddResource (theData: Handle; theType: ResType; theID: INTEGER; name: Str255);
- PROCEDURE RmveResource (theResource: Handle);
- PROCEDURE UpdateResFile (refNum: INTEGER);
- PROCEDURE WriteResource (theResource: Handle);
- PROCEDURE SetResPurge (install: BOOLEAN);

●QuickDraw

QuickDrawの概要については、本章の最初の方で簡単に述べました。そこでは、Macの画面に表示されるものは、ほとんど例外なく、このQuickDrawを通して描かれると述べたように、Toolboxの中でも非常に基礎的で重要なルーチンの集合体です。画面に表示されるものすべてを描くということは、アプリケーションが自分のウィンドウの中に描くグラフィック要素だけでなく、メニューやウィンドウ、ダイアログ、その中身のコントロールと呼ばれるGUI部品なども、すべてQuickDrawが描くということです。もしQuickDrawを通さずに何かを画面に表示しようとすれば、画面の座標に対応するビデオメモリのアドレスを調べ、そこに直接データを書き込むしかありません。極限まで最適化されたゲームソフトなどでは、レスポンスを最重視するために、そうした処理を実行することも可能ですが、そのようなものがあったとしても例外的な存在です。

QuickDrawは、豊富な描画機能を取っても、その処理速度を取っても、当時としては例外的な能力を備えた画期的な存在でした。その具体的な描画機能については、おいおい詳しく述べますが、中でも特徴的な機能として、当時の技術水準では誰も考えていなかったRegion（リージョン）という概念を導入したことが挙げられるでしょう。それまでビットマップと言えば、幅と高さで表現可能な正立した長方形の領域に収まるものという常識に縛られていました。それがQuickDrawのリージョンを使えば、マウスでなぞったような不定形の領域を含め、任意の形状のビットマップ扱うことが可能となり、しかもそれを他のグラフィック要素と変わらない速度で高速に処理できるのです。また描画対象の領域は、GrafPortという概念によって抽象化されていました。それにより、ウィンドウの中身を表すビットマップだけでなく、そのままでは目には見えないプリンター出力用のビットマップにも、まったく同じ命令体型で描くことができるという先進的な機能も備えていたのです。

Inside Macintosh の QuickDraw の章には、QuickDraw の紹介として、QuickDraw で描ける図形の一覧が示されています。それはだいたい以下のようなものです。

図26：QuickDrawで描ける図形

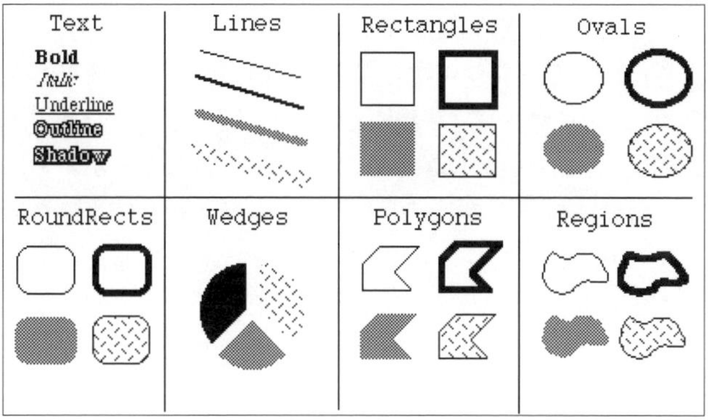

ここには大きく８種類の図形が含まれています。テキスト、直線、長方形、楕円、角丸長方形、楔形（円弧）、ポリゴン、リージョンの８種です。

テキスト（Text）は、図形ではないのではないかと思われるかもしれませんが、テキストエディターなどで描く編集可能なテキストとは異なり、MacPaint などのビットマップ編集ソフトでは、一種のビットマップ図形としてテキストを描きます。実のところ、テキストエディターが扱う編集可能なテキストも、画面表示の観点からはビデオメモリにビットマップ画像として描くわけなので、両者に本質的な違いはありません。QuickDraw によって描くテキストも、１つのフォントから、ボールド（太字）、イタリック（斜体）、アンダーライン（下線）、アウトライン（外形線）、シャドー（影付き）といったバリエーションを付けた字形表現を可能にしています。

直線（Lines）は、２点を指定して描く基本的な図形です。後で示すように、QuckDraw では、仮想のペンを使って２点間を移動するような描き方を採用しています。そのため、ペンの太さを変えれば直線の太さも変わり、パターン付きのペンを使うことで、指定したパターンで塗りつぶしたような効果の付いた太い直線を描くことも可能です。

長方形（Rectangles）は、４つの角があるので４点を指定して描くものと思われがちですが、実は直線と同様に２点を指定して描きます。任意の４点を指定すれば、「四角形」を描くことができますが、QuickDraw で描く長方形には、上辺と下辺が

X 軸に平行、左辺と右辺はＹ軸に平行という制約があるため、対角の２点が決まれば、位置と大きさはもちろん、形状も決まってしまいます。通常は左上の角と右下の角の２点を指定して描くことになります。長方形の外枠線も、一般的な直線と同様にペンによって描かれます。つまり、あらかじめペンに指定したパターン、モード、サイズが長方形の外形線に反映されます。長方形に囲まれた内側もペンに設定したパターンで塗りつぶすことが可能です。外形線の描画と塗りつぶしの両方を実行する場合、外形線を描く時点と、内側を塗りつぶす時点でペンのパターンを変更しないと、外形線と内側が同じパターンで塗りつぶされてしまい、区別できなくなります。

楕円形（Ovals）は、長方形とは見た目の印象がかなり異なる図形ですが、実は描き方はほとんど同じです。数学的に考えると、中心に対して長半径と短半径を指定して描くのではないかと思われるかもしれませんが、そうではありません。描きたい楕円に外接する長方形を指定して描くのです。その長方形は、上で述べた通り左上と右下の角の座標を指定することで決まるものです。また長方形と同様に、外形線はペンによって描かれ、楕円に囲まれた内側の塗りつぶしパターンもペンのパターンが反映されます。

次の角丸長方形（RoundRects）も、基本的な考え方は長方形と同じで、２つの対角点を指定して描きます。ただし、形状の違いは目で見て明らかなように、長方形の４つの角にアールが付いて、各辺が丸くつながっています。この部分は実は1/4の楕円形となっています。楕円形を中心から上下、左右に４つに分解して、長方形の４つの角に当てはめたような図形です。この具体的な描き方については、後で確認します。角丸長方形は、今では当たり前のように使われる基本的な図形となっています。しかし、QuickDraw の登場以前には、世界中どこを探しても、これをコンピューターで基本図形として描けるシステムはありませんでした。これは、当時Macintosh の開発部隊を率いていたスティーブ・ジョブズが、QuickDraw の作者のビル・アトキンソンに注文を付けて、QuickDraw の基本図形の１つとして実現させたものです。後世への影響の大きさや、本当にユニークな発想であることを考えると、筆者としては、これこそがジョブズの最大の発明なのではないかと考えています。

次の楔形（Wedges）というのは、実は初期の Mac のアプリでも、あまり見掛けない図形です。これは楔形というよりも、パイチャートなどに使われているようなパイ型というか、円弧のことです。実際の描画命令でも Arc として描きます。

多角形（Polygons）は直線、というよりも点が順番に連なったものとして定義されます。多角形の外形線を描く際には、その点を順に直線でつないでいくだけです。多角形は必ずしも閉じている（始点と終点が一致している）必要はありません。ただし、多角形を塗りつぶす際には、始点と終点が一致するように、自動的に閉じられることになります。

リージョン（Regions）は､簡単に「不定形」と訳すことが多いでしょう。フリーハンドで描いた線をつなげるように、任意の形状を表現することができます。リージョンは、単なるビットマップによるマスクのようなものではないかと誤解される場合もあるかもしれませんが、本質は違います。実際には複雑な構造を持ったもので、どちらかというと多角形に近いものです。ただし、言ってみれば多角形が単なる点のリストであるのに対し、リージョンはQuickDrawの描画命令のリストと言うことができます。1つのリージョンをオープンしてから、それをクローズするまでの間に呼ばれた円弧以外の描画命令が、リージョンの形状を決めるのです。

ここで､当初のQuickDrawの座標系を確認しておきましょう。中心の座標が(0, 0)の直交座標系で、X軸は右向きが正、Y軸は下向きが正です。そのため、通常は画面の左上の角の座標が(0, 0)で、そこから右下に向かって描画空間が展開されるイメージです。X、Y、それぞれ軸の値の範囲は符号付きのワード（16ビット）で表現できる範囲しかありません。つまり-32767～32767の範囲です。今の感覚からすると、唖然とするほど狭い範囲のように思われるかもしれません。しかし、オリジナルMacの画面の解像度は約72dpiしかなく、大きさも第5章で述べた通り横512ピクセル、縦が342ピクセルしかありませんでした。1ワードという座標範囲でも、少なくとも画面表示には十分なように思えます。

図27：QuickDrawの座標系

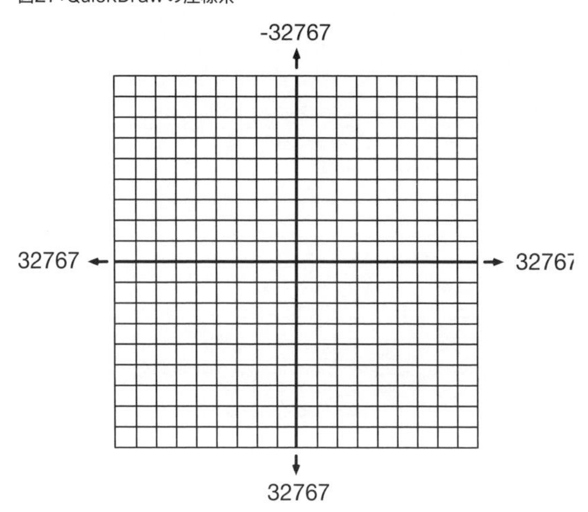

初代Macとほぼ同時に登場したドットインパクトプリンターImageWriterの解像度は、画面の2倍の144dpiに過ぎませんでした。また、その後に登場したLaserWriterと呼ばれるレーザープリンターでさえ、解像度は300dpiでした。解像度が300dpiの場合、300ドットで1インチとなるので、30000ドットもあれば、物理的に100インチ（約2.5m）の大きさの画像を表現することができます。当初はこれで十分だと考えたとしても無理はありません。当時のLaserWriterで使える用紙は、A4や、それよりちょっとだけ幅が広くて丈がやや短いLetterサイズだったので、実際にそれで十分でした。

このような直交座標系の上で、たとえば、もっとも基本的な図形と言える長方形の場合、2つの座標点によって位置と大きさを同時に決定することができます。直交座標なので、その上の点はX座標の値とY座標の値のペアで示されます。QuickDrawの場合は、いずれも整数です。長方形の左上角の点のX座標の値はleft、Y座標の値はtopと呼ばれます。右下角の点は、それぞれrightとbottomです。また、左上の座標点のペアを、PointというQuickDraw独自の型の変数としてtopLeft、同様に右下をbotRightと表現することもあります。

図28：QuickDrawの長方形の定義

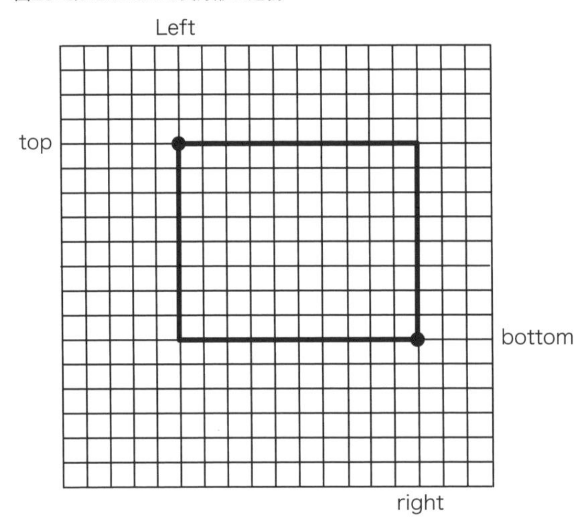

すでに述べたように、純粋な長方形だけでなく、長方形に内接するように描く楕円や、角の丸い長方形なども、基本的に、このような座標点の組み合わせによって位置と大きさが決まります。

QuickDrawの功績の1つとして、論理的な点（point）と、画面上やプリンターから出力する紙の上に表示されるピクセル（pixel）を明確に分離したことが挙げられます。仮想的な座標軸の交点に置かれるのが、大きさのないポイントです。したがって、ポイントだけでは、表示も印刷もされません。しかし、その右下にはピクセルがあります。これは、画面に表示されたり、プリンターによって紙の上に印刷される、実際に見えるドットと言い換えることができます。ピクセルは、1つのポイントと、それより座標点がx、y方向とも1だけ大きいポイントとの間を埋めるように配置されます。つまり、QuickDrawの1つのピクセルの大きさは、当然ながら幅も高さも1で、面積も1ということになります。

図29：QuickDrawのポイントとピクセル

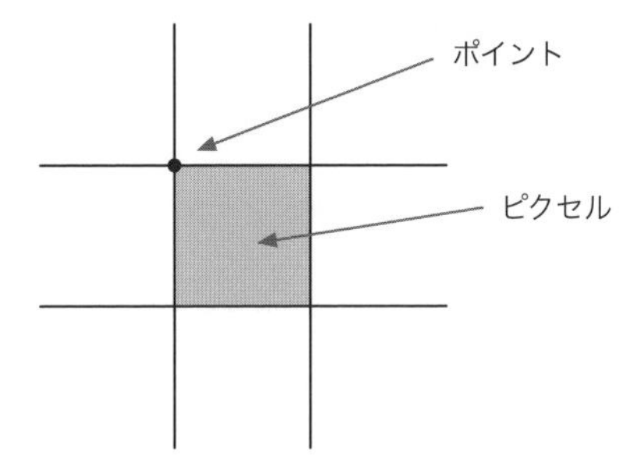

ピクセルと少し紛らわしく感じられるかもしれないのが、図形の外形線の描画に使われるペン（Pen）です。ペンも、ピクセルと同様に座標点の指定によって位置（pnLoc）が決まり、その点の右下にぶら下がる形で実際に画面やプリンターの用紙上に描画される領域が付随しています。しかし、大きく2つの点でピクセルとは異なります。1つは高さと幅によってサイズ（pnSize）を指定できること。もう1つは描画に用いるパターン（pnPat）を設定できることです。つまり、直線やポリゴン、長方形や楕円の外形線も、太さやパターンを指定して描画できるのです。

図30：QuickDrawのペンの定義

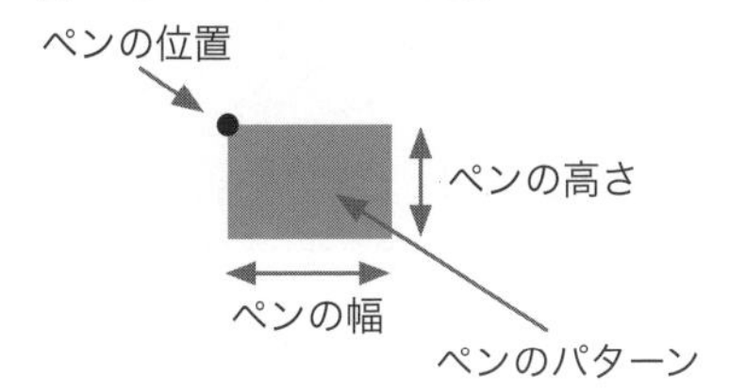

ペンにパターンを指定して描く際の効果については、MacPaintのブラシツールの描画機能によって、だいたいどんなものかを示しましょう。QuickDrawのペンの機能をそのまま具現化したものではありませんが、部分的には共通した効果が得られます。

図31：QuickDrawのペンによる描画機能に近いMacPaintのブラシによる描画

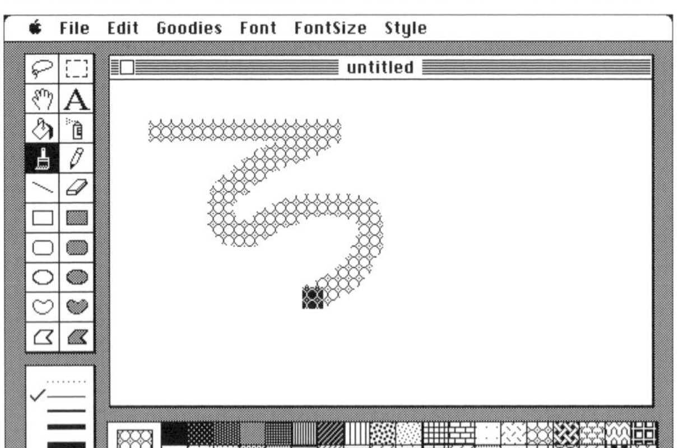

この場合、ブラシの形状として正方形を選んでいます。またパターンとしては、グレーの下地の中に小さな白い円が連続して配置されたようなものを選択しています。ブラシは画面中央よりやや左下にあり、濃い黒で示されています。ブラシを選んでから、マウスポインターを筆に見立てて画面上をなぞるように動かすことで、選択したパターンで、任意の形状を描くことができます。

QuickDrawというと、これまでに示したような任意のパターン、任意の形状で図形を描く機能に関心が集まりがちですが、もう1つ重要な機能があります。それは文字を描くことです。Mac以前のほとんどのパソコンの文字は、サイズもフォントも1種類だけ、しかも文字単位で決まった位置にしか表示しないというものがほとんどでした。それがMacでは、任意の位置に、任意の大きさで、しかも複数種類用意されたフォントの中から好きなものを選択し、さらには様々なスタイルを指定して描くことができるようになったのです。それが画面上はもちろん、プリンターから出力する用紙の上でも可能でした。これは、一般ユーザー向けのパソコンとしては画期的と言うよりも、ほとんど革命的なことでした。

Mac以前のパソコンでは、テキスト用のビデオメモリーに書き込んだ文字コードに対応する文字の形状を、キャラクタージェネレーターと呼ばれるROMからハードウェアが読み出して画面に投影する仕組みが一般的でした。それがMacでは、QuickDrawによって文字もグラフィックも、画面上のすべてのドットを自由にコントロールして描けるようになりました。フォントも専用のROMに格納されているのではなく、一種のリソースとしてディスクから読み込んで、ユーザーが追加できるという自由度を備えていました。

Mac以前のシステムでは、そのハードウェアの制約から、英数字の場合、すべての文字を8×8のドットで表現するのが普通でした。これでは文字の形状のバリエーションを作るどころか、タイプライターや印刷などの文字と比べるまでもなく、文字の形状を正確に表現することすら困難でした。特に、小文字のgやj、pやq、yのように、文字列を配置する基本線から下に出っ張るような形状は枠内では表現できず、無理矢理上にずらしてごまかしていたのです。QuickDrawでは、そのあたりも本格的な印刷における文字の配置、形状の概念を取り入れて、高品質な文字の表示、印刷を目指しました。

図32：QuickDrawで定義された文字サイズの表現基準

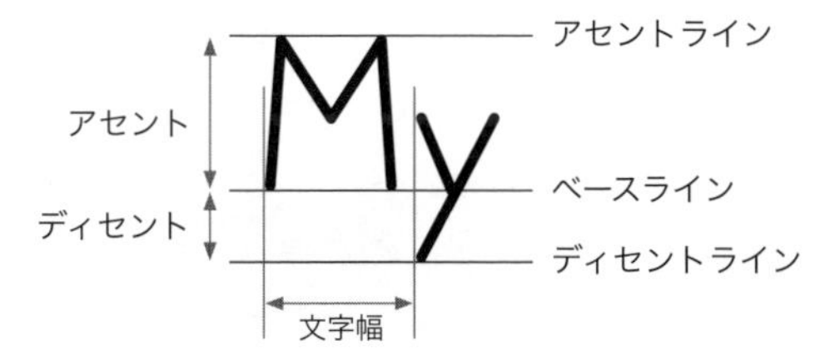

まず文字は「ベースライン」の上に揃えて並べられます。ほとんどのアルファベットの大文字や数字は、ベースラインと「アセントライン」の間に収まるように配置されます。このベースラインとアセントラインの距離を「アセント」と呼び、これが一般的には文字のサイズ（高さ）と認識されるものです。また、上に挙げたようなベースラインの下にはみ出すような小文字の出っ張った部分は、ベースラインから「ディセントライン」の間に収まるように描かれます。そして、ベースラインとディセントラインの距離を「ディセント」と呼びます。

文字の幅は、文字そのものの幅だけではなく、1つの文字の左端から、次の文字の左端までの距離のことです。つまり水平方向に並ぶ文字の間隔（字間）を含んでいることになります。

また、一般的にはアセントの大きさで表されるフォントのサイズが、現在でも一般的に使われる「ポイント」になったのも、MacのQuickDrawがもたらした大きな改革だったと言えます。それ以前のシステムでは、文字の大きさは、それを構成する「ドット数」で表現されるのが普通でした。ポイントというサイズは、印刷の世界から持ち込まれたもので、基本的には1/72インチ（約0.35mm）を1ポイントとしています。これが、やがて登場するDTP（Desk Top Publishing）を、Macが牽引する布石となったことは疑いのない事実でしょう。

さらに言えば、これも偶然ではありませんが、初代のMacの内蔵CRT画面の解像度は、1ドットのサイズがちょうど1/72インチ＝1ポイントになるように設定されていました。これにより、たとえば9ポイントのサイズの文字は、画面上で9ドットの高さを持つことになり、フォント周りの処理を非常に単純明快なものにしていました。それまでにない、新たな単位系を導入しながら、それ以前とほとんど変わらない簡便さを維持できたのは、かなり画期的なアイディアだったと言えるでしょう。

QuickDrawが、文字の表現に関して画期的だった点をもう1つ挙げるとすれば、それは1種類のフォントから複数の「スタイル」を生成して、画面表示や印刷用に表現することができたことです。そのスタイルのバリエーションとしては、特にスタイルを指定しないノーマルな状態を「Plain」として、太字の「Bold」、斜体の「Italic」、下線の付いた「Underline」、フォントの外形線を描く「Outline」、影の付いた「Shadow」、字間を詰めた「Condense」、逆に字間を広く取った「Extend」といったものが用意されていました。これらのスタイルは、各々1ビットのフラグとして定義されていたので、理論上は複数のスタイルを同時に指定することも可能です。これは、たとえば、イタリックとボールド、イタリックとアウトラインなどを同時に指定するのには有効でしたが、アウトラインとシャドウを同時に指定しても、効果がはっきりと分からないばかりか、副作用によって文字の形状が乱れてしまうこともありました。そのあたりの運用は、アプリケーションに任され、最終的にはユーザーの判断で利用することになっていたわけです。

図33：QuickDrawで指定可能な文字のスタイルを設定するメニューの例

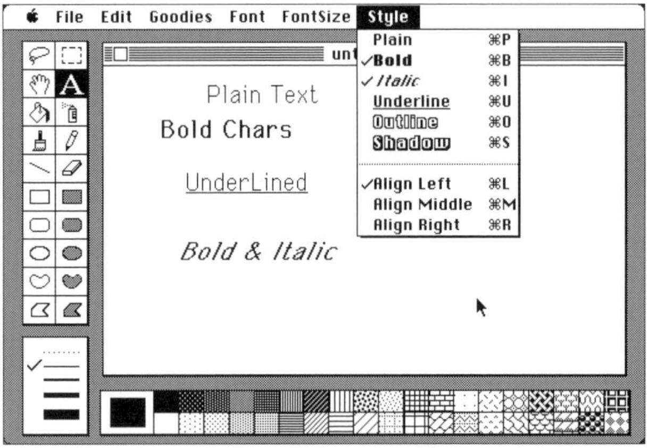

初代MacのQuickDrawは、パソコンの画面表示のための仕組みとしてもっとも原始的なビットマップについても、それまでのシステムには見られなかったような、かなり明確な定義を導入しました。まず重要なのは、ビットイメージ（bit image）とビットマップ（bit map）を、互いに独立した概念として分離させたことでした。

前者のビットイメージは、長方形で囲まれたメモリ中のビットの集まりのことで、基本的に各ビットが、いわゆるビットマップ画像のドットと1対1に対応したものと考えられます。このビットイメージの場合には、横幅は基本的にワード単位となるので、1行に並ぶビット（ドット）の数は、常に16の倍数となります。一方、1ワードの中のビットが、すべて横方向のドットとして並ぶので、高さは1ビット（ドット）単位で任意となります。1ワードの中のビットと、画像としてのドットの対応は、最上位ビット（ビット15）が画像の左端、最下位ビット（ビット0）が画像の右端となります。ワード単位の並び順は、もちろん、下位アドレスのワードが左、アドレスが上位のワードが右に並び、右端まで行くと折り返して、次のアドレスのワードが、次の行の左端に配置されるという具合です。

初代のMacの内蔵CRT画面の解像度は、横が512ドット、縦が342ドットなので、横方向のワード数は32、バイト数では64です。それが342行あるので、全体のバイト数は2万1888となります。その中には、17万5104ビット（ドット）が入っていることになります。もちろん、これは、初期の、いわゆるコンパクトMacの内蔵モノクロ画面に限った話なので、アプリケーションは、常にこのようなビットイメージを仮定して動作すればいいというものではありません。実際にどのような仕様の画面上で動作しているかは、QuickDrawのグローバル変数として定義されているscreenBitsに定義されています。

一方後者のビットマップは、PascalのRECORDとして定義されている、一種のデータ構造で、座標空間内での物理的なビットイメージを表現するものです。これは、基本的に上に述べたビットイメージ上に描くことを想定しています。RECORDの内容は、そのビットイメージへのポインターのbaseAddrと、横方向のバイト数を表す整数のrowBytes、ビットマップの座標系と大きさを決める長方形のboundsという3種類のデータから成っています。baseAddrは、このビットマップを描くメモリ中のビットイメージの先頭アドレスを指します。rowBytesは、このビットマップの横方向のサイズをバイト単位で測ったものです。これは普通の整数なので、奇数の値を取ることも可能です。つまりワード単位のサイズではなく、あくまでバイト単位ということになり、増減は8ピクセルごととなります。さらにboundsは、1ピクセル単位で大きさが指定可能な長方形なので、ビットマップのサイズは1ピクセル単位で指定可能ということになります。右端のバイトの中には、boundsの外側にはみ出すビットが出てくる可能性がありますが、その部分はビットイメージとして描かれることはありません。

図34：QuickDrawのビットマップのPascalによる定義

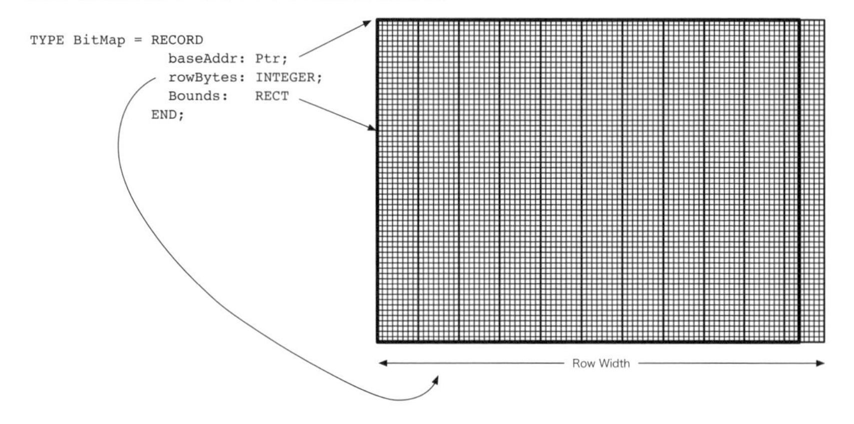

QuickDrawによる描画機能は、システムソフトウェアとして、当時は独創的とも言える大きな特徴を備えていました。それは、転送モード（Transfer Modes）というものです。簡単に言えば、これから描画しようとする画像と、その描画先に元々あったものの間で、ビット単位の論理演算を実行するというものです。この機能は、ビットマップ画像を直接描く場合はもちろん、ペンを使った通常の描画の際にも有効です。もちろんペンに設定したパターンも考慮されます。これにより、常に元あったものを置き換えるだけでなく、あたかも新しい描画の下に、元あったものが透けて見えたり、融合したように見えたりする複雑な描画を可能としていました。

QuickDrawの転送モードには、大きく4種類が用意されていました。「ペイント（Paint）」、「オーバーレイ（Overlay）」、「インバート（Invert）」、「イレース（Erase）」です。ペイントは、ソースのビットマップ画像、またはパターンを、元あった画像を無視して、そのままコピーするモードです。もっとも一般的な描画方法と言えるでしょう。オーバーレイは、ソース画像またはパターンの白い部分から、元あった画像が透けて見えるような結果になるモードです。これは、ソースまたはパターンと、元あった画像の論理和（OR）を取ればいいのです。インバートは、ソースまたはパターンの黒い部分だけ、元あった画像を白黒を反転させるというものです。これを実現するには、ソースまたはパターンと、元あった画像の排他的論理和（XOR）を取ればいいのです。最後のイレースは、ソースまたはパターンの黒い部分に対応する、元あった画像のピクセルを強制的に白（ゼロ）にするというものです。これは、ソースまたはパターンを、あたかも消しゴムのように使ったような効果となります。これは、ソースまたはパターンの黒（1）の部分に対応するピクセルをクリアするという動きです。これを実現するには、ソースまたはパターンを反転したものと、元あった画像の論理積（AND）を取れば良いでしょう。

転送モードのバリエーションとしては、これらの4種類のそれぞれにソースまたはパターンをそのまま使うものと、反転させてから使うものの2種類があり、全部で8通りが用意されています。また、ビットマップ画像の描画に指定する場合と、パターンの描画に指定する場合とで、転送モードの名前が違うので、結局16種類の転送モードが存在します。

ペイントについては、ソースまたはパターンをそのまま使う場合が、patCopyとsrcCopy、それぞれ反転させてから使う場合が、notPatCopyとnotSrcCopyです。オーバーレイでは、それがそれぞれpatOrとsrcOr、notPatOrとnotSrcOr、同様にインバートでは、patXorとsrcXor、notPatXorとnotSrcXor、イレースでは、patBicとsrcBic、notPatBicとnotSrcBicです。なお「Bic」とは、ボールペンのBICとは関係なく、単に「Bit Clear」の略です。

図35：QuickDrawの転送モード

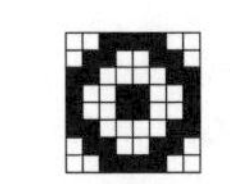

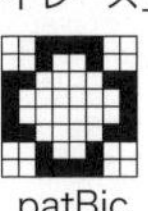

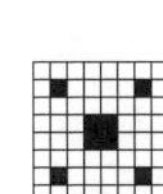

余談ですが、このようなQuickDrawのビットマップ描画の転送モードは、Windowsの描画用のAPIであるGDI（Graphic Device Interface）にも影響を与えました。GDIではROP（Raster OPeration）として実装されたのが、それです。ただし、Windowsの場合は、初期の段階からカラービットマップを意識したものだっ

たこともあり、QuickDrawの転送モードよりも、やや複雑なものとなっています。とは言え、原理的にはかなり共通性が高く、少なくとも目的としては同じものと考えて差し支えないでしょう。

ここまで見てきたように、QuickDrawには、当時の他のグラフィック機能と比べて先進的な特徴が数多く備わっています。その中でも特筆すべきものの1つを最後に挙げておきましょう。それはグラフポート（GrafPort）と呼ばれる概念を導入したことです。グラフポートは、簡単に言えば描画のための環境を、1つのデータ構造として定義したものです。形式的には、やはりPascalのRECORDとして定義されています。C言語で言えば構造体に相当するものですね。

グラフポートは、QuickDrawの描画対象を、ある意味抽象化することができます。それによって、直接画面に表示されるスクリーンビットマップだけでなく、オフスクリーンのビットマップや、プリンター出力用のビットマップに対して、すべて同じ命令によって描画することが可能となりました。

図36：グラフポート（GrafPort）とGrafPtrの定義

```
TYPE   GrafPtr  = ^GrafPort;
       GrafPort = RECORD
                    device:       INTEGER;      {デバイス固有の情報}
                    portBits:     BitMap;       {grafPortのビットマップ}
                    portRect:     Rect;         {grafPortの長方形}
                    visRgn:       RgnHandle;    {表示されるリージョン}
                    clipRgn:      RgnHandle;    {クリッピング用リージョン}
                    bkPat:        Pattern;      {背景パターン}
                    fillPat:      Pattern;      {塗りつぶしパターン}
                    pnLoc:        Point;        {ペンの位置}
                    pnSize:       Point;        {ペンのサイズ}
                    pnMode:       INTEGER;      {ペンの転送モード}
                    pnPat:        Pattern;      {ペンのパターン}
                    pnVis:        INTEGER;      {ペンを表示するかどうか}
                    txFont:       INTEGER;      {テキストのフォント番号}
                    txFace:       Style;        {テキストの文字スタイル}
                    txMode:       INTEGER;      {テキストの転送モード}
                    txSize:       INTEGER;      {テキストのフォントサイズ}
                    spExtra:      Fixed;        {予備のスペース}
                    fgColor:      LONGINT;      {フォアグラウンドの色}
                    bkColor:      LONGINT;      {背景の色}
                    colrBit:      INTEGER;      {カラービット}
                    patStretch:   INTEGER;      {内部使用}
                    picSave:      Handle;       {保存中のピクチャ}
                    rgnSave:      Handle;       {保存中のリージョン}
                    polySave:     Handle;       {保存中のポリゴン}
                    grafProcs:    QDProcsPtr    {ローレベルの描画ルーチン}
                  END;
```

すべてのQuickDrawの処理は、GrafPtrというタイプへのポインターを通してグラフポートにアクセスすることになっています。これがハンドルではなくポインターであることに注意する必要があります。つまり、グラフポートのデータは、少なくとも1つのアプリケーションの動作中に移動されることはないということです。グラフポートの中身は、なかなか興味深いものですが、ここで個々の項目について説明する余裕はないので、図36にPascalによる定義だけを示しておきます。各項目に対するコメントを独自に日本語に訳しておいたので、それぞれどんなものかは、だいたい想像できるでしょう。

以下、QuickDrawに含まれるファンクションとプロシージャを、大きな機能別に挙げておきます。

GrafPort ルーチン

- PROCEDURE InitGraf (globalPtr: Ptr);
- PROCEDURE OpenPort (port: GrafPtr);
- PROCEDURE InitPort (port: GrafPtr);
- PROCEDURE ClosePort (port: GrafPtr);
- PROCEDURE SetPort (port: GrafPtr);
- PROCEDURE GetPort (VAR port: GrafPtr);
- PROCEDURE GrafDevice (device: INTEGER);
- PROCEDURE SetPortBits (bm: BitMap);
- PROCEDURE PortSize (width,height: INTEGER);
- PROCEDURE MovePortTo (leftGlobal,topGlobal: INTEGER);
- PROCEDURE SetOrigin (h,v: INTEGER);
- PROCEDURE SetClip (rgn: RgnHandle);
- PROCEDURE GetClip (rgn: RgnHandle);
- PROCEDURE ClipRect (r: Rect);
- PROCEDURE BackPat (pat: Pattern);

カーソル操作

- PROCEDURE InitCursor;
- PROCEDURE SetCursor (crsr: Cursor);
- PROCEDURE HideCursor;
- PROCEDURE ShowCursor;
- PROCEDURE ObscureCursor;

ペン操作と直線の描画

- PROCEDURE HidePen;
- PROCEDURE ShowPen;
- PROCEDURE GetPen (VAR pt: Point);
- PROCEDURE GetPenState (VAR pnState: PenState);
- PROCEDURE SetPenState (pnState: PenState);
- PROCEDURE PenSize (width, height: INTEGER);
- PROCEDURE PenMode (mode: INTEGER);

- PROCEDURE PenPat (pat: Pattern);
- PROCEDURE PenNormal;
- PROCEDURE MoveTo (h, v: INTEGER);
- PROCEDURE Move (dh, dv: INTEGER);
- PROCEDURE LineTo (h, v: INTEGER);
- PROCEDURE Line (dh, dv: INTEGER);

テキストの描画

- PROCEDURE TextFont (font: INTEGER);
- PROCEDURE TextFace (face: Style);
- PROCEDURE TextMode (mode: INTEGER);
- PROCEDURE TextSize (size: INTEGER);
- PROCEDURE SpaceExtra (extra: Fixed);
- PROCEDURE DrawChar (ch: CHAR);
- PROCEDURE DrawString (s: Str255);
- PROCEDURE DrawText (textBuf: Ptr; firstByte, byteCount: INTEGER);
- FUNCTION CharWidth (ch: CHAR) : INTEGER;
- FUNCTION StringWidth (s: Str255) : INTEGER;
- FUNCTION TextWidth (textBuf: Ptr; firstByte, byteCount: INTEGER) : INTEGER;
- PROCEDURE GetFontlnfo (VAR info: FontInfo);

描画色の設定

- PROCEDURE ForeColor (color: LONGINT);
- PROCEDURE BackColor (color: LONGINT);
- PROCEDURE ColorBit (whichBit: INTEGER);

長方形関連の演算処理

- PROCEDURE SetRect (VAR r: Rect; left, top, right, bottom: INTEGER);
- PROCEDURE OffsetRect (VAR r: Rect; dh, dv: INTEGER);
- PROCEDURE InsetRect (VAR r: Rect; dh, dv: INTEGER);
- FUNCTION SectRect (src1, src2: Rect; VAR dstRect: Rect) : BOOLEAN;
- PROCEDURE UnionRect (src1, src2: Rect; VAR dstRect: Rect);
- FUNCTION PtlnRect (pt: Point; r: Rect) : BOOLEAN;
- PROCEDURE Pt2Rect (pt1, pt2: Point; VAR dstRect: Rect);
- PROCEDURE PtToAngle (r: Rect; pt: Point; VAR angle: INTEGER);
- FUNCTION EqualRect (recti, rect2: Rect) : BOOLEAN;
- FUNCTION EmptyRect (r: Rect) : BOOLEAN;

長方形の描画

- PROCEDURE FrameRect (r: Rect);
- PROCEDURE PaintRect (r: Rect);

- PROCEDURE EraseRect (r: Rect);
- PROCEDURE InvertRect (r: Rect);
- PROCEDURE FillRect (r: Rect; pat: Pattern);

楕円の描画

- PROCEDURE FrameOval (r: Rect);
- PROCEDURE PaintOval (r: Rect);
- PROCEDURE EraseOval (r: Rect);
- PROCEDURE InvertOval (r: Rect);
- PROCEDURE FillOval (r: Rect; pat: Pattern);

角丸長方形の描画

- PROCEDURE FrameRoundRect (r: Rect; ovalWidth, ovalHeight: INTEGER);
- PROCEDURE PaintRoundRect (r: Rect; ovalWidth, ovalHeight: INTEGER);
- PROCEDURE EraseRoundRect (r: Rect; ovalWidth, ovalHeight: INTEGER);
- PROCEDURE InvertRoundRect (r: Rect; ovalWidth, ovalHeight: INTEGER);
- PROCEDURE FillRoundRect (r: Rect; ovalWidth, ovalHeight: INTEGER; pat: Pattern);

円弧と楔形の描画

- PROCEDURE FrameArc (r: Rect; StartAngle, arcAngle: INTEGER);
- PROCEDURE PaintArc (r: Rect; StartAngle, arcAngle: INTEGER);
- PROCEDURE EraseArc (r: Rect; StartAngle, arcAngle: INTEGER);
- PROCEDURE InvertArc (r: Rect; StartAngle, arcAngle: INTEGER);
- PROCEDURE FillArc (r: Rect; StartAngle, arcAngle: INTEGER; pat: Pattern);

リージョン関連処理

- FUNCTION NewRgn : RgnHandle;
- PROCEDURE OpenRgn;
- PROCEDURE CloseRgn (dstRgn: RgnHandle);
- PROCEDURE DisposeRgn (rgn: RgnHandle);
- PROCEDURE CopyRgn (srcRgn, dstRgn: RgnHandle);
- PROCEDURE SetEmptyRgn (rgn: RgnHandle);
- PROCEDURE SetRectRgn (rgn: RgnHandle; left, top, right, bottom: INTEGER);
- PROCEDURE RectRgn (rgn: RgnHandle; r: Rect);
- PROCEDURE OffsetRgn (rgn: RgnHandle; dh, dv: INTEGER);
- PROCEDURE InsetRgn (rgn: RgnHandle; dh, dv: INTEGER);
- PROCEDURE SectRgn (srcRgnA,srcRgnB, dstRgn RgnHandle);
- PROCEDURE UnionRgn (srcRgnA,srcRgnB, dstRgn RgnHandle);
- PROCEDURE DiffRgn (srcRgnA,srcRgnB, dstRgn RgnHandle);

- PROCEDURE XorRgn (srcRgnA, srcRgnB ,dstRgn: RgnHandle);
- FUNCTION PtlnRgn (pt: Point; rgn: RgnHandle) : BOOLEAN;
- FUNCTION RectlnRgn (r: Rect; rgn: RgnHandle) : BOOLEAN;
- FUNCTION EqualRgn (rgnA, rgnB: RgnHandle) : BOOLEAN;
- FUNCTION EmptyRgn (rgn: RgnHandle) : BOOLEAN;

リージョンの描画

- PROCEDURE FrameRgn (rgn: RgnHandle);
- PROCEDURE PaintRgn (rgn: RgnHandle);
- PROCEDURE EraseRgn (rgn: RgnHandle);
- PROCEDURE InvertRgn (rgn: RgnHandle);
- PROCEDURE FillRgn (rgn: RgnHandle; pat: Pattern);

ビット転送処理

- PROCEDURE ScrollRect (r: Rect; dh,dv: INTEGER; updateRgn: RgnHandle);
- PROCEDURE CopyBits (srcBits,dstBits: BitMap; srcRect,dstRect: Rect; mode: INTEGER; maskRgn: RgnHandle);

ピクチャー処理

- FUNCTION OpenPicture (picFrame: Rect) : PicHandle;
- PROCEDURE PicComment (kind, dataSize: INTEGER; dataHandle: Handle);
- PROCEDURE ClosePicture;
- PROCEDURE DrawPicture (myPicture: PicHandle; dstRect: Rect);
- PROCEDURE KillPicture (myPicture: PicHandle) ;

ポリゴン関連の演算処理

- FUNCTION OpenPoly : PolyHandle;
- PROCEDURE ClosePoly;
- PROCEDURE KillPoly (poly: PolyHandle);
- PROCEDURE OffsetPoly (poly: PolyHandle; dh, dv: INTEGER);

ポリゴンの描画

- PROCEDURE FramePoly (poly: PolyHandle);
- PROCEDURE PaintPoly (poly: PolyHandle);
- PROCEDURE ErasePoly (poly: PolyHandle);
- PROCEDURE InvertPoly (poly: PolyHandle);
- PROCEDURE FillPoly (poly: PolyHandle; pat: Pattern);

ポイント関連の演算処理

- PROCEDURE AddPt (srcPt: Point; VAR dstPt: Point);

- PROCEDURE SubPt (srcPt: Point; VAR dstPt: Point);
- PROCEDURE SetPt (VAR pt: Point; h, v: INTEGER);
- FUNCTION EqualPt (pt1, pt2: Point) : BOOLEAN;
- PROCEDURE LocalToGlobal (VAR pt: Point);
- PROCEDURE GlobalToLocal (VAR pt: Point);

その他のルーチン

- FUNCTION Random : INTEGER;
- FUNCTION GetPixel (h, v: INTEGER) : BOOLEAN;
- PROCEDURE StuffHex (thingPtr: Ptr; s: Str255);
- PROCEDURE ScalePt (VAR pt: Point; srcRect, dstRect: Rect);
- PROCEDURE MapPt (VAR pt: Point; srcRect, dstRect: Rect);
- PROCEDURE MapRect (VAR r: Rect; srcRect, dstRect: Rect);
- PROCEDURE MapRgn (rgn: RgnHandle; srcRect, dstRect: Rect);
- PROCEDURE MapPoly (poly: PolyHandle; srcRect, dstRect: Rect);

QuickDraw動作のカスタマイズ

- PROCEDURE SetStdProcs (VARprocs:QDProcs);
- PROCEDURE StdText (byteCount: INTEGER; textBuf: Ptr; numer, denom: Point);
- PROCEDURE StdLine (newPt: Point);
- PROCEDURE StdRect (verb: GrafVerb; r: Rect);
- PROCEDURE StdRRect (verb: GrafVerb; r: Rect; ovalwidth, ovalHeight: INTEGER);
- PROCEDURE StdOval (verb: GrafVerb; r: Rect);
- PROCEDURE StdArc (verb: GrafVerb; r: Rect; startAngle, arcAngle: INTEGER) ;
- PROCEDURE StdPoly (verb: GrafVerb; poly: PolyHandle);
- PROCEDURE StdRgn (verb: GrafVerb; rgn: RgnHandle);
- PROCEDURE StdBits (VAR srcBits: BitMap; VAR srcRect, dstRect: Rect; mode: INTEGER; maskRgn: RgnHandle);
- PROCEDURE StdComment (kind, dataSize: INTEGER; dataHandle: Handle);
- FUNCTION StdTxMeas (byteCount: INTEGER; textAddr: Ptr; VAR numer, denom: Point; VAR info: Fontlnfo) : INTEGER;
- PROCEDURE StdGetPic (dataPtr: Ptr; byteCount: INTEGER) ;
- PROCEDURE StdPutPic (dataPtr: Ptr; byteCount: INTEGER);

●フォントマネージャ(Font Manager)

初期のMacの文字描画の概要については、すでにQuickDrawの部分でも取り上げました。アプリケーションが、何らかの文字を画面に表示したり、その他の目的でビットマップ上に描画する際には、基本的にすべてQuickDrawを経由することになります。QuickDrawは、文字の描画機能を備えていますが、それ自体が文字の形状を定義するフォントの情報を持っているわけではありません。QuickDrawにフォント情報を提供するのが、ここで取り上げるフォントマネージャです。

アプリケーションが直接フォントマネージャを利用する必要は、特別な場合を除いて、ほとんどないと言っていいでしょう。その特別な場合としては、アプリがフォントに関する細かな情報を知りたい場合や、処理の高速化のためにフォントデータをメモリ上に固定しておきたい場合などが考えられます。特にフォント情報を直接扱うような特別なアプリ以外では、フォントマネージャを利用する必然性は低いでしょう。

QuickDrawでもフォントマネージャでも、フォントは番号で参照されます。当初は、Macが装備するフォントもほとんど固定されたものだったので、番号とフォントの対応も予め固定され、定数として定義されていました。その対応を以下に示しておきます。

図37：フォント番号と実際のフォントの対応

```
CONST systemFont  = 0;  {システムフォント}
      applFont    = 1;  {アプリケーションフォント}
      newYork     = 2;
      geneva      = 3;
      monaco      = 4;
      venice      = 5;
      london      = 6;
      athens      = 7;
      sanFran     = 8;
      toronto     = 9;
      cairo       = 10;
      losAngeles  = 12;
      times       = 20;
      helvetica   = 21;
      courier     = 22;
      symbol      = 23;
      taliesin    = 24;
```

以下、フォントマネージャに含まれるファンクションとプロシージャを、大きな機能別に挙げておきます。

フォントマネージャの初期化

- PROCEDURE InitFonts;

フォント情報の取得

- PROCEDURE GetFontName (fontNum: INTEGER; VARtheName: Str255);
- PROCEDURE GetFNum (fontName: Str255; VAR theNum: INTEGER);
- FUNCTION RealFont (fontNum: INTEGER; size: INTEGER) : BOOLEAN;

フォントをメモリ内に維持する

```
• PROCEDURE SetFontLock (lockFlag: BOOLEAN);
```

その他のルーチン

```
• FUNCTION FMSwapFont (inRec: FMInput) : FMOutPtr;
```

●Toolboxイベントマネージャ(Toolbox Event Manager)

ここでは、Toolbox イベントマネージャの概要を説明します。すでに述べたように、初代 Mac の ROM に収められた「イベントマネージャ」には２種類があります。１つは、低レベルの OS に含まれるイベントマネージャ、もう１つは、Toolbox に含まれる、比較的高レベルのイベントマネージャです。アプリから直接使うのは、もっぱら後者ですが、後者は前者の機能を利用することで動作しています。考えようによっては、後者の Toolbox イベントマネージャが、OS イベントマネージャへの API を提供していると見ることもできるでしょう。ここで取り上げるのは、アプリケーションから直接使う、上位の Toolbox イベントマネージャの方です。もちろん、一般的なアプリを作成するには、こちらだけを使っていて何の不自由もありません。

Mac のアプリケーションは、初代のころから「イベントドリブン」であると言われていました。この言葉は、イベントによって駆動されるという意味です。各アプリは、起動しただけではほとんど何の動きも見せません。ユーザーが何かの操作をすると、それに対応する形でアプリのプログラムが動き出すというのが基本です。こうしたユーザーによる操作は、OS や Toolbox の中で処理され、イベントとして該当するアプリケーションに伝えられます。このようなユーザーの操作などの発生を、イベントに変換するのがイベントマネージャの役割です。

イベントマネージャが扱うイベントには、いろいろな種類があります。大きく分けると３種類になるでしょう。１つは、今述べたようなユーザーの操作に端を発するもの。もう１つは、画面の変化に対応するためのもの。そしてもう１つは、キーボードやマウスのようなユーザーインターフェース以外のデバイスの状態の変化に起因するものです。

１つめのユーザーの操作によって発生するものは、さらに３種類に分けられます。マウスの操作によるもの、キーボードの操作によるもの、フロッピーディスクの操作（ドライブにディスクをセット）によるものです。マウスのイベントは、もっぱらボタンの操作によって発生し、ボタンを押した際のマウスダウン（Mouse-down）

と、ボタンを放した際のマウスアップ（Mouse-up）の両イベントがサポートされています。マウスの移動の動き自体は、イベントとして検出することはできません。マウスポインターの位置は、必要に応じてアプリからイベントマネージャに問い合わせることで、その時点の座標を知ることができます。

Macは、最初から自動イジェクト機構付きのフロッピードライブを採用していました。それにより、まだマウントしているディスクを不用意に抜き出してしまうことを防いでいたのです。ただし、当然ながらフロッピーディスクをドライブにセットするのは手動です。その操作も、イベントとして検出できるようになっていました。例えばFinderは、そのイベントによって、フロッピーのアイコンをデスクトップに表示し、必要に応じてディスクのディレクトリ情報を読んで、ウィンドウ内に中身のアイコンを表示することもできます。

イベントの大きな分類の２つめ、画面の変化によるイベントとは、主にウィンドウの中身の再描画が必要となった際に発動されます。これは、ユーザーがウィンドウのサイズを変更したり、重なり方を変更したりといった操作を加えた場合にも発生しますが、アプリ側の都合で発生することもあります。前者の場合も、「ユーザーの操作に起因する」ということにはなりますが、ここで扱うのは、マウスやキーボードの操作といった直接的なものではなく、その結果として何段階かを経て発生する間接的なものと考えられます。一方の、アプリ都合のイベントには、外部から何らかの通信が入ったとか、時間のかかる処理が終了した、といったものが含まれるでしょう。いずれにせよ、ウィンドウ内の再描画が必要になったというイベントは、後から述べるウィンドウマネージャによって発せられるものです。

イベントの大きな分類の３つめ、デバイスの状態の変化によるものは、デバイスドライバーイベントと呼ばれています。これは、そのMacに接続されているデバイスによって、さまざまなものが考えられます。例えば、プリンターを接続して使用している場合、用紙切れなどのエラーが発生した場合、それをイベントとして通知することなどが考えられます。

イベントマネージャの扱うイベントは、いったんイベント・キューに入ります。このキューは一般的なFIFO（First In First Out）なので、キューに入った順にキューから取り出すことができます。つまり、時間的に早く発生したイベントから順にアプリに伝えられることになります。ただし、現在一般的なOSとアプリの関係のように、OS側からアプリを呼び出すことでイベントの発生を伝えるわけではありません。アプリは、イベントマネージャのGetNextEventというファンクションを呼び出して、１つずつキューからイベントを取り出します。その際、通常は先に述べたように時間順にイベントが出てきますが、関心のあるイベントのタイプを指定して、そのタイプに合致するイベントを優先的に取り出すことも可能です。

イベントキューに蓄えられているイベントは、EventRecordというPacalのレコードで定義された型を持っています。その中には、何のイベントかを表すイベントのタイプ、いつイベントが発生したかを示すタイムスタンプ、イベントが発生した際のマウスの位置（グローバル座標）、同じくマウスボタンの状態、同じく修飾キー（シフトやコマンドなど）の状態、イベントごとに異なるその他の情報が記録されています。

図38:個々のイベントを表すEventRecordの定義

```
TYPE EventRecord = RECORD
                     what:        INTEGER;      {イベントコード}
                     message:     LONGINT;      {イベントメッセージ}
                     when:        LONGINT;      {起動からの経過時間}
                     where:       Point;        {マウスの位置}
                     modifiers:   INTEGER;      {修飾フラグ}
                   END;
```

このイベントレコードの最初の項目、whatに入るのが、そのイベントが何か、という最も重要な情報で、それはINTEGERで表現されるイベントコードになっています。イベントコードの数字とイベントの対応は以下のようになっています。

図39:イベントの種類を数字で定義するEventCode

```
CONST  nullEvent     = 0;   {ヌル}
       mouseDown     = 1;   {マウスダウン}
       mouseup       = 2;   {マウスアップ}
       keyDown       = 3;   {キーダウン}
       keyUp         = 4;   {キーアップ}
       autoKey       = 5;   {自動キー}
       updateEvt     = 6;   {アップデート}
       diskEvt       = 7;   {ディスク挿入}
       activateEvt   = 8;   {アクティベート}
       networkEvt    = 10;  {ネットワーク}
       driverEvt     = 11;  {デバイスドライバー}
       applEvt       = 12;  {アプリケイーション定義}
       app2Evt       = 13;  {アプリケイーション定義}
       app3Evt       = 14;  {アプリケイーション定義}
       app4Evt       = 15;  {アプリケイーション定義}
```

アプリケーションは、GetNextEventによって取り出したイベントのwhatフィールドをまず調べ、それによって対応するイベント処理に分岐するというループをひたすら繰り返すのです。そのため、一般的なアプリケーションでは、このGetNextEventファンクションが、Toolboxの中で最も頻繁に呼び出すルーチンとなっています。呼び出しの頻度は他を圧倒的に引き離しています。

以下、Toolboxイベントマネージャに含まれるファンクションとプロシージャを、大きな機能別に挙げておきます。

イベントへのアクセス

- FUNCTION GetNextEvent (eventMask: INTEGER; VAR theEvent: EventRecord) : BOOLEAN;
- FUNCTION EventAvail (eventMask: INTEGER; VAR theEvent: EventRecord) : BOOLEAN;

マウスの読み取り

- PROCEDURE GetMouse (VAR mouseLoc: Point);
- FUNCTION Button : BOOLEAN;
- FUNCTION StillDown : BOOLEAN
- FUNCTION WaitMouseUp : BOOLEAN

キーボードの読み取り

- PROCEDURE GetKeys (VAR theKeys: KeyMap);

その他のルーチン

- FUNCTION TickCount : LONGINT;
- FUNCTION GetDblTime : LONGINT; [ROM外]
- FUNCTION GetCaretTime : LONGINT; [ROM外]

●ウィンドウマネージャ（Window Manager）

ウィンドウマネージャは、名前から分かるように、Macの画面に表示されるウィンドウに関する処理を担当するマネージャです。ウィンドウに関する処理には、使用する順番に、作成、操作、廃棄といったものがあります。Macでは、当初からアプリケーションが画面上に直接描画することはできず、アプリ固有の内容は、必ずウィンドウの内側に描くことになっていました。例外として、Finderはデスクトップ上にフォルダーやファイル、あるいはディスクのアイコンを描くことができるように見えます。しかし初期のMacの場合、単なる背景ではない「デスクトップ」は、Finderが起動している際にだけ表示されるもので、Finderから見れば1つのウィンドウのようなものでした。一般のアプリケーションは、そうしたディスクが表示されるようなデスクトップには、アクセスできませんでした。アプリのウィンドウの背景パターンとして表示されるデスクトップ様のものと、Finderのデスクトップは区別して考える必要があります。

Macの通常のウィンドウには、かなり厳密に守られる定形のようなものがあります。簡単に言えば、上辺にタイトルバーがあり、必要に応じて右辺と下辺にスクロールバーを配置するというもので、それは初代から今日まで守られているスタイルです。

図40：Macのウィンドウの一般形

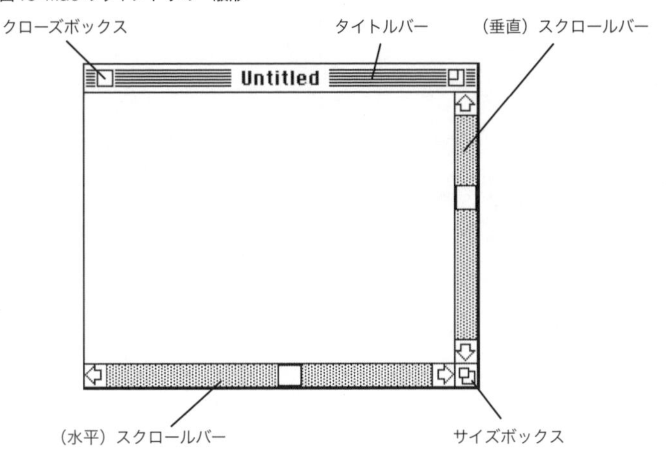

タイトルバーの左端に近い部分には、クリックすることでウィンドウを閉じるクローズボックスを備えるのが普通ですが、それが無い場合もあります。また、右下角には、ドラッグすることでウィンドウのサイズを変更できるサイズボックスを備えるのも一般的ですが、これも無い場合があります。ただし、右辺と下辺にスクロールバーを備えたウィンドウの場合、サイズボックスが無いのは物足りなく感じられるでしょう。２本のスクロールバーが交差する部分の正方形の領域が、ちょうどサイズボックス用に確保されることになるからです。逆に、スクロールバーが無くても、右下角にサイズボックスを配置することは可能です。

各ウィンドウには、常にこうしたパーツが表示されているわけではありません。最前面にあって、ユーザーが操作可能な状態（アクティブな状態）では、上に示したような一般的な形になっていますが、それ以外の状態（インアクティブな状態）では、そうしたパーツを備えたウィンドウであっても、そのフレームと名前しか表示されなくなります。それによって、インアクティブであることを示すのです。特徴的なところとしては、タイトルバーの横線と、スクロールバーの中身が表示されなくなります。

図41:アクティブ/インアクティブな状態のウィンドウ

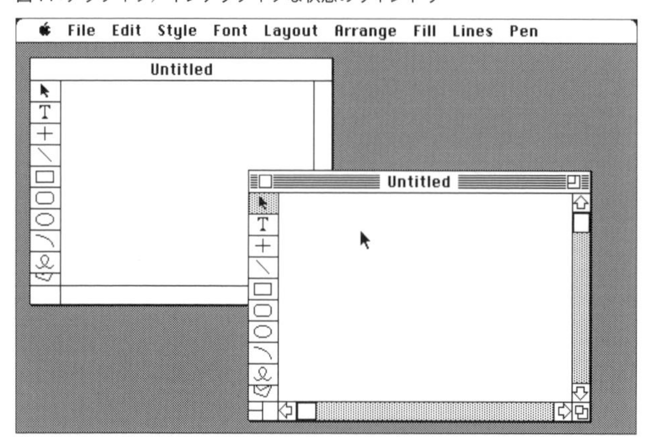

タイトルバーやスクロールバーは、ウィンドウを操作するための標準的なユーザーインターフェースであり、中身とははっきり領域が分かれています。ウィンドウ全体から、そうしたバー類を差し引いた残りの領域が、中身の領域（コンテントリージョン）となります。スクロールバーがなくて、サイズボックスだけがあるというウィンドウを設定することも可能ですが、その場合、ウィンドウの中身の領域はきれいな長方形ではなくなってしまいます。ウィンドウの右下角に正方形の領域（グローリージョン）が食い込む形になります。もしそうなっても、実際には特に困ることはありません。中身の領域は必ずしも長方形である必要はなく、複雑な形状になっても問題ないのです。

イベントマネージャのところで少し触れた通り、ウィンドウマネージャは、ウィンドウの中身をアップデート（再描画）する必要が生じた際に、イベントとして、それをアプリケーションに伝えます。その際には、ウィンドウの中身のどの部分をアップデートする必要があるのかを、リージョンとして知らせてきます。アプリケーションは、指定された領域のみを再描画することで、アップデートにかかる時間を節約することができます。ただし、全体を描きなおしたほうが速かったり、部分的な描画が困難な場合には、そのリージョンを無視して全体を描画しても構いません。

一般的なアプリケーションは、ウィンドウマネージャを使ってウィンドウの枠を描きますが、もちろんそれだけでは中身は空白のままです。アプリケーションは、それに続けて自発的に中身を描くこともできますが、それだけでは不十分です。そのウィンドウが他のウィンドウを重なっていったん後ろにまわってから再び前に出ると、重なっていた部分が消去されてしまうからです。その際には、ウィンドウマネージャがイベントマネージャを使って送ってくるアップデートイベントに従って、中身を再描画しなければなりません。実際には、アプリケーションがウィンドウの中身を自発的に描くことは稀でしょう。中身の描画は、最初から最後まで、アップデートイベントに応じて発動するのが普通です。

ウィンドウマネージャは、個々のウィンドウに関するすべての情報をウィンドウレコードというデータ構造として記録しています。ここでは、その内容について説明しませんが、Pascalの定義を挙げておきましょう。コメントを独自に日本語化して示すので、内容はなんとなく分かるはずです。

図42:ウィンドウレコードのPacal定義

```
TYPE WindowRecord =
        RECORD
            port:           GrafPort;       {ウィンドウのgrafPort}
            windowKind:     INTEGER;        {ウィンドウの種類}
            visible:        BOOLEAN;        {表示するかどうか}
            hilited:        BOOLEAN;        {ハイライト状態かどうか}
            goAwayFlag:     BOOLEAN;        {クローズボックスを持つかどうか}
            spareFlag:      BOOLEAN;        {将来のために予約}
            strucRgn:       RgnHandle;      {ストラクチャ・リージョン}
            contRgn:        RgnHandle;      {中身のリージョン}
            updateRgn:      RgnHandle;      {アップデートが必要なリージョン}
            windowDefProc:  Handle;         {ウィンドウ定義のファンクション}
            dataHandle:     Handle;         {windowDefProc用のデータ}
            titleHandle:    StringHandle;   {ウィンドウのタイトル}
            titleWidth:     INTEGER;        {タイトルの横幅のピクセル数}
            controlList:    ControlHandle;  {ウィンドウのコントロールリスト}
            nextWindow:     WindowPeek;     {ウィンドウリストにある次のウィンドウ}
            windowPic:      PicHandle;      {ウィンドウを描くためのピクチャ}
            refCon:         LONGINT         {ウィンドウの参照値}
        END;
```

以下、ウィンドウマネージャに含まれるファンクションとプロシージャを、大きな機能別に挙げましょう。

初期化とアロケーション

- PROCEDURE InitWindows;
- PROCEDURE GetWMgrPort (VAR wPort: GrafPtr);
- FUNCTION NewWindow (wStorage: Ptr; boundsRect: Rect; title: Str255; visible: BOOLEAN; procID: INTEGER; behind: WindowPtr; goAwayFlag: BOOLEAN; refCon: LONGINT) : WindowPtr;
- FUNCTION GetNewWindow (windowID: INTEGER; wStorage: Ptr; behind: WindowPtr) : WindowPtr;
- PROCEDURE CloseWindow (theWindow: WindowPtr);
- PROCEDURE DisposeWindow (theWindow: WindowPtr);

ウィンドウの表示

- PROCEDURE SetWTitle (theWindow: WindowPtr; title: Str255);
- PROCEDURE GetWTitle (theWindow: WindowPtr; VAR title: Str255);
- PROCEDURE SelectWindow (theWindow: WindowPtr);

- PROCEDURE HideWindow (theWindow: WindowPtr);
- PROCEDURE ShowWindow (theWindow: WindowPtr);
- PROCEDURE ShowHide (theWindow: WindowPtr; showFlag: BOOLEAN);
- PROCEDURE HiliteWindow (theWindow: WindowPtr; fHilite: BOOLEAN);
- PROCEDURE BringToFront (theWindow: WindowPtr);
- PROCEDURE SendBehind (theWindow,behindWindow: WindowPtr);
- FUNCTION FrontWindow : WindowPtr;
- PROCEDURE DrawGrowIcon (theWindow: WindowPtr);

マウスの位置の認識

- FUNCTION FindWindow (thePt: Point; VAR whichWindow: WindowPtr) : INTEGER;
- FUNCTION TrackGoAway (theWindoW: WindowPtr; thePt: Point) : BOOLEAN;

ウィンドウの移動とサイズ変更

- PROCEDURE MoveWindow (theWindow: WindowPtr; hGlobal,vGlobal: INTEGER; front: BOOLEAN);
- PROCEDURE DragWindow (theWindow: WindowPtr; startPt: Point; boundsRect: Rect);
- FUNCTION GrowWindow (theWindow: WindowPtr; startPt: Point; sizeRect: Rect) : LONGINT;
- PROCEDURE SizeWindow (theWindow: WindowPtr; w,h: INTEGER; fUpdate: BOOLEAN);

リージョンのアップデート

- PROCEDURE InvalRect (badRect: Rect);
- PROCEDURE InvalRgn (badRgn: RgnHandle);
- PROCEDURE ValidRect (goodRect: Rect);
- PROCEDURE ValidRgn (goodRgn: RgnHandle);
- PROCEDURE BeginUpdate (theWindow: WindowPtr);
- PROCEDURE EndUpdate (theWindow: WindowPtr);

その他のルーチン

- PROCEDURE SetWRefCon (theWindow: WindowPtr; data: LONGINT);
- FUNCTION GetWRefCon (theWindow: WindowPtr) : LONGINT;
- PROCEDURE SetWindowPic (theWindow: WindowPtr; pic: PicHandle);
- FUNCTION GetWindowPic (theWindow: WindowPtr) : PicHandle;
- FUNCTION PinRect (theRect: Rect; thePt: Point) : LONGINT;
- FUNCTION DragGrayRgn (theRgn: RgnHandle; startPt: Point; limitRect, slopRect: Rect; axis: INTEGER; actionProc: ProcPtr) : LONGINT;

低レベルルーチン

- FUNCTION CheckUpdate (VAR theEvent: EventRecord) : BOOLEAN;
- PROCEDURE ClipAbove (window: WindowPeek);

- PROCEDURE SaveOld (window: WindowPeek);
- PROCEDURE DrawNew (window: WindowPeek; update: BOOLEAN);
- PROCEDURE PaintOne (window: WindowPeek; clobberedRgn: RgnHandle);
- PROCEDURE PaintBehind (startWindow: WindowEeek; clobberedRgn: RgnHandle);
- PROCEDURE CalcVis (window: WindowPeek);
- PROCEDURE CalcVisBehind (startWindow: WindowPeek; clobberedRgn: RgnHandle);

ウィンドウの定義

- FUNCTION MyWindow (varCode: INTEGER; theWindqw: WindowPtr; message: INTEGER; param: LONGINT) : LONGINT;

●コントロールマネージャ(Control Manager)

コントロールマネージャとは、その名の通り「コントロール」を扱うマネージャです。ただし、ここで言うコントロールとは、日本語に訳すと「制御」となる一般的なコントロールとは違ったものを指します。それは、Macのユーザーインターフェースの中でも、特に「対話」や「設定」に関わる部分で重要な役割を果たすもので、ボタン類、チェックボックス、スクロールバーのように、ユーザーがマウスを使って操作するパーツのことを指します。

コントロールマネージャは、そうしたコントロールを作成／破棄、表示／非表示したり、コントロールに対するユーザーの操作を監視したり、コントロールの状態を読み取ったり、逆に設定したり、あるいはコントロールの位置やサイズ、表示のしかたを変更したりします。

コントロールは、Toolboxによって標準的に用意されているものの他に、アプリケーションのプログラマーがカスタムなものを作成して使うことも可能です。標準的なコントロールには、大きく分けて4種類があります。一般的なボタン、チェックボックス、ラジオボタン、そしてダイアルです。この中では、ダイアルと言われてもピンと来ないという人も多いかもしれません。初期のMacのコントロールの中で、ダイアルの代表的なものはスクロールバーです。スクロールバーは、マウスで操作することで、ウィンドウの中身をスライドさせたり、中身全体の中の表示されている部分の位置を比率で表したりといった、文字通りスクロールに特化した役割を担うのが普通です。表示される場所もウィンドウの右辺、または下辺、あるいはその両方と、ほぼ決まっています。しかし、それも一種の固定観念であって、同じスクロールバーを別の用途に使うことも可能です。いずれにせよ、他のコントロールのように、オンオフ的なものではなく、ある程度の連続量を扱うことができるコントロールです。そのため、ダイアルの一種ということになります。

単純なボタンは、現在使われているものと、ほとんど変わらない雰囲気のデザインです。念のために最初期のものを示しておきましょう。言うまでもなく、2重線で囲まれたボタンがデフォルトのもので、1つのダイアログに複数のボタンが配置されている場合、マウスでクリックする代わりに、「return」キーを押すことで、そのデフォルトのボタンをクリックしたのと同じ結果になります。当たり前のようですが、これもMacが開拓した操作の省力化のための方策の1つです。

図43:基本的なボタン

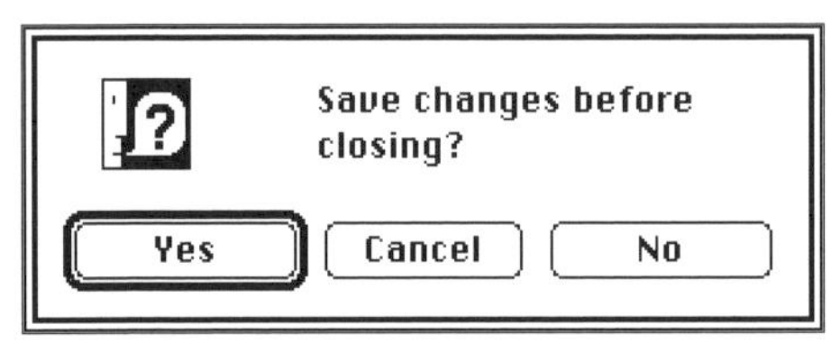

初期のアプリケーションでは、チェックボックスを積極的に利用したものは、それほど多くなかったかもしれません。ここでは、開発者用のアプリですが、ResEdit（リソースエディタ）の中のダイアログで使われている例を示します。

図44:オプションのオンオフを設定するチェックボックス

それに比べると、ラジオボタンは様々なアプリケーションで広く使われています。なぜこれを「ラジオボタン」と呼ぶのかと、疑問に思う人もいるでしょう。このラジオとは、カーラジオのことです。昔の車のダッシュボードに付いていたラジオは、横一列にボタンが並んでいて、それぞれによく聞くラジオ曲の周波数をプリセットできるようになっていました。そして、どれかのボタンを押すと、それまで押された状態になっていたボタンが解除されて、新たに押したボタンがロックされ、そのボタンにセットされていたラジオ局が聴けるようになるのです。ここで重要なのはプリセット機能ではなく、どれか1つを押すと、他のボタンのロックが解除されて、新たなボタンがロックされるという、排他的な動作です。Macのラジオボタンも、グループごとに、これと同じような排他的な動作となるのが普通です。

図45：グループごとに排他的に動作するラジオボタン

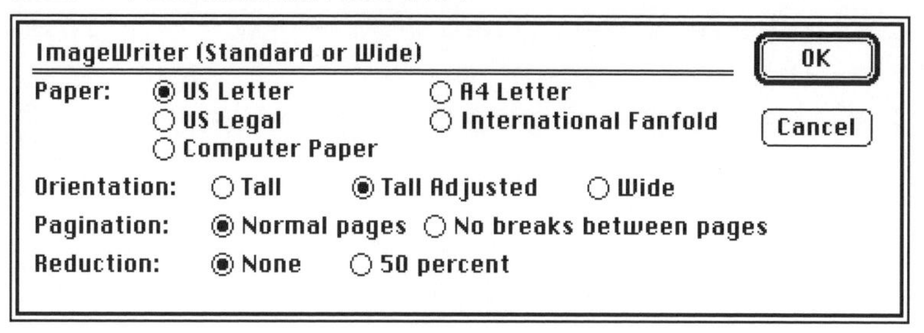

この例には、「Paper」、「Orientation」、「Pagination」、「Reduction」という4つのグループがあり、それぞれ2～5つの選択肢が、排他的に動作します。ただし、初期のToolboxには、ラジオボタンを自動で排他的に動作させる機能が組み込まれておらず、アプリケーションの責任で個々のボタンをオンオフしなければなりませんでした。といっても、それはさほど面倒なことではありません。当時は、それが当然だと考えられていました。

コントロールマネージャが扱うすべてのコントロールには、それぞれにコントロールレコード（control record）というデータ構造が付随しています。コントロールマネージャは、それを使って個々のコントロールを管理しているのです。その中には、そのコントロールが属しているウィンドウへのポインター、同じウィンドウのコントロールリストに含まれる「次の」コントロールへのハンドル、コントロールの定義ファンクションへのハンドル、タイトル付きの場合はそのタイトル、ウィンドウ内でコントロールの占める位置と場所を示す長方形、その時点のコントロールの状態、などが含まれています。これも、Pascalの定義の形で確認しておきましょう（図46）。

以降、コントロールマネージャに含まれるファンクションとプロシージャを、大きな機能別に挙げておきます。

図46:コントロールレコードのPacal定義

```
TYPE ControlRecord =
      PACKED RECORD
            nextControl:        ControlHandle;      {次のコントロール}
            contrlOwner:        WindowPtr;          {コントロールのウィンドウ}
            contrlRect:         Rect;               {コントロールを囲む長方形}
            contrlVis:          Byte;               {表示されていれば255}
            contrlHilite:       Byte;               {ハイライトの状態}
            contrlvalue:        INTEGER;            {コントロールの現在の設定}
            contrlMin:          INTEGER;            {コントロールの最小設定値}
            contrlMax:          INTEGER;            {コントロールの最大設定値}
            contrlDefProc:      Handle;             {コントロールの定義ファンクション}
            contrlData:         Handle;             {controlDefProc用データ}
            contrlAction:       ProcPtr;            {デフォルトのアクションプロシージャ}
            contrlRfCon:        LONGINT;            {コントロールの参照値}
            contrlTitle:        Str255              {コントロールのタイトル}
      END;
```

初期化とアロケーション

- FUNCTION NewControl (theWindow: WindowPtr; boundsRect: Rect; title: Str255; visible: BOOLEAN; value: INTEGER; min, max: INTEGER; procID: INTEGER; refCon: LONGINT) : ControlHandle;
- FUNCTION GetNewControl (controlID: INTEGER; theWindow: WindowPtr) : ControlHandle;
- PROCEDURE DisposeControl (theControl: ControlHandle);
- PROCEDURE KillControls (theWindow: WindowPtr);

コントロールの表示

- PROCEDURE SetCTitle (theControl: ControlHandle; title: Str255);
- PROCEDURE GetCTitle (theControl: ControlHandle; VAR title: Str255);
- PROCEDURE HideControl (theControl: ControlHandle);
- PROCEDURE ShowControl (theControl: ControlHandle);
- PROCEDURE DrawControls (theWindow: WindowPtr);
- PROCEDURE HiliteControl (theControl: ControlHandle; hiliteState: INTEGER);

マウスの位置

- FUNCTION FindControl (thePoint: Point; theWindow: WindowPtr; VAR whichControl: ControlHandle) : INTEGER;
- FUNCTION TrackControl (theControl: ControlHandle; startPt: Point; actionProc: ProcPtr) : INTEGER;
- FUNCTION TestControl (theControl: ControlHandle; thePoint: Point) : INTEGER;

コントロールの移動とサイズ変更

- PROCEDURE MoveControl (theControl: ControlHandle; h,v: INTEGER);
- PROCEDURE DragControl (theControl: ControlHandle; startPt: Point; limitRect,slopRect: Rect; axis: INTEGER);
- PROCEDURE SizeControl (theControl: ControlHandle; w,h: INTEGER);

コントロールの値と範囲の設定

- PROCEDURE SetCtlValue (theControl: ControlHandle; theValue: INTEGER);
- FUNCTION GetCtlValue (theControl: ControlHandle) : INTEGER;
- PROCEDURE SetCtlMin (theControl: ControlHandle; minValue: INTEGER);
- FUNCTION GetCtlMin (theControl: ControlHandle) : INTEGER;
- PROCEDURE SetCtlMax (theControl: ControlHandle; maxValue INTEGER);
- FUNCTION GetCtlMax (theControl: ControlHandle) : INTEGER;

その他のルーチン

- PROCEDURE SetCRefCon (theControl: ControlHandle; data: LONGINT);
  FUNCTION GetCRefCon (theControl: ControlHandle) : LONGINT;
- PROCEDURE SetCtlAction (theControl: ControlHandle; actionProc ProcPtr;
- FUNCTION GetCtlAction (theControl: ControlHandle) : ProcPtr;

アクションプロシージャ

- PROCEDURE MyAction;
- PROCEDURE MyAction (theControl: ControlHandle; partCode: INTEGER);

コントロール定義ファンクション

- FUNCTION MyControl (varCode: INTEGER; theControl: ControlHandle; message: INTEGER; param: LONGINT) : LONGINT;

●メニューマネージャ(Menu Manager)

メニューマネージャは、Macのユーザーインターフェースの中でも、基本中の基本的な要素であるメニュー全般を扱います。初期のMacのメニューは、画面の上辺に沿って表示するメニューバーから引き出す（プルダウン）ようにして表示するものだけでした。ウィンドウの中で、コントロールと同じようにクリックしたり長押ししたりして表示するポップアップメニューは、当初はToolboxのメニューマネージャには存在しませんでした。また、当初のMacのマウスボタンは1つしかなかったので、右ボタンクリックで表示するコンテキストメニューのようなものは、概念すらありませんでした。

メニューマネージャでは、メニューを初期化してメニューバーを描くこと、メニューバーの上にメニューを配置すること、ユーザーが選択したメニューのタイトル（メニューバー上にあるメニュー名）をハイライトして、その中身を展開して表示すること、さらにその中からユーザーが選択した項目を点滅させて選択されたことを示し、その後メニューを閉じること、ユーザーが選択したメニューの項目をアプリケーションに知らせること、などの機能を備えています。

また、Macのメニューシステムの大きな特徴の1つであるショートカットキーの処理も担当します。これは、マウス操作によってメニューを表示して選択する代わりに、キーボードのCommandキーと英数字キーの組み合わせで、あらかじめ対応させたメニューの選択と同じ効果が得られるようにするものです。

初期のMacのメニューは、現在のmacOSとは、少し操作感覚が異なるものであったことも付け加えておきましょう。メニューを開くには、メニューバー上のメニュータイトルを「クリック」するのではなく、そのタイトルの上で「プレス（長押し）」する必要がありました。そして、ボタンを放さずに、そのままメニューの上をドラッグして目的の項目の上に移動し、そこで初めてボタンを放す、という操作を要求するものでした。現在のmacOSでも、このようなプレス→ドラッグ→リリースという操作によってメニューを選択することが可能ですが、実際にそうしている人は少数派かもしれません。言うまでもなく、現在一般的なメニュー操作は、まず目的のメニュータイトルの上でクリックし、ボタンは放したまま開いたメニュー上のアイテムにポインターを移動し、そこで再びクリックするというものでしょう。マウスボタンを押したまま移動する必要がないので、この方が簡便だと感じる人も多いでしょう。しかし従来の方法では、マウスボタンを押して放す操作が1セットで済むのに対し、後者の方法では2セット必要になります。この後者の操作方法は、元を正せばMacよりも先にWindowsが採用したものでした。Macがそれに追従した際には、賛否両論もあったものですが、いつの間にか誰も何も感じなくなり、すっかり受け入れられてしまったようです。

ちなみに、MacのメニューとWindowsのメニューには、操作方法以外にも最初から根本的な違いがありました。それについては現在でも綿々と維持されています。というのは、メニューバーを表示する位置の違いです。Macでは、メニューバーは必ずデスクトップの上辺に固定されています。ウィンドウをいくつ開いても、アプリケーションをいくつ立ち上げても、それは変わりません。アプリを切り替えれば、デスクトップ上辺のメニューバーの内容が入れ替わるだけです。それに対してWindowsでは、メニューバーは各アプリケーションのウィンドウの上辺にあります。複数のアプリを立ち上げれば、その数だけデスクトップ上のウィンドウ内にメニューバーが存在することになります。Mac方式では、パソコンの画面が大画面になればなるほど、マウスの移動距離が長くなる傾向があります。その点では、Windows方式の方が有利だという意見もあるでしょう。しかし、Mac方式には Windows 方式では得られない大きなメリットがあるのです。それは、マウスをとにかく大きく上に移動すれば、嫌でもメニューバーに突き当たるので、後は横方向に移動するだけで目的のタイトルを選べるということです。Windows 方式では、画面の中で縦横両方向に慎重にマウスを移動して、目的のウィンドウの上辺に配置されたメニューバーの中の目的のタイトルにぴったりと合わせる必要があります。こうしたちょっとした違いが、Mac と Windows の使いやすさの違いを生む重要な要因だと考えられます。

さて、その当初から今日まで、ずっとデスクトップの上辺に固定されているメニューバーの初期の姿を確認しておきましょう。

図47：典型的なメニューバーの例

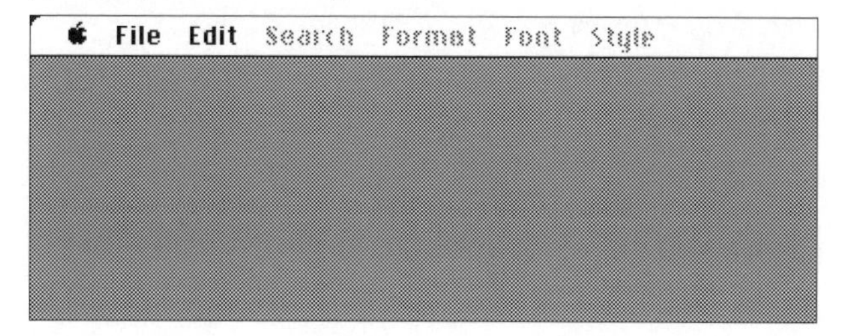

初期の Mac のユーザーインターフェースの慣習に従って、メニューバーのいちばん左にはりんごのマークの「アップル」メニューが位置しています。そして、その右が「File」、さらにその右が「Edit」というタイトルをメニューを配置するのも、標準的なインターフェースとされていました。この状態では、何もドキュメントを開いてないので、それより右側に配置された「Search」、「Format」、「Font」、「Style」といったメニューは無効化されて、グレーで表示されています。これらの無効化されたメニューは、この状態では操作できません。このように、無効なメニューをグレー表示にするのも、メニューマネージャの仕事です。操作できないメニュータイトルを、グレーにしてメニューバーに残しておく方法の他に、すっかりメニューバーから消し去って、ダイナミックにメニューバーを構成することもできます。そのあたりをどう扱うかは、アプリケーションしだいです。

標準的なメニュータイトルの１つ、Edit メニューの中身も見ておきましょう。File と Edit は、タイトルとしては標準ですが、それぞれの中身は、当然ながらアプリケーションによって異なります。また、それぞれのメニュー項目の中で、その時点で有効ではないものはグレー表示して、選択できないように設定することも可能です。このあたりの仕組みや、ユーザーに対する視覚効果としては、メニューバー上のメニュータイトルの場合と同様です。

図48:一般的なEditメニューの中身の例

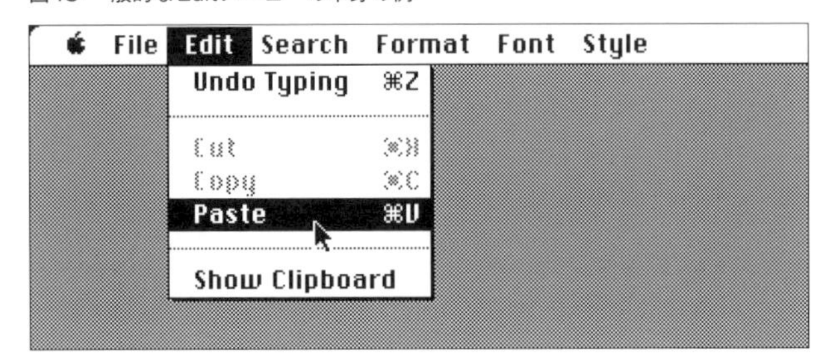

　これも現在まで受け継がれているものですが、複数のメニュー項目をいくつかのグループに分ける場合、間に区切り線を入れることができます。区切り線は形式的にはメニュー項目の代わりに入りますが、もちろん選択することはできません。当時の区切り線は破線で表現されていました。

　さらに、コマンドキーによるショートカットは「⌘」記号に続いてアルファベットの1文字で表現されています。これも現在のmacOSまでずっと受け継がれているMacのメニューの特徴の1つです。ただし現在では、Optionキーや Shift、Controlといった修飾キーも組み合わせた多彩なショートカットが設定されていて、憶えきれないと感じる人も多いでしょう。

　メニューマネージャは、個々のメニューを管理するために、メニューレコード(menu record)というデータ構造を定義して使っています。これも、Pascalのレコードとして定義されているものです。

図49:メニューに関する情報を管理するメニューレコードのPascal定義

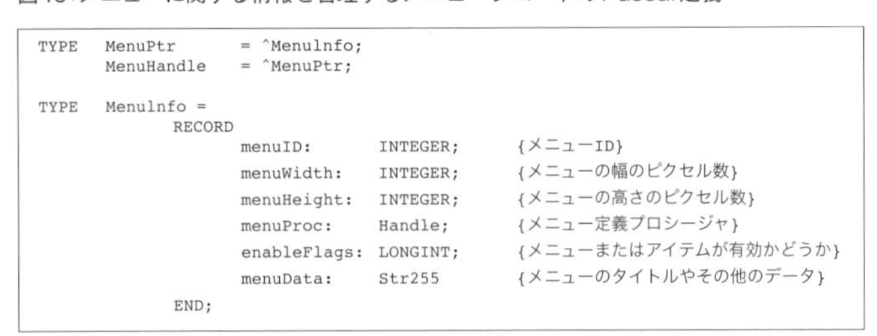

```
TYPE   MenuPtr       = ^Menulnfo;
       MenuHandle    = ^MenuPtr;

TYPE   Menulnfo =
             RECORD
                   menuID:       INTEGER;      {メニューID}
                   menuWidth:    INTEGER;      {メニューの幅のピクセル数}
                   menuHeight:   INTEGER;      {メニューの高さのピクセル数}
                   menuProc:     Handle;       {メニュー定義プロシージャ}
                   enableFlags:  LONGINT;      {メニューまたはアイテムが有効かどうか}
                   menuData:     Str255        {メニューのタイトルやその他のデータ}
             END;
```

　以降、メニューマネージャに含まれるファンクションとプロシージャを、大きな機能別に確認しておきましょう。

初期化とアロケーション

- PROCEDURE InitMenus;
- FUNCTION NewMenu (menuID: INTEGER; menuTitle: Str255) : MenuHandle;
- FUNCTION GetMenu (resourcelD: INTEGER) : MenuHandle;
- PROCEDURE DisposeMenu (theMenu: MenuHandle);

メニューの形成

- PROCEDURE AppendMenu (theMenu: MenuHandle; data: Str255);
- PROCEDURE AddResMenu (theMenu: MenuHandle; theType: ResType);
- PROCEDURE InsertResMenu (theMenu: MenuHandle; theType: ResType; afterItem: INTEGER);

メニューバーの形成

- PROCEDURE InsertMenu (theMenu: MenuHandle; beforelD: INTEGER);
- PROCEDURE DrawMenuBar;
- PROCEDURE DeleteMenu (menuID: INTEGER);
- PROCEDURE ClearMenuBar;
- FUNCTION GetNewMBar (menuBarlD: INTEGER) t Handle;
- FUNCTION GetMenuBar : Handle;
- PROCEDURE SetMenuBar (menuList: Handle);

メニューの選択

- FUNCTION MenuSelect (startPt: Point) : LONGINT;
- FUNCTION MenuKey (ch: CHAR) : LONGINT;
- PROCEDURE HiliteMenu (menuID: INTEGER);

メニューアイテムの表示をコントロール

- PROCEDURE Setltem (theMenu: MenuHandle; item: INTEGER; itemString: Str255);
- PROCEDURE GetItem (theMenu: MenuHandle; item: INTEGER; VAR itemString: Str255);
- PROCEDURE Disableltem (theMenu: MenuHandle; item: INTEGER);
- PROCEDURE EnableItem (theMenu: MenuHandle; item: INTEGER);
- PROCEDURE Checkltem (theMenu: MenuHandle; item: INTEGER; checked: BOOLEAN);
- PROCEDURE SetltemMark (theMenu: MenuHandle; item: INTEGER; markChar: CHAR);
- PROCEDURE GetltemMark (theMenu: MenuHandle; item: INTEGER; VAR markChar: CHAR);
- PROCEDURE Setltemlcon (theMenu: MenuHandle; item: INTEGER; icon: Byte);

- PROCEDURE GetItemIcon (theMenu: MenuHandle; item: INTEGER; VAR icon: Byte);
- PROCEDURE SetItemStyle (theMenu: MenuHandle; item INTEGER; chStyle: Style) ;
- PROCEDURE GetItemStyle (theMenu: MenuHandle; item INTEGER; VAR chStyle: Style) ;

その他のルーチン

- PROCEDURE CalcMenuSize (theMenu: MenuHandle);
- FUNCTION CountMItems (theMenu: MenuHandle) : INTEGER;
- FUNCTION GetMHandle (menuID: INTEGER) : MenuHandle;
- PROCEDURE FlashMenuBar (menuID: INTEGER);
- PROCEDURE SetMenuFlash (count: INTEGER);

メニューの定義

- PROCEDURE MyMenu (message: INTEGER; theMenu: MenuHandle; VAR menuRect: Rect; hitPt: Point; VAR whichItem: INTEGER);

●TextEdit

すでに述べたようにTextEditも、Toolboxの中にあってQuickDrawと同様、「××マネージャ」という名前のついていないマネージャの1つです。画面に編集可能なテキストを表示し、ユーザーからのキー入力やマウス操作、メニューコマンドを処理して、そのテキストを編集することを可能にするものです。

テキスト編集機能としては、新たなテキストの挿入、バックスペースキーによるテキストの削除、マウス操作によるテキストの選択、選択したテキストの削除、別の場所へのコピー、移動、ウィンドウ内でのテキストのスクロールなどが含まれます。

アプリケーションに提供する機能の守備範囲で言えば、TextEditは、ワープロを作るためのものではなく、あくまでテキストエディターを作るためのものです。というのも、編集対象のひと塊のテキストは、すべて同じフォント、同じ文字サイズ、同じスタイルであることを前提としているからです。また、各行の左右端を揃え、スペースを調整して中のテキストを均等に配置するようなジャスティフィケーションもできません。

TextEditは、編集対象のテキストを管理するために、エティットレコード（edit record）と呼ばれるデータ構造を定義して利用しています。これは、TERecという名前で、例によってPascalのレコードとして定義されています。

図50：編集対象のテキストに関する情報を管理するエディットレコードのPascal定義

```
TYPE  TEPtr        =      ^TERec;
      TEHandle     =      ^TEPtr;

TYPE  TERec  = RECORD
                 destRect:        Rect;          {デスティネーション長方形}
                 viewRect:        Rect;          {ビュー長方形}
                 selRect:         Rect;          {アセンブラー用}
                 lineHeight:      INTEGER;       {行間}
                 fontAscent:      INTEGER;       {キャレット／ハイライト位置}
                 selPoint:        Point;         {アセンブラー用}
                 selStart:        INTEGER;       {選択範囲の開始位置}
                 selEnd:          INTEGER;       {選択範囲の終了位置}
                 active:          INTEGER;       {内部使用}
                 wordBreak:       ProcPtr;       {ワードブレイクルーチン}
                 clikLoop:        ProcPtr;       {クリックループルーチン}
                 clickTime:       LONGINT;       {内部使用}
                 clickLoc:        INTEGER;       {内部使用}
                 caretTime:       LONGINT;       {内部使用}
                 caretState:      INTEGER;       {内部使用}
                 just:            INTEGER;       {ジャスティフィケーション}
                 teLength:        INTEGER;       {テキストの長さ}
                 hText:           Handle;        {編集するテキスト}
                 recalBack:       INTEGER;       {内部使用}
                 recalLines:      INTEGER;       {内部使用}
                 clikStuff:       INTEGER;       {内部使用}
                 crOnly:          INTEGER;       {負ならReturnで改行のみ}
                 txFont:          INTEGER;       {テキストのフォント}
                 txFace:          Style;         {文字のスタイル}
                 txMode:          INTEGER;       {ペンモード}
                 txSize:          INTEGER;       {フォントサイズ}
                 inPort:          GrafPtr;       {グラフポート}
                 highHook:        ProcPtr;       {アセンブラー用}
                 caretHook:       ProcPtr;       {アセンブラー用}
                 nLines:          INTEGER;       {行数}
                 lineStarts:      ARRAY[0..16000] OF INTEGER
                                                 {行の開始の位置}
             END;
```

この中で、特に説明が必要だと思われる項目について、簡単に述べておきましょう。まず先頭にあるdestRectとviewRectですが、これらのタイプはいずれもRectなので、純粋な長方形です。座標は、ウィンドウなどのgrafPortのローカル座標系で指定します。前者のdestRectは、編集中のテキストが描画される際に、その全体を確実にカバーするデスティネーション長方形です。後者のviewRectは、そのうち実際に画面に表示される領域です。例えば、小さなウィンドウからはみ出すような大きさ（幅や長さ）のテキストを編集中には、ウィンドウからはみ出した部分も含めた長方形がデスティネーション（destRect）で、ウィンドウの内側の見えている部分だけがビュー長方形（viewRect）となるでしょう。

selStartとselEndは、それぞれ編集中のテキストの中の選択範囲の開始点と終了点を示します。もちろん、selStartとselEndで囲まれた範囲が選択範囲となります。これらの数字は、何番めの文字か、という番号ではなく、文字と文字の間の番号を表します。先頭（0文字目）の左側が0となります。selStartとselEndの値が同じ場合、選択範囲は何もないことになりますが、その代わり、それらの数字の表す位置が、次に文字が挿入される挿入ポイントとなるのです。これは重要なポイントです。通常、その位置にはキャレットと呼ばれる点滅する垂直線が表示されることになります。

justは、編集中のテキストの表示のジャスティフィケーションを表します。この値が0で左、1でセンター、-1で右と定められていて、それぞれteJustLeft、teJustCenter、teJustRightという定数が割り振られています。すでに述べたように両端揃えでスペースの均等割のようなジャスティフィケーションはできません。センター揃えでは、長さがまちまちな行が、それぞれ中央揃えで配置されることになります。つまり、行の両端は線対称のでこぼこになります。

以下、TextEditに含まれるファンクションとプロシージャを、機能別に示します。

初期化とアロケーション

- PROCEDURE TEInit;
- FUNCTION TENew (destRect,viewRect: Rect) : TEHandle;
- PROCEDURE TEDispose (hTE: TEHandle);

Edit レコードのテキストにアクセス

- PROCEDURE TESetText (text: Ptr; length: LONGINT; hTE: TEHandle);
- FUNCTION TEGetText (hTE: TEHandle) : CharsHandle;

挿入ポイントと選択範囲

- PROCEDURE TEIdle (hTE: TEHandle);
- PROCEDURE TEClick (pt: Point; extend: BOOLEAN; hTE: TEHandle);
- PROCEDURE TESetSelect (selStart, selEnd: LONGINT; hTE: TEHandle);
- PROCEDURE TEActivate (hTE: TEHandle);
- PROCEDURE TEDeactivate (hTE: TEHandle);

編集

- PROCEDURE TEKey (key: CHAR; hTE: TEHandle);
- PROCEDURE TECut (hTE: TEHandle);
- PROCEDURE TECopy (hTE: TEHandle);
- PROCEDURE TEPaste (hTE: TEHandle);
- PROCEDURE TEDelete (hTE: TEHandle);
- PROCEDURE TEInsert (text: Ptr; length: LONGINT; hTE: TEHandle);

テキストの表示とスクロール

- PROCEDURE TESetJust (just: INTEGER; hTE: TEHandle);
- PROCEDURE TEUpdate (rUpdate: Rect; hTE: TEHandle);

- PROCEDURE TextBox (text: Ptr; length: LONGINT; box: Rect; just: INTEGER);
- PROCEDURE TEScroll (dh,dv: INTEGER; hTE: TEHandle);

スクラップの操作 [ROM 外]

- FUNCTION TEFromScrap : OSErr;
- FUNCTION TEToScrap : OSErr;
- FUNCTION TEScrapHandle : Handle;
- FUNCTION TEGetScrapLen : LONGINT;
- PROCEDURE TESetScrapLen : (length: LONGINT);

その他のルーチン

- PROCEDURE SetWordBreak (wBrkProc: ProcPtr; hTE: TEHandle); [ROM外]
- PROCEDURE SetClikLoop (clikProc: ProcPtr; hTE: TEHandle); [ROM外]
- PROCEDURE TECalText (hTE: TEHandle);

ワードブレークルーチン

- FUNCTION MyWordBreak (text: Ptr; charPos: INTEGER) : BOOLEAN;

クリックループルーチン

- FUNCTION MyClikLoop : BOOLEAN;

●ダイアログマネージャ(Dialog Manager)

ダイアログマネージャは、文字通り「ダイアログ」を扱うマネージャです。ここで言うダイアログとは、「ダイアログボックス」の略です。ダイアログとは、もともと「対話」という意味なので、そのまま訳せば「対話ボックス」ということになります。もちろんここで対話するのは、コンピューターとユーザーです。ダイアログは、今でこそ広く認知されていて、コンピューターがユーザーに提示する小さなウィンドウ状のボックスであり、情報を提示したり、ユーザーに何らかの選択をしてもらったり、情報を入力してもらったりするものであるということは、よく知られているでしょう。しかし、これを一般的なユーザーインターフェースとして定着させたのはMacでした。

ダイアログマネージャが扱うのは、ダイアログボックスと「アラート」です。Macのアラートは、ダイアログボックスを単純化したようなもので、その名の示すように何らかの警告を表示するために使われるのが普通です。警告というといかめしい感じがしますが、もっとカジュアルな、ワークフロー中の何らかの確認のためにも多用されます。

ダイアログボックスの中には、情報を提示するテキストや任意のグラフィックはもちろん、ユーザーに選択してもらうコントロール類、テキストや数字を入力するテキストボックス、などが配置されるのが普通です。ここで言うテキストボックスとは、その中でTextEditが動作して、ユーザーが自由にテキストを入力、編集できるようになっている枠のことです。

図51：典型的なダイアログボックスの例

ImageWriter (Standard or Wide)
OK
Quality: High / Standard / Draft
Page Range: All / From: 2 To: 7
Cancel
Copies: 3
Paper Feed: Continuous / Cut Sheet

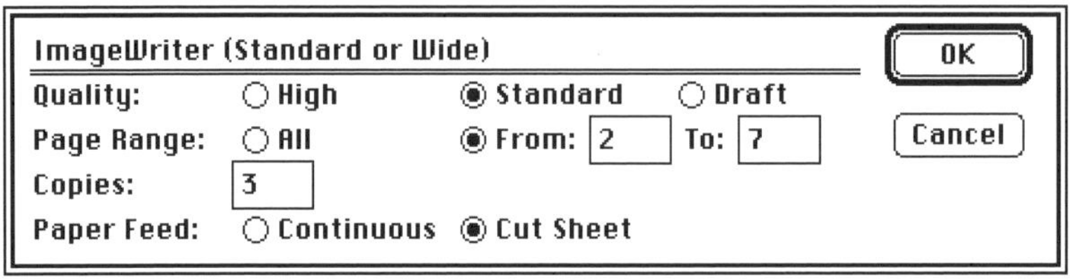

ダイアログボックスには、大きく2種類があります。モーダル・ダイアログボックスと、モードレス・ダイアログボックスです。モーダルとは、「モードがある」とか「モードに縛られた」といった意味です。このタイプのダイアログは、ユーザーがダイアログの中のボタンなどを操作して、対話を完了しない限り、ワークフローを先に進めることができません。ダイアログの外でマウスボタンを操作すると、ビープ音が鳴って、何もできないことを示します。たとえば上に示した印刷のためのダイアログはモーダル・ダイアログなので、ユーザーが先に進むためには「OK」をクリックして印刷を開始するか、「Cancel」をクリックして印刷処理を中止するか、いずれかの操作によってダイアログを閉じる必要があります。

モードレスは、その逆に「モードがない」という意味なので、ダイアログが開いた状態でも、他の操作ができるようになっています。たとえば、テキストの検索、置換機能を担うダイアログは、ダイアログを開いたまま、元の編集ウィンドウで自由にテキスト編集ができたほうが便利でしょう。そのため、モードレスダイアログを利用するのが普通です。

図52：モードレスダイアログボックスの例

Change
Find what: Previous
Change to: Improved
Find Next / Change, Then Find / Change / Change All
Whole Word / Partial Word

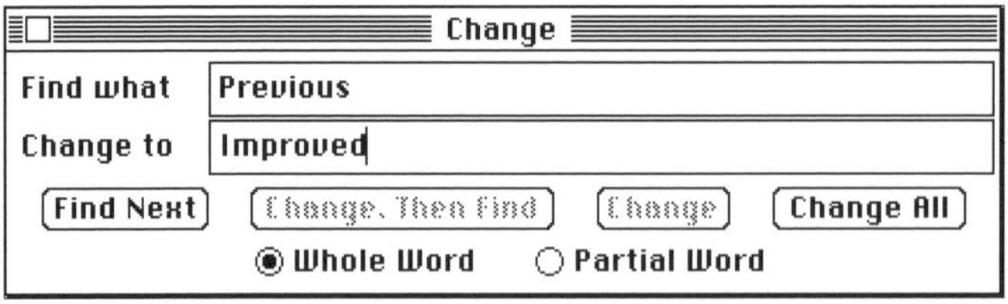

アラートは、一種のモーダル・ダイアログと考えることもできますが、目的ははっきりしていて、エラーの報告や、危険な操作への警告のために使うことになっています。そのため、ユーザーインターフェースは最小限に絞られていて、「OK」や「Cancel」、あるいは「Yes」や「No」といった単純な意思を伝えるボタンに限られるのが普通です。

図53：典型的なアラートの例

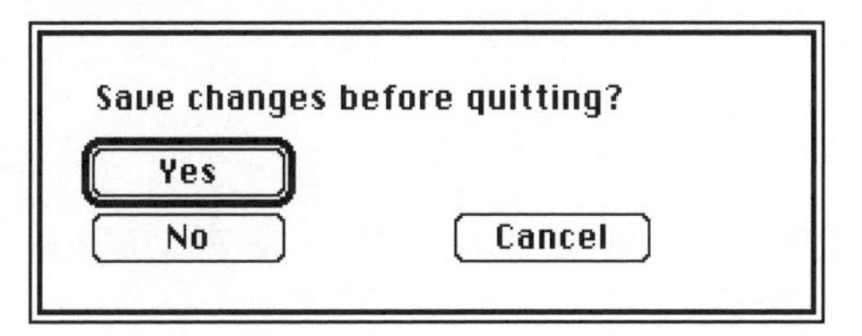

ダイアログもアラートも、表示のメカニズムとしてはウィンドウの一種ということになります。アプリケーションがダイアログマネージャを使ってダイアログやアラートを表示する際には、間接的にウィンドウマネージャを利用することになります。ダイアログのウィンドウを、ダイアログウィンドウ、アラートのウィンドウをアラートウィンドウと呼ぶこともあります。

アプリケーションからダイアログやアラートにアクセスするために、２種類のポインターが用意されています。１つはDialogPtrで、この値はダイアログやアラートのウィンドウへのポインター（WindowPtr）と同じです。もう１つのポインターは、ダイアログやアラート固有の情報にアクセスできるDialogPeekです。これは、DialogRecordという、Pascalのレコードで定義されたデータ構造へのポインターです。実は、このDialogRecordの最初の項目はWindowRecordになっているので、一般的なアプリではWindowPtrだけを使っても用が足りるというわけです。

図54：DialogRecordの定義

```
TYPE DialogPeek = ^DialogRecord;

TYPE DialogRecord =
          RECORD
                window:       WindowRecord; {ダイアログのウィンドウ}
                items:        Handle;       {アイテムリスト}
                textH:        TEHandle;     {編集中のテキスト}
                editField:    INTEGER;      {editTextのアイテム番号-1}
                editOpen:     INTEGER;      {内部使用}
                aDefItem:     INTEGER       {デフォルトのボタンアイテム番号}
          END;
```

以下に、ダイアログマネージャに含まれるファンクションとプロシージャを、機能別に示します。

初期化

- PROCEDURE InitDialogs (resumeProc: ProcPtr);
- PROCEDURE ErrorSound (soundProc: ProcPtr);
- PROCEDURE SetDAFont (fontNum: INTEGER); [ROM外]

ダイアログの作成と廃棄

- FUNCTION NewDialog (dStorage: Ptr; boundsRect: Rect; title: Str255; visible: BOOLEAN; procID: INTEGER; behind: WindowPtr; goAwayFlag: BOOLEAN; refCon: LONGINT; items: Handle) : DialogPtr;
- FUNCTION GetNewDialog (dialogID: INTEGER; dStorage: Ptr; behind: WindowPtr) : DialogPtr;
- PROCEDURE CloseDialog (theDialog: DialogPtr);
- PROCEDURE DisposDialog (theDialog: DialogPtr);
- PROCEDURE CouldDialog (dialogID: INTEGER);
- PROCEDURE FreeDialog (dialogID: INTEGER);

ダイアログイベントの処理

- PROCEDURE ModalDialog (filterProc: ProcPtr; VAR itemHit: INTEGER);
- FUNCTION IsDialogEvent (theEvent: EventRecord) : BOOLEAN;
- FUNCTION DialogSelect (theEvent: EventRecord; VAR theDialog: DialogPtr; VAR itemHit: INTEGER) : BOOLEAN;
- PROCEDURE DlgCut (theDialog: DialogPtr); [ROM外]
- PROCEDURE DlgCopy (theDialog: DialogPtr); [ROM外]
- PROCEDURE DlgPaste (theDialog: DialogPtr); [ROM外]
- PROCEDURE DlgDelete (theDialog: DialogPtr); [ROM外]
- PROCEDURE DrawDialog (theDialog: DialogPtr);

アラートの表示

- FUNCTION Alert (alertID: INTEGER; filterProc: ProcPtr) INTEGER;
- FUNCTION StopAlert (alertID: INTEGER; filterProc: ProcPtr) INTEGER;
- FUNCTION NoteAlert (alertID: INTEGER; filterProc: ProcPtr) INTEGER;
- FUNCTION CautionAlert (alertID: INTEGER; filterProc: ProcPtr) INTEGER;
- PROCEDURE CouldAlert (alertID: INTEGER);
- PROCEDURE FreeAlert (alertID: INTEGER);

ダイアログとアラート内のアイテムの操作

- PROCEDURE ParamText (param0, param1, param2, param3: Str255);
- PROCEDURE GetDItem (theDialog: DialogPtr; itemNo: INTEGER; VAR :

INTEGER; VAR item: Handle; VAR box: Rect);
- PROCEDURE SetDItem (theDialog: DialogPtr; itemNo: INTEGER; itemType: INTEGER; VAR item: Handle; VAR box: Rect);
- PROCEDURE GetIText (item: Handle; VAR text: Str255);
- PROCEDURE SetIText (item: Handle; text: Str255);
- PROCEDURE SelIText (theDialog: DialogPtr; itemNo: INTEGER; strtSel,endSel: INTEGER);
- FUNCTION GetAlrtStage : INTEGER; [ROM外]
- PROCEDURE ResetAlrtStage; [ROM外]

ユーザーアイテム

- PROCEDURE MyItem (theWindow: WindowPtr; itemNo: INTEGER);

サウンド

- PROCEDURE MySound (soundNo: INTEGER);

モーダルダイアログとアラート用のFilterProc

- FUNCTION MyFilter (theDialog: DialogPtr; VAR theEvent: EventRecord; VAR itemHit: INTEGER) : BOOLEAN;

●デスクマネージャ(Desk Manager)

デスクマネージャは「デスク」を扱うマネージャというネーミングですが、ちょっと分かりにくいかもしれません。デスクトップを扱うマネージャなのかと早とちりしそうですが、そのようなマネージャはありません。ここでいうデスクとは、デスクトップではなく「デスクアクセサリ」のことです。と言われても、何のことか分からないという人も少なくないかもしれません。今のmacOSには、デスクアクセサリもなければ、それに相当するものないからです。

初期のMacでは、一度に1つのアプリケーションしか起動できなかったので、1つのアプリを使用中に別のアプリを使いたければ、使用中のものをいったん終了してFinderに戻り、別のアプリを起動する必要がありました。簡単に想像できるように、それではあまりにも不便です。そこで、電卓やアラーム時計、現在のシステム環境設定に相当するコントロールパネルなどの小さなアプリに限り、一般的なアプリとは違う形態で作成してインストールし、普通のアプリの使用中にも自由に開いて使えるようにしました。それがデスクアクセサリです。

デスクアクセサリは、メニューバーの左端にある「アップル」メニューから開くことができるようになっています。アップルメニューのいちばん上には、そのときに起動しているアプリケーションの「About」ダイアログを開くための項目が置かれることになっていますが、その下にメニュー項目を区切る破線が置かれ、その下に、システムファイルにインストールされているデスクアクセサリが、名前のアルファベット順に並びます。

図55：アップルメニューから選んで開くデスクアクセサリ

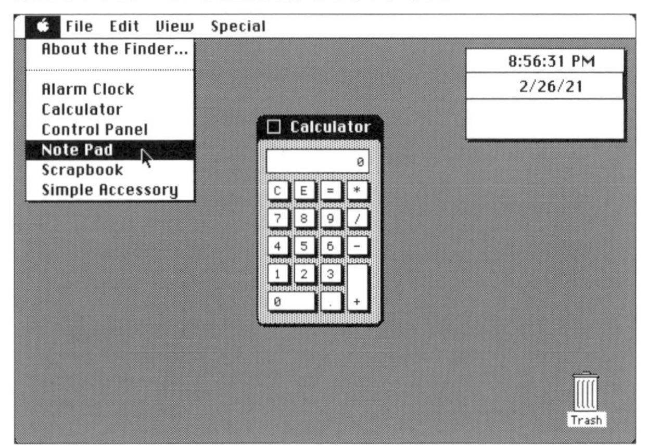

何度も書いたように、初期のMacでは、一度に1つのアプリしか起動しておけないのに、どうしてデスクアクセサリが使えるのでしょうか。それは、デスクアクセサリは、アプリのように見えて、実はアプリではないからです。それはプログラムの形態としては、デバイスドライバーと同じです。つまり、ユーザーインターフェースを持ったデバイスドライバーというわけです。ドライバーならば、プリンタードライバーや、ディスク装置のドライバーと同じように、アプリケーションと同時に動作することができます。その仕組みを利用して、ミニアプリを動かせるようにしたのがデスクアクセサリというわけです。苦肉の策と言えばその通りですが、かなり効果的な方策でした。

デスクマネージャに含まれるファンクションとプロシージャを、以下に機能別に示しておきましょう。

デスクアクセサリを開いたり閉じたりする

- FUNCTION OpenDeskAcc (theAcc: Str255) : INTEGER;
- PROCEDURE CloseDeskAcc (refNum: INTEGER);

デスクアクセサリ内のイベントを処理する

- PROCEDURE SystemClick (theEvent: EventRecord; theWindow: WindowPtr);
- FUNCTION SystemEdit (editCmd: INTEGER) : BOOLEAN;

定期的なアクションを実行する

- PROCEDURE SystemTask;

その他のルーチン

- FUNCTION SystemEvent (theEvent: EventRecord) : BOOLEAN;
- PROCEDURE SystemMenu (menuResult: LONGINT);

●スクラップマネージャ(Scrap Manager)

スクラップマネージャという名前から、それが「スクラップ」を扱うマネーであることは分かります。それでは、初期のMacにおけるスクラップとは何かとなると、話は少し見えにくくなります。というのも、スクラップは直接目に見えない存在というだけでなく、通常は他の名前で呼ばれているからです。Macでは、アプリケーション内、あるいは異なるアプリケーション間でデータを転送するために、「コピー（カット）&ペースト」と呼ばれる仕組みが最初から備わっていたことは、よく知られているでしょう。その際に、データの一時保管場所として利用されるのが「クリップボード」であることも、広く知られているはずです。スクラップとは、Toolboxから見たクリップボードの呼び方です。正式にはデスクスクラップ（desk scrap）と呼ばれています。

多くの場合、スクラップに保存されるのは、テキストか画像でしょう。これらは、Macにとって標準のフォーマットなので、アプリケーション間で共有することが可能です。しかし、1つのアプリケーション内でデータを移動する場合などは、それ以外のフォーマットでも構いません。ただし、現在スクラップに入っているデータのフォーマットが何であるかは、常に変化する可能性があるので、明示しておく必要があります。そのためには、4文字のアルファベットで表現されるリソースタイプを使います。標準的なテキストなら「TEXT」、QuickDrawの画像であれば「PICT」です。

すべてのアプリケーションは、これらのうちいずれかのタイプのデータをスクラップに書き込む機能と、両方のタイプのデータを読み込む機能を備えていなければならないとされています。それによって、アプリケーション間の基本的なデータのやりとりを保証するわけです。それ以外のタイプのデータは、1つのアプリケーション間でやり取りするのは自由です。ただし、そうしたデータがスクラップに残ったまま、そのアプリケーションを終了する場合、もし他のアプリケーションでスクラップのデータを利用する必要があれば、TEXTかPICTのいずれかの形式に変換しておかなければなりません。

スクラップは、そのままではアプリケーションヒープに保存されているだけなので、通常はMacを再起動したり、シャットダウンするとデータが消えてしまいます。また、スクラップに保存できるのは、常に1つのデータだけなので、複数のデータを異なるアプリケーション間でやりとりしたい場合には、かなり不便なことになります。

そこで、初期のOSにはScrapbook（スクラップブック）というデスクアクセサリが用意されていました。このScrapbookに対してペーストしたデータは、常にスクラップブック内の新しいページに転送されます。そしてSrapbookの各ページのデータは自動的にディスクに保存されるので、Macの電源を切っても失われることがありません。アプリケーションを立ち上げてドキュメントに情報を書き込み、それに名前を付けてファイルとして保存しておく、といった手間をかけなくても、使用頻度の高いデータを気軽に保存しておくことができたのです。このあたりの使い勝手の良さは、現在のmacOSの「メモ」などにも通じるものがあるでしょう。ちなみにScrapbookは、スクラップマネージャとは直接関係なく、システムに標準のデスクアクセサリとして用意されていたものです。もちろん、その中プログラムの中では、スクラップマネージャを利用していたのです。

図56：スクラップ（クリップボード）の情報を複数ディスクに保存できるデスクアクセサリ「Scrapbook」

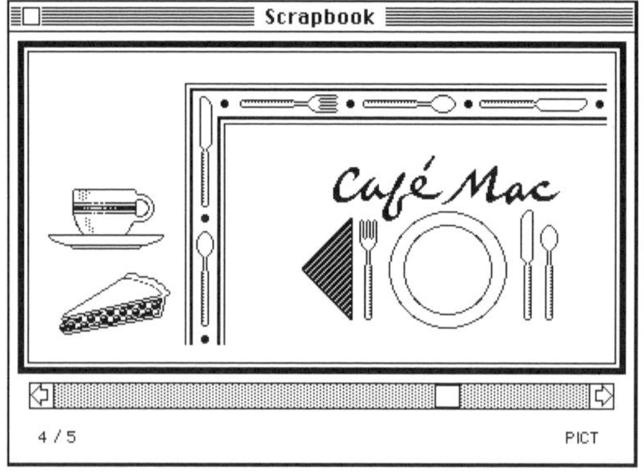

スクラップマネージャに含まれるファンクションとプロシージャを、以下に機能別に示します。

スクラップ情報の取得

- FUNCTION InfoScrap: PScrapStuff;

ディスク上のデスクスクラップの管理

- FUNCTION UnloadScrap: LONGINT;
- FUNCTION LoadScrap : LONGINT;

デスクスクラップのへの書き込み

- FUNCTION ZeroScrap: LONGINT;
- FUNCTION PutScrap (length: LONGINT; theType: ResType; source: Ptr) : LONGINT;

デスクスクラップからの読み込み

- FUNCTION GetScrap (hDest: Handle; theType: ResType; VAR offset: LONGINT) : LONGINT;

第7章 Macアプリのプログラミング実習

この章では、これまでに述べてきたMacintoshのハードウェア／ソフトウェアのへの理解を実践的に確かなものとするために、実際にMacのアプリケーションを作ってみることにします。ごく簡単なものから始めて徐々に複雑な処理を加え、少なくとも見た目と基本的な動作だけは当時の一般的なアプリケーションに似たものを作っていきます。もちろん、すべてのプログラムで、実際のソースコードを示し、その内容を検討しながらコンパイルしたアプリの動作を確認します。といっても、現状で完全に動作する初代のMacintoshを入手し、ブランクメディアさえ入手困難となっている3.5インチのフロッピーディスク上に開発環境を構築して、実際にソースコードを打ち込んで動作させるのは、なかなか難しいものがあるでしょう。そこで、ここではMacやWindowsなど、現在のパソコン上で動作するエミュレーターを使い、その上に当時のシステムと開発環境を構築して動作させることにします。やや面倒な手順も含まれていますが、ぜひ実際に開発ツールを動かし、自分の手で最初期のMacのアプリを作って動かす感動を味わっていただきたいと思います。もちろん、アプリケーションのソースコードは、すべて68000のアセンブリ言語で記述します。

7-1 Macアプリのプログラミング環境

第5章でも述べたように1984年に登場した当初のMacには、アプリケーション開発環境が含まれていませんでした。それどころか、最初は一般のユーザーはどこを探しても、Mac上で動作するMacのアプリケーション開発ツールを入手することはできなかったのです。iPhoneやiPadなどのアップル製デバイスはもちろん、Mac自身のための唯一無二のアプリ開発マシンともなっている現在のMacを考えると、隔世の感があります。

言ってみれば、当時のMacは、今日のiPhoneやiPadと同じような位置付けの製品だったのです。つまり、アプリ開発用のものではなく、もっぱら既成のアプリを利用するためのアプリプレーヤー的な、いわばコンシューマー向けの製品だったのです。それでは、まったくプログラミングができないかと言えばそうでもなく、Mac以前のパソコンと同じようにMac用に開発されたBASICのプログラミング環境をアプリとして導入すれば、何らかの作業や計算を自動化するようなプログラムを作って動かすことは、もちろん可能でした。また、少し後になりますが、Windows版よりもMac版の方が先に発売されたExcelのようなスプレッドシートを使えば、マクロ機能で作業を自動化する、コンピューター的な使い方は可能です。このあたりは、言語やアプリは違っても、今日のiPhoneやiPadと事情は同じです。

それでは、Mac用のアプリは、いったいどうやって開発したのかと言えば、当然ながら他に開発用のマシンがあったのです。現在のiPhoneやiPadに対するMacと同じような位置づけのマシンです。そう、当時のMacのアプリを開発するマシンは、Macに先行してアップルが開発し、発売していたLisaでした。Lisaは、どちらかというとMacのようなコンシューマー向けの製品ではなく、専門家も使うコンピューターとして開発されたものでした。そして当初から、Lisa Workshopというアプリ開発環境も利用可能となっていました。それを利用すれば、Lisa自身のアプリケーションはもちろん、Macのアプリも開発することができるようになっていたのです。実際のところ、アプリ以前に、Macのシステムソフトウェア自体もLisaを使って開発したものでした。

しかし、Macのアプリを開発したい人が、Macよりもかなり高価なLisaをさらに購入しなければならないのは不条理というものです。特にアマチュアではそうでしょう。LisaとMacは、採用しているCPUも同一で、当時のMacも、すでに

Lisaとほぼ同等の処理能力を備えていました。異なるのは画面の大きさと、ハードディスクなどのオプション環境でした。それを考えると、MacでMac自身のアプリを開発したいという要求があったのも当然のことでしょう。

そうした要求に最初に応えたのはアップル自身ではなく、サードパーティでした。その中でも最初に登場したのが、MacASMと呼ばれるマクロアセンブラーで、1984年の秋のことでした。これは400KBのフロッピー1枚で動作するミニマムな開発環境を実現していました。

さらに、ほぼ同時期に、他にもアセンブラーによる開発環境が開発されていました。当時、早くも登場したMacのプログラミング専門誌、MacTechの1984年8月号（創刊号）には、当時Bill Duvallによって開発中のMac Assemblerに関する記事が掲載されています。それによると、同プログラムは、すでにプレリリースバージョンが完成しているとされています。この開発環境は、エディタ（Edit）、アセンブラー（Asm）、リンカー（Link）、リソースメーカー（RMaker）や、それらを連携動作させるエクゼック（Exec）と呼ばれるプログラムがセットになった本格的なものでした。しかし、実際の一般向けの発売は、上記のMacASMに先を越されたようです。そして結局このプログラムは、アップルの製品としてが販売することとなりました。当時は、アップルがサードパーティの製品の販売権を獲得し、箱にアップルのマークを付けて販売することも珍しくありませんでした。この製品は、「Macintosh 68000 Development System」、通常MDSという名前で発売されました。

図1：MDSの400KBディスクに収められたツール構成

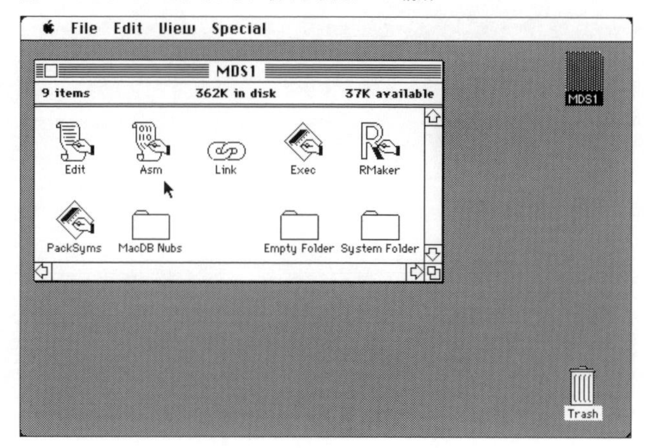

ちなみに、このMDSを開発したBill Duvallは、元はXerox PARCに勤めていて、Smalltalkなどの開発者としても有名なLarry Teslerといっしょに仕事をして

いたこともあるようです。その後、Consulair Corporationという会社を立ち上げて、初期のMacintoshのプログラミングツールを開発していました。同社のブランドで発売したツールとしては、Consulair C（Mac C）が有名です。その製品は、MDSにCコンパイラーを加えたようなもので、リンカーやリソースメーカーなどの基本的なツールは、ほとんど共通のものでした。そして実は、これらの開発ツールに含まれていたRMakerは、Toolboxの作者、Andy Hertzfeldが開発したものでした。元々はLisa上で動作していたプログラムを、やはりAndy自身がMacに移植しました。それによって、ようやくMac用のアプリが、Macだけで開発できるようになったという経緯があります。

図2：MDSと同じBill Duvallが開発したConsulair Cのディスク

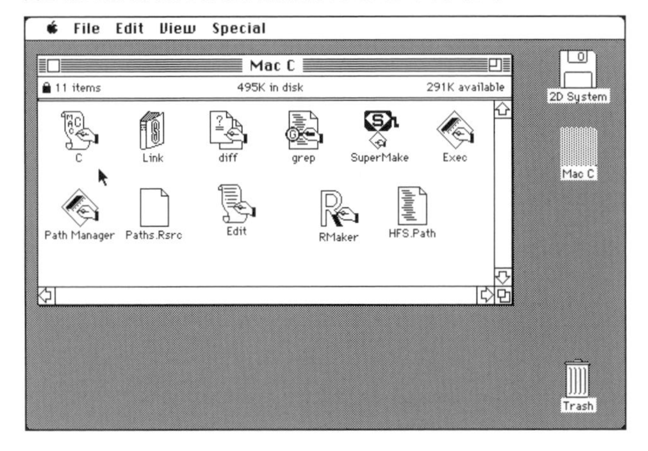

7-2 ミニマムなプログラミングツールの確保

ここから先は、基本的にMDSを使って、初期のMac用アプリケーションのプログラムを書いていきます。言うまでもなく、言語としては本書のテーマの1つである68000のアセンブリ言語を使います。プログラムを目で読んで、動きを追って内容を理解するだけなら、特にツールは必要ありません。第3章で示した68000のニーモニックと、第6章で主要な部分を示したMacのToolboxのルーチン名の知識さえあれば、少なくとも何をやろうとしているのかは理解できるでしょう。

実際にソースコードをMacの開発環境でアセンブルして動作するプログラムを作成し、実際に動かしてみるには、MDSが必要となります。ただし、68000のアセンブリ言語自体は、どんなアセンブラーでも共通なので、MDSに固有のマクロ部分さえ書き換えれば、Mac用の他のアセンブラーも利用できるでしょう。もしMDS以外の環境の方が馴染みがあるとか、容易に構築できるという方は、そちらで試してみてください。

現在では、MDSの動作環境を確保するといっても、本物のMacに電源を入れて動かし、その上で実際にMDSの作業用フロッピーを用意して動作させるのは、さほど簡単ではないでしょう。そこでここでは、現在のパソコン上にMacのエミュレーター環境を用意して、その上でMDSを立ち上げることにします。もちろん、そうやって作成したアプリケーションも、Macのエミュレーター上で動作します。以下に、手順を簡単に説明します。

●エミュレーターの確保

オリジナルMacや、Mac Plusなど、いわゆるコンパクトMacのエミュレーターとしては、古くからいろいろなプログラムがありました。その中で、現在のパソコン上でも無理なく動作できるものとして、Mini vMac（https://www.gryphel.com/c/minivmac/）があります（図3）。

名前の先頭に「Mini」と付いているのが気になるという人のために簡単に説明しておくと、このMini vMac以前に、単なる「vMac」というコンパクトMacのエミュレーターがありました。このMini vMacは、そこから第3者が派生させたプロジェクトです。元のvMacのサイト（http://www.vmac.org/）は、まだ残っていますが、2002年を最後にアップデートが止まっていて、残念ながら本体のエミュレーターの開発も中断しています。それに対してMini vMacは、開発が続行されていて、現在のパソコン環境で動作するものが入手可能となっています。Mini vMacは、元のvMacの機能を簡略化したものであったのが幸いしたのか、特に新しい機能を追加するわけではないものの、新しいホストOSへの対応だけは続いているという状況です。ただし、これは2022年春頃の状態であって、これが今後も続くとは限りません。本書を読んでいる時代が、それよりだいぶ後年になっているという人は、ご自分でいろいろと探ってみていただければと思います。

図3：コンパクトMacのエミュレーター、Mini vMacのサイト

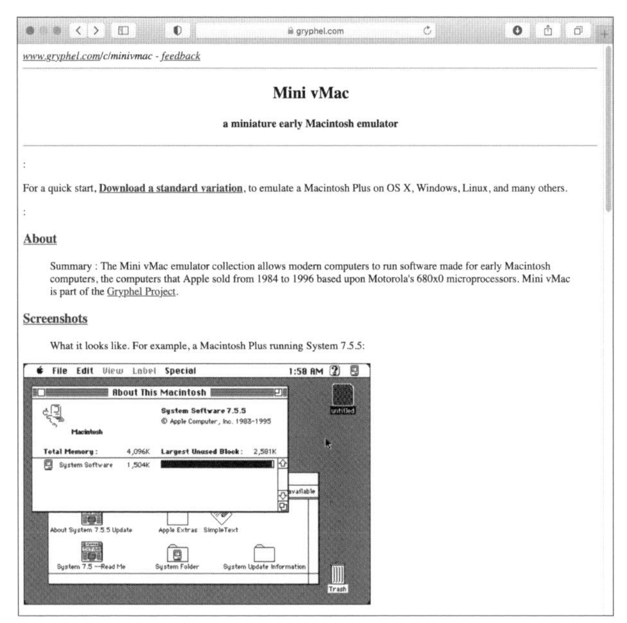

　このアプリケーションを動作させるホストとなるOSとしては、macOS、Windowsをはじめとして、LinuxやNetBSDもサポートしているため、幅広い環境で利用可能となっています。利用するには、特にインストールのような操作は必要なく、サイトからダウンロードした圧縮ファイルを解凍すると現れるプログラム本体のバイナリを起動するだけです。

　また、このプログラムには、Mac Plusをエミュレートする標準タイプ以外に、Macintosh IIをサポートするものと、オリジナルのMacintosh 128Kをサポートするバージョンもあり、それぞれバイナリをダウンロード可能となっています。とはいえ、これらはすべて1つのソースコードから、異なるオプションを指定してビルドされたものです。ソースコードは、GPL準拠のオープンソースとして公開されているので、ソースコードをダウンロードして、自分でビルドすることも可能です。興味のある人は、あれこれと試してみてください。本書では、ハードウェアについては、Macintosh 128Kを中心に述べているので、ここでも128Kを使いたいところですが、あえて標準のMac Plusタイプを使うことにします。MDSは、128KBのメモリでも動くことは動くのですが、ちょっとでも長めのプログラムをアセンブルしようとすると、メモリ不足で止まってしまったりするからです。

ところで、このMini vMacに限らず、Macのエミュレーターを利用するには、1つ避けて通れない問題があります。それは、Macに内蔵されていたROMをどうするか、ということです。本書でも解説しているように、初期のMacのROMには、Systemの真髄とも言うべきToolbox本体が収められていて、アップルの著作物となっています。一般的なPCのような単なるブート用のプログラムではないので、互換性のある代替プログラムもありません。したがって、エミュレーターを利用するには、今でもToolboxのROMをファイルにコピーしたものが必要となっています。

このROMのファイルについては、一種の暗黙の了解として、Mac本体を持っている人は、そのハードウェアからファイルに吸い出して利用しても良いということになっているようです。初期のMacのROMに、厳密な使用許諾条件が定められていたとは思えませんが、それでも著作権的にはグレーな方法なのではないかという気がします。ただし実際には、エミュレーターを利用するためにROMのファイルは、インターネット上を検索すれば見つけることができるでしょう。それを利用するかどうかは、読者の判断にお任せします。著作権的に完全にクリーンでないことは絶対にしたくないという方は、ここから先の実際のエミュレーターの利用法は、あくまで参考までにお読みください。実際にエミュレーター上でMDSを動かしてみなくても、ソースコードを読んで、その動きを頭の中で想像して楽しむことは十分に可能でしょう。

本書の筆者としては、著作権的にグレーなことを読者に勧めるわけではありません。それでも、基本的な態度としては、多少の問題があったとしても、知的好奇心を優先させたいものだと考えています。Mac関連のソフトウェアのアーカイブサイトには、Mini vMacとROMファイル、さらには初期のOSの起動フロッピーのイメージをセットで提供しているところもあります。そうしたサイトがアップルによって訴えられたという話は、ここ何十年も聞いたことがありません。というわけで、ちょっと嫌な表現になりますが、自己責任での判断をお願いします。

vMacの使い方は簡単です。Mini vMac本体と、上記のROMファイルを「vMac.ROM」というファイル名で同じフォルダー／ディレクトリに入れ、アプリケーションを起動するだけです。標準のMini vMacは、Mac Plusなので、ROMファイルもMac Plusのものを用意します。まだ、起動用のフロッピーを用意していないので、それだけでは本物のMacと同じく、画面の中央に点滅する「?」マークのアイコンが表示されるはずです。これは、ToolboxのROMが正しく動作している証拠です。

図4：初期MacのエミュレーターMini vMacが起動した直後の状態

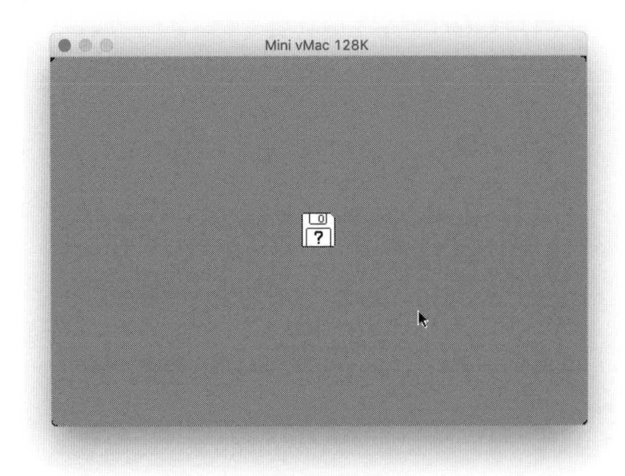

もし、起動用ディスクのイメージファイルとセットで手に入れた方は、そのファイルを、Mini vMacの画面にドラッグ&ドロップして、起動してみましょう。懐かしい画面が表示されるはずです。

なお、Mini vMac自体のユーザーインターフェースは、非常にシンプルなものに限られています。それは、エミュレーション対象となる初期Macに対して、キーボードショートカットをできるだけそのまま透過的に伝達して操作できるようにするためでもあります。ただし、初期のMacには、コントロールキーがないことを利用して、ホストとなるコンピューターのコントロールキー（Macならcontrol、PCならCtrl）を利用するMini vMac独自のショートカットが、いくつか使えるようになっています。

図5：Mini vMacで、コントロールキーとHキーを同時に押してヘルプを表示した状態

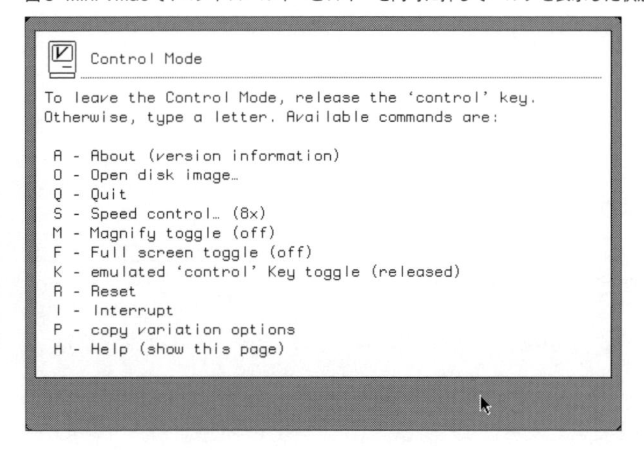

それによって使えるコマンドは、コントロールを押しながらHを押すことでMini vMacの画面内に表示できます。これはHelpコマンドです。またデバッガーを使う際などに必要となる割り込みは、コントロールとI（アイ）キーを同時に押すことで実現できます。他にも、エミュレーションの速度の調整も可能です。

図6：Mini vMacで、コントロールキーとSキーを同時に押してスピードをコントロールする

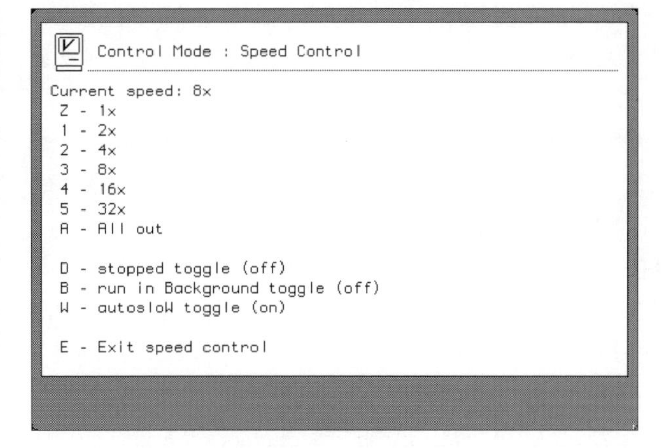

これは、コントロールを押しながらSキーを押して、さらに表示される画面の案内に従って、Zまたは1～5、あるいはAのキーを押して設定します。初期のMacでは、CPUの処理速度に依存したアニメーションを表示します。そのため、Finderがフォルダーを開いたりするときに表示するアニメーションや、リアルタイムの

ゲームなどでは、1倍に設定しないと動作速度が速すぎて雰囲気が再現できません。ただし、今回の目的であるアプリ開発などでは、それではむしろ遅く感じるでしょう。ある程度初期のMacのGUIの雰囲気を残したまま、動作速度も確保するとなると、8倍程度が良いかもしれません。とにかく速く動かしたいという場合は、Aを押して「All out」に設定すれば、速度のn倍速制限が解除され、ホストコンピューターの最高速度で動作します。

●開発ツールのフロッピーイメージの入手

さて、これでエミュレーターが動作するようになりましたが、その上でMDSを動かすには、さらにもう一踏ん張りの操作が必要です。まず、Mini vMac上で何らかのアプリを動かすには、当然ながらMacのOSを起動しなければなりません。これは本物のMacなら、フロッピーディスクをMac本体にセットして起動するところです。多くの場合、サードパーティ製のアプリのフロッピーにも、アップルからライセンスを受けたOSが含まれています。つまり当時のMacでは、最小限1枚分のフロッピーを用意すれば、目的のアプリを利用することができました。

エミューレーターの場合には、物理的なフロッピーディスクの代わりに、その内容をファイルとしてダンプしたイメージファイルを使います。それ以外の事情は本物のMacとフロッピーディスクを使う場合と変わりありません。もし、本物のMDSのフロッピーを所有しているという人は、フロッピーディスク・ドライブを装備したMacなどを使ってMDSのディスクのイメージファイルを作成し、そのファイルをエミューレーター環境に転送してくれば、起動してMDSを使うことができるはずです。しかし、多くの人はMDSを持っていないでしょう。そのままでは、もちろんエミュレーター上でMDSを利用することはできません。

現実として現在では、MDSのディスクイメージも、古いMacのアプリケーションやツールをアーカイブしているサイトから、比較的簡単に入手できます。それではグレーどころかブラックではないかと思われるかもしれません。しかし、古いMacのソフトウェアの中には、すでに著作権を放棄したものも少なくありません。例えば、アップル純正の開発環境であるMPW（Macintosh Programmer's Workbench）は、パブリックドメインとして公開されています。ライセンスに対する考え方は、ソフトウェアごとに異なる可能性がありますが、Macのソフトウェアのアーカイブサイトから入手できるということは、少なくともそのサイトはそれで問題なしと判断していると考えられます。目的のファイルのURLは、今後変化する可能性があるのでここに記すことはしませんが、例えば、Macのファイルのアーカイブサイトとして有名な「Macintosh Repository」などで「68000 Development System」を検索すれば、MDSのフロッピーイメージを圧縮したファイルが入手できるでしょう。この圧縮は、StuffItという、旧来のMacに特有のファイル形式になっています。現在でもMac App Storeなどで入手可能な「StuffIt Expander」や、「The Unarchiver」などを使って解凍することができます。

この圧縮ファイルの中には2枚分のイメージファイルが含まれています。MDSは、Mac Plus登場以前のオリジナルMac用のシステムなので、1枚のフロッピーディスクの容量は400KBです。入手したアーカイブによっても異なりますが、2種類のイメージファイルが含まれているかもしれません。1つは拡張子のない「68000Disk#1」と「68000Disk#2」というもの、もう1つは「.image」という拡張子の付いた「68000Disk#1.image」と「68000Disk#2.image」です。前者は圧縮イメージ、後者は非圧縮のイメージということになります。これらのうち、Mini vMacで使えるのは、「.image」拡張子の付いた後者の非圧縮イメージの方です。

とりあえず、「68000Disk#1.image」というファイルを、図4のように点滅する「？」マークを表示してフロッピーの挿入待ちになっているMini vMacのウィンドウにドラッグ＆ドロップしてみましょう。それでそのフロッピーのイメージから起動するはずです。

図7：Mini vMac上で起動したMDSの1枚めのディスクイメージ

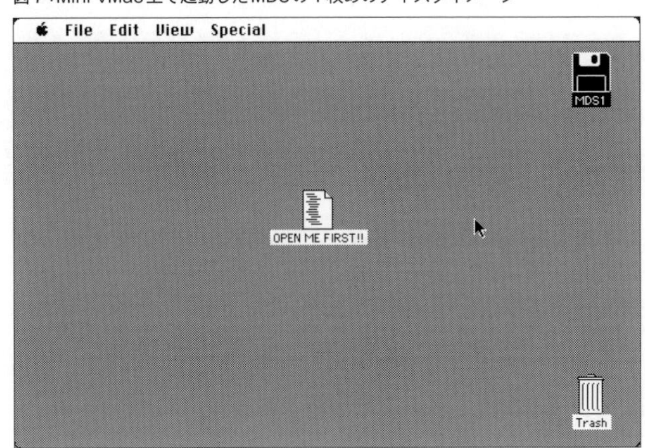

この状態では、画面中央のデスクトップ上に「OPEN ME FIRST!!」というファイルのアイコンが置かれています。思わず反射的にダブルクリックして開きたくな

りますが、それは思いとどまって「MDS1」というディスクのアイコンの方をダブルクリックして開いてみましょう。この章の最初に示したMDSのツール類の入ったディスクのウィンドウが開きます。これで、実際に動作するMDSのプログラムが入手できました。

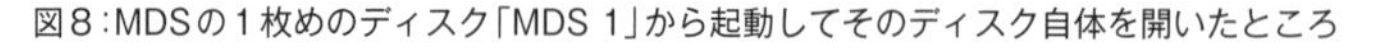
図8：MDSの1枚めのディスク「MDS 1」から起動してそのディスク自体を開いたところ

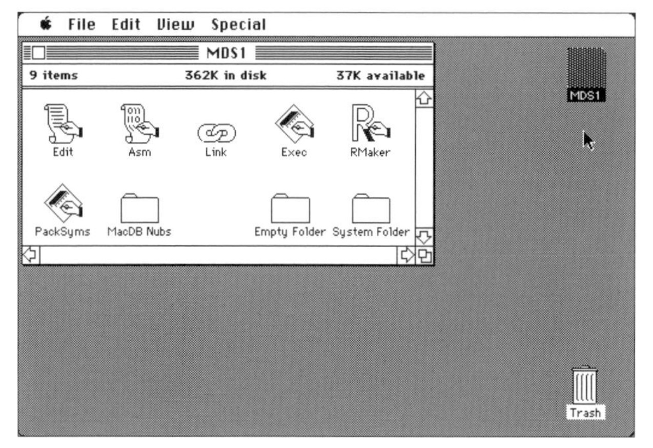

そのまま、もう1枚の「68000Disk#2.image」のイメージも、画面にドラッグ&ドロップして開いてみましょう。または、Mini vMacの［File］メニューの［Open Disk Image...］を選んで、ファイルを選択してもかまいません。「MDS2」のディスクがマウントしたら、そのアイコンをダブルクリックして開いてみましょう。

図9：Mini vMac上にマウントして開いたMDSの2枚めのディスクイメージ

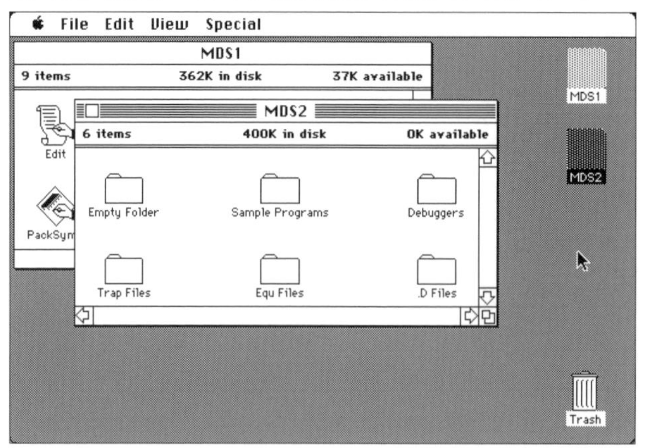

こちらのディスクには、MDS オリジナルのサンプルプログラムやデバッガー、アセンブルに必要な定義ファイルなどが含まれています。これらの定義ファイルには、68000 の TRAP 命令によって呼び出す OS や Toolbox のマクロ定義や、アセンブリ言語で使われる Mac 特有の定数の定義などが含まれています。実際のアセンブラーの動作に、これらすべてが必要なわけではありません。ほとんどは、定義のソースコードです。これらのファイルの利用方法については、もう少し後で説明します。

●MDSによるアプリ開発環境の整備

さて、これから MDS を使っていくわけですが、ここで１つ困ったことがあります。それは、この「.image」というディスクイメージファイルからマウントしたディスクは、書き込み禁止になってしまっていることです。先ほど、「OPEN ME FIRST!!」を開くのを思い留まるようお勧めしたのは、そのためです。エディターが起動して、このファイルを開こうとするのですが、ディスク自体が書き込み禁止となっているため、スクラッチファイルが作成できず、エラーが発生します。エラーを無視して、何度かクリックすれば中身を見ることができますが、あまり心地よい状態とは言えません。

ディスクが書き込み禁止になっていても、一般的なアプリをちょっと使ってみるだけなら、それほど困ることもないかもしれません。もちろん作成したドキュメントを保存することはできませんが、その必要がなければ、ユーザーの好みを反映して設定されるプリファレンスファイルが記録されない程度の実害しかないでしょう。ところが、アセンブラーの場合には、これではどうしようもありません。まず、ソースコードを編集しても保存できません。既存のサンプルのソースコードをアセンブルしようとしても、中間ファイルやオブジェクトファイルを生成して保存することができないので、エラーで止まってしまいます。つまり、まったく使いものにならないのです。

この MDS のイメージフォーマットの書き込み禁止を解除することは、現在の Mac では簡単にできそうもありません。かといって、Mini vMac には、初期 Mac 用の書き込み可能な 400KB フロッピーの空のイメージを作る機能も備わっていません。このままでは、なんだか八方塞がりのような気がしますが、本書の読者の方にだけ、解決策を提供します。書き込み可能な 400KB のフロッピーディスクのイメージファイルを出版社のサイトからダウンロードできるようにしてあります。その中には、さすがにシステムや MDS を入れるわけにはいきませんが、これから本書で示すサンプルアプリケーションのソースコードを入れてあります。

以下に、ダウンロードしたソースコード入のフロッピーイメージから、起動可能でMDSで作業可能なフロッピーの作り方を解説します。まず、巻末に示した本書のサポートサイトからフロッピーイメージをダウンロードしてください。ダウンロードしたZipファイルは保管しておいて、それを解凍したファイルを2つ作ります。取り出したイメージファイルの名前は「MDS Sample.dmg」となっているはずです。このうちの1つを「MDS Work.dmg」に変更します。もう1つは「MDS Sample.dmg」のままで良いでしょう。次に、上で示したように、別途入手したMDS1のイメージを使ってMini vMacを起動します。その状態で、まずファイル名を変更した方のイメージ、「MDS Work.dmg」をドラッグ&ドロップで追加マウントします。その中には、これ以降で解説するサンプルアプリケーションのソースコードが8つのフォルダーに分かれて入っています。

図10：Mini vMac上にマウントした本書のMDS Sampleのディスクイメージ

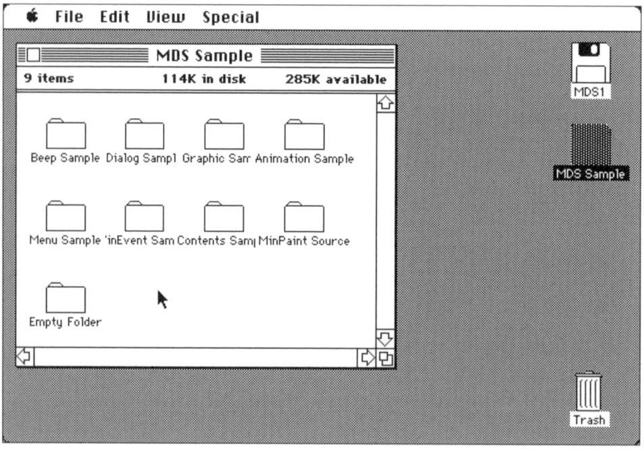

余談ですが、このディスクには全部で9つのフォルダーが入っているように見えます。この9つめの「Empty Folder」は、初期のMac、正確に言えば、MacがMac Plusになって階層的ファイルシステム（HFS）を採用する以前のディスクには必ず入っているフォルダーです。なぜなら、当時のFinderには、空のフォルダーを作成する機能がなかったので、新しいフォルダーが必要となった場合には、このEmpty Folder（空のフォルダー）をコピーして使うことになっていたからです。ここでは、とりあえず新しいフォルダーを作る必要はないので、これは無視しておいてください。

まず、このディスクの名前を、イメージのファイル名同様、「MDS Work」などと変更してください。現在のMacのFinderと同様、デスクトップのディスクアイコンの名前の部分をクリックすれば編集できます。こちらのディスクにはじめから入っているソースコードは不要です。必要なスペースを空けるために、中身を全部選択して「Trash」にドラッグし、その後［Special］メニューから［Empty Trash］を選んで完全に削除します。

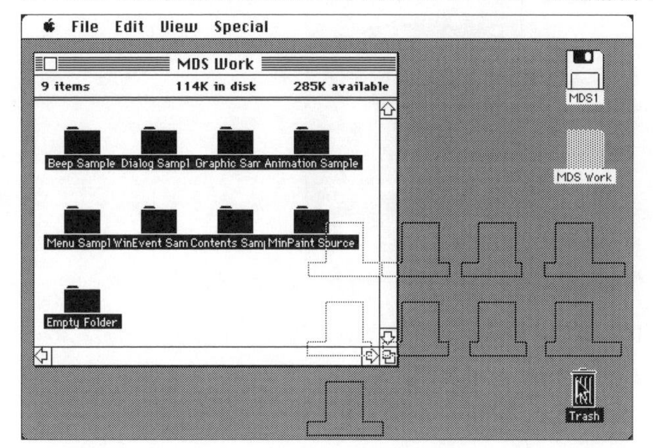

図11：MDS Workと名前を変更したディスクに入っているフォルダーは全部削除する

次に、MDS1のディスクから、システムファイルとMDSのツール類を、MDS Workにコピーします。コピーするのは以下のフォルダー／ファイルです。デバッガー関連のファイル、フォルダーは、とりあえず必要ありません。MDSに付属のデバッガーは、残念ながら1台のMacで使用できるものではなく、複数のMacを用意し、互いにシリアルケーブルで接続して使うようなタイプのものでした。本書では使いません。

- System Folder
- Edit
- Asm
- Link
- Exec
- RMaker

現在のMacやWindowsと同様に、コピー元のディスク上のアイコンを選択してドラッグし、コピー先のディスクのウィンドウ内にドロップすればよいでしょう。複数のファイル／フォルダーを選択する操作も同じで、領域をドラッグして選択するか、Shiftキーを押しながら、1つずつ選択に加えていきます。

図12：MDS関連のツールとシステムフォルダーをMDS1からMDS Workにコピーする

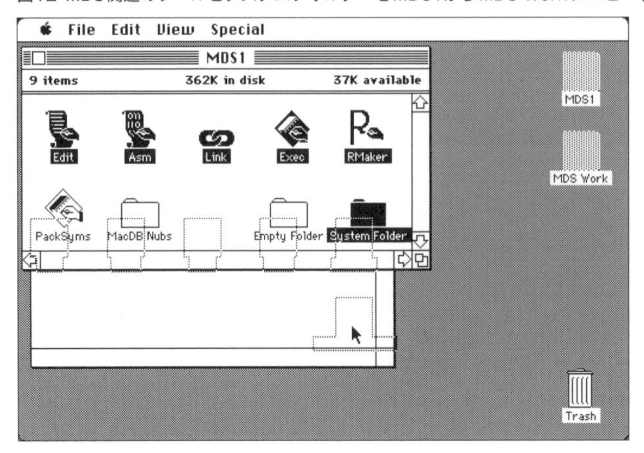

これで、起動可能なMDSのプログラムディスクができたはずです。念のために中身を確認しておきます。一連のMDSツールに加えて、「System Folder」がコピーされたMDS Workディスクができました。

図13：ひとまず完成したMDS起動用のMDS Workの中身

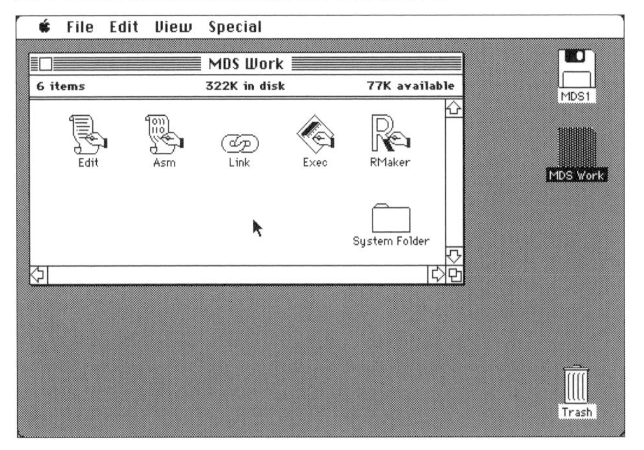

先に進む前に、これがちゃんと起動するか確認しておきましょう。まず、デスクトップ上のMDS Workのディスクアイコンをクリックして選択した状態で、[File]メニューから［Eject］を選ぶか、コマンド+Eキーを押します。コマンドキーは、Macでは「⌘」、PCでは「Alt」です。この後、MDS1のディスクもイジェクトしてから、コントロール+Rを押して、Mini vMacをリセットします。また「？」マークのアイコンが点滅するので、そこに今作成したばかりのMDS Workのディスク

イメージをドラッグしてドロップします。これで、システムを含んだ MDS の作業用ディスクがマウントし、そこから起動するはずです。

図14：新たにMDS Workのフロッピーイメージから起動した状態

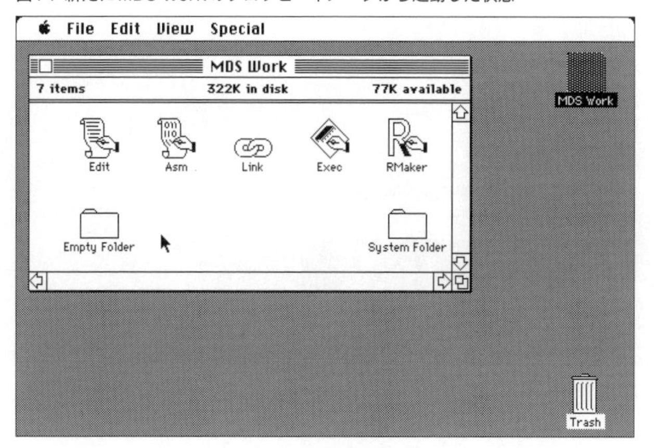

この図にも見えるように、MDS Work の中には、コピーした憶えのない Empty Folder が入っているので、不思議に思われるかもしれません。これは、上に述べたような事情で、自動的に作られたものです。気にしないようにしましょう。

次に、元の MDS のサンプルプログラムなどが入っていた MDS2 のディスクから、MDS Work に、アセンブル作業に必要な定義ファイルが入ったフォルダーをコピーします。「MDS#2.image」のディスクイメージを Mini vMac のウィンドウ内にドラッグ&ドロップしてマウントします。その中から、「.D Files」フォルダーを選択して、MDS Work にコピーします。

図15：MDS2にある「.D Files」フォルダーを、MDS Workにコピーする

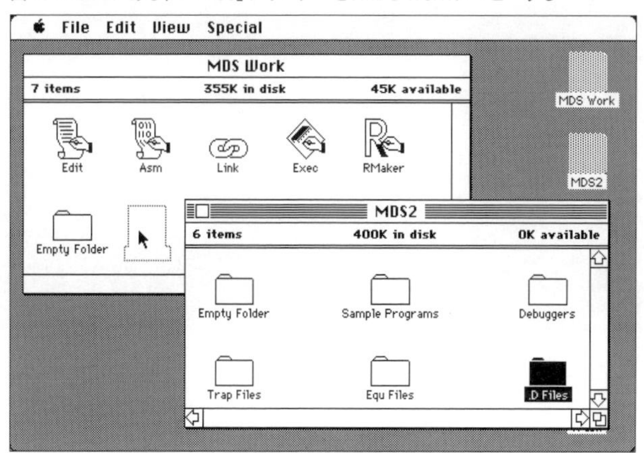

「Trap Files」や「Equ Files」といったフォルダーには、すでに述べたようにアセンブラーの定義ファイルのソースコードが入っています。何がどう定義されているかを、人間が確認する場合には必要ですが、アセンブラーの動作そのものには必要ありません。これで、MDS Workの準備ができました。続いて、MDS2をイジェクトして、最初に解凍したままのイメージ、MDS Sampleのディスクもマウントしておきましょう。これでMDSによる開発環境が一通り準備できました。

図16：MDS WorkとMDS SampleをマウントしてMDSの開発環境が準備できた

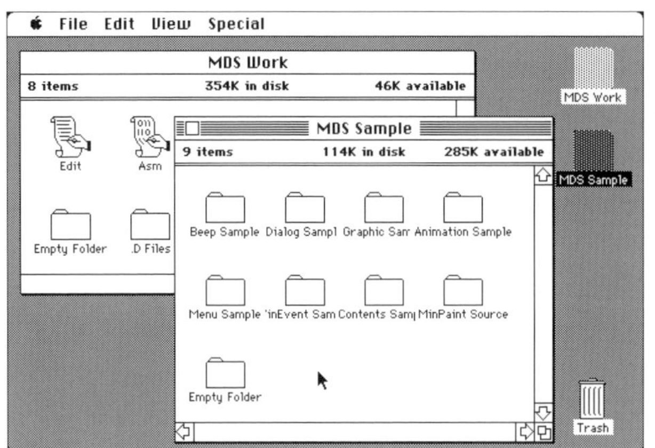

これで、いつでもサンプルソースコードを開いて中身を確認し、今の言葉で言えば、そこからアプリをビルドできるようになります。400KBのディスク2枚で、サンプルソースコード付きの開発環境が一通り揃ってしまうのです。今とは桁違いの清々しさが感じられるでしょう。

7-3 ビープ音を鳴らして終了するアプリ

ここからは、ようやく実際にMDSを動かして、その場で動作するアプリを作っていきます。最初はMDSの動作テストも兼ねて、非常に単純なアプリから始めましょう。起動すると、画面がいったんグレーになり、長めのビープ音が鳴って、すぐにまたFinderに戻るというものです。もちろん、標準的なMacのアプリとしての条件はまったく備えておらず、規格外といった感じのものです。上で説明したアセンブラーの定義ファイルもインクルードしておらず、アセンブリ言語のソースコードは1つのファイルで完結しています。ここでは、MDSの基本的な使い方そのものも含めて解説するので、このようなごく簡単なプログラムですが、とりあえず動かしてみることをお勧めします。MDSの使い方も、重複する内容は後の方のプログラムでは、なるべく繰り返さないようにします。

●Beep Sampleプログラムの動作

まずは､その規格外のソースコードを確認しましょう。MDS Sampleにある「Beep Sample」フォルダーをダブルクリックして開くと、3つのファイルが入っています。まずは、その中の「Beep.Asm」をダブルクリックして開きましょう。言うまでもなく、これがソースコードの本体です。

図17:「Beep Sample」フォルダーの中の「Beep.Asm」をダブルクリックして開く

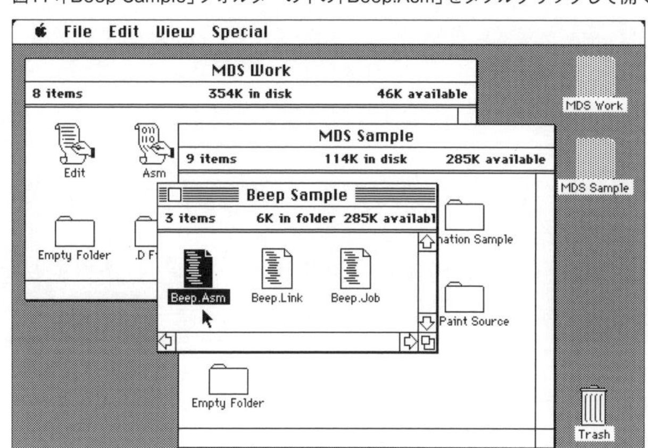

すると MDS ツールの中の「Edit」が自動的に起動して、Beep.Asm が開き、編集可能な状態になります。

図18:「Beep.Asm」が開いて編集可能な状態になった

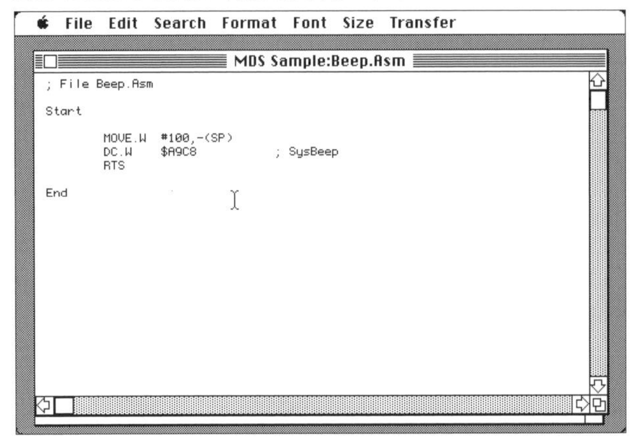

最初なので、1行目からていねいに見ていきましょう。1行目の先頭は「;」(セミコロン)になっていますが、これはこの行全体がコメントであることを示しています。その後、スペースを挟んで「File Beep.Asm」のように、このファイルの名前を書いています。先頭にコメントとしてファイル名を書くのが MDS の1つのスタイルとなっています。

2行目は空白で、3行目に「Start」と書いてあります。これはアセンブラーに対する命令で、ここから実際のプログラムのアセンブルを開始するという意味です。それは、もちろん9行目の「End」と対応しています。それらに挟まれた部分が、プログラムの本体というわけです。

プログラムの本体は、「Start」からさらに1行の空白行を挟んで始まります。その最初の行(全体の5行目)には、MOVE 命令が書かれています。

```
MOVE.W  #100,-(SP)
```

これは、Mac 特有でもなんでもなく、単に 10 進数の 100 を、ワード単位(2バイト)でスタックにプッシュする命令です。もちろん次の行の Toolbox コールに備えて、パラメーターをプッシュするものです。

その次の Toolbox コールの行を見ると、68000 の機械語命令ではなく、アセンブラーのマクロ命令で、定数をプログラムの中に置く、DC.W となっています。

```
DC.W      $A9C8          ; SysBeep
```

これが例のMac特有と言っていいAトラップです。この16進2バイトの$A9C8は、何のAトラップかというと、「SysBeep」と呼ばれるToolboxのルーチンを呼び出すためのものです。このSysBeepは、本書の第6章では取り上げなかったToolboxの「OS Utilities」に含まれるもので、ワードで与えられた数値を音の長さとして、ビープ音を鳴らします。このビープ音は、長く鳴らすとフェードアウトする、Mac特有の音です。それが、どうして$A9C8になるのかというのは、実はInside MacintoshのSysBeepの項目を見ても分かりません。それは、アセンブラーに付属の定義ファイルを見れば、知ることができます。MDSの場合、具体的には、MDS2の「Trap Files」フォルダーの中の「ToolTraps.Txt」の中に、以下のような定義があります。

```
.TRAP    _SysBeep      $A9C8
```

実際には、このようにAトラップの番号を数値で指定する必要はなく、後のサンプルで示すように、「_SysBeep」という名前だけで呼び出すことができます。そのためには、「MacTraps.D」というファイルをインクルードする必要がありますが、それについてはまた後のサンプルで説明します。

Aトラップの呼び出しは、一種のサブルーチンコールなので、Toolbox内のプログラムの実行が終われば、Aトラップの次の命令に戻ってきます。そこには、1つの命令が置かれているだけです。

```
RTS
```

これは、説明するまでもなくサブルーチンから戻る68000の命令ですね。Finderがアプリを起動する際には、サブルーチンをコールする形を取るので、このようにRTS命令1つで、元のFinderに戻ることが可能となっています。これでこのプログラムは、起動されると100の長さのビープ音を鳴らして、すぐにFinderに戻るだけのものであることが分かります。

●Beep Sampleのリンクファイル

MDSでアプリを作成するためには、アセンブリ言語で書いたプログラムのソースコードさえあればいいというものでもありません。もう1つ不可欠なのは、アセンブルしたプログラムのオブジェクトコードを、どのようにリンクすれば良いのかを示すリンクファイルです。これはLinkという名前のリンカーに対する指示を記述したものです。とはいえ、本書で示すサンプルコードは、いずれもソースコードは1つだけで、複数のものをリンクする必要はありません。それでも、その1つのオブジェクトコードをアプリとして起動可能なものに仕上げるためにはLinkが必要で、そのためにリンクファイルも不可欠なわけです。

そのリンクファイル「Beep.Link」を見てみましょう。1行ずつ行間を空けて書いていますが、実質は3行しかありません。

図19：リンカーに指示を出す「Beep.Link」の内容

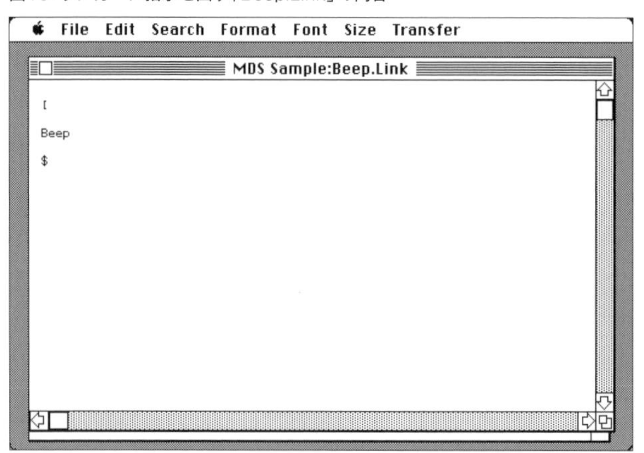

最初の「[」（左カギカッコ）は、リンクするコードのオブジェクトコードのリスティング出力を開始するためのものです。そのリスティングはリンクファイルと同じ名前で拡張した「Map」というファイルに出力されます。この場合は、「Beep.Map」となります。

それ以降には、リンクするオブジェクトコードを、リンクする順に記述します。ここでは、Beep.Asmをアセンブルした「Beep.Rel」というファイルだけを指定しています。この場合、拡張子は省きます。このリンクファイルに、「Beep」と書いた場合には、それはBeep.Relだという暗黙の了解があるわけです。

最後の「$」（ダラー）は、これでリンカーへの指示が終わりであることを示します。つまり、リンクファイルの最後には、常にこの$が書かれると思っていて間違いないでしょう。

●Beep Sampleジョブファイル

はじめに示した「Beep Sample」フォルダーには、もう1つのファイル「Beep.Job」がありました。このファイルの内容が、Execというビルド作業を自動化するためのプログラムへの指示となります。手動でアセンブラーとリンカーを動かせば、このファイルは不要ですが、複数のソースコードからなるような大規模なアプリケーションを開発する場合に、個々のファイルをアセンブルしたり、毎回リンカーを動かしたりするのが面倒に感じられるはずです。そのような場合に備えて、常にExecを使うようにしたほうが良いでしょう。

Beep.Jobの内容は、リンクファイル同様シンプルです。記述は2行しかありません。

図20：ビルド処理の自動化プログラムExecに指示を出す「Beep.Job」の内容

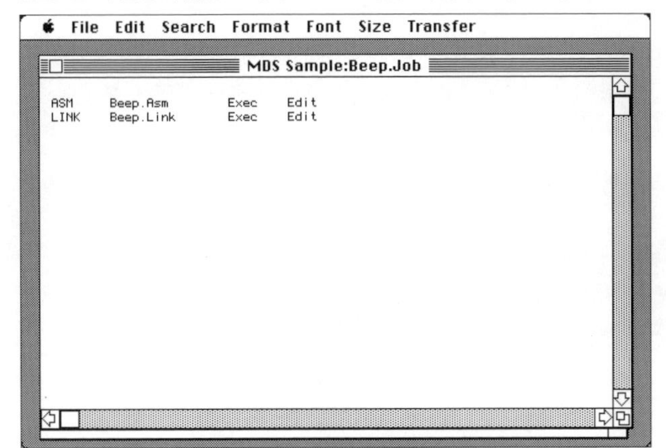

各行には、タブで区切られた4つの項目が並んでいます。最初の項目は、起動するプログラムの名前、次がそのプログラムの処理の対象（入力）となるファイルの名前、その次が、前の2つの項目によって起動したプログラムの実行が成功した場合に起動するプログラム、最後がそのプログラムの実行が失敗した場合に起動するプログラムということになっています。

1行目を見ると、先頭が「ASM」となっているので、アセンブラーが起動されます。そしてその次に「Beep.Asm」というソースファイル名が書かれています。これは、ASMによってBeep.Asmをアセンブルせよ、という意味となります。それが成功した場合には、「Exec」を動かして続きを実行する、エラーが発生して止まったりした場合には、「Edit」を起動してソースコードを編集させる、という指示になっています。2行目も同様で、「LINK」によってリンカーを起動して「Beep.Link」に書いてあるようにリンクする。成功した場合にはExecに戻りますが、この場合、それ以上の指示はないので、Execは終了してFinderに戻ることになります。失敗した場合には、やはりエディターを起動して、Beep.Linkを編集させることになります。このように、3番めと4番めの項目は、ほとんどの場合、それぞれExecとEditということに相場が決まっています。

実際にExecを起動するには、このBeep.Jobをダブルクリックしてもだめです。MDSの場合、このジョブファイルのクリエーターはExecではなくEditに設定されています。つまり、ジョブファイルをダブルクリックすると、エディターを起動してBeep.Jobを編集することになってしまいます。Beep.Jobの内容に従ってExecを動かすには、まずアプリのExecをダブルクリックして起動し、その[File]メニューから「Open Job File」を選んで、さらに目的のBeep.Jobを選ぶという手順が必要です。最初は、空白のファイル選択ダイアログが表示されるはずなので、「Drive」ボタンをクリックして、サーチの対象ディスクをMDS Sampleの方に切り替えます。

図21：最初にExecからジョブファイルを開こうとすると、空白のファイル選択ダイアログが表示されるので「Drive」ボタンをクリックする

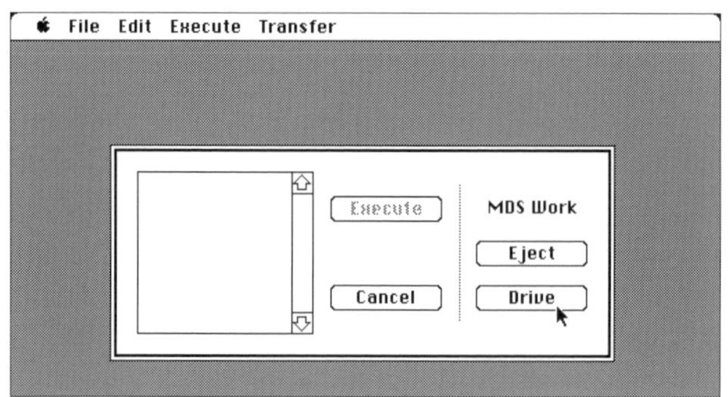

すると、MDS Sampleに含まれているすべてのジョブファイルから1つを選択可能な状態となります。この場合には、もちろんBeep.Jobを選んで、「Execute」ボタンをクリックします。

図22:サンプルのジョブファイルが選択可能になったら「Bee.Job」を選んで「Execute」ボタンをクリックする

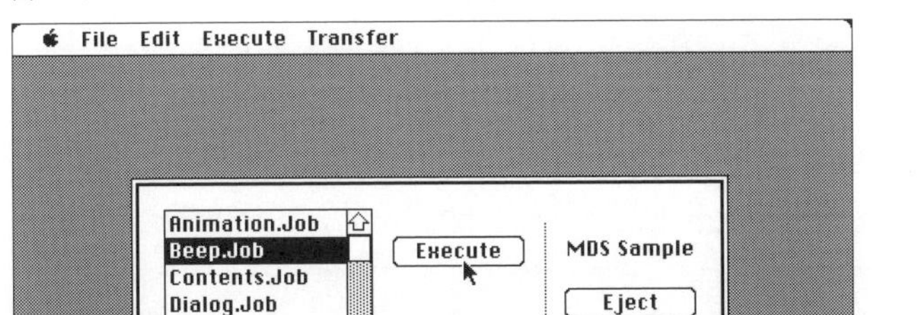

このサンプルプログラムにはアセンブリ言語のソースコードにも、リンクファイルにも、そしてジョブファイルにもエラーはないはずなので、アセンブルとリンクは無事終了して、自動的にFinderに戻るはずです。

●Beep Sampleプログラムを動かして動作を確認する

ExecからFinderに戻ってきたら、MDS Sampleのディスクの中身を確認してみましょう。その中には、Execを実行する前にはなかった3つのファイルが新たに作られているはずです。

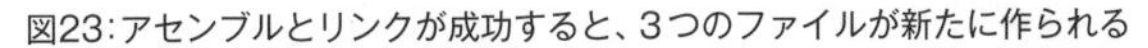
図23:アセンブルとリンクが成功すると、3つのファイルが新たに作られる

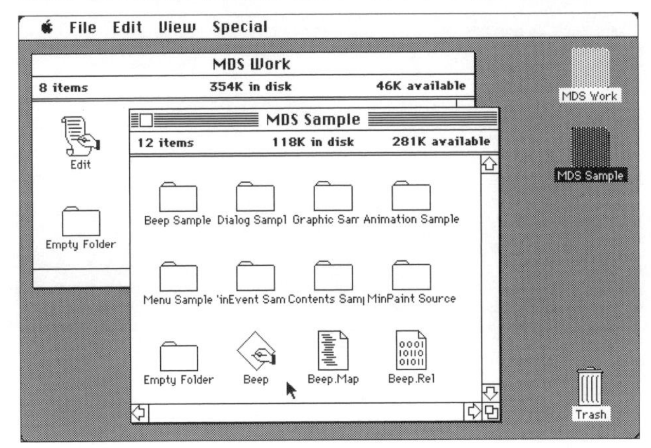

できた順番に挙げると、１つめはアセンブラーが出力したリロケータブルなオブジェクトコードの「Beep.Rel」、次にリンカーが出力したマップファイルの「Beep.Map」、そして３つめが、やはりリンカーが出力したアプリケーション「Beep」です。

このBeepをダブルクリックして起動してみましょう。すると、メニューバー部分を除く画面全体が、いったんデスクトップと同じグレーに塗りつぶされ、長めのビープ音が聞こえます。そしてそのビープ音が終わると、何事もなかったかのように、元のFinderの画面に戻ります。これは、先のソースコードで説明した通りの動作です。

以上で、最初のサンプルプログラム、Beep Sampleが無事アセンブルでき、思った通りの動作となることが確かめられました。

7-4 ダイアログを表示するだけのアプリ

ここからは、Toolboxを本格的に使ったアプリケーションの作成に入っていきます。といっても、いきなり一般的なアプリケーションに見られる要素を多く含んだものを作っていくのは、敷居が高いというものでしょう。そこで、できるだけ少しずつ標準的なアプリの要素を取り込んでいくことにします。というわけで、最初はダイアログボックスを表示するだけのアプリを作ってみましょう。

ダイアログを出すだけのアプリなど、あまり意味がないと思われるかもしれませんが、Toolboxを使って動作するMacのアプリとして最小限やらなければならないことを含んでいるので、これ以降のアプリのベースともなるものです。今後この上に、徐々にコードを追加し、機能を積み重ねていくことになります。プログラム自体の動作は、確かにほとんど意味はありませんが、見くびることなく、一通りコードの流れを確認してください。

●Dialog Sampleの動作

時間的な順番は逆になりますが、最初に完成したアプリが動作している様子を見て、それを目標に作り込んでいくことにしましょう。ここで作るアプリは、起動すると、いきなり1つのダイアログを表示するものです。

図24:起動すると1つのダイアログを表示するアプリケーション

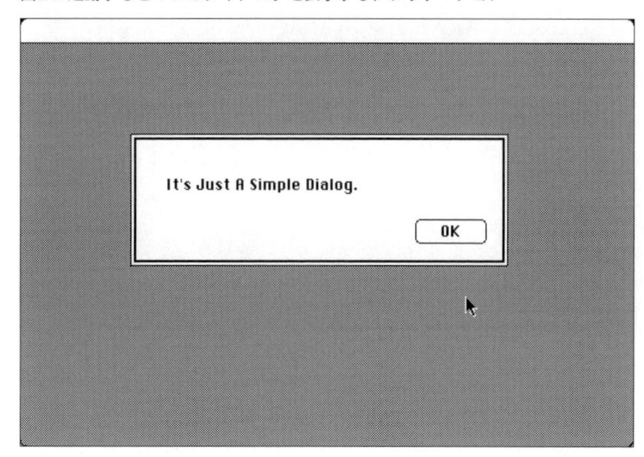

このダイアログには、「It's Just A Simple Dialog.」という文字と、「OK」というボタンが表示されています。ここで、「OK」のボタンをクリックすると、ビープ音を鳴らしてから、アプリは終了してしまいます。ただそれだけのアプリです。

●Dialog Sampleの構成要素

次に、この「Dialog Sample」の構成要素を見ておきましょう。前回のBeep Sampleと比べると、1つだけ要素が増えています。

図25：ダイアログを表示するDialog Sampleの構成要素

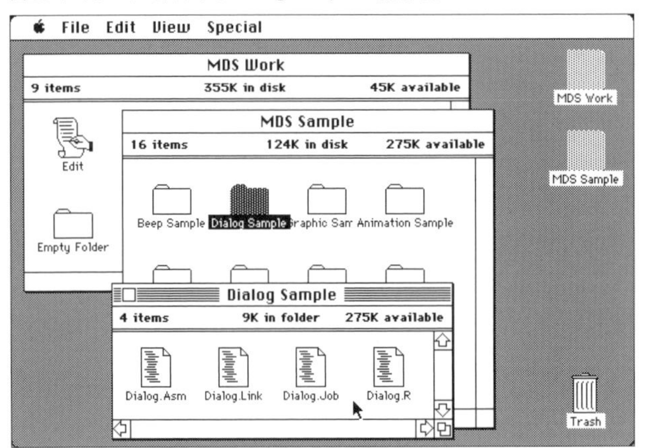

アセンブリ言語のソース、リンクファイル、ジョブファイルまでは、前の例と同じです。そこに拡張子が「.R」のリソース定義ファイルが加わっています。これは、ダイアログボックスというリソースを定義するためのものです。リソースは、プログラムで定義することも可能ですが、本格的なアプリケーションになると、それによってソースコードがかなり煩雑なものになってしまうので、このようにコードのソースとは分けるのが普通です。このリソース定義ファイルは、MDSのツール群に含まれていた「RMaker」によってコンパイルします。なお、一般的には、そのコンパイル済のファイルを「リソースファイル」と呼ぶのが普通です。ここでは、ソースコードに含まれる.Rファイルを、リソース定義ファイルと呼んで区別しています。両者の中身は1対1に対応した写像のような関係になっています。MDSが登場したころよりも少し後になると、Mac上で動作する「ResEdit」というアプリケーションが登場しました。これは、コンパイル済のリソースファイルを直接編集する

機能を持った開発者向けのアプリです。これを使って、白紙状態から直接リソースファイルを作ることも可能でした。そうすれば、ソースコードによってリソースを定義する .R ファイルも不要となります。ここでは、ResEdit 登場以前の方法で進めます。

●必要な定義ファイルをインポートする

それではこれ以降、アセンブリ言語のソースファイル「Dialog.Asm」の中身から見ていくことにしましょう。ソースの全体は、最後に示します。まずは、注目する部分を取り出して見ていきましょう。

先頭のファイル名や区切りのコメントなどは除いて見ていくと、最初の2行は、「Include」から始まっています。最初に示した Beep Sample にはなかったもので、これによって Toolbox のルーチンを呼び出すためのトラップと、Toolbox の中で使われる定数などの定義をインポートしています。それによって、それらの定義ファイルに書いてある内容を、あたかもこの場に書いたのと同じように利用できるようになります。

```
Include       MacTraps.D   ; System and ToolBox traps
Include       ToolEqu.D    ; ToolBox equates
```

ここで指定している2つのファイルは、いずれも MDS Work ディスクにコピーした「.D Files」というフォルダー内に入っています。心配なら、フォルダーを開いて確認してください。

また、その直後には、このプログラムに固有の定数も1つ定義しています。この程度なら、コード部分に直接数値を書いてしまっても構わないのですが、「EQU」というアセンブラーのマクロの使い方を示すために、あえて1行だけ記述してみました。

```
OKBtn   EQU 2
```

これで「OKBtn」という名前の定数の値が2として定義されます。つまり、ここから後では、OKBtn と書くたびに、2と書いたのと同じことになります。この数字は、後で出てきますが、ダイアログの中に配置した「OK」ボタンの、ダイアログ内のアイテムとしての番号です。

●Toolboxの必要なマネージャを初期化する

さて、ここから後がいよいよプログラムの本体で、実際に68000の機械語コードとして実行される部分に入っていきます。まずは、全部で9行からなる、Toolboxの初期化処理を見てみましょう。

```
PEA       -4(A5)                ; Quickdraw global
_InitGraf                       ; Init Quickdraw
_InitFonts                      ; Init Font Manager
MOVE.L  #$0000FFFF,D0           ; Flush all events
_FlushEvents
_InitWindows                    ; Init Window Manager
CLR.L   -(SP)                   ; No restart procedure
_InitDialogs                    ; Init Dialog Manager
_InitCursor                     ; Turn on arrow cursor
```

ここでは、まずQuickDraw、Font Managerを初期化し、次にキューにたまっているかもしれないイベントをクリアし、Window Manager、Dialog Managerを初期化してからマウスポインター（マウスカーソル）の表示をオンにしています。これらは、厳密にこの順番でなくても大丈夫かもしれませんが、マネージャ同士の依存関係もあるので、この順番で初期化していくのが安全でしょう。

まず、QuickDrawの初期化ですが、前の章でも見たInitGrafというルーチンを使います。これは引数としてMacのメモリ中にあるQuickDrawのグローバル変数エリアへのポインターを取ります。ここで、前章で示したツールボックスのメモリマップ（第6章：図18）を思い出してみましょう。アプリが起動した時点で、A5レジスターの値が指し示しているのは、アプリケーション・グローバルの最下位のアドレスですが、QuickDrawのグローバルは、そのすぐ下に位置しています。そこで、A5レジスターが指し示すアドレスから4バイト（＝1ロングワード）を引いた値を引数としてスタックにプッシュしてからInitGrafを呼んでいます。このように、アセンブリ言語からToolboxを呼ぶ場合、MDSでは、Pascalのルーチン名の前に「_」（アンダースコア）を付けて書くだけでよいのです。

次に、Font Managerを初期化するInitFontsは、Pascalのプロシージャとしても引数を何も取りません。そこで、アセンブリ言語でも、何の準備もなく、ただ単に_InitFontsと書くだけです。

次に実行しているイベントのキューのクリアですが、まずなぜそれが必要なのかを簡単に説明しましょう。アプリケーションを起動するには、ユーザーはFinder

を操作し、アプリケーションのアイコンをダブルクリックするのが普通です。その際、アイコンがダブルクリックされてから、実際にアプリが起動し、アプリの画面が表示されるまでには、それなりの時間がかかります。最近のMacでは、その時間は数秒、あるいは1秒以内でしょうか、当時のMacでは十数秒、あるいはそれ以上かかる場合もありました。原理的には今のMacでも当時のMacでも同じですが、その間にユーザーがさらに何らかの操作を加える余地は十分にあるのです。たとえば、マウスポインターを動かしてどこかをクリックするとか、キーボードを叩いて何らかの文字を入力するといったことが考えられられます。そうしたユーザー操作によって発生したイベントは、アプリの起動処理中もキューに貯まっていく可能性があります。それがそのままの状態でアプリが起動すると、起動した途端に、そうしたイベントに対する処理を、アプリがしなければならないことになるでしょう。それは、アプリが起動する前に発生したイベントなので、もちろんアプリにとっては期待していないイベントであり、時には誤動作の原因にもなり得ます。そこで、アプリの先頭でイベントをクリアするというわけです。

さて、そのために使っているのが、FlushEventsというルーチンです。これは、OSのEvent Managerに含まれているものなので、前章では取り上げていません。OSのEvent Managerは低レベルのルーチンなので、パラメーターはスタック渡しではなく、レジスター渡しとなります。アセンブリ言語にとっては、むしろ好都合です。FlushEventsルーチンでは、必ずしもキューにあるすべてのイベントをクリアするのではなく、イベントのタイプを指定して、選択的にクリアすることが可能です。クリアするイベントのタイプを指定するには、D0レジスターの全32ビットを使います。上位ワードはstopMask、下位ワードはeventMaskということになっていて、前者はクリアするイベントタイプの範囲を、後者はクリアするイベントタイプをビットマスクで指定します。その細かな仕様は割愛しますが、すべてのイベントをクリアするには、この例にあるように#$0000FFFFという値をD0に入れてFlashEventsを呼び出せばいいということを憶えておけば十分でしょう。

続いてWindow Managerを初期化していますが、パラメーターなどは必要なく、単にInitWindowルーチンを呼び出しているだけです。

その次のダイアログマネージャの初期化には、InitDialogルーチンを使っていますが、ここはパラメーターを指定しています。このルーチンのパラメーターでは、resumeProcというプロシージャへのポインターを渡すことになっています。このresumeProcというのは、致命的なシステムエラーが発生した際に、そこから復帰するためのプロシージャのことです。そういったプロシージャが用意してあれば、その先頭アドレスへのポインターを指定します。なければ0を指定することになります。この例のように、68000のCLR命令によってプリデクリメント付きでスタックの値を0に設定するのが、パラメーターとして0をスタックに積む最も効率的な方法です。

Toolbox初期化グループの最後では、InitCursorによって、標準的な矢印型のマウスポインターを画面に表示しています。Macのカーソルの形状には、さまざまなものがあり、また一時的に画面に表示しないように設定することもできます。このルーチンは、カーソルの形状をデフォルトの矢印に設定すると同時に、確実に画面に表示するようにするものです。

●リソースを使ってダイアログを定義する

ここからは、いよいよ表示すべきダイアログを、まずメモリ中に作成していきます。とはいえ、このアセンブリ言語のソースコードは、そのダイアログの定義は含んでいません。このプログラムでは、ダイアログの定義はリソースから読み込むことにしています。すでに述べたように、その実際の定義はアセンブリ言語のソースコードとは別に、リソース定義ファイルとして記述します。それについては、また後で説明します。ここでは、アプリケーションのファイルに、ダイアログのリソースが組み込まれていることを前提に、それを読み込んで表示可能な状態にしています。いわば、フリーズドライのようになったダイアログを持ってきて、それにお湯を注いで食べられる状態にするようなものです。ただし、まだ食べません。

```
    CLR.L        -(SP)        ; Space For dialog pointer
    MOVE         #1,-(SP)     ; Identify dialog rsrc #
    PEA          DStorage     ; Storage area
    MOVE.L       #-1,-(SP)    ; Dialog goes on top
    _GetNewDialog             ; Display dialog box
```

そのため使うのは、Dialog ManagerのGetNewDialogという1つのToolboxルーチンです。これはPascalのファンクションとして定義されているもので、3つの引数を取り、結果として得られたダイアログへのポインターを返します。前章でも示しましたが、ここでその定義を確認しておきましょう。

```
FUNCTION GetNewDialog (dialogID: INTEGER; dStorage: Ptr;
    behind: WindowPtr) : DialogPtr;
```

Pascalのファンクションに渡す3つのパラメーターは、プロシージャの場合と同様に順にスタックに積んでから、Toolboxルーチンを呼び出します。しかしファンクションの場合には、その前に戻り値を受け取るための場所を、スタック上に確保しておかなければなりません。つまり、まず戻り値と同じサイズ分だけスタックポインターを下にずらしておいてから、ファンクションの引数を左から順にスタックにプッシュしていくのです。

このファンクションの戻り値はポインターなので、サイズはロングワードです。そこで、CLR.L命令を使って、スタックに0をプッシュしておきます。その後、最初のパラメーターとして、読み込むダイアログのIDを整数、つまりワードとしてプッシュします。ここでは実際のリソースに定義された目的のダイアログのIDを指定しますが、この場合はMOVE命令によって1をプッシュしています。このIDは、リソース定義ファイルで定義しているダイアログのIDと一致しています。

次に、DStorageと呼ばれる、ダイアログのデータを保持するためのストレージへのポインターをプッシュします。これは、システムがどこかに用意してくれてあるわけではなく、アプリケーションが自分でヒープ領域に収納する変数などを収めるのに十分な領域を確保しなければなりません。このプログラムの最後尾に近い部分で、その領域を確保しています。そこにはDStorageというラベルが付いているので、そこへのポインターをプッシュするために、PEA命令を使っています。

3番めのパラメーターは、新たに表示するダイアログを、どのウィンドウの後ろに置くかを指定するものです。もし、その必要があれば、そのウィンドウへのポインター、WindowPtrを指定することになります。ここでは、そもそもそのようなウィンドウはありませんし、ダイアログは最前面に表示したいので、MOVE.L命令を使って、そのようなウィンドウは存在しないことを表す-1をプッシュしています。

これで準備が整ったので、GetNewDialogルーチンを呼び出します。ここでは、戻り値（作成したダイアログへのポインター）については何も処理していません。ということは、その値はスタックに残ったままとなっています。それは後でダイアログを閉じるときに使いますが、それまではスタックに置いたままにしておきます。このことは、それまで頭に入れておかなければなりません。

実は、この段階で、ダイアログは、少なくとも外側の枠と、中身の要素のいくつかは画面に表示されるでしょう。しかし、これだけで全部の要素が表示される保証はありません。また、GetNewDialogを実行しただけでは、ユーザーは何も操作できるようにはならないので、元々「対話」という意味のダイアログとしては不完全です。そこで次に示すようにモーダルダイアログとしての処理が必要となります。

その前に余談ですが、このGetNewDialogのように「Get」で始まる名前のToolboxルーチンは、ほとんど例外なく、リソースから何らかのデータを読み込んで、プログラムから利用可能にするためのものです。それに対して、そこからGetを取った名前のルーチン、この場合にはNewDialogというルーチンは、Toolboxルーチンを呼び出し、プログラムでいろいろなパラメーターを与えて、その場でダイアログを作るものです。これは、ダイアログに限らず、Getの付くものと付かないもののペアに共通の性質となっています。

●モーダルダイアログへの応答を処理する

ここまでの処理で、ダイアログが作成され、とりあえず最前面のウィンドウとして表示されました。次にすべきことは、ユーザーがモーダルダイアログに対して加えた操作を調べて適切に処理することです。といっても、このプログラムの場合には、後で分かるように、ダイアログにはHello Worldのような文字列とOKボタンしか配置していないので、OKボタンが押されたかどうかを確認するだけです。もう少し具体的に言えば、OKボタンが押されるまで待って、押されたら次の段階に進むということになります。そのためには、何らかのイベント処理が必要ですが、それを担うのが、ToolboxのModalDialogルーチンです。

```
CheckOK
    CLR.L       -(SP)        ; Space For handle
    PEA         ItemHit      ; Storage for item hit
    _ModalDialog             ; Wait for a response
    MOVE        ItemHit,D0   ; Item hit
    CMP.W       #OKBtn,D0    ; OK button?
    BNE         CheckOK      ; If not wait for OK
```

この部分のプログラムでは、OKボタンが押されるまで待つために、1つのループを形成する必要があります。ユーザーの操作がOKボタンのクリックでなかった場合には、元に戻ってイベントを待ち、その内容をチェックするためです。そこでループとなるプログラムの先頭部分に「CheckOK」というラベルを付けています。MDSの場合には、というよりも、アセンブラーでは一般的ですが、行の先頭から書いた文字列はラベルとして扱われます。

次に、ModalDialog ルーチンを呼び出します。これはもちろん Dialog Manager に含まれるもので、Pascal のプロシージャとしての定義は、以下のようになっています。

```
PROCEDURE ModalDialog (filterProc: ProcPtr; VAR itemHit: INTEGER);
```

引数は２つですが、２番めの引数の前に「VAR」というキーワードが書かれていることに気づくでしょう。これはいわゆる「参照渡し」で、変数の値そのものの代わりに、その変数が格納されているメモリのアドレスを渡すものです。Toolbox ルーチン側では、そのアドレスの指すメモリの値を変更することで、結果を返すことができます。ここで返されるのは、itemHit という 16 ビット整数型の変数で、ユーザーダイアログ内でクリックしたアイテムの番号となります。

実際のアセンブリ言語のプログラムでは、まず最初のパラメーターとして、引数の filterProc に相当する値をスタックにプッシュしています。これは、イベントをフィルタリングするプロシージャへのポインターですが、NIL（値としては 0）を渡すことで、標準的なフィルタリングが適用されます。次に、参照渡しの変数として、PEA 命令によって ItemHit のアドレスを渡します。これもプログラムの最後の部分で確保している変数領域に含まれているものなので、後で再び説明します。

その後、ModalDialog ルーチンを呼び出すと、このルーチンの中で、Event Manager の GetNextEvent ルーチンを呼び出して、ユーザーの操作を待つことになります。つまり、この部分が小さなイベントループになっているというわけです。ユーザーがどこかをクリックするなど何らかの応答をすれば、ModalDialog ルーチンを抜けてアプリのプログラムに戻ってきます。その際には、ItemHit に、実際にクリックされたアイテムの番号が入っています。そこで、ここではその値を D0 レジスターにコピーしてから、プログラムの先頭に近い部分で定義した定数 OKBtn の値と比べています。これは値としては２でした。それが、このモーダルダイアログの中の OK ボタンのアイテム番号です。返されたアイテム番号とそれが一致していなかったら、BNE 命令によって CheckOK のラベルに分岐し、また ModalDialog ルーチンを使って、ユーザー操作によるイベントのチェックを繰り返します。

●ダイアログを閉じてビープを鳴らしてアプリを終了する

先の処理で、ユーザーがクリックしたのがOKボタンだった場合には、プログラムはループを抜けて、その続きに降りてきます。

```
_CloseDialog                ; Dialog handle on stack

MOVE.W       #30,-(SP)
_SysBeep
RTS
```

そこで最初に実行しているのは、やはりDialog ManagerにあるCloseDialogルーチンを呼び出すことです。ここでは、いきなりルーチンを呼び出しているので、何もパラメーターを渡していないように見えるでしょう。しかし、元のPascalのプロシージャの定義は以下のようになっていて、閉じるべきダイアログへのポインターを引数として渡す仕様になっています。

```
PROCEDURE CloseDialog (theDialog: DialogPtr);
```

これはどうしたことでしょう。この仕様に従えば、CloseDialogルーチンを呼び出す前に、閉じたいダイアログへのポインターをスタックにプッシュしなければならないはずです。ここで1つ思い出してください。GetNewDialogルーチンを呼び出したとき、それがファンクションとして返した新しいダイアログへのポインターは、スタックに残したままでした。その後、ModalDialogルーチンを呼び出していますが、そこではループを回っていても、スタックの値を消費したりはしていないので、ループを抜けたときにはループに入る前のスタックの状態は維持されているはずです。つまり、スタックには閉じるべきダイアログへのポインターが残っているのです。そこで、そのスタックの状態を利用して、いきなりCloseDialogを呼び出せばよいということになります。

その後は、前のBeep Sampleでも見たように、スタックにビープ音の長さの値をワード値としてプッシュしてから、SysBeepを呼び出し、その後RTS命令によって、このアプリケーションからFinderに戻っています。

●データエリアを定義する

動きのあるプログラムとしては以上で全部ですが、先の説明で二度ほど述べているように、プログラムの最後の部分で変数領域を定義しています。

```
DStorage     DCB.W   DWindLen,0  ; Storage For Dialog
ItemHit      DC.W    0           ; Item clicked in dialog
```

その部分は2行だけで、それぞれすでに登場したダイアログ本体のデータ構造用のDStorageと、ユーザーがダイアログ上でクリックしたアイテム番号が入るItemHitを定義するものです。

DStorageを定義するには、MDSのDCB（Define Constant Block）という疑似命令を使っています。これは、1番めのパラメーターでブロックの長さ、2番めのパラメーターで、そのメモリ領域を初期化する値を指定してメモリブロックを確保するものです。ここで1番めに指定している定数のDWindLenは、最初の方でインポートしているToolEqu.Dの中に定義されているものです。実際の値が知りたければ、そのソースコードに相当する「ToolEqu.Txt」ファイルをEditで開けば分かります。そこには16進数で$AAという値が割り当てられています。10進数では170ですが、このような数字をいちいち記憶している必要はありませんし、プログラムの中で意識して使うこともないでしょう。ただし、それがどの程度の数字なのか、10前後なのか、100くらいなのか、1000のオーダーなのか、ということを何となく知っておくことは、アプリのメモリを管理する上で有用かもしれません。とはいえ、それも必要に応じて調べれば済むことです。一方、2番めのパラメーターは0なので、初期値はすべて0ということになります。この命令では、領域の値のサイズを指定することができます。ここでは、.Wのように指定しているので、170個のワードが確保されます。つまり全体では340バイトのメモリ領域が確保されることになります。

次にItemHitを定義しているのは、やはりMDSの疑似命令のDC（Define Constant）です。これはパラメーターで指定した値のデータを1つだけ定義するもので、そのサイズは、やはり命令の後に.B（バイト）、.W（ワード）、.L（ロングワード）のいずれかを付けて指定します。何も指定しなければ、.Wを付けたのと同じことですが、紛らわしさを排除するためには、他の命令同様、常にサイズを書く習慣を付けておいたほうがいいでしょう。ここでは、0に初期化された1ワードの値を確保しています。

●アセンブリ言語の全ソースコードを確認する

ここで、この Dialog Sample プログラムのアセンブリ言語による全ソースコードを通しで確認しておきましょう。

```
; File Dialog.Asm

Include     MacTraps.D        ; System and ToolBox traps
Include     ToolEqu.D         ; ToolBox equates

OKBtn   EQU 2

Start

; Initilizatoin

    PEA     -4(A5)            ; Quickdraw global
    _InitGraf                 ; Init Quickdraw
    _InitFonts                ; Init Font Manager
    MOVE.L  #$0000FFFF,D0     ; Flush all events
    _FlushEvents
    _InitWindows              ; Init Window Manager
    CLR.L   -(SP)             ; No restart procedure
    _InitDialogs              ; Init Dialog Manager
    _InitCursor               ; Turn on arrow cursor

; Get New Dialog

    CLR.L   -(SP)             ; Space For dialog pointer
    MOVE.W  #1,-(SP)          ; Identify dialog rsrc #
    PEA     DStorage          ; Storage area
    MOVE.L  #-1,-(SP)         ; Dialog goes on top
    _GetNewDialog             ; Display dialog box

; Modal Dialog

CheckOK
    CLR.L   -(SP)             ; Space For handle
    PEA     ItemHit           ; Storage for item hit
    _ModalDialog              ; Wait for a response
    MOVE.W  ItemHit,D0        ; Item hit
    CMP.W   #OKBtn,D0         ; OK button?
    BNE     CheckOK           ; If not wait for OK

    _CloseDialog              ; Dialog handle on stack

    MOVE.W  #30,-(SP)
    _SysBeep
```

```
    RTS

DStorage    DCB.W   DWindLen,0  ; Storage For Dialog
ItemHit     DC.W    0           ; Item clicked in dialog

End
```

●リンクファイル

次に、アセンブラーが出力したオブジェクトコードをリンクするリンクファイルを見ておきましょう。最初に示したBeep Sample用のリンクファイルとは、少しだけ複雑になっています。Beep Sampleの場合には、Linkerを使ってアプリケーション自体を生成していましたが、このDialog Sampleの場合には、アセンブラーが出力したオブジェクトファイルを、さらに他のリソースと結合する必要があるため、Linkerでは一種の中間ファイルを生成するためです。

```
[

Dialog
/Output Dialog.Code
/Type 'TEMP'

$
```

まずコードリスティングの開始を示す最初の「[」と、リンクファイル自体の終わりを示す最後の「$」は、Beep Sampleと同じです。Beep Sampleでは、その間にオブジェクトコードのファイル名を示す「Beep」という1行だけが書かれていましたが、こちらは中身が3行になっています。まず最初の「Dialog」は、リンクするオブジェクトコードのファイル名です。複数のオブジェクトコードを、文字通りリンクする場合には、複数のファイル名を書くことになりますが、ここではDialogの1つだけです。

次の行は、「/」(スラッシュ)で始まっています。これは次に続く語句によるリンカーへのコマンドを表しています。そのコマンドの最初は「/Output」となっていて、出力するファイル名を指定するものです。ここでは「Dialog.Code」を指定します。これがファイル形式を指定するわけではありませんが、暗にコードリソースとして出力することを示しています。

その次の行は「/Type」で始まり、パラメーターとして「'TEMP'」を指定しています。このコマンドは、出力ファイルのタイプとクリエーターを指定するものです。タイプとクリエーターは、初期のMacから使われていた、ファイルのシグネチャと言うもので、ファイル名とは独立して、そのファイルの形式と、誰がそのファイルを作ったかを明らかにします。いずれも4文字の英数字で表現されます。例えば、タイプが「APPL」(Applicationの略)であれば、アプリケーションそのものなので、ユーザーがFinder上でダブルクリックすると、プログラムとして起動します。ユーザーがドキュメントファイルをダブルクリックした場合には、そのドキュメントと同じクリエーターを持つアプリケーションを起動して開くという動作になります。リンカーのコマンドとして/Typeを省いた場合、出力ファイルはデフォルトでアプリケーションになります。何も指定しなかったBeepがアプリケーションになったのは、そのためです。このDialogの場合は、直接アプリケーションを出力するわけではないので、仮に「TEMP」としています。

●リソース定義ファイル

続いて、前のBeep Sampleにはなかった、リソース定義ファイル「Dialog.R」をチェックしましょう。このプログラムの場合、プログラム本体のアセンブリ言語のソースコードと同様に重要なのが、ダイアログ自体を定義しているリソース定義ファイルです。この定義ファイルをソースとし、RMakerによってリソースファイルをオブジェクトとして生成するのです。しかし、このファイルで定義しているのはダイアログだけではありません。実は、この定義ファイルによってアプリケーション自体を生成しています。Macのアプリケーション自体、リソースとしての機械語コードを含むリソースファイルに他ならないのです。最初のBeep Sampleはコード以外のリソースを持たなかったので、リソース定義ファイルは不要でした。その場合はリンカーによってアプリケーションも生成していたのですが、ダイアログ定義のリソースを含むDialog Sampleでは、リンカーの出力したオブジェクトファイルに含まれるコードリソースに、ダイアログ定義のリソースを加えたものをアプリケーションファイルとして出力します。

RMakerでも、リソース定義ファイルによって指定されたファイルタイプとクリエーターを、出力ファイルに設定することができます。そのために、最終的にアプリケーションのファイルを出力するツールとしても適していることになります。ここで示すリソース定義ファイルは、アセンブラーによってアセンブルされ、リンカーによってリンクされたコードリソースをインクルードする形で取り込み、そこにテキストとして記述するダイアログの定義を加えて、1つのリソースファイル、この場合にはアプリケーションそのものを出力するものです。中身はそれほど長くないので、全部を一度に示したあと、個々の部分について解説していきます。

```
MDS Sample:Dialog
APPLDIAL

INCLUDE MDS Sample:Dialog.Code

Type DLOG
  ,1

100 100 190 400
Visible  NoGoAway
1
0
1

Type DITL
  ,1
2

StaticText
25 20 36 300
It's Just A Simple Dialog.

Button
60 230 80 290
OK
```

まずは先頭の2行ですが、ここは出力するファイルの名前と、そのタイプ、クリエーターを指定しています。この例では「MDS Sample:Dialog」というのが出力ファイルの名前、「APPLDIAL」というのが、タイプ（APPL）とクリエーター（DIAL）の4文字を続けて書いたものとなっています。

このファイル名の前には「MDS Sample:」という文字列が付いていますが、これはファイルを出力するディスクのボリューム名です。そのままでは出力ファイルは起動ディスク上にできてしまうので、サンプル用のフロッピーボリュームを指定しているわけです。ここで指定するのは、ファイル名というよりも、正確にはパスと言った方がいいかもしれません。

これはアプリケーションを出力するものなので、タイプは当然APPLになります。クリエーターのDIALという部分は、アプリごとに固有のものです。この例ではDialogの最初の4文字を使いました。このシグネチャは、他のアプリケーションと同じにならなければ、基本的にアプリの製作者が自由に付けることができます。

空白を挟んで､次の行は「INCLUDE」で始まり､そのパラメーターとして「MDS Sample:Dialog.Code」を指定しています。これは、アセンブリ言語のファイルと同様に、外部で定義されているリソースファイルを読み込んで使うという意味です。ここでは、MDS Sample ボリュームにある「Dialog.Code」ファイルを指定しています。これは、上で見たリンカーの出力ファイルの名前として指定したものでした。ここに、コードリソースが挿入されることになります。

これ以降の部分は、このファイルで定義する個々のリソースの定義がずらずらと続きます。といっても、この例の場合には、２種類のタイプのリソースを定義しています。１つは DLOG（Dialog の略）というダイアログそのもの、もう１つは DITL（Dialog Item List の略）というダイアログに中に配置するアイテムのリストです。RMaker は、それら２つを含む 12 種類の既定のタイプのリソースを定義することができます。すべて挙げると、ALRT、BNDL、CTRL、DITL、DLOG、FREF、GNRL、MENU、PROC、STR 、STR#、WIND です。このうち GNRL は、ユーザーが独自のタイプのリソースを定義する際に用いることができるものです。

個々のリソース定義の最初の２行は、すべてのタイプに共通しています。まず「Type」と書いて､空白文字を挟んで､4 文字で表現されるリソースのタイプを書き､かならず改行してから､リソース名とリソース ID を「,」(カンマ) で挟んで書きます。リソース名は、多くの場合省略されます。そのため、２行目は、空白文字の後に「,」が来てから、10 進数のリソース ID が続きます。

この例では、DLOG リソース定義の最初の２行は、以下のようになっています。

```
Type DLOG
  ,1
```

同様に、DITL リソースの場合は、以下のようになります。

```
Type DITL
  ,1
```

その後の書き方は、リソースタイプによって異なります。ここでは、このサンプルに出てきた DLOG と DITL についてだけ、定義のフォーマットを実際の記述に従って説明します。

まずダイアログの、主に外枠を定義している DLOG の記述は、上の２行に続いて、次のようになっています。

```
100 100 190 400
Visible  NoGoAway
1
0
1
```

実は、最初の1行は空白となっていて、そこにはそのダイアログに固有のメッセージを書けることになっていますが、ここでは使っていません。2行目は、ダイアログの位置と大きさを決めるバウンディングボックスの定義で、top、left、bottom、rightの順に座標値を指定しています。3行目は、ダイアログが目に見える状態（Visible）か隠した状態（Invisible）かということと、クローズボックスを持っているか（GoAway）持っていないか（NoGoAway）を、空白文字を挟んで1行に続けて指定します。組み合わせとしては、「Visible GoAway」、「Invisible GoAway」、「Visible NoGoAway」、「Invisible NoGoAway」の4通りがあることになります。4行目はダイアログに固有のprocIDで、ここでは1としています。同様に5行目はrefConと呼ばれる参照値ですが、ここでは特に必要ないので0を指定しています。6行目に指定している1は重要で、このダイアログの中に配置するアイテムリストを定義しているDITLのIDを指定します。これが、上で示したDITLのIDの1に一致しているわけです。

次にDITLの方ですが、その中身は、まず中で定義しているアイテムの数を宣言した後、残りの部分では、個々のアイテムの定義を記述します。この例では、以下のようになっています。

```
2

StaticText
25 20 36 300
It's Just A Simple Dialog.

Button
60 230 80 290
OK
```

このDITLとして定義するアイテムの数は2つなので、まず最初の行では2と書いています。その後は、各アイテムごとに、アイテムの種類、その位置と大きさを示すバウンディングボックスの座標値（上、左、下、右）、そしてそのアイテムに表示するメッセージの文字列の3行が並びます。アイテムの種類は「StaticText」、「EditText」、「RadioButton」、「CheckBox」、「Button」の5種類で、実は先頭の1文字（S、

E、R、C、B）だけで識別するようなので、綴を間違えても大丈夫でしょう。また、各アイテムは、そのままではイネーブルされた（アクティブな）状態で表示されます。もし、最初からディスエーブルな（インアクティブな）状態にしておきたければ、アイテムの種類の行に、空白文字を挟んで「Disabled」と付け足せばよいのです。

DITLの定義の中でのアイテムの順番は重要です。ユーザーがダイアログを操作した際のアイテムを識別するのに、そのアイテムの番号が使われるからです。アイテムの番号は、1から始まって、定義に登場した順に1つず大きい番号が付けられます。この例では、OKボタンの番号は2となります。上に示したプログラムで、ボタンを識別するための番号をEQU命令で2と定義していた理由を、ここに来てようやく明らかにすることができました。

リソース定義ファイルには、特に終わりを示す指示のようなものはなく、各リソースの定義が終われば、それがリソース定義全体の終わりになります。

ここで、このリソース定義ファイルによって、どんなリソースが定義できたのか確認しておきましょう。上でも述べたように、MDSが発売された際には、まだ利用可能になっていなかったものですが、後に登場したかなり有用なツール、ResEditを使います。このツールの名前は、リソースのエディタということで、本来はリソースファイルを視覚的に作成するためのものですが、アプリケーションを含むファイルの中の既存のリソースを確認したり、後から修正したりするのにも便利に使えます。MDSのディスクには含まれていませんが、参考までに、このResEditを使って、RMakerが出力したアプリケーション＝「Dialog」を開いてみると、確かにCODE、DITL、DLOGという3種類のリソースを含んでいることが確認できます。

図26：リソース定義ファイルによって出力したファイルの中身をResEditで確認する

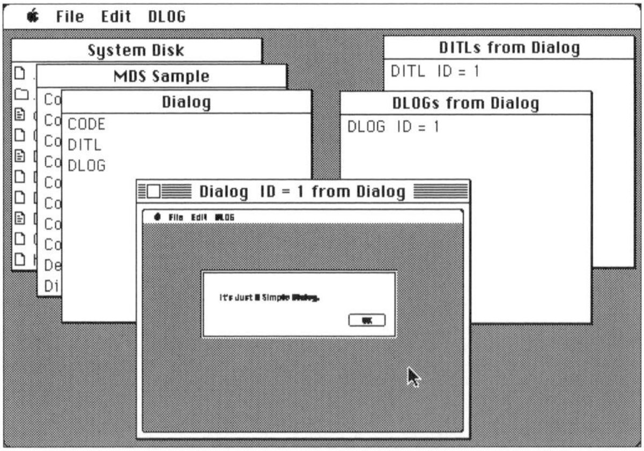

DITLを開いてみると、IDが1のリソースが1つ、DLOGを開いてみると、同じくIDが1のリソースが、それぞれ含まれていることが分かります。そのうち、DLOGのID=1のリソースを開いてみると、画面全体の中でのそのダイアログの位置や中身のプレビューを確認できます。リソース定義ファイルに記述した通り、「It's Just A Simple Dialog.」という文字列と、「OK」というボタンだけが配置されたシンプルなダイアログが、画面の真ん中よりちょっと上に表示されることが確認できるでしょう。

●ジョブファイル

このDialog Sampleにも、ジョブファイルがあります。まずは、その全体を見てみましょう。

```
ASM     Dialog.Asm          Exec    Edit
LINK    Dialog.Link         Exec    Edit
RMAKER  MDS Sample:Dialog.R Finder  Edit
```

先の例、Beep Sampleのものと比べると、RMakerを起動するための行が1行追加されています。その入力ファイル「Dialog.R」の前には、ボリュームを示す「MDS Sample:」という文字列が付いています。

アセンブラーやリンカーの入力ファイルも同じフォルダーに入っているのに、なぜRMakerだけボリューム名を指定しなければならないのかと疑問に思われるのも当然です。しかし、それはそういう仕様なのでしかたがありません。試しにボリュームの指定を外してみると、「Dialog.R」ファイルが見つからないというエラーが発生してしまいます。AsmやLinkはMDS独自のツールですが、RMakerはAndy Hertzfeldが作ってMDSに提供したものであったことを思い出せば、ファイルサーチのスキームが異なるのも、なんとなく納得できるでしょう。

このジョブファイルをExecによって実行した結果、どのようなファイルが出力されるのかを確認しておきましょう（図27）。

先のBeep Sampleのファイルに続いて、アセンブル結果のDialog.Rel、リンク時のリスティングのDialog.Map、リンク結果のDialog.Code、そしてRMakerが出力したアプリケーション、Dialogが並んでいます。このうちのDialogをダブルクリックすれば、最初に示したようなDialogを表示するだけのアプリケーションが起動し、「OK」ボタンをクリックすることで、ビープ音を鳴らしてからFinderに戻ることが確認できるでしょう。試してみてください。

図27：Dialog.JobをExecによって実行した結果出力されるファイル

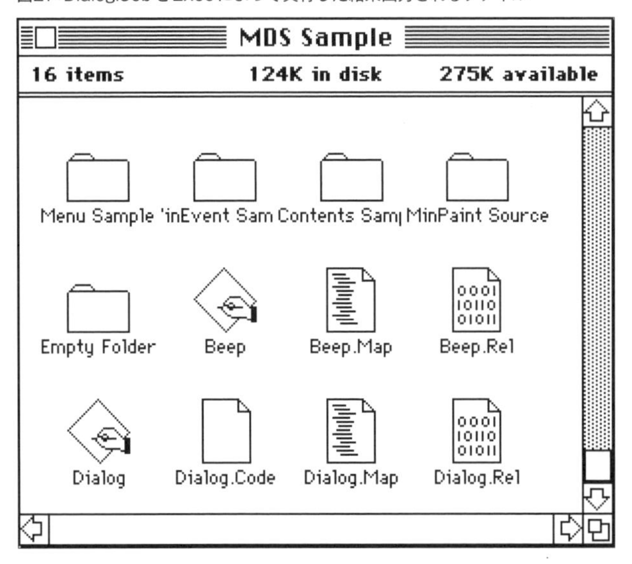

7-5　QuickDrawを使ってウィンドウにグラフィックを表示するアプリ

最初は、ビープ音を鳴らすだけだったところから始めて、見慣れた感じのダイアログボックスを表示することで、だんだんMacのアプリケーションらしくなってきました。とはいえ、まだメニューバーを機能させるところまでも到達していないので、先は長そうです。そうした体裁を整える前に、もう少し基礎的なところを見ておきましょう。ここでは、QuickDrawを使ってグラフィクを描画するアプリを作ってみます。先のダイアログの例から、Toolboxも使い始めましたが、今回から極簡単ながらイベントループを導入することにします。これで、もう1歩、Macらしいアプリに近付きます。ここで作るのは「Graphic Sample」です。

●Graphic Sampleの動作

ここでも、まず最初に完成したアプリの動作を確認するところから始めましょう。このGraphic Sampleは、起動すると、いきなり1つのウィンドウを表示し、その中に複数の直線で構成されたグラフィックを描きます。

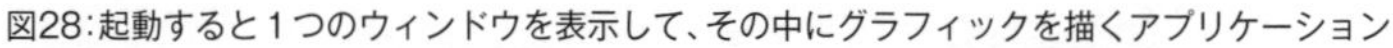
図28：起動すると1つのウィンドウを表示して、その中にグラフィックを描くアプリケーション

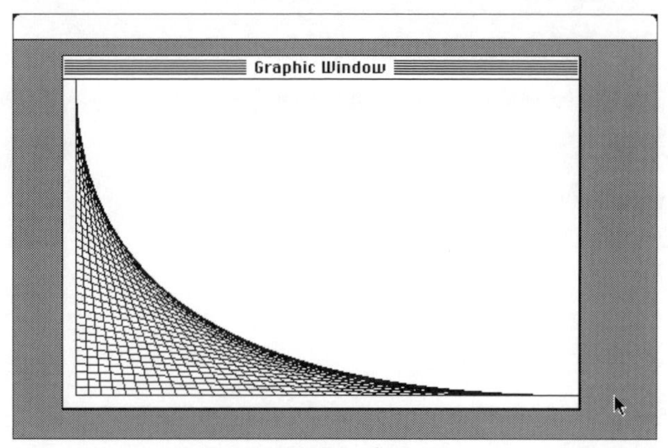

これはQuickDrawの直線描画機能を使って1本ずつ描いているので、実は全部が同時に表示されるわけではありませんが、もちろん人間の目には描いているところが見えない程度には高速に描き終わります。このアプリケーションは、画面上のどこでも、1回クリックするだけで、終了して元のFinderに戻ります。

●Graphic Sampleの構成要素

このGraphic Sampleの構成要素は、先のDialog Sampleのものと同様です。アセンブリ言語のソース、リンクファイル、ジョブファイル、そしてリソース定義ファイルの4点セットとなっています。

図29：QuickDrawグラフィックを表示するGraphic Sampleの構成要素

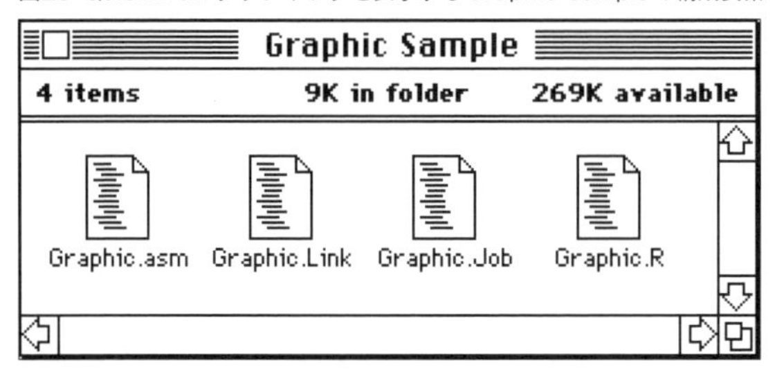

この場合、リソース定義ファイルで定義しているのは、ウィンドウリソースです。今回は、それを含めて、アセンブリ言語のソースファイル以外のものを先に見ておきましょう。まずは、アセンブラー、リンカー、RMakerを順に起動して、プログラムをビルドするためのGraphic.Jobです。

```
ASM     Graphic.Asm Exec         Edit
LINK    Graphic.Link             Exec    Edit
RMAKER  MDS Sample:Graphic.R     Finder  Edit
```

前の例で示したDialog.Jobと、ファイル名以外、基本的な違いはないので、もはや説明の必要はないでしょう。

次に、リンクファイルのGraphic.Linkも、中に登場するファイルの名前が異なる以外は、特に新しいことはありません。

```
[

Graphic
/Output Graphic.Code
/Type 'TEMP'

$
```

今回も、プログラムのオブジェクトコードは、「Graphic.Code」というファイル名、TEMPというタイプで出力します。前の例と明らかに異なるのは、ウィンドウを定義するリソース定義ファイル、Graphic.Rです。「Graphic」というアプリを、タイプとしてAPPL、クリエーターとしてGRAFで作成するものです。コードリソースとして「Graphic.Code」をインクルードしているところまでは説明する必要はないでしょう。

```
MDS Sample:Graphic
APPLGRAF

INCLUDE MDS Sample:Graphic.Code

Type WIND
   ,1
Graphic Window
50 40 300 450
Visible NoGoAway
0
0
```

説明を要するのは、タイプがWINDのウィンドウリソースの定義部分だけです。最初の２行は、ダイアログの場合と同様、「Type」の後にリソースタイプの「WIND」と書き、次の行にはリソース名とIDをカンマで区切って書くことになっています。ここでも、リソース名は省略して、リソースIDの１だけを、空白文字とカンマに続いて書いています。

WINDタイプのリソースの場合には、それに続いて中身の定義が５行あります。その１行目は、ウィンドウのタイトルで、ここでは「Graphic Window」です。これは、実行結果として示したウィンドウでも確認できるでしょう。その次の行は、ウィンドウの位置と大きさを決める座標点を、上、左、下、右の順に10進数で指定します。これは、DLOGリソースの場合と同様です。次の行は、この例では「Visible NoGoAway」となっていて、ウィンドウは最初から表示されていて、クローズボックスを持たないものを指定しています。これもDLOGリソースの場合と同様、Visible／Invisible、GoAway／NoGoAwayの組み合わせで、４通りの指定が可能です。その次の0はProcID、さらにその次の最終行の0はRefConと呼ばれる値ですが、この例ではいずれも使用しないので、0を指定しています。

これで、プログラムのソースコード以外の中身は一通り確認できたので、次にアセンブリ言語のソースコードを最初から詳しく見ていきます。

●必要な定義ファイルをインポートする

例によってソースコードは、注目する部分を先頭から順に取り出して見ていき、最後に全体をまとめて示すことにします。「Graphic.Asm」の最初の部分は、ファイル名のコメントに続いて、各種定義ファイルのインクルードから始まっています。以前のサンプルよりも増えて、4つの「.D」ファイルを読み込んでいます。

```
Include     MacTraps.D      ; System and Toolbox traps
Include     ToolEqu.D       ; ToolBox equates
Include     SysEqu.D        ; System equates
Include     QuickEqu.D      ; QuickDraw equates
```

最初の2つ、MacTraps.D と ToolEqu.D は、Dialog Sample と同じです。そこに追加されているのは SysEqu.D と QuickEqu.D の2つです。前者はハードウェアや低レベルのソフトウェアの動作に関する定数を定義するもので、このプログラムでは、マウスボタンダウンの低レベルのイベントを検出する際の定数定義だけを利用しています。そこだけ EQU 疑似命令で定義しても同じですが、これをインクルードすれば、具体的な数値を意識することなく利用できます。後者は、ファイル名から分かるように QuickDraw を利用する際に使う様々な定数を定義したものです。これも、このプログラムで実際に使っているのは、x 座標を表す「h」と、y 座標を表す「v」という2つの定数の定義だけです。

●サブルーチンを呼んでからイベントループに入る

実際のプログラムの始まりを示す「Start」の後には、いずれも BSR 命令を含む3行が並んでいます。一般的な Mac のアプリで真っ先にすべきことは、Dialog Sample でも見たように、Toolbox のマネージャ類の初期化でした。このプログラムでは、最初の BSR の飛び先の InitMnagers サブルーチンで、それを実行しているのです。その中身は後で見ることにしましょう。次の BSR が呼んでいるのは、SetupWindow というサブルーチンです。これは、グラフィックを描画するウィンドウを表示するものです。そして、その次の DrawLines サブルーチンで、実際にグラフィックを描画します。

```
Start
    BSR     InitManagers    ; Init Toolbox
    BSR     SetupWindow     ; Make a Window
    BSR     DrawLines       ; Draw Graphics
```

実は、このプログラムの主な動作は、これで完了してしまいます。後は、ユーザーがマウスボタンを押すのを待って、アプリケーションを終了するだけ。このプログラムでは、そのたった1つのイベントを検出するためだけに、イベントループを形成しています。本当にマウスボタンの状態だけ調べればよいのであれば、もっと簡単な方法もあります。ここでは、ちょっと大げさになりますが、正統なイベントへの対応方法を試してみることにしました。今後、さまざまなイベントに対応することを考えると、ここで基本的なイベントループの書き方を確立しておくことは有意義だと考えたからです。といっても、ここでのイベントループの処理は、必要最小限の、かなりシンプルなものです。

```
EventLoop

    CLR.W    -(SP)                  ; for return value
    MOVE.W   #$0FFF,-(SP)           ; eventMask
    PEA      EventRecord
    _GetNextEvent
    MOVE.W   (SP)+,D0               ; next event
    BEQ      EventLoop              ; no event
    MOVE.W   What,D0                ; event type
    CMP      #mButDwnEvt,D0         ; mouse down
    BNE      EventLoop
    RTS
```

イベントループは、GetNextEventというToolboxのEvent Managerのルーチンを呼び出すことから始めます。これは、ユーザーが何らかの操作をしたり、アプリの状況が変化したりしたことによって発生し、キューにたまっているイベントから、「次の」イベントを取り出すものです。Pascalのファンクションとしての定義は、以下のようになっています。

```
FUNCTION GetNextEvent (eventMask: INTEGER;
    VAR theEvent: EventRecord) : BOOLEAN;
```

ファンクションの戻り値はPascalではBOOLEANで、アプリケーションが処理すべきイベントがある場合にはTRUE（真）、ない場合にはFALSE（偽）を返します。これは1バイトで十分表現可能な値ですが、68000のスタックポインターは奇数アドレスを取ることができないので、BOOLEANもワード値としてスタックに積まれます。そこで、まずワード値としてスタックをクリアして、戻り値のスペースを確保します。次にプッシュしているのは、eventMaskというワードの整数値です。必要なイベントだけをフィルタリングして取り出すときに、そのマスクを指定するものです。ここでは16進数で$0FFFを指定することで、すべてのタイプのイベントを対象としています。次にスタックにプッシュしているのは、EventRecordというデータ構造の先頭アドレスです。このデータ領域は、後の方で確保していますが、その中身はイベントにとって非常に重要です。発生したイベントの種類だけでなく、それがいつ、どこで発生し、そのときにコマンドキーなどの修飾キーが押されていたかどうか、それがどのウィンドウに属しているか、といった情報を含んでいるからです。GetNextEvent ルーチンは、こうしたイベントに関する詳しい情報を、EventRecord として返します。ここでも VAR が付いた参照渡しなので、プッシュしたメモリアドレスの値が GetNextEvent ルーチンによって書き換えられるのです。

GetNextEvent ルーチンから戻ると、まずファンクションが返した BOOLEAN 値をチェックしています。その値が偽（0）の場合、処理すべきイベントを受け取ることができなかったので、BEQ 命令で EventLoop に戻ります。ファンクションが返した値が真（0 以外）だった場合には、EventRecord の中にあって、イベントのタイプ、つまり何のイベントであるかを示す What という変数の値を、まず D0 レジスターにコピーします。次に、それを mButDwnEvt という SysEqu の中で定義している定数値と比べます。それらの値が一致していなければ、まだマウスボタンが押されていないことになるので、ここでもまた EventLoop に戻ります。一致していた場合には、そのまま RTS を実行して、Finder に戻ります。

単純なイベントループですが、まず調べるべきイベントがあったかどうかを確認し、あった場合には、それがマウスボタンダウンかを確認する、という 2 重の確認になっています。初期の Mac のイベント処理では、それが合理的な方法でしょう。

● Toolbox を初期化するサブルーチン

プログラムの先頭で呼んでいる InitManagers というサブルーチンは、Toolbox の中の必要なマネージャを初期化するものです。その中身は、実は先に示した Dialog Sample の Toolbox 初期化部分よりもむしろ短くなっています。この Graphic Sample では、Dialog Manager を使わないので、それを初期化する必要がないからです。このサブルーチン全体を見ておきましょう。

```
InitManagers

    PEA          -4(A5)           ; Quickdraw global
    _InitGraf                     ; Init Quickdraw
    _InitFonts                    ; Init Font Manager
    MOVE.L       #$0000FFFF,D0    ; Flush all events
    _FlushEvents
    _InitWindows                  ; Init Window Manager
    _InitCursor                   ; Turn on arrow cursor
    RTS
```

言うまでもありませんが、アプリケーション内のサブルーチンも、最後はRTSで終わります。それを実行すると、アプリケーション内でこのルーチンを呼び出した部分の次の命令に戻るのであって、Finderに戻るのではありません。

InitManagersルーチンの中身がどのようなものであれ、いつもこの名前で実装しておけば、アプリケーションの先頭では、必ずInitManagersを呼び出すようにすることで、確実に初期化が実行できます。このようなToolboxの初期化は、アプリ内で使う使わないに関わらず、一般のアプリで考えられるすべてのマネージャを初期化するように書いておくのも1つの手です。いつも決まったルーチンが使えるからです。そうすると、アプリによっては無駄なコードを実行することになりますが、先頭で1回呼び出すだけなので、特に実行時間が長くなる心配はないでしょう。ただし、メモリの使用を極限まで切り詰めたいような場合には、不要なものは初期化しない方がよいと考えられます。

●ウィンドウを作成して初期化するサブルーチン

Toolboxの初期化の次に呼んでいるサブルーチンは、SetupWindowです。これは、名前の通りウィンドウをセットアップするものです。このウィンドウは白紙のキャンバスとして表示し、さらに後に続くサブルーチンで、そのウィンドウ内に直線によるグラフィックを描くことになります。

ウィンドウは、先に示したダイアログと同様、アプリの中に組み込んだリソースファイルから読み込んで、画面に表示します。その方法も、すでに見たダイアログのものと、ほとんど同じです。

```
SetupWindow

    CLR.L    -(SP)                  ; for return value
    MOVE.W   #1,-(SP)               ; window ID
    PEA      windowStorage(A5)
    MOVE.L   #-1,-(SP)              ; behind
    _GetNewWindow
    MOVE.L   (SP),A4                ; copy window pointer
    _SetPort                        ; set grafPort to the window
    RTS
```

ウィンドウの場合には、リソースを読み込んでウィンドウを表示するのに、GetNewWindowを使っています。例によって、そのPascalファンクションの形を確認しておきましょう。

```
FUNCTION GetNewWindow (windowID: INTEGER;
    wStorage: Ptr; behind: WindowPtr) : WindowPtr;
```

逐一比べてみるまでもなく、dialog が window に置き換わるだけで、基本的な形は GetNewDialog とまったく同じです。そこでここでも、ダイアログの場合と同じようにパラメーターを準備して GetNewWindow を呼び出しています。確認すると、まずファンクションの戻り値である WindowPtr を格納するスペースとして、CLR.L 命令でスタック上にロングワードの領域を確保しています。次に表示したいウィンドウのリソース ID として、ワード値の 1 をスタックにプッシュしています。これは、すでに見たリソース定義ファイルで指定していたウィンドウのリソース ID のことです。続いて、どのウィンドウの後ろに表示するかを指定するためのパラメーターとしては、ロング値で -1 をプッシュして、このウィンドウをトップに配置することにしています。

さて、次がちょっと問題です。ぼんやり見ていると違いに気付かないかもしれませんが、ダイアログ用のストレージとウィンドウ用のストレージの先頭アドレスを PEA 命令によってプッシュする部分に、微妙な、しかし大きな違いがあります。ダイアログでは、以下のようにしていました。

```
    PEA      DStorage
```

それが、ウィンドウでは、このようにしています。

```
    PEA      windowStorage(A5)
```

違いは、ソースコード中でストレージエリアを確保している部分に付けたラベルの後ろに「(A5)」が付いているかいないかです。これによって意味は大きく変わります。まず、ダイアログの場合には、ラベルをそのまま指定していますが、これはいわばストレージエリアの絶対アドレスをプッシュしていることになります。この DStorage というラベルは、プログラムの最後の部分で、以下のように定義されたものでした。

```
DStorage     DCB.W    DWindLen,0
```

MDS の場合、このように DCB や DC 疑似命令を使って確保した定数エリアは、アプリケーションのプログラムと同じコード領域に置かれます。その場合には、このように、PEA 命令によってラベルの絶対アドレスをプッシュすることになります。

確保する領域が小さい場合には、この方が簡単でしょう。ただし、定数エリアを変数として使うのは変だと思われるかもしれません。Macのプログラムが RAM 上で動作しているという暗黙の了解の元に動作するものだからです。Macとは環境が違いますが、アセンブリ言語によって機器組み込み用のプログラムを開発する場合、プログラムはROMに焼いて動作させることが多いでしょう。その場合、プログラム領域に確保した定数は、あくまで定数としてROMに焼かれるので、後からプログラムで値を変更することはできません。それを変数として流用しようと考えているプログラムは、当然ながらまともに動作しません。組み込み用プログラムの開発の経験のある人にとっては、このような手法には、かなりの違和感があるでしょう。

今回のウィンドウの場合には、個々のウィンドウを表すデータ構造のWindowStorageは、Macのアプリケーション用のグローバル領域に置いています。これが本来あるべき姿でしょう。そのためには、windowStorageをMDSのDS疑似命令によって確保します。後で再び確認しますが、その部分は以下のようにしています。

```
windowStorage    DS.W     WindowSize
```

このようにDSを使って確保する領域は、プログラムをリンクする際に自動的にアプリケーションのグローバル領域上に確保されます。前章のToolboxのメモリマップでも示した通り、その領域は、68000のA5レジスターによる相対アドレッシングでアクセスすることになっています。そして、そのA5レジスターは、アプリの起動時には、かならずグローバル領域の先頭アドレスを指しています。そのため、windowsStorage(A5)のように書いた実効アドレスをプッシュしているのです。これだけを見ても、MacのシステムとしてA5レジスターが、かなり特殊で重要な役割を果たしていることが分かります。

さてSetupWindowサブルーチンは、GetNewWindowを呼んだあと、そのファンクションが返してきたWindowPtrの値をスタックに置いたまま、SetPortルーチンを呼び出しています。SetPortはQuickDrawのルーチンで、スタック上のパラメーターで指定した特定のGrafPortを現在のポートに設定する、という働きを持っています。つまり、今後のQuickDrawによる描画は、パラメーターで指定したGrafPortを対象とすることになります。

それはいいのですが、よく考えてみると、これも変だと思われるのではないでしょうか。というのも、GetNewWindowが返してきたのは、あくまでもウィンドウのデータ構造へのポインター、WindowPtrであり、GrafPortへのポインター、GrafPtr

ではないからです。実はこれは問題ありません。なぜならWindow Managerは、以下のようにWindowPtrを定義しているからです。

```
TYPE WindowPtr = GrafPtr;
```

これだけを見ると、WindowPtrが指すメモリ領域の内容が、GrafPtrの指す内容に等しいと言っているように思えるかもしれません。つまりWindowRecordの内容がGrafPortの内容と同じだと早合点しそうです。さすがにそれは拡大解釈というものです。この定義は、WindowPtrの値はGrafPtrの値に等しいと言っているだけです。この定義が成り立つのは、WindowRecordの先頭に、そのウィンドウの持つGrafPortが置かれているからです。だから両者へのポインターの値は等しいのです。実際のWindowRecordは、GrafPortの後にも、かなり大きな（ワードでWindowSize分の）データを保持する領域なのです。

話が長くなりましたが、このサブルーチンは、GetNewWindowが返してきたWindowPtrの値をSetPortに渡して、今後の描画を新しいウィンドウの内のGrafPortに設定した後、RTSで元に戻ります。

●40本の直線からなるグラフィックを描くサブルーチン

このアプリケーションが、イベントループに入る前、先頭に近い部分で最後に呼ぶのが、この実際のグラフィック描画のサブルーチン、DrawLinesです。これは、既定回数のループを使って、始点と終点を少しずつずらしながら40本の直線を描き、全体として曲線のように見える図形を描くものです。このルーチンの中は、ループに入る前の初期設定の部分と、ループを回しながら複数の直線を描いていく部分の2つに大きく分かれています。

まず初期設定部分ですが、常に最新の始点と終点の座標を記憶しておくメモリ上の領域として確保しているsPointとePointのアドレスを、それぞれA2とA3レジスターに入れて、ループ内で素早くアクセスできるようにします。その後、始点と終点の座標の初期値を、sPointとePointのメモリ領域に書き込んでいます。具体的には、始点は(10, 0)、終点は(10, 240)です。これは、ウィンドウの左辺から、10ポイント右に離れた位置の垂直な直線に相当します。その後、これから描く直線の本数（正確には本数-1）を表す10進数の40を、D2レジスターにセットしてからループに入ります。

```
DrawLines

    LEA      sPoint,A2        ; starting point
    LEA      ePoint,A3        ; ending point
    MOVE.W   #10,h(A2)        ; start x offset
    MOVE.W   #0,v(A2)         ; start y offset
    MOVE.W   #10,h(A3)        ; end x offset
    MOVE.W   #240,v(A3)       ; end y offset

    MOVE.W   #40,D2           ; number of lines
```

ループの中では、QuickDraw の MoveTo と LineTo の両ルーチンを使って直線を描いています。これらの Pascal プロシージャは、以下のような形になっています。

```
PROCEDURE MoveTo (h,v: INTEGER);
```

```
PROCEDURE LineTo (h,v: INTEGER);
```

前者は、線を描かずに（ペンを持ち上げて）指定した座標に移動するもの、後者は直線を描きながら（ペンを下ろして）指定した座標に移動するものです。これらを組み合わせることで、任意の始点から任意の終点に向かって直線を描くことができます。パラメーターは、いずれも x（水平）座標、y（垂直）座標をワード値としてとります。ここでも、その順番にスタックにプッシュしています。

```
DLoop

    MOVE.W   h(A2),-(SP)      ; start x
    MOVE.W   v(A2),-(SP)      ; start y
    _MoveTo
    MOVE.W   h(A3),-(SP)      ; end x
    MOVE.W   v(A3),-(SP)      ; end y
    _LineTo
    ADD.W    #6,v(A2)         ; start y down 6 points
    ADD.W    #10,h(A3)        ; end x right 10 points
    DBRA     D2,DLoop
    RTS
```

直線を描いた後は、68000 の DBRA 命令を使って、D2 レジスターの値を 1 つ減らし、それが -1 になっていなければ、DLoop ラベルの位置に分岐してループの先頭から実行します。このような、指定した D レジスターの値をカウンターとして使ってループする 68000 の DBcc 命令では、cc の部分でコンディションコードを指定できるようになっています。その場合、そのコンディションコードが最初に調べられ、それが真ならカウンターとして使用しているDレジスターの値とは関係なく、分岐は起こりません。つまり、ループは終了してしまいます。コンディションコードに関係なく、指定した回数だけループを回したい場合には、このようにDBRA命令を使います。レジスター値のデクリメント付きで分岐する命令では、ついついゼロレジスターの値を調べるDBNE命令などを使いたくなりがちです。しかし、このように指定した回数だけ繰り返す単純なループを形成する場合には、回数以外は無条件で分岐するDBRAを使わなければなりません。さもないと、ループ内で変化する可能性のあるコンディションコードによって、不意にループが終わってしまったりして、理由の分かりにくいバグに悩まされることになります。

この例の場合、D2レジスターの初期値は十進数で40なので、これが-1になるまでには、直線の描画は41回繰り返すことになります。するとD2の値が-1になるので、ループを抜けてRTS命令で戻ります。つまりDBRAによるループでは、回したいループの回数-1の値をDレジスターにセットしておけばよいのです。

このプログラムを実行すると、人間の目には41本の直線がほとんど同時に描かれてしまうため、直線の始点と終点の座標がどのように変化していくのか分かりにくいでしょう。そこで、最初の3本を描いた時点と、30本を描いた時点の途中経過を示しておきます。これで、ちょっとずつずらして描いた直線が交わる部分で、擬似的に曲線を構成する様子が分かるでしょう。

図30：Graphic Sampleで最初の３本の直線を描いた段階。始点はウィンドウの左辺に沿って上から下に、終点は、ウィンドウの底辺に沿って左から右に移動していることが分かる

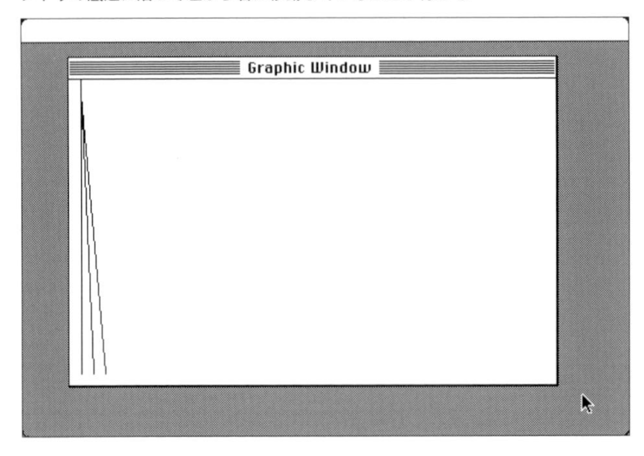

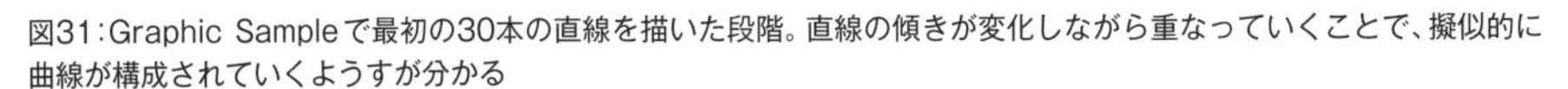
図31：Graphic Sampleで最初の30本の直線を描いた段階。直線の傾きが変化しながら重なっていくことで、擬似的に曲線が構成されていくよううすが分かる

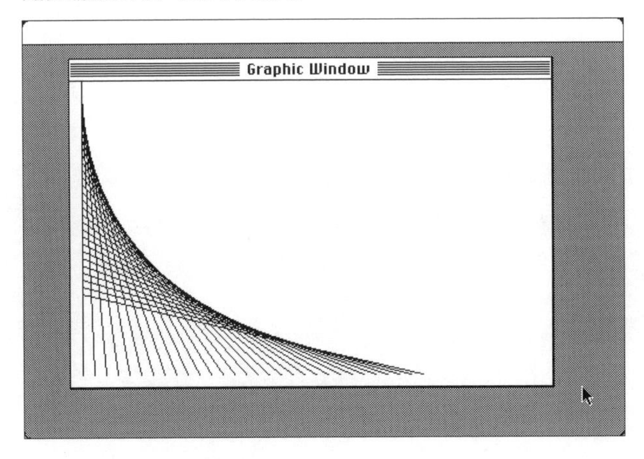

●コード領域とグローバル領域が混在する変数定義

すでに述べたように、このアプリケーションのプログラムでは、あえて変数をプログラム領域とグローバル領域に分けて定義しています。言い換えれば、MDSのDC（Define Constant）疑似命令とDS（Define Storage）疑似命令を混在して使っています。具体的には、直線の始点と終点の座標をそれぞれ記憶するsPointとePointは、DC命令、取得したイベントを格納するEventRecordもDC命令、リソースから作成したウィンドウのデータ領域（一種のバッキングストア）のwindowStorageはDS命令を使って、それぞれメモリ中に必要な領域を確保しています。

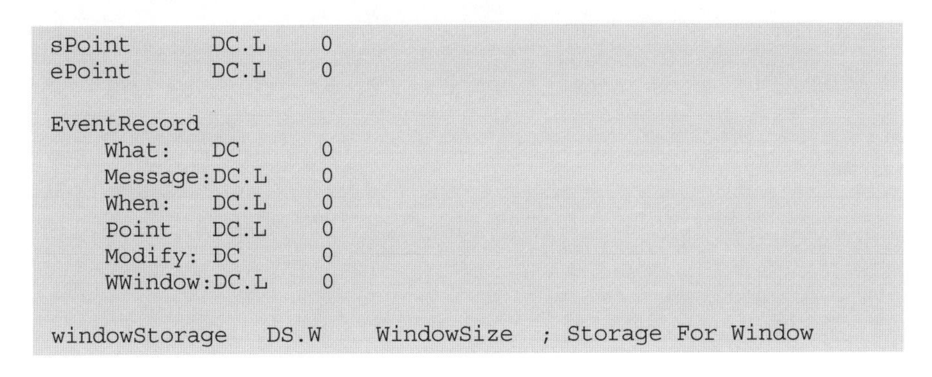

```
sPoint        DC.L     0
ePoint        DC.L     0

EventRecord
    What:     DC       0
    Message:DC.L       0
    When:     DC.L     0
    Point     DC.L     0
    Modify:   DC       0
    WWindow:DC.L       0

windowStorage   DS.W    WindowSize   ; Storage For Window
```

繰り返しになりますが、本来DC命令は、プログラムの実行中に値が変化しない、言い換えればROMに焼くこともできる定数を定義するためのものです。このプロ

グラムでの使い方は、その点では適切とは言えませんが、Macのアプリケーションは、コードもRAM上で動作することが分かっているので、間違った使い方だとまでは言えないでしょう。それに対してDS命令は、アプリケーション用に用意されたRAM上のグローバル変数エリアに領域は確保するので、変数としての使い方に適しています。ただし、このグローバル領域は、Macの場合A5レジスターを使った間接アドレッシングでアクセスすることになっているので、プログラムのソースコードに毎回「(A5)」と書かなければならないのが煩わしいと感じられるかもしれないという点と、厳密に言えば、特に繰り返し処理のような場合、実行速度に影響が出ることもあるという点で不利もあるでしょう。

そういったことをすべて理解した上で、あえてコード領域に変数を置くのなら、それはそれでアリだと思います。ただ通常は、変数はグローバル領域に置いて、A5間接でアクセスする方が無難でしょう。

●Graphic Sampleの全ソースコードを確認する

ここで、このGraphic Sampleプログラムのアセンブリ言語による全ソースコードを通しで確認しておきましょう。

```
; File Graphic.Asm

Include     MacTraps.D       ; System and Toolbox traps
Include     ToolEqu.D        ; ToolBox equates
Include     SysEqu.D         ; System equates
Include     QuickEqu.D       ; QuickDraw equates

Start
    BSR     InitManagers     ; Init Toolbox
    BSR     SetupWindow      ; Make a Window
    BSR     DrawLines        ; Draw Graphics

EventLoop

    CLR.W   -(SP)            ; for return value
    MOVE.W  #$0FFF,-(SP)     ; eventMask
    PEA     EventRecord
    _GetNextEvent
    MOVE.W  (SP)+,D0         ; next event
    BEQ     EventLoop        ; no event
    MOVE.W  What,D0          ; event type
    CMP.W   #mButDwnEvt,D0   ; mouse down
    BNE     EventLoop
```

```
    RTS

InitManagers

    PEA     -4(A5)              ; Quickdraw global
    _InitGraf                   ; Init Quickdraw
    _InitFonts                  ; Init Font Manager
    MOVE.L  #$0000FFFF,D0       ; Flush all events
    _FlushEvents
    _InitWindows                ; Init Window Manager
    _InitCursor                 ; Turn on arrow cursor
    RTS

SetupWindow

    CLR.L   -(SP)               ; for return value
    MOVE.W  #1,-(SP)            ; window ID
    PEA     windowStorage(A5)
    MOVE.L  #-1,-(SP)           ; behind
    _GetNewWindow
    _SetPort                    ; set grafPort to the window
    RTS

DrawLines

    LEA     sPoint(A5),A2       ; starting point
    LEA     ePoint(A5),A3       ; ending point
    MOVE.W  #10,h(A2)           ; start x offset
    MOVE.W  #0,v(A2)            ; start y offset
    MOVE.W  #10,h(A3)           ; end x offset
    MOVE.W  #240,v(A3)          ; end y offset

    MOVE.W  #40,D2              ; number of lines

DLoop
    MOVE.W  h(A2),-(SP)         ; start x
    MOVE.W  v(A2),-(SP)         ; start y
    _MoveTo
    MOVE.W  h(A3),-(SP)         ; end x
    MOVE.W  v(A3),-(SP)         ; end y
    _LineTo
    ADD.W   #6,v(A2)            ; start y down 6 points
    ADD.W   #10,h(A3)           ; end x right 10 points
    DBRA    D2,DLoop
    RTS

sPoint      DC.L    0
ePoint      DC.L    0

EventRecord
    What:   DC.W    0
```

```
    Message:     DC.L     0
    When:        DC.L     0
    Point        DC.L     0
    Modify:      DC.W     0
    WWindow:     DC.L     0

windowStorage    DS.W     WindowSize   ; Storage For Window

End
```

7-6 QuickDrawを使ってウィンドウにアニメーションを表示するアプリ

プログラミング環境やAPIに慣れるために、あれこれとアプリケーションを試作する際には、やはりなんといってもグラフィックの描画機能を含むものを作成してみるのが効果的です。プログラムの動作を確実に視覚化でき、思った通りの動作をしているかどうか、一目瞭然に確認できるからです。前の繰り返し処理による直線の描画も、その一種だったのですが、プログラムの動作としては、いまひとつ変化に乏しいものでした。最初に複数の直線の描画を完了すると、後はただマウスボタンが押されるのを待つだけで、画面は何も変化しなくなっていたからです。そこでここでは、マウスボタンが押されるまで、グラフィックを描き続けるという、動きと変化のあるプログラムを作成します。それによって一種のアニメーションを描くことになります。もちろん、何らかのキャラクターが出てきて踊ったりするような凝ったものではなく、単にランダムなグラフィックを描き続けるという意味でのアニメーションです。タイトルは「Animation Sample」としました。初期のMacのアニメーションと言えば、これと大差ないようなものが多かったのです。

●ランダムな楕円を永遠に描き続けるプログラム

このアプリケーションも、前のGraphic Sampleと同様に、1つのウィンドウを表示して、その中にグラフィックを描きます。こんどは直線ではなく、QuickDrawの基本図形の1つである楕円です。同じ大きさの楕円を同じ場所に描き続けていても、外から見たら、何をしているのか分かりません。そこで、ランダムな大きさの楕円をランダムな位置に描き続けることにします。それでも、同じパターンで描き続けると、やがてウィンドウ内はそのパターンで埋め尽くされてしまい、新たな描画が見えなくなってしまいます。そこでここでは、QuickDrawならではの描画機能の1つであるペンのモードを指定して、XOR効果で描画することにします。それにより、新たな描画が、それ以前の描画と重なった部分のドットが反転する効果が生まれ、いつまでも変化し続けるアニメーションが得られます（図32）。

このプログラムは、起動して放っておくと、いつまでもランダムな楕円を描き続けます。効果が確認できたり、見飽きたりしたら、マウスポインターが画面上のどこにあっても、ボタンをクリックすることで、アプリケーションを終了してFinderに戻ります。

図32：起動すると1つのウィンドウを表示して、その中にアニメーションを表示し続けるアプリケーション

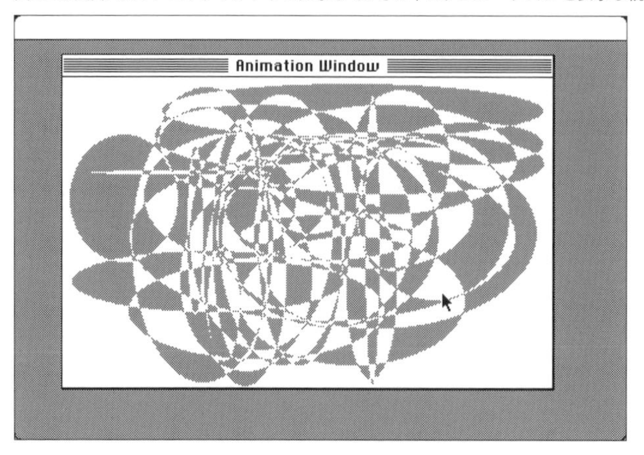

●Animation Sampleの構成要素

Animation Sampleの構成要素も、これまで見てきたDialog SampleやGraphic Sampleのものと同様です。アセンブリ言語のソース、リンクファイル、ジョブファイル、そしてリソース定義ファイルの4点から構成されています。

図33：QuickDrawAnimationを表示するAnimation Sampleの構成要素

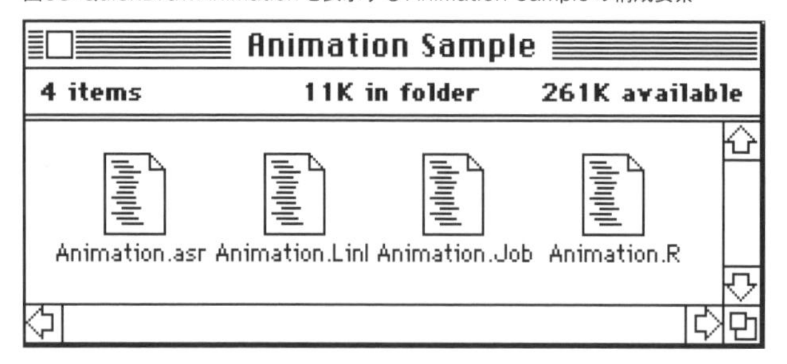

アプリケーション本体の、アセンブリ言語によるソースコードは後回しにして、それ以外のものから先に見ていきましょう。

まず、ASM、LINK、RMakerの各ツールを順に起動して、プログラムをビルドするためのAnimation.Jobです。

```
ASM     Animation.Asm               Exec    Edit
LINK    Animation.Link              Exec    Edit
RMAKER  MDS Sample:Animation.R      Finder  Edit
```

これも、これまでに示してきたDialog.JobやGraphic.Jobと、ファイル名以外の違いはないので、説明を省きます。

次のリンクファイル、Animation.Linkも、内容として記述されたファイル名以外に異なる点はないので、以下に内容を示すだけとします。

```
[

Animation
/Output Animation.Code
/Type 'TEMP'

$
```

さらに、リソース定義ファイルのAnimation.Rも、前のGraphic.Rとほとんど変わりません。基本的に1つのウィンドウを定義しているだけです。ウィンドウの位置と大きさもGraphic Sampleと同じにしてあります。違うのは、生成するアプリケーションの名前、クリエーターのコード（ここでは「ANIM」）、インクルードするファイル名（「Animation.Code」）、ウィンドウのタイトル（「Animation Window」）だけです。以下の内容を確認してください。

```
MDS Sample:Animation
APPLANIM

INCLUDE MDS Sample:Animation.Code

Type WIND
  ,1
Animation Window
50 40 300 450
Visible NoGoAway
0
0
```

これで、プログラム本体のソースファイルに付随するファイルの中身を確認できました。続いてアセンブリ言語のソースコードを詳しく見ていきましょう。

●必要な定義ファイルをインポートする

これまでと同様、ソースコードの中で注目する部分を先頭から順に取り出して少しずつ解説していきます。そして確認のために、最後に全体をまとめて示すことにします。「Animation.Asm」の最初の部分は、ファイル名を示すコメントに続いて、各種定義ファイルのインクルードから始まっています。この部分も、Graphic.Asmと変わりません。4つの.Dファイルをインクルードしています。

```
Include       MacTraps.D        ; System and Toolbox traps
Include       ToolEqu.D         ; ToolBox equates
Include       SysEqu.D          ; System equates
Include       QuickEqu.D        ; QuickDraw equates
```

先のGraphic.Asmでは、せっかくQuickEqu.Dをインクルードしても、使っていたのは座標値（Point）の水平成分と垂直成分を表すhとvだけでしたが、このAnimation.Asmでは、もっと多くの定義を使っています。それらは、長方形の左右上下の座標を表すものや、GrafPortの中の描画可能な長方形の領域を表すもの、描画モードを表すものなどですが、具体的にはソースコードに出てきた時点で説明します。

●イベントループに入る前の準備

この例でも、プログラムの始まりを示す「Start」の後には、2つのBSR命令が並んでいます。前の例では3つでしたが、その最初の2つと同じ名前のルーチンを、ここでも呼んでいます。ここで呼んでいるのは、Toolboxのマネージャ類の初期化のためのInitMnagersと、リソースから1つのウィンドウを取り出して具現化させるためのSetupWindowです。それらの中身もだいたい同じですが、違う部分もあります。具体的には、後で、それぞれのルーチンの部分で説明します。

```
    BSR       InitManagers
    BSR       SetupWindow
```

Graphic Sampleでは、この後、マウスクリックを検出するだけのイベントループに入る前に、複数の直線からなるグラフィックを描くためのルーチンを呼んでいました。このAnimation Sampleのプログラムには、それはありません。QuickDrawによるグラフィックは、イベントループの中で描いているからです。ただし、その描画のための初期設定は、イベントループに入る前に実行しています。

QuickDrawの描画モードと、ペンのパターンの設定です。

```
MOVE.W  #patXor,-(SP)    ; pen mode
_PenMode
PEA     grayPtn          ; pen pattern
_PenPat
```

ここで言う描画モードとは、第6章で述べた転送モード（Transfer Mode）のことです。つまり、描画先のビットマップに元々あったものと、これから描くものとの間で、重なる部分のビットについて論理演算を実行します。そして、その結果を描画先に書き込みます。ここでは、そのモードとして排他的論理和によるpatXorを指定し、PenModeというQuickDrawルーチンによって設定しています。そのPascalの手続きの定義は以下のようになっています。

```
PROCEDURE PenMode (mode: INTEGER);
```

アセンブリ言語では、パラメーターとして整数値の#patXorをスタックにプッシュしてからPenModeを呼んでいます。このpatXorという定数は、先に述べたQuickEqu.Dに定義されているものです。

次のペンのパターンの設定は、Pascalの手続きで言うと、以下のようです。

```
PROCEDURE PenPat (pat: Pattern);
```

この形では、パラメーターとしてPattern型の変数を直接、値として渡しているように見えますが、実際の動作は、そうはなりません。それはPatternが、値としてスタックに積めないものだからです。Patternの定義を見てみましょう。それは以下のようになっていて、PACKED ARRAYという、隙間を積めた8つの要素を持つ配列です。個々の要素の値は、0から255の間のどれか、つまり1バイトで表せる範囲なので、8つの要素で8バイトを占めるデータ構造となっています。

```
TYPE Pattern = PACKED ARRAY[0..7] OF 0..255;
```

直接68000のスタックに積むことのできるのは、4バイトのロングワードまでなので、これはそのままでは積めません。そのため、Pascalでも実際には定義したデータ構造が格納されているアドレスを渡す参照渡しになります。この場合には、Patternを定義した8バイトの配列を格納しているアドレスをプッシュすることになります。アセンブリ言語では、PEA 命令によって、そのアドレスをプッシュしてから PenPat を呼んでいます。実際のパターンの定義がどうなっているかは、またそれが出てきた時点で説明します。

これで準備ができたので、そのままイベントループになだれ込みます。

●1周回るごとに図形を1つ描くイベントループ

以前の Graphic Sample のイベントループは、ユーザーがマウスボタンをクリックする、というイベントだけを監視するものでした。その点では、この Animation Sample のイベントループも何ら変わりません。しかし、大きな違いが1つあります。それは、イベントループの先頭で、イベントの検出とはまったく関係のない処理を実行していることです。すでに上で述べたように、QuickDraw グラフィックの描画です。イベントループを1周回るごとに1つの図形をランダムな位置、大きさで描きます。カラーグラフィックが表示可能な機種であれば、色もランダムに変えたいところですが、初期の Mac はモノクロなので、それはできません。実際にランダムな楕円を描くサブルーチン、RandomOval については、また少し後で解説します。

イベントループの残りの部分は、Graphic Sample のものと同じなので解説は省きます。説明が必要な場合には、前節をご覧ください。

```
EventLoop

    BSR      RandomOval

    CLR.W    -(SP)                          ; for return value
    MOVE.W   #$0FFF,-(SP)                   ; eventMask
    PEA      EventRecord(A5)                ; EventRecord
    _GetNextEvent
    MOVE.W   (SP)+,D0                       ; null event?
    BEQ      EventLoop                      ; yes
    MOVE.W   EventRecord+evtNum(A5),D0      ; event code
    CMP.W    #mButDwnEvt,D0                 ; mouse down
    BNE      EventLoop
    RTS
```

●Toolboxを初期化するInitManagersサブルーチン

Toolbox 内の必要なルーチンを初期化する InitManagers サブルーチンは、すでに見た Graphic Sample のものとまったく同じです。念のため次に示しますが、解説は、やはり前節を参照してください。

```
InitManagers

    PEA         -4(A5)             ; Quickdraw global
    _InitGraf                      ; Init Quickdraw
    _InitFonts                     ; Init Font Manager
    MOVE.L      #$0000FFFF,D0      ; Flush all events
    _FlushEvents
    _InitWindows                   ; Init Window Manager
    _InitCursor                    ; Turn on arrow cursor
    RTS
```

●ウィンドウを初期化した後、描画範囲を取得するサブルーチン

このプログラムでも、Toolboxの初期化の次に、SetupWindowサブルーチンを呼んでいます。これもやはり、前のプログラムと同様、QuickDrawグラフィックを描くためのウィンドウの設定です。Toolboxの初期化と、このウィンドウの設定の途中までは、前のGraphic Sampleと同じですが、ウィンドウの設定の後半に、それとは違う部分があります。それは、リソースから取得したウィンドウを表示して描画可能にした後、そのGrafPortの中の描画領域を表す長方形を取得し、別の場所にコピーしておく動作を実現する部分です。なぜそんなことが必要なのかは、後で必然的に分かりますが、簡単に言えば、ランダムな位置、大きさの楕円を、その長方形からはみ出さずに描くため、毎回その長方形にアクセスするので、それをできるだけ素早く実行するためです。

とりあえずSetupWindowルーチンの全体を見ておきましょう。

```
SetupWindow

    CLR.L    -(SP)                          ; for return value
    MOVE.W   #1,-(SP)                       ; window ID
    PEA      windowStorage(A5)
    MOVE.L   #-1,-(SP)                      ; behind
    _GetNewWindow
    MOVE.L   (SP),A4                        ; copy current port
    _SetPort
    LEA      portRect(A4),A3                ; current portRect
    LEA      CPortRect(A5),A2               ; global CPortRect
    MOVE.L   topLeft(A3),topLeft(A2)        ; copy topLeft point
    MOVE.L   botRight(A3),botRight(A2)      ; botRight Point
    RTS
```

この部分の中で、まん中よりもちょっと下のSetPortルーチンを呼び出すところまでは、前のGraphic Sampleと、ほとんど同じです。違うのは、GetNewWindow

ルーチンが返してきたウィンドウへのポインターを、A4レジスターにコピーしているところだけです。これは、ウィンドウへのポインターというよりも、それと同じアドレスのグラフポートへのポインターを、SetPortした後で使いたいからです。ここでは、それ以外のSetPortまでのプログラムの説明は省いて、その続きから細かく見ていきましょう。

SetPortでは、スタックにあったGrafPortのアドレスを消費してしまうので、その先ではA4レジスターにコピーした値を使います。このA4が指しているアドレスは、本来はウィンドウポインターですが、その先頭にグラフポートがあるので、グラフポートへのポインターと値は同じです。つまり、リソースから作成したウィンドウのグラフポートのアドレスということになります。これは以前にも述べた通りです。

まず、LEA命令を使い、そのA4の示すアドレスを起点にして、そこにportRectという定数の値を加えたアドレスの値をA3にロードしています。言うまでもなく、この結果A3レジスターは、グラフポートの中のportRectという長方形が格納されているアドレスを指します。それに続くもう1つのLEA命令では、このプログラムで定義しているグローバルエリアのCPortRectのアドレスをA2レジスターにロードしています。これは、A3で示されたウィンドウのポートレクトの長方形を、グローバル変数にコピーしておくためです。これで、A3がコピー元、A2がコピー先を示すようになります。今の2行を抜き出して確認しましょう。

```
    LEA     portRect(A4),A3         ; current portRect
    LEA     CPortRect(A5),A2        ; global CPortRect
```

その続きには、2つのMOVE命令があります。その2つで、長方形の左上の座標と、右下の座標を別々に（2回に分けて）コピーしています。コピー元（A3）、コピー先（A2）のそれぞれに、topLeftのオフセットをつければ左上の座標が、botRightのオフセットをつければ右下の座標の値にアクセスできるというわけです。これらのMOVE命令はオフセットが異なるだけで、ほとんど同じ形をしています。

```
    MOVE.L  topLeft(A3),topLeft(A2)       ; copy topLeft point
    MOVE.L  botRight(A3),botRight(A2)     ; botRight Point
```

これで、リソースから新しいウィンドウを作り、そのウィンドウの描画領域の長方形を、アプリがすぐに使える変数にコピーできました。後はRTS命令で、このSetupWindowサブルーチンから戻るだけです。

●ランダムな位置、大きさの楕円を描くサブルーチン

ランダムな位置に、ランダムな大きさの楕円を描くRandomOvalは、呼ばれるたびに乱数を発生して、楕円を囲む長方形の左上と右下の座標を決め、その内側に楕円を描きます。前章で述べたように、QuickDrawでは、楕円は必ず長方形に内接する形で描くので、プログラミング的には両者の扱いはほとんど同じです。

任意の範囲の乱数を発生させるために、RangeRandomというサブルーチンを呼んでいます。この場合の「任意の範囲」とは、ウィンドウのグラフポートのポートレクトに収まるような範囲という意味です。それによって、ウィンドウからはみ出さないような楕円を描きます。そのためには、楕円を囲む長方形の左上と右下の座標が、いずれもそのポートレクトの内側に入るようにすればいいわけです。この場合には、ポートレクトの左上の座標は(0, 0)であることが分かっています。そこで、楕円を囲む長方形の上と下の座標は、0とポートレクトの下の座標の範囲、同様に左と右の座標は0とポートレクトの右の座標の範囲に入るように座標値を決めればいいことになります。少し後で示すRangeRandomは、D3に最大値を入れて呼び出すと、同じD3にそれ以下のランダムな数値を返すようなサブルーチンとして記述してあります。ここでは、ポートレクトの下、右、下、右、の順で各座標値をD3に入れて、合計4回RangeRandomを呼び出し、戻された値を、楕円を描くための長方形の上、左、下、右の座標値としてセットしてから、楕円を塗りつぶすQuickDrawのPaintOvalを呼び出しています。

このようなRandomOvalルーチンの全体を示します。

```
RandomOval

    LEA      CPortRect(A5),A4     ; current port rect
    MOVE.W   bottom(A4),D3        ; port height
    BSR      RangeRandom          ; randomize
    MOVE.W   D3,rTop(A5)          ; store to top coord
    MOVE.W   right(A4),D3         ; port width
    BSR      RangeRandom          ; randomize
    MOVE.W   D3,rLeft(A5)         ; store to left coord
    MOVE.W   bottom(A4),D3        ; port height
    BSR      RangeRandom          ; randomize
    MOVE.W   D3,rBottom(A5)       ; store to bottom coord
    MOVE.W   right(A4),D3         ; port width
    BSR      RangeRandom          ; randomize
    MOVE.W   D3,rRight(A5)        ; store to right coord
    PEA      rTop(A5)             ; push oval coords
    _PaintOval
    RTS
```

先頭ではLEA命令によって、CPortRectというグローバル変数にコピーしてあるポートレクトのアドレスをA4に代入しています。これは、先に述べたウィンドウのポートレクトそのものですが、そこから、右下の座標値を取り出して乱数として求める長方形座標値の最大値として使うためです。

```
LEA      CPortRect(A5),A4     ; current port rect
```

その後は、上に示したような乱数ルーチンを呼び出して座標をセットする操作を4回繰り返します。最初の1回だけを取り出して示します。その1回分が3行から成っています。

```
MOVE.W  bottom(A4),D3    ; port height
BSR     RangeRandom      ; randomize
MOVE.W  D3,rTop(A5)      ; store to top coord
```

ここでは、ポートレクト（A4）の下の座標値をD3に入れてRangeRandomルーチンを呼び出し、ポートレクトの高さ（下向き）以内の座標値を求め、戻ったD3の値を長方形の上の座標値、rTopというグローバル変数に入れています。以下の3回も同様です。

こうして4つの座標値が求まったら、残りは2行、RTS命令を含めても3行だけです。すでに述べたようにQuickDrawのPaintOvalを呼び出すのですが、その引数として長方形の座標値、rTopの先頭アドレスを、PEA命令でスタックにプッシュしてから、_PaintOvalを実行しています。

```
PEA     rTop(A5)         ; push oval coords
_PaintOval
RTS
```

このようなRandomOvalルーチンによって、毎回ランダムな位置と大きさで楕円を描くことができます。

●指定された範囲の乱数を求めるサブルーチン

すでに使い方は述べましたが、D3レジスターに発生させたい乱数の最大値を入れて呼び出すと、0とその数までの間の数値をランダムに生成してD3レジスターで返すサブルーチンです。入力も出力もレジスター渡しなので、アセンブリ言語のプログラムからしか呼べませんが、こういったものを作っておくと、このようなデモプログラムやゲームなどの開発に便利に使えるはずです。

短いので、まず全体を見ておきます。

```
RangeRandom

    CLR.W    -(SP)              ; for return value
    _Random                     ; random in QuickDraw
    MOVE.W   (SP)+,D4           ; 16 bits return value
    MULU     D4,D3              ; random x max
    MOVE.W   #16,D4             ; for shifting 16 bits
    LSR.L    D4,D3              ; result / #$FFFF
    RTS
```

このルーチンの先頭では、いきなりCLR.W命令で、スタックポインターにワード（16ビット）の0（ゼロ）をプッシュしています。

```
    CLR.W    -(SP)              ; for return value
```

これは、その次の行でRandomという乱数発生ルーチンを呼び出すための準備です。このルーチンは、Pascalのファンクションとして定義されているので、その戻り値がスタック渡しとなるからです。つまり、これはスタックにゼロをプッシュするのが目的ではなく、戻り値用のスタック領域を確保するためです。そのためだけなら、単にスタックポインターの値を2つ減らすだけでも構わないと思われるかもしれませんが、その通りです。もちろん、そのように書いても構いません。そうした例も後のサンプルで出てくるでしょう。

このRandamルーチンは、実はQuickDrawの中に定義されているものです。その事実からも、このルーチンの用途や性格が見えてくるというものでしょう。このファンクションには引数として入力するものはなく、符号無しで考えれば、0～65535の16ビットの整数をランダムに返します。16進数では、$0～$FFFFまでの数値となります。符号付きで考えて-32768～32767の間の整数と考えても構いません。戻り値はスタックに積まれているで、ここではそれをポップしてD4レジスターに収納しています。

```
    _Random                     ; random in QuickDraw
    MOVE.W   (SP)+,D4           ; 16 bits return value
```

後は、単純な数値計算によって、返された乱数が、レジスターで指定された範囲に収まるようにします。簡単に言えば、戻ってきた乱数（16ビット）と指定された最大値（16ビット）を掛け合わせて、その結果を16ビット整数としての最大値、$FFFF（65535）で割っています。ただし、最後の割り算は、右方向に16ビットシフトすることで代用しています。言い換えれば、掛け算の結果の32ビットの上位16ビットを取り出して、求める範囲内の乱数としています。結果は、D3レジスターの下位16ビットに入るので、そのままリターンしています。

```
        MULU     D4,D3                 ; random x max
        MOVE.W   #16,D4                ; for shifting 16 bits
        LSR.L    D4,D3                 ; result / #$FFFF
        RTS
```

このあたりの計算は、中学算数レベルの比率の考え方と同じなので、これ以上の説明は不要でしょう。これで、厳密に言えば、0以上、指定した最大値未満（最大値-1以下）の乱数を返すルーチンができました。

●定数はコード領域に、変数はグローバル領域に

このプログラムでは、コード領域に配置される定数と、グローバル領域に配置される変数を明確に分けています。コード領域に置く定数は、楕円の塗りつぶしに使うパターンの定義だけです。

```
    blackPtn     DCB.L    2,$FFFFFFFF       ; black pen pattern
    grayPtn      DCB.L    2,$AA55AA55       ; gray pen pattern
```

QuickDrawのパターンは、8×8ドットのモノクロ画像で表現されています。つまり、64ビットで表現できます。そこで、ロングワード（32ビット）を2つ並べて定義します。通常は、DC疑似命令を使って、パターンを表現するロングワード値を直接書けばいいのですが、前半と後半が同じ単純なパターンの場合には、同じロングワードの繰り返しになるので、このようにDCB疑似命令を使って繰り返し数（ここでは2）と1つのロングワード値をカンマで区切って並べれば、表記が短くて済みます。

実は、上に示したプログラムでは、グレーのパターンを表すgrayPtnしか使っていませんが、ここではプログラムの開発中に実験的に使ったblackPtnの定義も残してあります。パターンを真っ黒にすると、どのようなアニメーションになるの

か、プログラムをちょっと変更して試してみてください。

パターンは、リソースとして定義する方法もあります。その方が正統な方法とも言えますが、このように２種類程度のものであって、しかもプログラムの中で頻繁にパターンを切り替えるのでなければ、定数として定義したほうが簡単でしょう。

残りの部分は、グローバルエリアに配置する変数の定義です。まずは、前のプログラムにも出てきたイベントレコードですが、今回は先頭アドレスにEventRecordというラベルを付けて、イベントレコードのサイズを表すentBlkSizeを使って、DS命令で領域を確保しています。このサイズの定数は、バイト単位なので、DS.Bとして確保しています。

```
EventRecord DS.B     evtBlkSize   ; Storage for Event
```

次に、開いたウィンドウのグラフポートのポートレクトをコピーしておくためのCPortRectを定義します。レクタングルは２つの座標点として定義できます。１つの座標点はワード値が２つで、ロングワードなので、結局２つのロングワードを格納する領域を確保しておきます。

```
CPortRect    DS.L     2             ; Current Port Rect
```

続いて、ランダムに描く楕円を囲む長方形の座標値を、４つのワード値、rTop、rLeft、rBottom、rRightとして確保します。領域の大きさとしては、上のCPortRectと同じロングワード２つ分ですが、別々にアクセスする必要があるので、それぞれにラベルを付けるため、４つの独立したワードとして定義しています。この先頭のrTopを指定して、１つのレクタングルと見ることも可能です。

```
rTop         DS.W     1             ; randam top
rLeft        DS.W     1             ; random left
rBottom      DS.W     1             ; random bottom
rRight       DS.W     1             ; random right
```

最後は、リソースから読み込んだウィンドウに関するデータを保存しておく、ウィンドウストレージを確保します。ここでは、そのために必要なサイズを表すWindowSizeという定数を使って領域を確保していますが、その単位はワードなので、疑似命令はDS.Wとしています。これは前のプログラムと同じです。

```
windowStorage   DS.W    WindowSize  ; Storage for Window
```

●Animation Sampleの全ソースコードを確認する

まとめとして、Animation Sample プログラムのアセンブリ言語による全ソースコード全体を確認しておきましょう。

```
; File Animation.Asm

Include     MacTraps.D       ; System and ToolBox traps
Include     ToolEqu.D        ; ToolBox equates
Include     SysEqu.D         ; System equates
Include     QuickEqu.D       ; QuickDraw equates

Start
    BSR     InitManagers
    BSR     SetupWindow

    MOVE.W  #patXor,-(SP)    ; pen mode
    _PenMode
    PEA     grayPtn          ; pen pattern
    _PenPat

EventLoop

    BSR     RandomOval

    CLR.W   -(SP)            ; for return value
    MOVE.W  #$0FFF,-(SP)     ; eventMask
    PEA     EventRecord(A5) ; EventRecord
    _GetNextEvent
    MOVE.W  (SP)+,D0         ; null event?
    BEQ     EventLoop        ; yes
    MOVE.W  EventRecord+evtNum(A5),D0   ; event code
    CMP.W   #mButDwnEvt,D0   ; mouse down
    BNE     EventLoop
    RTS

InitManagers

    PEA     -4(A5)           ; Quickdraw global
    _InitGraf                ; Init Quickdraw
    _InitFonts               ; Init Font Manager
    MOVE.L  #$0000FFFF,D0    ; Flush all events
    _FlushEvents
    _InitWindows             ; Init Window Manager
    _InitCursor              ; Turn on arrow cursor
    RTS

SetupWindow

    CLR.L   -(SP)            ; for return value
    MOVE.W  #1,-(SP)         ; window ID
```

```
    PEA     windowStorage(A5)
    MOVE.L  #-1,-(SP)              ; behind
    _GetNewWindow
    MOVE.L  (SP),A4                ; copy current port
    _SetPort
    LEA     portRect(A4),A3        ; current portRect
    LEA     CPortRect(A5),A2       ; global CPortRect
    MOVE.L  topLeft(A3),topLeft(A2)       ; copy topLeft point
    MOVE.L  botRight(A3),botRight(A2)     ; botRight Point
    RTS

RandomOval

    LEA     CPortRect(A5),A4       ; current port rect
    MOVE.W  bottom(A4),D3          ; port height
    BSR     RangeRandom            ; randomize
    MOVE.W  D3,rTop(A5)            ; store to top coord
    MOVE.W  right(A4),D3           ; port width
    BSR     RangeRandom            ; dondomize
    MOVE.W  D3,rLeft(A5)           ; store to left coord
    MOVE.W  bottom(A4),D3          ; port height
    BSR     RangeRandom            ; randomize
    MOVE.W  D3,rBottom(A5)         ; store to bottom coord
    MOVE.W  right(A4),D3           ; port width
    BSR     RangeRandom            ; randomize
    MOVE.W  D3,rRight(A5)          ; store to right coord
    PEA     rTop(A5)               ; push oval coords
    _PaintOval
    RTS

RangeRandom

    CLR.W   -(SP)                  ; for return value
    _Random                        ; random in QuickDraw
    MOVE.W  (SP)+,D4               ; 16 bits return value
    MULU    D4,D3                  ; random x max
    MOVE.W  #16,D4                 ; for shifting 16 bits
    LSR.L   D4,D3                  ; result / #$FFFF
    RTS

blackPtn    DCB.L   2,$FFFFFFFF ; black pen pattern
grayPtn     DCB.L   2,$AA55AA55 ; gray pen pattern

EventRecord DS.B    evtBlkSize  ; Storage for Event

CPortRect   DS.L    2           ; Current Port Rect
rTop        DS.W    1           ; randam top
rLeft       DS.W    1           ; random left
rBottom     DS.W    1           ; random bottom
rRight      DS.W    1           ; random right

windowStorage   DS.W    WindowSize  ; Storage for Window

End
```

7-7 ウィンドウに対するイベントを処理するアプリ

ここまでで、とりあえずウィンドウを開き、その中にグラフィックを描くプログラムを作成することができました。ここまで来れば、QuickDrawで描くことのできるものなら何でもウィンドウ内に描けるようになったわけです。ここでいったん本書のサンプルプログラムを離れて、QuickDrawの可能性をいろいろと探ってみるのも一興でしょう。

しかし本書では、ちょっと別の角度から、また先に駒を進めます。それはイベント処理を充実させる方向です。これまでは、マウスボタンをクリックするとプログラムを終了するという、これ以下はないと言えるような非常に限定的な範囲でしかイベント処理を実装していませんでした。実はMacのアプリケーションのGUIは、イベント処理の固まりのようなものなので、そのバリエーションはかなり広範囲です。ここでは特にウィンドウの枠、つまりその中身ではなく外側に対するイベント処理を見ていくことにします。

●ウィンドウを移動、リサイズ、閉じるイベントを処理するプログラム

初期のMacのウィンドウそのものに対するイベント処理として必要なものの中で、重要な方から3つ挙げてみましょう。ウィンドウ全体の移動、ウィンドウの大きさの変更、ウィンドウを閉じる、という3つになります。これらは、イベントの発生した場所で明確に識別することができます。ウィンドウの移動は、タイトルバー上でのドラッグ、サイズの変更は右下のサイズボックスのドラッグ、ウィンドウを閉じる操作は左上（タイトルバーの左端）のクローズボックスのクリックということに決まっているからです。余談ですが、現在のmacOSのウィンドウは、ウィンドウの四隅、四辺、いずれのドラッグでもウィンドウのリサイズが可能になっています。そのような操作は初期のMacでは不可でした。それは、実はWindowsの影響で後から追加された機能です。便利には便利ですが、Macらしくないといえば Macらしくないでしょう。

ここで扱うウィンドウの基本形（中身を表示していない初期状態）を示します。この中には、上で上げたタイトルバー、リサイズボックス、クローズボックスが、すべて表示されています。

図34：ウィンドウのタイトルバー（Event Window）、右下のリサイズボックス、左上のクローズボックが表示されている

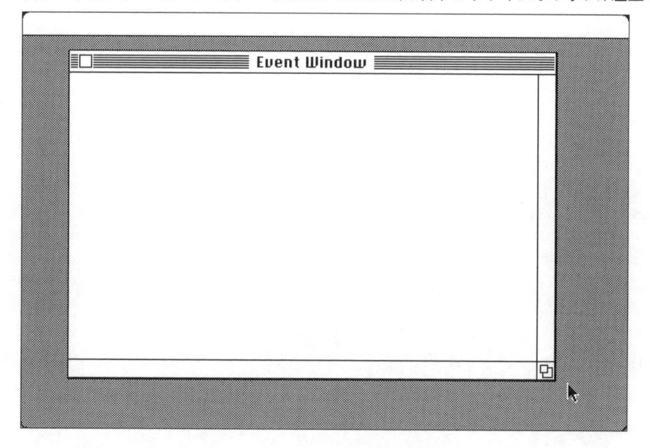

なお、ウィンドウ自体に対するイベントに関してもう少し加えれば、スクロールバー上でのイベント処理があります。これは中身の表示と絡むので、ここでは取り上げません。実は、スクロールバーに対するイベントは、なかなか複雑です。スクロールバーの両側にあるスクロールアローのプレス（クリックのようにマウスボタンを押してすぐ放すのではなく、しばらく押し続ける）、スクロールバーの中を移動するスクロールボックスの直接ドラッグ、スクロールボックスの両側の空白部分のクリックなどがあります。しかもこのあたりの対応は、アプリによって異なる部分もあります。スクロールバーについて探求したい方は、とりあえずInside Macintoshを参照してください。

●WinEvent Sampleの構成要素

WinEvent Sampleの構成要素も、これまで見てきたサンプルアプリケーションのものと基本的に同じです。アセンブリ言語のソース、リンクファイル、ジョブファイル、そしてリソース定義ファイルの4点から構成されています。

図35：ウィンドウに対するイベントを処理するWinEvent Sampleの構成要素

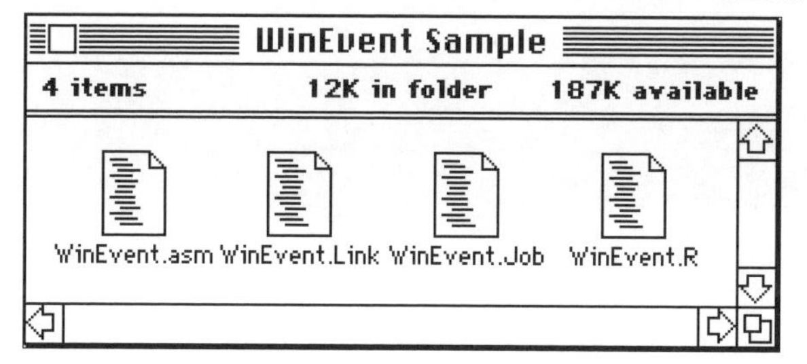

例によって、アプリケーション本体のソースコードは後でゆっくり検討することにして、それ以外の付随するファイルの中身から先に見ていきましょう。

まず、プログラムをビルドするための WinEvent.Job です。

```
ASM     WinEvent.Asm                Exec    Edit
LINK    WinEvent.Link               Exec    Edit
RMAKER  MDS Sample:WinEvent.R       Finder  Edit
```

これまでに見てきた別のサンプルアプリのものと、ファイル名以外は何も違いません。

次のリンクファイル、WinEvent.Link も同様です。

```
[

WinEvent
/Output WinEvent.code
/Type 'TEMP'

$
```

リソース定義ファイルの WinEvent.R も、これまでに示したものと大きくは変わりません。ここでも１つのウィンドウを定義しているだけですが、そのウィンドウの仕様は微妙に違います。ウィンドウの位置と大きさは変わりませんが、これまでのアプリのウィンドウにはクローズボックスが無かったのに対し、このアプリのウィンドウにはあります。そこで、これまで「NoGoAway」だった部分を「GoAway」としています。これだけで、ウィンドウの左上の角、言い換えればタイトルバーの左端に近い部分にクローズボックスが表示されるようになります。

後は、このリソースファイルでの定義が継承されるアプリのクリエーターコードを「WINE」としているのが、内容として出てくるファイル名以外に異なる部分です。以下、確認してください。

```
MDS Sample:WinEvent
APPLWINE

INCLUDE MDS Sample:WinEvent.Code

Type WIND
  ,1
Event Window
```

```
50 40 300 450
Visible GoAway
0
0
```

これで、プログラム本体のソースファイル以外の部分を確認しました。いよいよアセンブリ言語によるソースコードを、先頭から順に詳しく見ていきます。

●必要な定義ファイルをインポートする

「WinEvent.Asm」の先頭部分にも、ファイル名を示すコメントに続いて、各種定義ファイルのインクルードを置いています。これは、これまでのサンプルと基本的に同じです。念のために確認しましょう。

```
Include      MacTraps.D   ; System and ToolBox traps
Include      ToolEqu.D    ; ToolBox equates
Include      SysEqu.D     ; System equates
Include      QuickEqu.D   ; QuickDraw equates
```

もちろん、インクルードするファイルが同じだからといって、その中で使っている定義が必ずしも同じだとは限りません。同じものもありますが、少しずつ異なっています。このプログラムでも、前のサンプルでは使っていなかった定義を参照しています。

他人の書いたアセンブリ言語のプログラムを読んでいくと、そのソースコード内で定義していない定数などが出てきて面食らうことがあります。そういった定義は、ほとんどの場合、インクルードしている定義ファイルの中に書いてあるものです。それが何かを知りたければ、定義ファイルのソースを開いて確認するしかありません。ただし、このように複数の定義ファイルをインクルードしている場合、知りたい定義がどのファイルに含まれているのか、なかなか分かりにくいでしょう。定数の名前や前後の流れから、どのようなカテゴリのものか察しを付け、それらしいものから順に開いて探すしかありません。定義ファイルの内容に馴染んでくれば、それほど苦もなく見つかるようになるでしょうし、頻出するものは、それが何なのか、自然に憶えてしまうでしょう。

いずれにしても、個々の定数の値まで憶える必要はありません。もともと値を憶える必要のないように定義したものなので。

●初期化の準備

このプログラムでも、プログラムの先頭部分、「Start」の直後に、2つのサブルーチンを呼んでいます。前の例と同じように、Toolboxのマネージャ類の初期化のためのInitMnagersと、描画用のウィンドウをリソースから取り出して設定するSetupWindowです。それらの中身は、以前とだいたい同じですが、微妙に違う部分もあります。具体的な中身は、それぞれのルーチンが出てきたときに改めて説明します。

```
        BSR     InitManagers
        BSR     SetupWindow
```

この後、前のサンプル同様に、イベントループに入る前のQuickDrawの設定があります。このプログラムでも、ウィンドウの中身としては連続的に楕円を描き続けるので、描画モードをXORに設定しているのです。

```
        MOVE.W  #patXor,-(SP)       ; pen mode to XOR
        _PenMode
```

この例では、特にペンのパターンは指定していないので、楕円はデフォルトの真っ黒なパターンで描かれます。前の例と同じように、別のパターンを指定しても、もちろん構いません。

●図形を描きながらウィンドウ操作を検出するイベントループ

このプログラムのイベントループの先頭でも、やはりイベント処理とはまったく関係のないQuickDrawによる描画ルーチンを呼び出しています。そのルーチンの名前も、中身もほとんど変わりません。描く図形も前の例とまったく同じで、必ずウィンドウの内側に収まる、ランダムな楕円です。前と同じではつまらないと思われるかもしれませんが、このサンプルの主眼はそこではないので、あえて前と同じにしています。別の図形を描くなど、この部分の動作を変更したい方は、ご自分でお試しください。

```
EventLoop

        BSR     RandomOval
```

肝心のイベントループは、これまでとはじゃっかん違った形になっています。というのも、これまでは場所などいっさい構わず、単にマウスボタンが押されたかどうかを検出し、もし押されたら、そのままリターンして、アプリケーションを終了するだけという単純な処理で済んでいたからです。今回からは、イベントの種類によってイベントループから分岐して、対応する処理が実行できるような形にしています。とはいえ、実は大元のイベントの種類としては、相変わらずマウスダウン、つまりマウスボタンが押されるというものだけに反応しています。ただしこのプログラムでは、そのマウスボタンがどこで押されたか、正確に言えば、マウスポインターがどこにあるときに押されたかによって、それぞれ適切な処理を実行します。

とりあえず、マウスダウンを検出するところまでを見ておきましょう。先のRandomOvalを呼び出した行の続きです。

```
        CLR.W    -(SP)                   ; for return value
        MOVE.W   #$0FFF,-(SP)            ; eventMask
        PEA      eventRecord(A5)         ; EventRecord
        _GetNextEvent
        MOVE.W   (SP)+,D0                ; null event?
        BEQ      EventLoop               ; yes
        BSR      HandleEvent
        BEQ      EventLoop
        RTS                              ; to quit
```

とりあえず、発生したかもしれないイベントを受け取るために、GetNextEventを呼び出し、それがヌルの場合、つまりイベントが発生していない場合には、イベントループの先頭に戻ります。この部分までは、これまでの例と同じです。違うのは、何らかのイベントが発生した場合、その場で直接イベントの種類（イベントコード）を調べるのではなく、HandleEventというサブルーチンを呼び出しているところからです。このHandleEventの内容は、ちょっと後回しにして、そこから戻ってきたときの処理を先に確認しておきましょう。そこではZフラグの状態を調べ、立っていればBEQによって、またイベントループの先頭にブランチするようにしています。Zフラグが立っていなければ、RTSを実行して、そのままアプリケーションを終了してしまいます。つまり、HandleEvent内の処理によって、イベントループを続けるか、ループを抜けてプログラムを終了するかが決まるのです。そのあたりも含めて、次にHandleEventの中身を見ていきましょう。

●イベントの種類に応じた処理に分岐するルーチン

この中では、まずGetNextEventが戻したイベントレコードの中のイベントコード（evtNum）を調べます。このプログラムの場合には、すでに述べたようにマウスダウンのイベントかどうかだけをチェックします。もし、そうならMouseDownというラベルの付いた部分に分岐します。そうでない場合は、マウスダウン以外のイベントが発生していることになります。このプログラムでは、それは無視して、次のNextEventというラベルの付いた部分に入ります。

```
HandleEvent

    MOVE.W   eventRecord+what(A5),D0 ; event code
    CMP.W    #mButDwnEvt,D0          ; mouse down?
    BEQ      MouseDown               ; yes

NextEvent

    MOVEQ    #0,D0                   ; not to quit
    RTS
```

といっても、NextEventのラベルから始まる部分では、D0レジスターに#0をロードして、サブルーチンからリターンしているだけです。このMOVQ命令にどんな意味があるかといえば、ゼロをロードすることで、Zフラグを立てることです。それにより、サブルーチンから戻った次にあるBEQ命令で、確実に分岐するようにしています。この場合には、それによってイベントループを続けます。つまり、検出したイベントがマウスダウン以外だった場合には、その内容に関わらず、無視して次のイベントを検出に行くことになります。

一方、検出したイベントがマウスダウンだった場合には、すでに述べたように、MouseDownに分岐します。改めて、そこから先を見てみましょう。

●マウスボタンが押された場合の処理を実行するルーチン

MouseDownの全体をざっと見渡すと、まずマウスダウンイベントが発生したウィンドウを特定してから、そのウィンドウ内のどこでマウスダウンが発生したかを細かく調べます。具体的にはウィンドウをドラッグする領域（タイトルバー）なのか、ウィンドウを閉じるクローズボックス内なのか、リサイズできる領域（グローリージョン）なのか、ということです。場所が特定できたら、それらの場所に応じた処理に分岐します。そのいずれでもない場合には、NextEventに分岐してイベントループを続けることになります。

```
MouseDown

    CLR.W    -(SP)                      ; for return value
    MOVE.L   eventRecord+evtMouse(A5),-(SP)  ; mouse location
    PEA      whichWindow(A5)            ; for found window
    _FindWindow
    MOVE.W   (SP)+,D0                   ; mouse location
    CMP.W    #inDrag,D0                 ; drag region?
    BEQ      DragWind                   ; yes
    CMP.W    #inGoAway,D0               ; close box?
    BEQ      GoAway                     ; yes
    CMP.W    #inGrow,D0                 ; grow region?
    BEQ      ResizeWindow               ; yes
    BRA      NextEvent                  ; return to loop
```

この流れを、少し詳しく見ていきましょう。まず、イベントが発生したウィンドウの特定ですが、それにはWindowマネージャのFindWindowルーチンを使います。これはファンクションで、Pascalの定義は、以下のようになっています。

```
FUNCTION FindWindow (thePt: Point;
    VAR whichWindow: WindowPtr) : INTEGER;
```

パラメーターは2つで、1つめにはマウスダウンが発生した場所の座標を与えます。これは、GetNextEventが返したイベントレコードのevtMouseの値そのものです。2つめのウィンドウポインターは、VARが付いているので参照渡しです。これにより、1つめのパラメーターで与えた座標値が、どのウィンドウの上なのかをWindowマネージャが判断して、そのウィンドウへのポインターを返してくれるのです。このアプリの場合、開いているウィンドウは1つだけなので、実質的にはこのポインターはなくても決め打ちでなんとかなります。それでも、そのウィンドウの中の、あるいはそれ以外のどの部分でイベントが発生したかの判断は、FindWindowが返す整数値に頼る必要があります。その値と場所の対応は、以下のように定義されています。

```
CONST   inDesk = 0;        { 以下のどれでもない場合 }
        inMenuBar = 1;     { メニューバー内 }
        inSysWindow = 2;   { システムウィンドウ内 }
        inContent = 3;     { ウィンドウの中身の領域 }
        inDrag = 4;        { ドラッグ領域（タイトルバー）}
        inGrow = 5;        { グロー領域（リサイズボックス内）}
        inGoAway = 6;      { クローズボックス内 }
```

このアプリケーションで注目しているのは、後半の3つの場合、つまりinDrag、inGrow、inGoAwayの場合だけです。それ以外は、イベント自体がなかったことにしているのと同じです。FindWindowの戻り値はD0レジスターにロードし、それをそれぞれの場所を表す定数と順に比べていきます。最初に#inDragと比較し、合致すればDragWindowに分岐します。次に#inGoAwayと比較し、値が一致すればGoAwayに、#inGrowと比較して同じならResizeWindowに、それぞれ分岐します。続いて、それぞれの分岐後の処理を細かく見ていきましょう。

●ウィンドウのドラッグイベントに対応するルーチン

マウスダウンイベントが、inDrag、つまりタイトルバー内で発生した場合には、ウィンドウ全体をドラッグする操作だとみなして、DragWindowに分岐してきます。実は、ウィンドウ全体をドラッグする処理は、WindowマネージャのDragWindowというルーチンを使えば、アプリ側ではほとんど何もする必要がありません。ただし、ここでの処理はそれだけでは不十分です。ウィンドウの移動に加えて中身の領域の消去と、リサイズボックスの再描画の実行が必要だからです。ウィンドウが画面内で平行移動するだけなら、そうした付加処理は不要ではないかと思われるかもしれません。しかし、ウィンドウはユーザーによるドラッグによって一部が画面からはみ出す場合もあります。このアプリでは、その際には、いったんウィンドウ内を消去し、それ以降は画面に見えている領域にだけ描画するようにしています。そうした動作は、アプリの動作しだいで不要の場合もありますが、リサイズボックスの再描画は不可欠です。というのも、ウィンドウの右下部分がいったん画面をはみ出すと、その後、ウィンドウ全体が画面に収まるように戻しても、リサイズボックスが自動的に再描画されるわけではないからです。全体の動きが分かったところで、具体的なコードを見ていきましょう。

```
DragWindow

    MOVE.L  whichWindow(A5),-(SP)    ; event window
    MOVE.L  eventRecord+evtMouse(A5),-(SP)  ; mouse location
    PEA     dragBounds               ; drag limit
    _DragWindow
    BSR     GetCGPort
    PEA     cPortRect(A5)            ; erasing rect
    _EraseRect
    PEA     windowStorage(A5)        ; to redraw close box
    _DrawGrowIcon
    BSR     GetDrawArea
    BRA     NextEvent                ; return to loop
```

まずは、Window マネージャの DragWindow を呼んで、とりあえずウィンドウを移動します。これは、ユーザーのドラッグ操作に自動的に追従してくれるので、１回だけ呼んで帰ってきたときには、もうウィンドウ自体の移動は完了しています。その間、ドラッグ中には、ウィンドウの外枠だけが画面に表示されます。

図36：タイトルバーをドラッグするとウィンドウ全体を移動できる

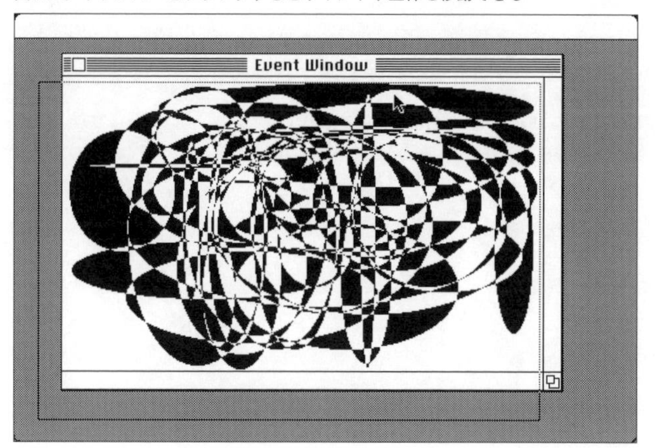

このルーチンの Pascal のプロシージャは、以下のような形になっています。

```
PROCEDURE DragWindow (theWindow: WindowPtr; startPt: Point;
    boundsRect: Rect);
```

最初のパラメーターは、ドラッグするウィンドウへのポインターです。FindWindow が返したウィンドウポインターをそのまま与えます。それは、whichWindow に保存してあったはずです。

２番めのパラメーターは、ドラッグの開始点ですが、これにはイベントが発生したポイントの座標を与えれば良さそうです。それは GetNextEvent が返したイベントレコード内の evtMouse です。

そして３つめは、ドラッグ可能な領域で、タイプは Rect となっています。これは定数エリアに定義した dragBounds という長方形のアドレスを PEA 命令によってプッシュしています。この領域が、マウスでドラッグする際のポインターの移動範囲となります。移動中、移動後のウィンドウ全体がはみ出さないようにする領域ではありません。

このDragWindowルーチンから戻ったときには、ウィンドウは新しい位置に移動していて、その一部は画面からはみ出している可能性もあります。このアプリでは、ウィンドウの中で画面に表示されている領域に収まるように楕円を描画することにしています。そのため、ドラッグ後に改めてグラフポートを取得し、その後は、新しい領域内に描画するようにしています。その前にその描画領域全体を消去します。この場合の消去とは、白く塗りつぶすことです。そのため、後ろの方で定義しているGetCGPortサブルーチンを呼んで、現在のグラフポートを取得してから、QuickDrawのEraseRectルーチンを呼び出しています。GetCGPortについては後で説明します。このEraseRectルーチンのPascal定義は、以下のようになっています。

```
PROCEDURE EraseRect (r: Rect);
```

パラメーターは消去する領域の長方形1つだけです。この場合には、GetCGPortで取得したグラフポートの中にあるポートレクトのコピー、cPortRectを与えています。これで、描画領域全体を消去できます。

次にWindowマネージャのDrawGrowIconルーチンを呼び出して、ウィンドウ右下のリサイズボックスを描き直します。

```
PROCEDURE DrawGrowIcon (theWindow: WindowPtr);
```

ここに渡すのは、リサイズボックスを描き直す対象のウィンドウなので、1つしかないウィンドウへのポインターをプッシュしてから呼び出しています。

このルーチンの副作用として、リサイズボックスだけでなく、それにつながるスクロールバーと中身の境界線も描かれます。このアプリでは、その線を描画領域の境界線として利用しています。スクロールバーは描きませんが、スクロールバーが入るべき領域にはみ出さないように描くのです。そのため、右辺と下辺のスクロールバーの領域分だけ、描画領域を狭くして調整する必要があります。それを実行するのがGetDrawAreaサブルーチンです。その中身については、また後で説明します。

最後は、BRA命令によって無条件でNextEventに分岐しています。つまり、ウィンドウのドラッグが終わったら、領域を消去して、リサイズボックスを描いて、描画領域を調整して、次のイベントを待ちつつ、新たな楕円の描画を繰り返すループに直接戻っていくのです。

●ウィンドウを閉じるイベントに対応するルーチン

このGoAwayのラベル以下のプログラムに分岐してくるのは、マウスダウンイベントが、inGoAway、つまりタイトルバーの左端にあるクローズボックス内で発生した場合です。

クローズボックスの操作は、クローズボックス内で1回だけマウスダウンがあったからといって、直ちに完了というわけにはいきません。ユーザーには、クローズボックス内でボタンを押しても、まだそれをキャンセルする自由が残っているからです。そうするには、押したボタンをクローズボックス内で放さず、押したままクローズボックスの外に出してから放せばいいのです。逆に言えば、マウスポインターがクローズボックス内にあるときにボタンを押し、ポインターをボックスの外に出す前にボタンを放せば、ウィンドウを閉じる操作となるわけです。これは現在のmacOSでも同じですね。

とりあえず、ウィンドウを閉じるためのクローズボックスの操作に対応する部分の全体を見ておきましょう。

```
GoAway

    SUBQ    #2,SP                       ; for return value
    MOVE.L  whichWindow(A5),-(SP)       ; event window
    MOVE.L  eventRecord+evtMouse(A5),-(SP)   ; mouse location
    _TrackGoAway
    MOVE.W  (SP)+,D0                    ; in close box?
    BEQ     NextEvent                   ; no to return to loop
    MOVE.L  whichWindow(A5),-(SP)       ; window to close
    _DisposWindow
    RTS
```

マウスボタンが確実にクローズボックス内で放されたことを確認するには、WindowマネージャのTrackGoAwayルーチンを使います。これはPascalのファンクションとして定義されています。

```
FUNCTION TrackGoAway (theWindow: WindowPtr; thePt: Point) : BOOLEAN;
```

このファンクションには、クローズボックスをトラックするウィンドウへのポインターと、最初にマウスダウンがあった際のポインターの座標を与えます。いったん呼ばれるとボタンが放されるまで返ってきません。その間、マウスポインターの動きとボタンの状態を監視し、ボタンが押されたままポインターがクローズボックス内に入っている場合には、クローズボックスの内側に、その状態を示す放射状のマークを自動的に表示します。

図37：TrackGoAwayルーチンで、クローズボックスのクリックをトラッキングする

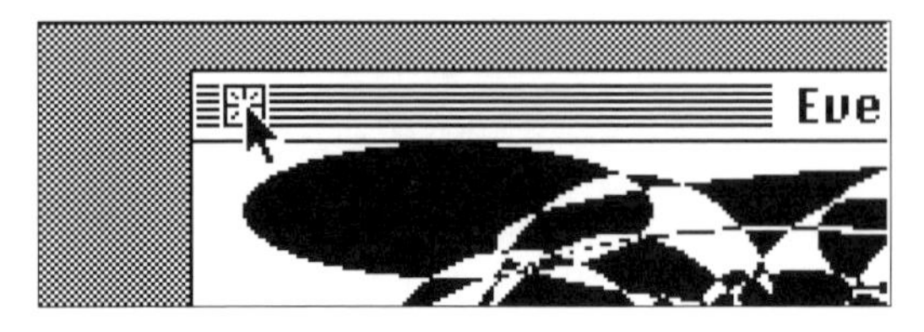

このファンクションは、ユーザーがボタンを放した位置がクローズボックスの内側だった場合には、真（TRUE）を、ボックスの外だった場合には偽（FALSE）を返します。スタック上の戻り値としては、0以外（真）か0（偽）となります。そして、偽ならクローズボックスの操作がキャンセルされたことになるので、NextEventに分岐して次のイベントを待ちます。真だった場合には、やはりWindowマネージャのDisposeWindowルーチンを使って、そのウィンドウを閉じ、そのままRTSで戻ります。

これがどこに戻るかと言うと、イベントループの中でHandleEventを呼び出した部分の直後です。そこでは、Zフラグが立っていればイベントループの先頭にブランチしますが、立っていなければRTSを実行してアプリケーション自体を終了してFinderに戻ることになります。DisposeWindowルーチンを呼び出した直後はZフラグは立っていないので、クローズボックスによってウィンドウを閉じた場合には、そのままアプリケーションも終了することになります。

ここで1つ、疑問が浮かんだという人もいるかもしれません。TrackGoAwayルーチンが返す値は真偽値（ブーリアン）のはずなのに、戻り値を2バイトのワード値として扱っているからです。確かにPascalのデータタイプでは、ブーリアンは1バイトということになっています。しかし、68000のスタックは、1バイト単位で操作することができません。スタックポインターの取る値は、必ず偶数です。そこでToolboxでは、ブーリアンもワードと同様、2バイトとして扱います。

ところで、このGoAwayというラベルの付いた部分の先頭では、スタック上にファンクションの戻り値の領域を確保するために、これまでとはちょっと違う処理を実行しています。それは、SUBQ命令によって、スタックポインターの値そのものを#2だけ減らす処理です。これまでは、同じ目的でCLR.W -(SP)として、オートデクリメント付きでスタックにゼロをプッシュしていました。その部分は、ファンクション側で戻り値を入れるので、ゼロにクリアする必要はないのです。それならスタックポインターの値を減らすほうが直接的です。これはどちらの方法を使っ

ても構いませんが、同じプログラムの中では、どちらかに統一したほうが良いでしょう。これは、あくまでもファンクションの戻り値の領域を確保する方法のバリエーションとして例示してみたものです。

●ウィンドウのサイズ変更イベントに対応するルーチン

ユーザーが、ウィンドウ右下のリサイズボックスをドラッグした場合には、このResizeWindowに分岐してきます。ここまでのプログラムの流れを理解できた人なら、このウィンドウサイズの変更がどのような手順で実行されるのか、なんとなく見当がつくのではないでしょうか。その概要を先に明らかにしておきましょう。

ユーザーがリサイズボックス上でマウスボタンを押したら、まずWindowマネージャのGrowWindowを呼びます。このルーチンは、ユーザーがボタンを放さずにドラッグしているあいだ、ずっと動きをトラッキングし、リサイズ後のウィンドウの大きさのイメージを示す外形線を描き続けます。ユーザーが大きさを決めてボタンを放すと、このルーチンから戻りますが、その際にはリサイズ後の新たなウィンドウのサイズを返します。こんどは、それを指定して、同じくWindowマネージャのSizeWindowルーチンを呼び出し、ウィンドウを実際にリサイズします。後は、ウィンドウ全体のドラッグの処理と同じように、新しいウィンドウの中身を消去してリサイズボックスとスクロールバー用の枠を描き直せば完了です。

この部分のプログラム全体を確認しましょう。

```
ResizeWindow

    SUBQ    #4,SP                         ; for return value
    MOVE.L  whichWindow(A5),-(SP)         ; event window
    MOVE.L  eventRecord+evtMouse(A5),-(SP)  ; mouse location
    PEA     resizeBounds
    _GrowWindow
    MOVE.L  (SP)+,newWSize(A5)            ; new window size
    MOVE.L  whichWindow(A5),-(SP)         ; event window
    MOVE.L  newWSize(A5),-(SP)            ; push new size(w,h)
    MOVE.W  #-1,-(SP)                     ; update flag to true
    _SizeWindow
    BSR     GetCGPort
    PEA     cPortRect(A5)                 ; erasing rect
    _EraseRect
    PEA     windowStorage(A5)             ; to redraw close box
    _DrawGrowIcon
    BSR     GetDrawArea
    BRA     NextEvent                     ; return to loop
```

最初に呼び出しているGrowWindowは、Pascalのファンクションとして、以下のように定義されています。

```
FUNCTION GrowWindow (theWindow: WindowPtr; startPt: Point;
    sizeRect: Rect) : LONGINT;
```

このファンクションが返す新しいウィンドウのサイズは、ちょっとめずらしい形式になっています。よく使われる長方形ではなく、それぞれワード値で表現された幅と高さを1つのロングワードにパックしたものです。細かく言えば上位ワードが高さ、下位ワード幅を表します。ここでは、とりあえずその新しいサイズの値を、グローバル領域の変数、newWSizeにコピーしています。

このルーチンを呼び出してから、返ってくるまでの間は、ユーザーが実際にサイズボックスをドラッグしていることになります。その際には、新しいサイズのイメージを示すウィンドウの外枠だけが表示されます。当時のMacは、ウィンドウの中身をリアルタイムでアップデートしつつ、ドラッグ操作に対応することができるほどの処理能力を持っていなかったからです。

図38：GrowWindowルーチンで、サイズボックスのドラッグをトラッキングする

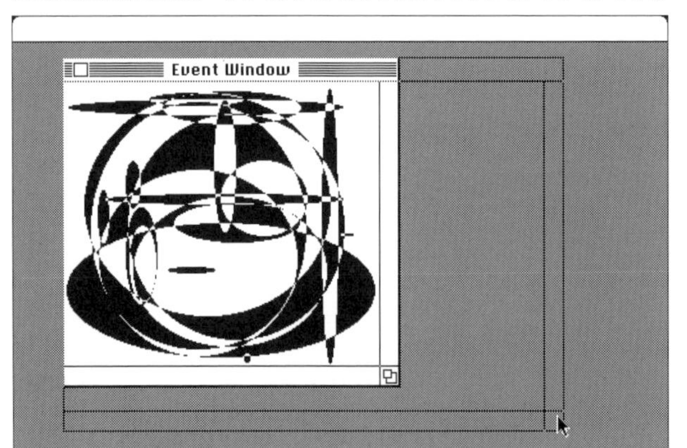

次に呼ぶのは、枠をドラッグした後のサイズに合わせて、実際にウィンドウのサイズを変更するSizeWindowです。このPascalプロシージャの定義は、以下のようです。

```
PROCEDURE SizeWindow (theWindow: WindowPtr; w,h: INTEGER;
    fUpdate: BOOLEAN);
```

このプロシージャに与えるのは、実際にサイズを設定するウィンドウへのポインター、ウィンドウの新しい幅と高さ（いずれもワードサイズ）、その後にウィンドウをアップデートするかどうかのフラグ（真偽値をワードに拡張したもの）です。幅と高さのワード値で指定するウィンドウのサイズは、詰まるところ先のGrowWindowが返したロングワードにパックされたの幅と高さの値1つと同じことなので、newWSizeに保存しておいたロングワードのサイズを、そのままプッシュしています。このあたり、GrowWindowが返した値を、そのままスタックに残して利用するか、どこかのレジスターに一時的に保存した方が、メモリ使用量はデータだけで8バイトほど少なくなるでしょう。しかしここでは、受け渡しする値の意味を明確にするためと、プログラムの展開によっては、このサイズを後で利用したくなる可能性もあると考え、あえて変数に保存することにしました。最後のfUpdateというフラグは、サイズの変更後にウィンドウの中身をアップデートするかどうかを決めるためのものです。本来は、アップデートイベントを利用して中身を更新するためのものですが、このプログラムでは、そのアップデートイベント自体を使っていません。そのため、ここで真偽のいずれを返しても動作は何も変わりません。アップデートインベントについては、この後の別のサンプルアプリの解説で取り上げます。

このルーチンから戻ると、ウィンドウは新しいサイズになって、中身も消去され、リサイズボックスも再描画されて、元のような楕円の連続描画のアニメーションが再開されます。

図39：サイズボックスのドラッグが完了したらSizeWindowルーチンで、実際にウィンドウサイズを変更する

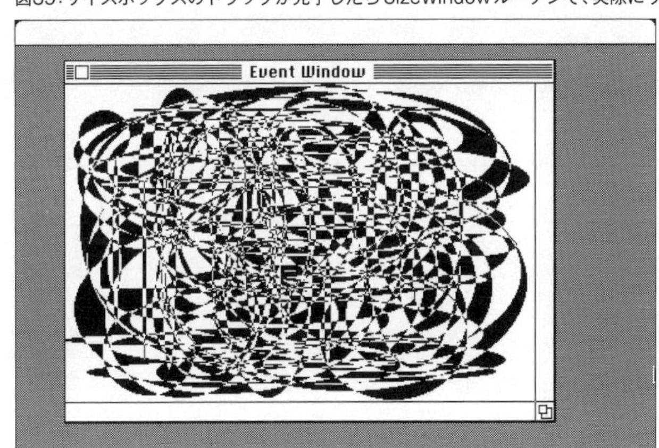

●その他のサブルーチン

このプログラムに出てくるその他のサブルーチンのうち、InitManagers、RandomOval、RangeRandomについては、前のAnimation Sampleの同名のものとまったく同じです。ここでは説明を省略します。ちょっと異なるのは、Animation SampleにもあったSetupWindowで、さらにそこから新たにGetDrawAreaというサブルーチンを呼び出しています。さらにGetDrawAreaからは、GetCGPortサブルーチンも呼び出します。SetupWindow自体は、アプリケーションの初期化の際に1回だけ呼ばれるだけなので、それだけなら、その一部をサブルーチン化する必要はありません。しかしこのプログラムでは、ウィンドウをドラッグしたり、リサイズした後にも、ウィンドウの中身の描画エリアの設定が必要となるため、それらの共通部分をサブルーチン化しました。前の例と異なる部分だけを説明しましょう。

このプログラムのSetupWindowも、途中までは前と同じです。

```
SetupWindow

    CLR.L   -(SP)                   ; for return value
    MOVE.W  #1,-(SP)                ; window ID
    PEA     windowStorage(A5)
    MOVE.L  #-1,-(SP)               ; behind
    _GetNewWindow
    _SetPort
    PEA     windowStorage(A5)
    _DrawGrowIcon
    BSR     GetDrawArea
    RTS
```

異なるのは、GetNewWindowルーチンを呼んだ後からです。以前はGetNewWindowが返してきたウィンドウへのポインターをA4レジスターにコピーしておきましたが、今回は、それはなしで、そのままSetPortルーチンを呼んでいます。また、以前はSetPortから返った後に、その場で描画エリアの長方形を設定していましたが、ここではその仕事はGetDrawAreaサブルーチンに任せています。ただし、その前にDrawGrowIconルーチンを呼んで、リサイズボックスと、それに続くスクロールバーの境界線を描いています。

GetDrawAreaサブルーチンは、まずGetCGPortサブルーチンを呼んで、現在のグラフポートを取得してから、スクロールバーの分だけ、描画エリアを小さくしています。

```
GetDrawArea

     BSR      GetCGPort
     SUB      #15,right(A2)
     SUB      #15,bottom(A2)
     RTS
```

このような処理も、初期の Toolbox では、アプリケーションが自分でやらなければならなかったのです。その処理はかなり原始的で、自分で保存している描画エリアの右と下の座標から、それぞれスクロールバーの幅、#15 を引いているだけです。

GetCGPort は、以前には SetupWindow の中で実行していた処理を独立させたもので、特に新しいことはしていません。

```
GetCGPort

     PEA      cGPort(A5)             ; argument for GetPort
     _GetPort
     MOVE.L   cGPort(A5),A3          ; current GrafPort address
     LEA      portRect(A3),A3        ; current PortRect address
     LEA      cPortRect(A5),A2               ; cPortRect address
     MOVE.L   topLeft(A3),topLeft(A2)        ; copy topLeft coord
     MOVE.L   botRight(A3),botRight(A2)      ; copy botRight
     RTS
```

まず、前の処理の結果に関わらずいつでも使えるように、GetPort ルーチンを呼び出して、現在のグラフポートを取得してます。この GetPort は、Pascal のプロシージャとして定義されていますが、1つしかないパラメーターは参照渡しなので、そこに指定した変数（ここでは cGPort）に、取得したグラフポートへのポインターが返されます。

```
PROCEDURE GetPort (VAR port: GrafPtr);
```

後は、そのグラフポートの中に記録されているポートレクトの座標値を、自分の管理するグローバル変数、cPortRect にコピーしているだけです。

●定数と変数

プログラムの最後に記述している定数と変数の定義も、前のサンプルプログラムと大きくは変わりません。まず定数ですが、今回はパターンの定義はなしとしています。その代わりというわけではありませんが、ウィンドウ全体をドラッグする際の境界（dragBounds）と、ウィンドウをリサイズする際の境界（resizeBounds）を定義しています。定数定義はそれだけです。

```
; Constants

dragBounds      DC.W    24,24,338,508   ; drag limit
resizeBounds    DC.W    40,40,338,508   ; resize limit
```

グローバル変数としては、２つの変数を追加しています。

```
; Global Area

eventRecord     DS.B    evtBlkSize  ; storage for event
whichWindow     DS.L    1           ; found window

cGPort          DS.L    1           ; current graf port
cPortRect       DS.L    2           ; current port rectangle
rTop            DS.W    1           ; random top
rLeft           DS.W    1           ; random left
rBottom         DS.W    1           ; random bottom
rRight          DS.W    1           ; random right

newWSize        DS.L    1           ; window size after resize

windowStorage   DS.W    WindowSize  ; Storage For Window
```

それらは、マウスダウンイベントが発生したウィンドウへのポインターを保持しておくwhichWindow（ロングワード）、現在のグラフポートへのポインターを保持しておくcGPort（ロングワード）、そしてリサイズ後のウィンドウのサイズを記録するnewSize（ロングワード）の３つです。他は、以前のものと変わりません。

●WinEvent Sampleの全ソースコードを確認する

最後に、WinEvent Sampleプログラムのアセンブリ言語によるソースコード全体を確認しておきましょう。

```
; File WinEvent.Asm

Include     MacTraps.D      ; System and ToolBox traps
Include     ToolEqu.D       ; ToolBox equates
```

```
Include     SysEqu.D                ; System equates
Include     QuickEqu.D              ; QuickDraw equates

Start
    BSR     InitManagers
    BSR     SetupWindow

    MOVE.W  #patXor,-(SP)           ; pen mode to XOR
    _PenMode

EventLoop

    BSR     RandomOval

    CLR.W   -(SP)                   ; for return value
    MOVE.W  #$0FFF,-(SP)            ; eventMask
    PEA     eventRecord(A5)         ; EventRecord
    _GetNextEvent
    MOVE.W  (SP)+,D0                ; null event?
    BEQ     EventLoop               ; yes
    BSR     HandleEvent
    BEQ     EventLoop
    RTS                             ; to quit

HandleEvent

    MOVE.W  eventRecord+evtNum(A5),D0   ; event code
    CMP.W   #mButDwnEvt,D0          ; mouse down?
    BEQ     MouseDown               ; yes

NextEvent

    MOVEQ   #0,D0   ; not to quit
    RTS

MouseDown

    CLR.W   -(SP)                   ; for return value
    MOVE.L  eventRecord+evtMouse(A5),-(SP)  ; mouse location
    PEA     whichWindow(A5)         ; for found window
    _FindWindow
    MOVE.W  (SP)+,D0                ; mouse location
    CMP.W   #inDrag,D0              ; drag region?
    BEQ     DragWindow              ; yes
    CMP.W   #inGoAway,D0            ; close box?
    BEQ     GoAway                  ; yes
    CMP.W   #inGrow,D0              ; grow region?
    BEQ     ResizeWindow            ; yes
    BRA     NextEvent               ; return to loop

DragWindow
```

```
    MOVE.L  whichWindow(A5),-(SP)    ; event window
    MOVE.L  eventRecord+evtMouse(A5),-(SP)  ; mouse location
    PEA     dragBounds               ; drag limit
    _DragWindow
    BSR     GetCGPort
    PEA     cPortRect(A5)            ; erasing rect
    _EraseRect
    PEA     windowStorage(A5)        ; to redraw close box
    _DrawGrowIcon
    BSR     GetDrawArea
    BRA     NextEvent                ; return to loop

GoAway

    SUBQ    #2,SP                    ; for return value
    MOVE.L  whichWindow(A5),-(SP)    ; event window
    MOVE.L  eventRecord+evtMouse(A5),-(SP)  ; mouse location
    _TrackGoAway
    MOVE.W  (SP)+,D0                 ; in close box?
    BEQ     NextEvent                ; no to return to loop
    MOVE.L  whichWindow(A5),-(SP)    ; window to close
    _DisposWindow
    RTS

ResizeWindow

    SUBQ    #4,SP                    ; for return value
    MOVE.L  whichWindow(A5),-(SP)    ; event window
    MOVE.L  eventRecord+evtMouse(A5),-(SP)  ; mouse location
    PEA     resizeBounds
    _GrowWindow
    MOVE.L  (SP)+,newWSize(A5)       ; new window size
    MOVE.L  whichWindow(A5),-(SP)    ; event window
    MOVE.L  newWSize(A5),-(SP)       ; push new size(w,h)
    MOVE.W  #-1,-(SP)                ; update flag to true
    _SizeWindow
    BSR     GetCGPort
    PEA     cPortRect(A5)            ; erasing rect
    _EraseRect
    PEA     windowStorage(A5)        ; to redraw close box
    _DrawGrowIcon
    BSR     GetDrawArea
    BRA     NextEvent                ; return to loop

InitManagers

    PEA     -4(A5)                   ; Quickdraw global
    _InitGraf                        ; Init Quickdraw
    _InitFonts                       ; Init Font Manager
    MOVE.L  #$0000FFFF,D0            ; Flush all events
```

```
    _FlushEvents
    _InitWindows                        ; Init Window Manager
    _InitCursor                         ; Turn on arrow cursor
    RTS

SetupWindow

    CLR.L   -(SP)                       ; for return value
    MOVE.W  #1,-(SP)                    ; window ID
    PEA     windowStorage(A5)
    MOVE.L  #-1,-(SP)                   ; behind
    _GetNewWindow
    _SetPort
    PEA     windowStorage(A5)
    _DrawGrowIcon
    BSR     GetDrawArea
    RTS

RandomOval

    LEA     cPortRect(A5),A4            ; current port rect
    MOVE.W  bottom(A4),D3               ; port height
    BSR     RangeRandom                 ; random number
    MOVE.W  D3,rTop(A5)                 ; to top coord
    MOVE.W  right(A4),D3                ; port width
    BSR     RangeRandom                 ; random number
    MOVE.W  D3,rLeft(A5)                ; to left coord
    MOVE.W  bottom(A4),D3               ; port height
    BSR     RangeRandom                 ; random number
    MOVE.W  D3,rBottom(A5)              ; to bottom coord
    MOVE.W  right(A4),D3                ; port width
    BSR     RangeRandom                 ; random number
    MOVE.W  D3,rRight(A5)               ; to right coord
    PEA     rTop(A5)                    ; push oval coord
    _PaintOval
    RTS

GetCGPort

    PEA     cGPort(A5)              ; argument for GetPort
    _GetPort
    MOVE.L  cGPort(A5),A3           ; current GrafPort address
    LEA     portRect(A3),A3         ; current PortRect address
    LEA     cPortRect(A5),A2        ; cPortRect address
    MOVE.L  topLeft(A3),topLeft(A2)     ; copy topLeft coord
    MOVE.L  botRight(A3),botRight(A2)   ; copy botRight
    RTS

GetDrawArea

    BSR     GetCGPort
```

```
    SUB     #15,right(A2)
    SUB     #15,bottom(A2)
    RTS

RangeRandom

    CLR.W   -(SP)                   ; for return value
    _Random                         ; random number generator
    MOVE.W  (SP)+,D4                ; 16 bit return value
    MULU    D4,D3                   ; random x max
    MOVE.W  #16,D4                  ; shift counter to 16
    LSR.L   D4,D3                   ; result / #$FFFF
    RTS

; Constants

dragBounds      DC.W    24,24,338,508   ; drag limit
resizeBounds    DC.W    40,40,338,508   ; resize limit

; Global Area

eventRecord DS.B    evtBlkSize      ; storage for event
whichWindow DS.L    1               ; found window

cGPort      DS.L    1               ; current graf port
cPortRect   DS.L    2               ; current port rectangle
rTop        DS.W    1               ; random top
rLeft       DS.W    1               ; random left
rBottom     DS.W    1               ; random bottom
rRight      DS.W    1               ; random right

newWSize    DS.L    1               ; window size after resize

windowStorage   DS.W    WindowSize  ; Storage For Window

End
```

7-8 ウィンドウの中身のイベントをキャッチするアプリ

前のサンプルアプリケーションでは、ウィンドウに対するイベント処理を実現しましたが、そのイベントは、いわばウィンドウの外枠に限ったものとなっていました。ウィンドウ全体をドラッグして移動するタイトルバーも、ウィンドウを閉じてアプリケーションを終了するクローズボックスも、ドラッグ操作でウィンドウのサイズを変更するサイズボックスも、すべてウィンドウの周辺の枠の部分にあります。当然ながらそれだけでは、ウィンドウの中身に何かを描いたり、編集したりすることはできません。このままでは、本書のサンプルプログラムとして最終的に作成する描画アプリへの道が開けません。そこで今回は、いよいよウィンドウの中身に対するイベントを扱うことにします。

とりあえずはウィンドウの中身でクリックした場所の座標値を調べて表示するだけの単純なものから始めます。ただし、その座標値には２種類あるので、混乱しないよう、値の取り扱いに注意が必要となります。

●クリックした点のグローバル座標とローカル座標を表示するプログラム

ここで作成するのは、ウィンドウの中身の領域をクリックすると、まずその点に大きめのドットを描き、その横にその点の座標値を表示するアプリケーション、Contents Sample です。ただし、上で述べたようにこの座標には２種類があります。それは何かというと、グローバル座標とローカル座標です。

グローバル座標とは、Mac の物理的な画面の左上を原点とする座標系のことです。つまりウィンドウの外も中も関係なく、そこにウィンドウがあるかどうかさえも関係ない座標系です。もちろん、x 軸は右が正方向、y 軸は下が正方向というMac ならではの座標系です。初代の Mac では、座標値は左上が (0, 0)、右下が (511, 341) となります。

それに対してローカル座標は、各ウィンドウに、それぞれ独立して存在する座標系です。これも原点はウィンドウの左上で、タイトルバーを含まず、そのすぐ下のコンテンツ領域から始まります。x 軸､y 軸の方向はグローバル座標と変わりません。左上の座標値が (0. 0) となっているのも同じですが、ウィンドウの右下の座標値は、当然ながらウィンドウの大きさによって異なります。

図40：ウィンドウの中身の領域をクリックすると、その点のグローバル座標とローカル座標の値を表示するアプリケーション

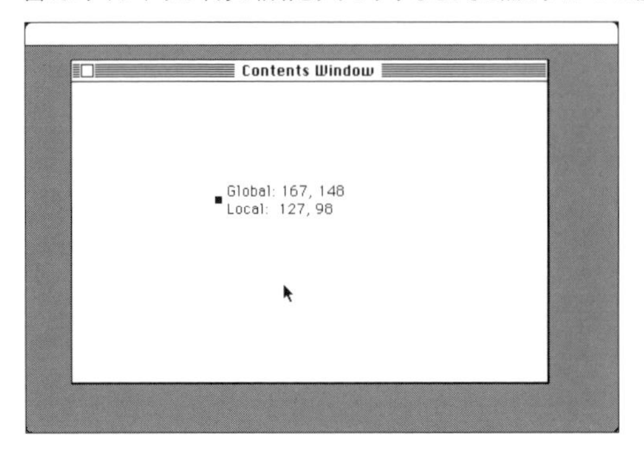

このアプリケーションでは、クリックした点の右上にグローバル座標の値、右下にローカル座標の値を、それぞれx軸、y軸の順にカンマで区切って表示するようにしています。このような文字の描画にも、もちろんQuickDrawを使います。Mac以前の一般的なパソコンの文字画面と異なって、QuickDrawによる文字表示なら、ウィンドウ内のどこにでも1ドット単位の位置に文字を描くことができます。

ウィンドウの中の同じ点の座標値は、ローカル座標では常に同じです。しかし、ウィンドウが画面の中を移動すると、ウィンドウの中では同じ座標の点でも、グローバル座標の値は変わります。

このプログラムでも、タイトルバーをドラッグすることでウィンドウを移動できるので、ウィンドウを画面の右下方向に移動して、別の場所をクリックしてみましょう。以前にクリックした点の真下あたりをクリックすると、ローカルのx座標の値は、ほとんど変わっていない（実際には1だけずれている）のに対し、グローバルなx座標は、167だったもの223になっていることが分かります。

図41：ウィンドウを右下に移動してから以前の真下をクリックしてみると、グローバルなx座標の値が大きく変わっているのが分かる

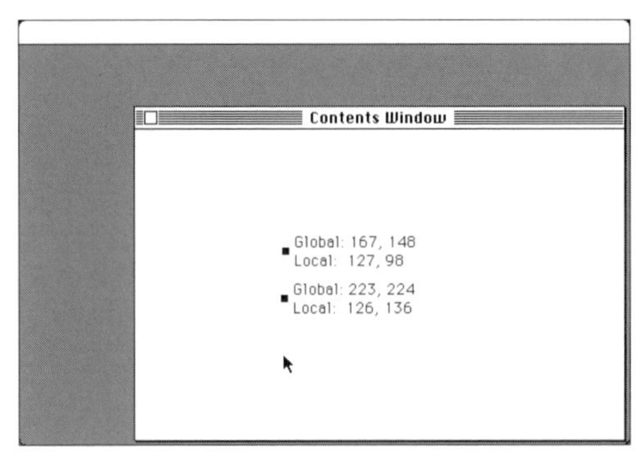

このようなことは、もちろんy軸についても同様です。こんどは、ウィンドウを画面の左上に移動してから、最初にクリックした点の真横あたりをクリックしてみましょう。

図42:ウィンドウを左上に移動してから最初の点の右側をクリックしてみると、ローカル座標に対してグローバル座標のx軸の値が大きく変わっているのが分かる

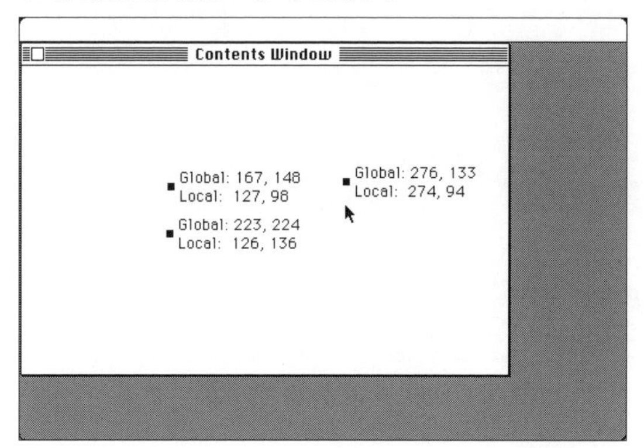

こうした数値の違いからも、グローバル座標とローカル座標の意味の違いが見えてくるでしょう。

●Contents Sampleの構成要素

Contents Sampleの構成要素も、これまで見てきたアプリケーションのものと基本的に同じで、アセンブリ言語のソース、リンクファイル、ジョブファイル、リソース定義ファイルの4つから構成されています。

図43:ウィンドウの中身についてのイベントを処理するContents Sampleの構成要素

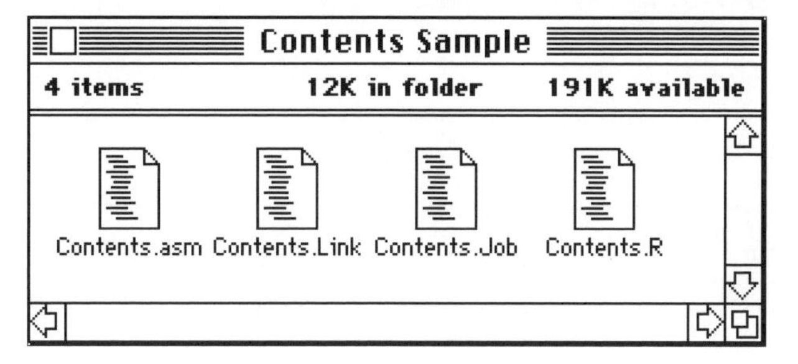

アプリケーション本体のソースコード以外は特に変わったところはありませんが、それぞれのファイルの中身を一通り見ておきましょう。

まず、プログラムをビルドするContents.Jobです。

```
ASM     Contents.Asm              Exec    Edit
LINK    Contents.Link             Exec    Edit
RMAKER  MDS Sample:Contents.R     Finder  Edit
```

例によってファイル名以外は、これまでに見たものと何も違いません。

次のリンクファイル、Contents.Linkも同様です。

```
[

Contents
/Output Contents.code
/Type 'TEMP'

$
```

リソース定義ファイルも、ファイル名、タイプ、クリエーターを設定し、コードリソースをインポートする以外では、1つのウィンドウを定義しているだけです。今回のウィンドウにも、ウィンドウを閉じると同時にアプリケーションを終了するためのGoAway（クローズ）ボックスがあります。

```
MDS Sample:Contents
APPLCONT

INCLUDE MDS Sample:Contents.Code

Type WIND
  ,1
Contents Window
50 40 300 450
Visible GoAway
0
0
```

アセンブリ言語によるソースコードを除く部分は以上です。これ以降、アセンブリ言語のソースコードについて説明していきますが、これまでに登場したのと同じ部分、あるいはかなり近い部分については、できるだけ説明を省略して、新たに登場した要素について、詳しく説明していくことにします。

●マクロを定義する

このプログラムのソースコードには、これまでに見てきたものとは、はっきりと異なる要素が含まれています。それは一種のマクロ定義です。アセンブリ言語のマクロ定義とは、簡単に言えば、複数のステップからなる命令群を、1つの名前で再現できるようにしたもので、記述する際にパラメーターを与えて、プログラムの内容を調整することもできます。サブルーチンとは異なって、マクロ定義した名前が出てくるたびに、その場所に、定義内容のコードが展開されます。サブルーチンで代用できないこともないかもしれませんが、実行効率を考えると、マクロを使うほうが優れているでしょう。というよりも、そういう場合にマクロを使うべきなのです。

このプログラムでは、NumToStringというToolboxのルーチンを利用するためにマクロ定義を使っています。NumToStringは、バイナリ（16進数）で表現された値を文字列に変換して、画面に表示できるようにするものです。これは、Toolboxの中でも低レベルな「The Binary-Decimal Conversion Package」というパッケージに含まれています。といっても、このパッケージには、このNumToStringルーチンと、それとまったく逆の働き（数値を表す文字列をバイナリに変換する）のStringToNumという2つのルーチンしか入っていません。

参考までに、NumToStringのPascalによるプロシージャ定義は、以下のようになっています。パラメーターとしては、変換したい数字（LONGINT）と、変換後の文字列を与えますが、もちろん後者は参照渡しなので、後者の変数の中身が書き換えられ、前者を変換した文字列が入って戻ってきます。

```
PROCEDURE NumToString (theNum: LONGINT; VAR theString: Str255);
```

ただし、アセンブリ言語の場合には、D0に変換したい数値（ロングワード）、A0に変換後の文字列の格納先へのポインターを入れて呼び出すと、A0が示すアドレスに変換後の文字列を収容して戻ります。

ちなみに、PascalのStr255という型は、英数字で最大255文字までの文字列を格納できるものです。現在の感覚からすると、かなり不自由な型に見えますが、Toolboxでも標準的な文字列の形式となっています。Pascalの文字列データは、最初の1バイトで文字列の長さを表すので、そのような制限が生まれてしまいます。もっとも、プログラムの中で文字列を扱う際には、長さの制限はともかく、その構造がどうなっているのかを知る必要はありません。Toolboxが扱う文字列は、基本的にPascalのStr255型なので、アセンブリ言語で扱う文字列も同じ構造となっています。このプログラムでも、NumToStringが返してきた変数の値（正確にはポインター）を、そのままQuickDrawに渡して文字列を描画しています。

この数値と文字列の相互変換パッケージは、ToolboxのROMには含まれておらず、必要に応じて（最初にどちらかのルーチンが呼ばれたときに）ディスクからメモリに読み込まれるようになっています。それもあってか、本書で使用しているアセンブリ言語の開発環境、MDSにはデフォルトでは、これらのルーチンのマクロ定義が含まれていません。そこで、ソースコードの中で明示的に定義してやる必要があります。その方法は、開発環境によって異なる部分でもあるので、今さら詳しく知っても、あまり意味がないでしょう。そこでここでは、その定義だけを示すことにします。

この数値／文字列の相互変換に限らず、Toolboxのパッケージは、Packageマネージャによって管理され、Pack7というToolboxルーチンを通して呼べるようになっています。そこでここでは、まずPack7を呼び出すPackCallというマクロを定義し、NumToStringマクロは、それを使ってPack7を呼び出すようにしています。なお、この例では、StringToNumは使わないので、マクロ定義はしていませんが、stringToNumの定数値（1）の定義はしてあるので、NumToStringの定義を参考にして、必要ならStringToNumも簡単に定義できるでしょう。

```
numToString EQU 0                    ; for Macro _NumToString
stringToNum EQU 1                    ; for Macro _StringToNum

.MACRO      _PackCall                ; for Package calling
            MOVE.W  %1,-(SP)
            %2
.ENDM

.MACRO      NumToString              ; _NumToString Definition
            _PackCall   #numToString,_Pack7 ; Conv. Package
.ENDM
```

●ウィンドウのコンテンツに対するイベントに対応する

このプログラムでも、イベントループや、そこから分岐するHandleEvent、さらにマウスボタンが押されたというイベントを処理するMouseDownなどは、前のサンプルと、ほとんど同じ形になっています。その中でも異なるのは、マウスボタンがウィンドウのコンテンツ領域で押された場合の判断をして、その際にはDoContentに分岐する部分です。そこで、ここからは、そのDoContentの中身を見ていくことにします。このDoContentは、1つのラベルの付いた一連のプログラムとしては、かなり長いものになっています。つまり、その中ではまったく分岐もなく、決まった処理を一気に実行するのです。ここでの仕事は、大きく分けると3つです。1つは、クリックした点を中心にちょっと大きめ（6×6）の正方形のドットを描くこと。後の2つは、それぞれ「Global:」、「Local:」というラベルに並べて、それぞれの座標値を数字で描くことです。グローバル座標の表示がクリックした点の右上、ローカル座標の表示が右下に配置されます。

まずは、クリックした点を中心にドットを描く部分までを見ていきましょう。

```
DoContent

    MOVE.L  eventRecord+evtMouse(A5),gPoint(A5) ; save point
    PEA     eventRecord+evtMouse(A5)     ; mouse point
    _GlobalToLocal
    LEA     mDot(A5),A2                  ; marker dot address
    MOVE.L  eventRecord+evtMouse(A5),topLeft(A2) ; local point
    MOVE.L  eventRecord+evtMouse(A5),botRight(A2); local point
    SUBQ.W  #3,top(A2)                   ; 3 dots up
    SUBQ.W  #3,left(A2)                  ; 3 dots left
    ADDQ.W  #3,bottom(A2)                ; 3 dots down
    ADDQ.W  #3,right(A2)                 ; 3 dots right
    MOVE.L  A2,-(SP)                     ; fat marker dot
    _PaintRect
```

まず最初に実行しているのは、クリックした時点でのマウスポインターの座標値を、gPointという変数に保存することです。これは、イベントレコードの中にあります。実は、この座標値はグローバル座標で表されたものです。この後、これをローカル座標に変換してしまうので、その前に変数として保存しておくのです。

その後、QuickDrawのGlobalToLocalルーチンを使って、グローバル座標をローカル座標に変換します。このルーチンのPascalプロシージャとしての定義は以下のようになっています。

```
PROCEDURE GlobalToLocal (VAR pt: Point);
```

パラメーターは参照渡しなので、変数へのポインターを渡すと、変数の値そのものが変換されて戻ってきます。ここでは、ちょっと大胆かもしれませんが、イベントレコード中にあるポインター座標を、そのまま渡して変換しています。

その後は、大きめのドットのマーカーを描くために、ローカル座標に変換された点を、mDotという変数にコピーしています。これは長方形を収納する変数ですが、左上の点と右下の点の両方にとりあえず同じ座標をコピーします。

そのままではmDotは大きさのない長方形（点）に過ぎないので、上と左の座標値を-3して、左上の点を左斜め上に3ドットずつ移動し、下と右の座標値を+3して、右下の右斜め下に移動しています。これで6×6ポイントの大きさを持つ長方形になりました。後は、PaintRectを使って、この長方形を描く（塗りつぶす）だけです。

次に、今描いたマーカードットの右下にローカル座標のラベルと値を表示しますが、そこは大きく3つのステップに分けることができます。QuickDrawのペンの位置の移動、「Local: 」というラベル文字列の描画、そしてローカル座標値の数値の描画です。

まず、ペンの移動ですが、これはすでにローカル座標に変換済のポインター座標から下に12ポイント、右に7ポイントずれた位置に持っていきます。ここでは、上で長方形を描くのに使ったmDotの最初のロングワード（ワード×2）を再利用して、新しいポイントの座標を計算しています。

```
    MOVE.L   eventRecord+evtMouse(A5),mDot(A5)  ; reset local point
    ADDI.W   #12,mDot+v(A5)                     ; 12 dots down
    ADDQ.W   #7,mDot+h(A5)                      ; 7 dots right
    MOVE.L   mDot(A5),-(SP)                     ; down-right point
    _MoveTo
```

高級言語では、1つの変数を別の用途に使うということはめったにしませんし、やってはいけないこととされていますが、アセンブリ言語では、それほど抵抗なく使える手法だと思います。もちろん、ペンの座標値を計算するための変数を別に用意したほうが分かりやすいでしょう。

次にそこに「Local: 」というラベルを描きます。文字列の描画には、QuickDrwaのDrawStringを使います。Pascalのプロシージャの形は以下のようになっていて、描きたい文字列（へのポインター）を与えて呼び出すだけです。

```
PROCEDURE DrawString (s: Str255);
```

ここでは、文字列格納用の定数や変数などを用意せず、アセンブリ言語のプログラム中に書いた文字列のアドレスを、PEA命令でそのままスタックにプッシュし、DrawStringを呼び出しています。

```
    PEA      'Local:  '       ; push string to draw
    _DrawString
```

これも乱暴なプログラムに見えるかもしれませんが、1回しか使わないことが確実な使い捨ての文字列を描くだけなら、これで十分です。

```
MOVE.W   eventRecord+evtMouse+h(A5),D0   ; mouse point x
EXT.L    D0                             ; word to long word
LEA      nString(A5),A0                 ; string address
_NumToString
MOVE.L   A0,-(SP)                       ; pointer to string
_DrawString
```

次に、ローカル座標の値を文字列に変換して描きます。文字列を連続して続きに描く場合は、自動的に移動されるペンの位置がそのまま使えます。つまり事前にMoveToによって目的の場所にペンを移動しておく必要はありません。すでにローカル座標に変換してあるマウスポインターのx座標値をワード値としてD0に入れ、それをロングワードの拡張してから、変換後の文字列を格納する変数nStringのアドレスをA0に入れ、NumToStringを呼び出します。上で述べたように、この場合のD0の値はロングワードとみなされるので、EXT.L命令が必要です。NumToStringから戻ってくると、nStringには変換後の文字列が入り、しかもA0レジスターは、そのアドレスを指したままなので、A0をスタックにプッシュして、後はDrawStringを呼べば良いだけです。

```
PEA      ', ',A0                    ; push string to draw
_DrawString
MOVE.W   eventRecord+evtMouse+v(A5),D0   ; mouse point y
EXT.L    D0                         ; word to long word
LEA      nString(A5),A0             ; string address
_NumToString
MOVE.L   A0,-(SP)                   ; pointer to string
_DrawString
```

続いて、x座標値とy座標値の区切りとして「, 」（カンマ+スペース）という文字列をDrawStringで描いてから、こんどはイベントレコード中のy座標の値を文字列に変換して描きます。y座標を取り出す部分以外、上のx座標の表示とまったく同じなので、説明を省きます。

続いて、グローバル座標の値を表示しますが、これもほとんどはローカル座標の場合と同じです。実際のソースコードを示しながら、ローカル座標と異なる部分だけを指摘することにします。

```
MOVE.L   eventRecord+evtMouse(A5),mDot(A5)  ; reset start point
SUBQ.W   #3,mdot+v(A5)                      ; 3 dots up
ADDQ.W   #7,mdot+h(A5)                      ; 7 dots right
MOVE.L   mDot(A5),-(SP)                     ; up-right point
_MoveTo
```

まずは描きはじめの位置ですが、マーカードットを描いた中心から、上に3ポイント、右に7ポイント移動した位置とします。ちょうどローカル座標値を描いた上となります。ここでも、mDot を使って計算し、MoveTo でペンを移動しておきます。

後は、「Local」という文字が「Global」になることと、変換する座標値をイベントレコードの中ではなく、最初に保存しておいた gPoint 変数から持ってくる部分が異なるだけです。このパートの最後まで、通して示します。

```
PEA      'Global: '                         ; push string to draw
_DrawString

MOVE.W   gPoint+h(A5),D0                    ; global point x
EXT.L    D0                                 ; word to long word
LEA      nString(A5),A0                     ; string address
_NumToString
MOVE.L   A0,-(SP)                           ; pointer to string
_DrawString
PEA      ', '                               ; push string to draw
_DrawString
MOVE.W   gPoint+v(A5),D0                    ; global point y
EXT.L    D0                                 ; word to long word
LEA      nString(A5),A0                     ; string address
_NumToString
MOVE.L   A0,-(SP)                           ; pointer to string
_DrawString

BRA      NextEvent                          ; return to loop
```

このパートの最後も、無条件で NextEvent に分岐しています。これで、何事もなかったかのようにイベントループに戻ります。

●定数と変数

プログラムの最後の部分に書いている定数と変数の定義も、前のサンプルと大きくは変わらず、むしろ定義の量も少なくなっています。定数としては、ウィンドウのドラッグ可能な領域を示す。dragBounds だけを定義しました。変数についても、イベントレコードやウィンドウ用のストレージなど、これまでに何度も出てきたもの以外には、数字から変換した文字列を格納するnString、グローバル座標点のgPoint、マーカードット用のmDotの3つがあるだけです。確認しておきましょう。

```
; Constants

dragBounds      DC.W    24,24,338,508    ; drag limit

; Global Area

eventRecord     DS.B    evtBlkSize       ; storage for event
whichWindow     DS.L    1                ; found window
nString         DS.B    16               ; string buffer

gPoint          DS.L    1                ; global point
mDot            DS.L    2                ; marker dot

windowStorage   DS.W    WindowSize       ; Storage For Window
```

●Contents Sampleの全ソースコードを確認する

例によって、最後にContents Sampleのアセンブリ言語のソースコードを通して示しておきます。

```
; File Contents.Asm

Include         MacTraps.D              ; System and ToolBox traps
Include         ToolEqu.D               ; ToolBox equates
Include         SysEqu.D                ; System equates
Include         QuickEqu.D              ; QuickDraw Equates

numToString     EQU 0                   ; for Macro _NumToString
stringToNum     EQU 1                   ; for Macro _StringToNum

.MACRO          _PackCall               ; for Package calling
    MOVE.W      %1,-(SP)
    %2
.ENDM

.MACRO          _NumToString            ; _NumToString Definition
    _PackCall   #numToString,_Pack7 ; Conv. Package
.ENDM

Start
    BSR         InitManagers
    BSR         SetupWindow

EventLoop
```

```
    CLR      -(SP)                           ; for return value
    MOVE     #$0FFF,-(SP)                    ; event mask
    PEA      eventRecord(A5)                 ; EventRecord
    _GetNextEvent
    MOVE     (SP)+,D0                        ; null event?
    BEQ      EventLoop                       ; yes
    BSR      HandleEvent                     ; no
    BEQ      EventLoop                       ; repeat looping
    RTS                                      ; to quit

HandleEvent

    MOVE.W   eventRecord+evtNum(A5),D0       ; event code
    CMP.W    #mButDwnEvt,D0                  ; mouse down?
    BEQ      MouseDown                       ; yes

NextEvent

    MOVEQ    #0,D0                           ; not to quit
    RTS

MouseDown

    CLR.W    -(SP)                           ; for return value
    MOVE.L   eventRecord+evtMouse(A5),-(SP)   ; mouse point
    PEA      whichWindow(A5)                 ; found window
    _FindWindow
    MOVE.W   (SP)+,D0                        ; mouse location
    CMP.W    #inDrag,D0                      ; drag region?
    BEQ      DragWind                        ; yes
    CMP.W    #inGoAway,D0                    ; close box?
    BEQ      GoAway                          ; yes
    CMP.W    #inContent,D0                   ; contents?
    BEQ      DoContent                       ; yes
    BRA      NextEvent                       ; restart looping

DragWind

    MOVE.L   whichWindow(A5),-(SP)               ; event window
    MOVE.L   eventRecord+evtMouse(A5),-(SP)   ; mouse point
    PEA      dragBounds                      ; drag limit
    _DragWindow
    BRA      NextEvent                       ; restart looping

GoAway

    SUBQ     #2,SP                           ; for return value
    MOVE.L   whichWindow(A5),-(SP)           ; event winodw
    MOVE.L   eventRecord+evtMouse(A5),-(SP)   ; mouse point
    _TrackGoAway
    MOVE.W   (SP)+,D0                        ; still in close box?
    BEQ      NextEvent                       ; return to loop
    MOVE.L   whichWindow(A5),-(SP)           ; window to close
```

```
    _DisposWindow
    RTS

DoContent

    MOVE.L  eventRecord+evtMouse(A5),gPoint(A5) ; save point
    PEA     eventRecord+evtMouse(A5)     ; mouse point
    _GlobalToLocal
    LEA     mDot(A5),A2                  ; marker dot address
    MOVE.L  eventRecord+evtMouse(A5),topLeft(A2) ; local point
    MOVE.L  eventRecord+evtMouse(A5),botRight(A2); local point
    SUBQ.W  #3,top(A2)                   ; 3 dots up
    SUBQ.W  #3,left(A2)                  ; 3 dots left
    ADDQ.W  #3,bottom(A2)                ; 3 dots down
    ADDQ.W  #3,right(A2)                 ; 3 dots right
    MOVE.L  A2,-(SP)                     ; fat marker dot
    _PaintRect

    MOVE.L  eventRecord+evtMouse(A5),mDot(A5)  ; reset local point
    ADDI.W  #12,mDot+v(A5)               ; 12 dots down
    ADDQ.W  #7,mDot+h(A5)                ; 7 dots right
    MOVE.L  mDot(A5),-(SP)               ; down-right point
    _MoveTo

    PEA     'Local:  '                   ; push string to draw
    _DrawString

    MOVE.W  eventRecord+evtMouse+h(A5),D0   ; mouse point x
    EXT.L   D0                           ; word to long word
    LEA     nString(A5),A0               ; string address
    _NumToString
    MOVE.L  A0,-(SP)                     ; pointer to string
    _DrawString
    PEA     ', ',A0                      ; push string to draw
    _DrawString
    MOVE.W  eventRecord+evtMouse+v(A5),D0   ; mouse point y
    EXT.L   D0                           ; word to long word
    LEA     nString(A5),A0               ; string address
    _NumToString
    MOVE.L  A0,-(SP)                     ; pointer to string
    _DrawString

    MOVE.L  eventRecord+evtMouse(A5),mDot(A5)  ; reset start point
    SUBQ.W  #3,mdot+v(A5)                ; 3 dots up
    ADDQ.W  #7,mdot+h(A5)                ; 7 dots right
    MOVE.L  mDot(A5),-(SP)               ; up-right point
    _MoveTo

    PEA     'Global: '                   ; push string to draw
    _DrawString

    MOVE.W  gPoint+h(A5),D0              ; global point x
    EXT.L   D0                           ; word to long word
```

```
    LEA      nString(A5),A0          ; string address
    _NumToString
    MOVE.L   A0,-(SP)                ; pointer to string
    _DrawString
    PEA      ', '                    ; push string to draw
    _DrawString
    MOVE.W   gPoint+v(A5),D0         ; global point y
    EXT.L    D0                      ; word to long word
    LEA      nString(A5),A0          ; string address
    _NumToString
    MOVE.L   A0,-(SP)                ; pointer to string
    _DrawString

    BRA      NextEvent               ; return to loop

InitManagers

    PEA      -4(A5)                  ; Quickdraw's global
    _InitGraf                        ; Init Quickdraw
    _InitFonts                       ; Init Font Manager
    MOVE.L   #$0000FFFF,D0           ; Flush all events
    _FlushEvents
    _InitWindows                     ; Init Window Manager
    _InitCursor                      ; Turn on arrow cursor
    RTS

SetupWindow

    CLR.L    -(SP)                   ; for return value
    MOVE     #1,-(SP)                ; window ID
    PEA      windowStorage(A5)
    MOVE.L   #-1,-(SP)               ; behind
    _GetNewWindow
    MOVE.L   (SP),A4
    _SetPort
    RTS

; Constants

dragBounds  DC.W    24,24,338,508    ; drag limit

; Global Area

eventRecord DS.B    evtBlkSize       ; storage for event
whichWindow DS.L    1                ; found window
nString     DS.B    16               ; string buffer

gPoint      DS.L    1                ; global point
mDot        DS.L    2                ; marker dot

windowStorage   DS.W    WindowSize   ; Storage For Window

End
```

7-9　メニューを利用して表示するグラフィックを選ぶアプリ

これまでに作成してきたアプリケーションは、Macの標準的なアプリとして、決定的に足りない要素が1つありました。すでにお気づきのことと思いますが、それはメニューです。Macのメニューは、今も昔も同じ、画面の最上辺に沿って表示されるメニューバー上に配置されます。ここでは、そこにメニューを配置し、最小限の機能ながら、ユーザーの期待通りに動作するプログラムに仕上げていきます。

Macのメニューは、最初期の時代から、標準的な配置が決まっていました。それは、いちばん左が「アップル」メニュー、次が「File」メニュー、その次が「Edit」メニューで、その右側にアプリケーション固有のメニュータイトルが続くというスタイルです。もちろん、そうした配置でなければならないというわけではありませんが、それに準拠することが推奨されていたのです。そして、それぞれのメニューの中身にも、標準的な項目というものがありました。それらを踏まえた上で、各メニューの中にも、アプリが独自の項目を追加していくことになっていました。ここで作るアプリケーションでは、Macのメニューを実現するための基礎的な手法を取り上げます。その際の主役は、もちろんMenuマネージャです。

●メニューで選んだ図形を描くプログラム

標準的なメニューの構成を紹介したばかりで、いきなりその標準から逸脱するアプリを作るのは気が引けますが、これから作るMenu Sampleのメニュー構成は、標準とはちょっとズレています。簡単に言うと、標準メニューの1つであるEditメニューを含んでいません。そして、その代わりと言うわけではありませんが、独自メニューとしてDrawメニューを実装しています。

このアプリには、編集機能がないということが、Editメニューを省いたもっともらしい理由です。しかし本当を言えば、それでもEditメニューが必要な理由があるのです。それは、アップルメニューから引き出して使うミニアプリケーションであるデスクアクセサリの中に、Editメニューを利用するものがある、という事実です。デスクアクセサリは、一般的なアプリと異なって、自分でメニューを設置することは、普通はありません。中には例外的に動作中だけ独自メニューを追加するデスクアクセサリもありましたが、標準的なスタイルではありません。いずれにせよ、デスクアクセサリをサポートするアプリは、Edit メニューもサポートして、いわばデスクアクセサリに使わせてあげるのが習慣となっています。このアプリのアップルメニューでは、デスクアクセサリをサポートするので、本当は Edit メニューもサポートしたいところです。このサンプルは、デスクアクセサリの機能を完全に実現するのが目的ではないので、割愛することにしました。それでもデスクアクセサリを使えるようにしたのは、それらがアプリのウィンドウのコンテンツと重なったときに何が起こるかを確かめるためです。デスクアクセサリのために Edit メニューをサポートする例は、本書のまとめとしての最後のサンプルプログラムで示します。

このアプリケーションを起動すると、これまでのものとは異なって、いかにも Mac のアプリらしいメニューバーを表示します。それとともに、「Menu Window」というタイトルのウィンドウも1つ表示します。このウィンドウには、クローズボックスもサイズボックスもありませんが、タイトルバーをドラッグして移動できるようにしています。

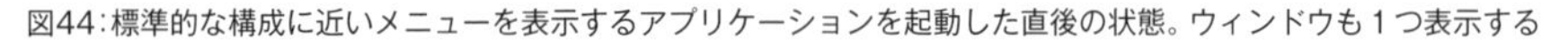
図44：標準的な構成に近いメニューを表示するアプリケーションを起動した直後の状態。ウィンドウも１つ表示する

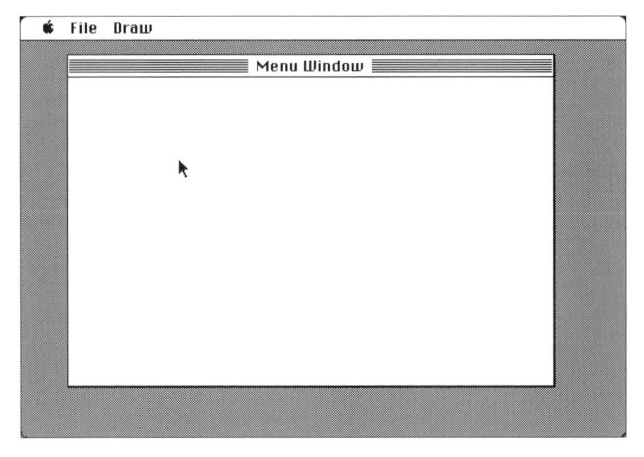

メニューバーの左端には、標準的なメニュー項目であるアップルメニューを配置してあります。初期の Mac のアップルメニューは、現在の同じメニューと比べると、かなり違った構成となっています。そのほとんどの項目は、デスクアクセサリ（DA）を選んで起動するためのものとなっています。

図45：アップルメニューを開くと、「About This App...」という項目に加えて、6つのデスクアクセサリが並んでいる

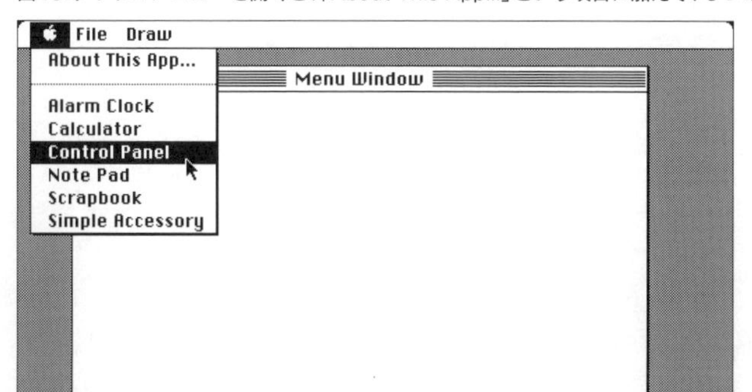

アップルメニューのいちばん上には、そのアプリケーションの簡単な説明を表示するダイアログを開くための項目を置くことになっています。これは、現在のMacのアップルメニューの右隣にある、アプリケーションの名前のメニューのいちばん上の項目、「～について」と同じようなものです。この表示内容については後で示します。

デスクアクセサリは、システムに組み込まれているもので、このアプリケーションが持っているものではありません。それでも、それをメニュー項目として表示するのが、各アプリの仕事となっています。現在のMacには、このデスクアクセサリはに相当するものは存在しませんが、強いて言えば、通知センターの中に表示して使えるウィジェットのようなものと考えればよいでしょう。デスクアクセサリがどんなものなのかについては、また後で改めて取り上げます。

このプログラムのFileメニューには、ただ1つ、「Quit」という項目を配置しています。

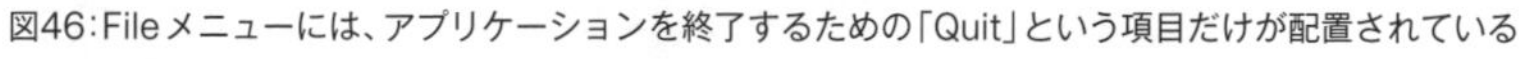

図46：Fileメニューには、アプリケーションを終了するための「Quit」という項目だけが配置されている

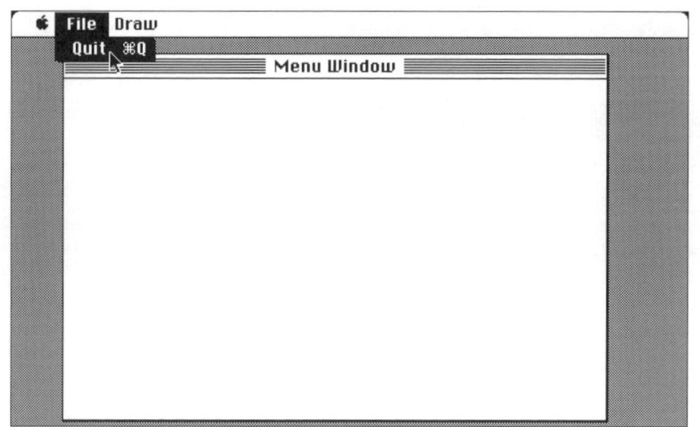

これは、言うまでもなくウィンドウを閉じてアプリケーションを終了するコマンドを実行するものです。これまでのアプリでは、ウィンドウのクローズボックスをクリックすることでアプリを終了していました。これは、その操作をメニューコマンドに移動したものと考えることができます。もちろん、一般的なファイルを扱うアプリのFileメニューには、それ以外にファイル処理関連のコマンドを配置することになります。その場合でも、いちばん下のメニュー項目としてはQuitを置くことになっていました。その意味では、このFileメニューの構成は標準的なものと言えます。

「Quit」という文字の右にある「⌘Q」という記号についての説明は不要でしょう。Macのメニューでは、当初からこのようにショートカットを表示するのが普通でした。もちろん、そのコマンドに、キーボードによるショートカットが割り振られている場合の話です。このプログラムでも、メニューを操作する代わりに、キーボードの「コマンド（⌘）」キーと「Q」キーを同時に押して終了することが可能です。

このアプリケーション独自のDrawメニューには、「Line」、「Rectangle」、「Oval」という３つのコマンドがあります。言うまでもなく、それぞれ直線、長方形、楕円の描画に対応したものです。

図47：Drawメニューには、それぞれ直線、長方形、楕円を描く「Line」、「Rectangle」、「Oval」という３つのコマンドが配置されている

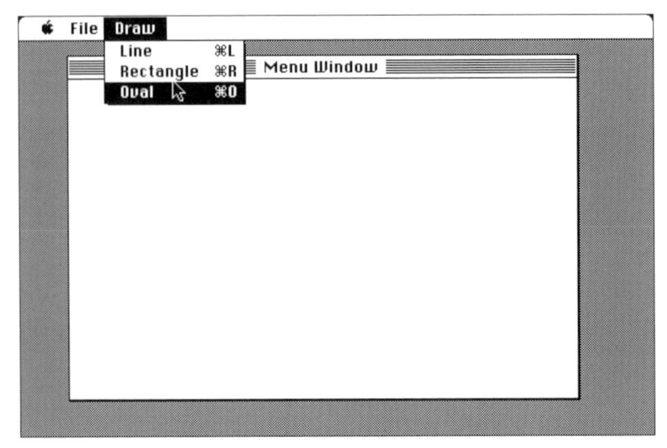

これらの描画コマンドは、いずれも形や大きさの定まった単一の図形を描くだけで、描画機能としては非常に単純なものです。実用的な価値はほとんどありませんし、使ってみて楽しいものでもありません。しかし、すでに述べたように、これらのコマンドによって描いたウィンドウの中身の上に、デスクアクセサリのウィンドウを表示したり、移動したり、最終的に閉じたりしたときに、そこにどのような影

響が及ぶかを確かめるためのものです。これについては、後で改めて実際の表示例を示しながら説明します。

●Menu Sampleの構成要素

Menu Sample の構成要素も、これまでに示したサンプルアプリケーションのものと基本的に同じです。アセンブリ言語のソース、リンクファイル、ジョブファイル、リソース定義の 4 つのファイルから構成されています。

図48：メニューを表示して、選択されたコマンドを処理するMenu Sampleの構成要素

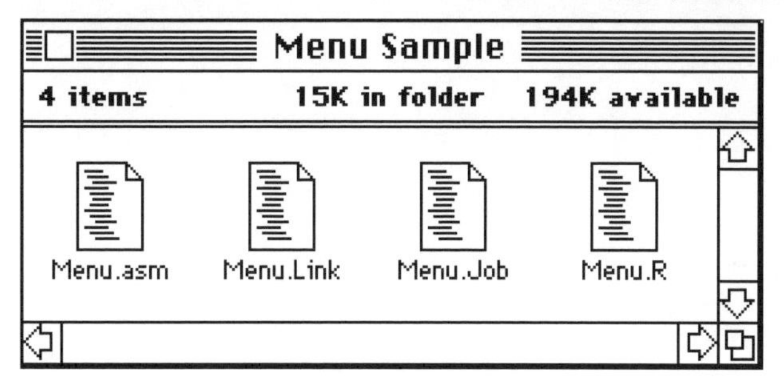

アセンブリ言語のソースコードについては、少し後で詳しく解説しますが、それ以外のものについて、中身を一通り確認しておきましょう。

まず、プログラムをビルドする Menu.Job です。

```
ASM     Menu.Asm              Exec    Edit
LINK    Menu.Link             Exec    Edit
RMAKER  MDS Sample:Menu.R     Finder  Edit
```

やはり、ファイル名以外は、これまでに見たものとまったく同じです。

リンクファイル、Menu.Link も同様です。

```
[

Menu
/Output Menu.Code
/Type 'TEMP'

$
```

リソース定義ファイルには、これまでは登場していなかったメニューの定義が含まれているので、そこには目新しさがあるでしょう。また、最初のころのサンプル

アプリで見たダイアログの定義も復活しています。ただし、リソース定義の基本は変わりません。

```
MDS Sample:Menu
APPLMENU

INCLUDE MDS Sample:Menu.Code

Type MENU
  ,1
\14
 About This App...
 (-

  ,2
File
  Quit/Q

  ,3
Draw
  Line/L
  Rectangle/R
  Oval/O


Type WIND
  ,1
Menu Window
50 40 300 450
Visible NoGoAway
0
0


Type DLOG
  ,1

100 100 190 400
Visible  NoGoAway
1
0
1

Type DITL
  ,1
3

Button
60 230 80 290
OK
```

```
StaticText
15 20 36 300
This sample program was written

StaticText
35 20 56 300
for Rutles 68000 & ToolBox Book!
```

メニュー定義は、リソースタイプが「MENU」というリソースの定義に他なりません。したがって、「Type MENU」で始まって、別のタイプのリソース（この場合はWIND）の定義が始まる前までが、メニューの定義ということになります。リソースの中身の構成は、そのタイプによって異なります。MENUの場合には、個々のメニューごとに、以下のような要素の並びとなります。

```
リソースID
メニュータイトル
項目1
項目2
...
```

メニューが複数ある場合、個々のメニュー定義は、1行以上の空白行で区切って、縦に並べます。

最初のアップルメニューの定義は、以下のようになっています。

```
  ,1
\14
 About This App...
 (-
```

ここでは、メニューリソースのIDが「1」、メニュータイトルが「\14」、1番めの項目が「About This App...」、2番めの項目が「(-」となっています。メニュータイトルの「\14」というのは、バックスラッシュを使ってアップルマークの文字コードを表しています。上で示した画面で見たように、このメニューの最初の項目は、たしかに「About This App...」でした。2番めの項目は「(-」となっていますが、これは、破線による区切り線をメニュー項目の代わりに入れることを指示するものです。しかしその下には、このメニューのメインの要素であるはずのデスクアクセサリが見当たりません。実はデスクアクセサリは固定的なものではなく、その都度システムに内包されているものを読み取って、ダイナミックに表示する必要があるのです。同じアプリでも、動作環境によって、アップルメニュー内のデスクアクセサリの構成は異なることになります。それについては、実際のプログラムの中で見ていきましょう。

1つしか項目のない、という意味でちょっと特殊なFileメニューの定義は、以下のようになっています。

```
  ,2
File
  Quit/Q
```

これは、メニューのIDが「2」、メニュータイトルが「File」、最初の、そして唯一の項目が「Quit」ということになります。この項目名の後ろにはスラッシュで区切って、ショートカットで実行するためのキー「Q」を指定してあります。この場合、スラッシュの前までが実際のメニュー項目名となり、実際のメニューには左寄せで配置されます。そして、スラッシュの後の文字が、「⌘」に続いて右端に寄せて表示されることになります。これは、図46を見れば明らかでしょう。

もう1つ、このアプリケーション独自のDrawメニューの定義を確認しておきましょう。

```
  ,3
Draw
  Line/L
  Rectangle/R
  Oval/O
```

もはや、説明の必要もないでしょうが、リソースIDは「3」、メニュータイトルは「Draw」で、「Line/L」、「Rectangle/R」、「Oval/O」という3つの項目があるメニューとなります。

アップルメニューやFileメニューでもそうでしたが、項目名の前に空白文字が入っています。これは必ずしも必要ありません。ここでは、メニュータイトルと項目名のレベルの差を表現するために、インデントを付けただけで、結果には影響しません。

これで、リソースの構成が確認できました。ここからは、アセンブリ言語によるソースコード本体の中身を解説していきましょう。これまでの方針に従って、以前に出てきたのと同じか、同じような部分についての説明は最小限にとどめます。したがって、ここでの説明はメニューに関するものが中心となります。しかし、アプリを表面的に見ているだけでは気づきにくい、ウィンドウの中身のアップデートという課題と、その解決策についても説明を加えています。

●アップルメニュー、Fileメニュー、Drawメニューを表示する

まず先頭からざっと見ていくと、これまでのアプリのソースコードにもあった定義ファイルのインクルード部分は、何も変わりません。念のために確認すると、MacTraps.D、ToolEqu.D、SysEqu.D、QuickEqu.D の4つのファイルをインクルードしています。

```
; File Menu.Asm

Include      MacTraps.D   ; System and ToolBox traps
Include      ToolEqu.D    ; Toolbox equates
Include      SysEqu.D     ; System equates
Include      QuickEqu.D   ; QuickDraw equates
```

次に、これまでのアプリにには含まれていなかったメニューIDの定義が置かれています。Menuマネージャでは、メニュー（アップル、File、Draw）をメニューIDで、各メニューの中の項目をアイテム番号という、いずれも数字で指定して扱うことになります。ここでの定義は、その数字を名前で参照できるようにするためのものです。

```
; Menu ID Definition

AppleMenu    EQU 1        ; Apple menu ID
  AboutItem EQU 1        ; About item ID

FileMenu     EQU 2        ; File menu ID
DrawMenu     EQU 3        ; Draw menu ID
  LineItem   EQU 1        ; Line item ID
  RectItem   EQU 2        ; Rectangle item ID
  OvalItem   EQU 3        ; Oval item ID
```

ここでもインデントを付けて見やすくしていますが、これも必ずしも必要ではありません。この定義では、メニューIDは、アップルメニューを1、Fileメニューを2、Drawメニューを3としていて、当然ながらリソースIDと対応しています。同様に、アップルメニューのAbout項目のアイテム番号は1、DrawメニューのLine、Rect、Ovalが、それぞれ1、2、3となっています。FileメニューのQuitは、1つしかない項目なので、IDは割り振っていません。

メニューの初期化は、SetupMenuというサブルーチンを作って、各種マネージャ類と、ウィンドウの初期化ルーチンと同様に、プログラムの先頭部分で呼び出しています。

```
Start
    BSR     InitManagers
    BSR     SetupMenu
    BSR     SetupWindow

    MOVE.W  #0,lastDItem(A5)      ; reset selected item ID
```

この後は、イベントループに入るわけですが、その直前にlastDItemという変数を0に初期化しています。この意味については、後で改めて説明します。ここでこの変数をゼロに初期化した、という事実だけを頭の片隅に置いておいてください。

プログラムの記述順とは前後しますが、先にメニューの初期化ルーチンを見ておきましょう。

```
SetupMenu

    CLR.L   -(SP)                 ; for return value
    MOVE.W  #AppleMenu,-(SP)      ; specify menu ID
    _GetRMenu                     ; menu from resource
    MOVE.L  (SP),D7               ; copy menu handle to D7
    MOVE.L  D7,-(SP)              ; push menu handle
    CLR.W   -(SP)                 ; for return value
    _InsertMenu                   ; set apple menu in menu bar
    MOVE.L  #'DRVR',-(SP)         ; DRVR is DA
    _AddResMenu                   ; add menu item from rsrc
    CLR.L   -(SP)                 ; for return value
    MOVE.W  #FileMenu,-(SP)       ; specify menu ID
    _GetRMenu                     ; menu from resource
    CLR.W   -(SP)                 ; beforeID
    _InsertMenu                   ; File menu in menu bar
    CLR.L   -(SP)                 ; for return value
    MOVE.W  #DrawMenu,-(SP)       ; specify menu ID
    _GetRMenu                     ; menu from resource
    CLR.W   -(SP)                 ; beforeID
    _InsertMenu                   ; Draw menu in menu bar
    _DrawMenuBar                  ; render menu bar
    RTS
```

ここでやっていることを大まかに言うと、メニューをリソースから読み込み、それをメニューバーに配置することです。それを、アップル、File、Drawのそれぞれのメニューについて、計3回繰り返しています。ただし、アップルメニューについては、それに加えて、ちょっと特殊な処理を実行しています。それは、メニュー項目としてデスクアクセサリをダイナミックに追加することです。デスクアクセサリは、システムのリソースから読み込みます。ここまでの流れを少し細かく見ていきましょう。

まず、リソースからメニューを読み込むには、Menu マネージャの GetMenu ファンクションを使っています。このファンクションの Pascal 定義は、以下のようになっています。

```
FUNCTION GetMenu (resourceID: INTEGER) : MenuHandle;
```

読み込みたいメニューリソースの ID を引数として指定して呼び出すと、読み込んだリソースのハンドルを返すという、かなり分かりやすいファンクションです。ここでも、順にアップルメニュー、File メニュー、Draw メニューのメニュー ID を渡して、計3回呼び出しています。

なお、アセンブリ言語では、「GetMenu」ではなく、「GetRMenu」というルーチンを呼び出しています。これは、Toolbox に時々見られる、Pascal とアセンブリ言語とで、ルーチンの名前が微妙に異なるものの1つです。おそらく Toolbox 内部など、どこかで名前が重複しているのだと思いますが、今となってはアセンブリ言語が「GetMenu」でダメな理由は、はっきりとは分かりません。「Get」と「Menu」の間にある「R」は、もちろんリソース（Resource）の R です。

リソースから読み込んだメニューのハンドルが得られたら、InsertMenu プロシージャを利用して、それをメニューバーに設定します。

```
PROCEDURE InsertMenu (theMenu: MenuHandle; beforeID: INTEGER);
```

パラメーターは、最初がメニューハンドル、2番めが beforeID という整数値（ワード）となっています。この2番めのパラメーターで、新しいメニューをどこに挿入するかを指定します。指定した ID のメニューの前に割り込むように配置されます。つまり、あらかじめメニューバーに並んでいるメニューの間に新しいメニューを挿入することもできるのです。ここで0（ゼロ）を指定すると、新しいメニューは、既存のメニューの右端に追加されます。この SetupMenu ルーチンでは、3つのメニュー、いずれも CLR.W 命令によってスタックにゼロをプッシュしてから呼び出しているので、メニューは左端から追加順に右に向かって並ぶことになります。なお、この InsertMenu は、アセンブリ言語のルーチンも、Pascal のプロシージャと同じ名前です。

GetRMenu と InsertMenu を続けて呼ぶ場合には、GetRMenu が返したメニューリソースへのハンドルをスタックに残したまま、2番めのパラメーターの beforeID（値はゼロ）だけをプッシュして InsertMenu を呼べばいいので、プログラムも簡単です。ただし、最初に追加しているアップルメニューに限っては、ちょっとだけ例外的な処理を追加しています。それは、GetRMenuが返したハンドルを、スタック上でコピーして、消費しないようにしていることです。これは、アップルメニューを追加した後で、そのハンドルを別の処理にも使いたいからです。

その処理とは、アップルメニューに、メニュー項目としてデスクアクセサリを追加することです。その処理には、AddResMenuというルーチンを使います。これは、すでに開いているリソースファイルの中で、指定したタイプにマッチするものを探し、それを項目としてメニューに追加するというダイナミックな機能を持っています。そのPascalプロシージャの定義は以下のようになっています。

```
PROCEDURE AddResMenu (theMenu: MenuHandle; theType: ResType);
```

最初のパラメーターは、メニューハンドルなので、上でスタック上にコピーしたものをそのまま使います。2番めのパラメーターは、項目として追加するリソースのタイプで、ここでは「DRVR」という4文字で表されるタイプを指定しています。デスクアクセサリは、一種のデバイスドライバーとしてシステムに組み込まれているのです。これを指定することで、起動しているシステムに組み込まれているデスクアクセサリを、すべて自動的にメニューに追加できます。

メニューの追加が終わったら、DrawMenuBarルーチンを使って、デスクトップの上辺に沿ってメニューバーを描きます。これも、Pascalのプロシージャとして定義されていますが、パラメーターを何も取らないので、定義の記述を省きます。アセンブリ言語でも、単にDrawMenuBarルーチンを呼び出すだけです。

●イベントループのボタンダウンでメニュー操作に対応

初期化ルーチンの1つにメニューの初期化を加えたことで、このアプリケーションを起動すると、直後にメニューバーとメニューが表示されるようになっています。最近のオブジェクト指向のアプリケーション環境では、メニュー自体がどう振る舞うべきかを知っているため、これだけでメニューとして機能します。しかし、当時のToolboxでは、そうはいきません。アプリケーション自身がイベントループの中でメニューに対するイベントを検出し、対処する必要があります。メニューに対する操作も、ユーザーがマウスボタンを押すことが起点となるので、イベントのきっかけはこれまでのウィンドウ操作と変わりません。そのイベントループの中身を見ておきましょう。

```
EventLoop

    _SystemTask
    CLR      -(SP)                          ; for return value
    MOVE     #$0FFF,-(SP)                   ; eventMask
    PEA      eventRecord(A5)                ; EventRecored
    _GetNextEvent
    MOVE     (SP)+,D0                       ; null?
    BEQ      EventLoop                      ; yes
    BSR      HandleEvent                    ; no then handle it
    BEQ      EventLoop
    RTS

HandleEvent

    MOVE.W   eventRecord+evtNum(A5),D0      ; event code
    CMP.W    #mButDwnEvt,D0                 ; button down?
    BEQ      MouseDown                      ; yes to handle down
    CMP.W    #updatEvt,D0                   ; update?
    BEQ      Update                         ; yes to update

NextEvent

    MOVEQ    #0,D0                          ; no to quit
    RTS
```

ここまでは、これまでに見てきたイベントループと比べて、それほど大きな違いがあるようには見えないかもしれません。しかし、明らかな違い２つあります。実はいずれも、メニューに関するイベント処理とは直接関係がないのですが、違いがあるのは確かなので、それぞれ確認しておきましょう。

１つは、イベントループの先頭で、SystemTask という Toolbox ルーチンを呼び出しています。これは、その名前からすると意外かもしれませんが、Desk マネージャに含まれるルーチンです。Desk マネージャは、デスクアクセサリを実現するためのマネージャでした。簡単に言うと、アプリが DA に CPU の実行時間を与えるためのルーチンです。このルーチンの中でシステムは、開いている DA に対して順にプログラムの実行時間を与えるのです。もしこの呼び出しをしないと、仮に DA を開いても、DA は動くことができません。

当初の Mac は、一度に１つのアプリしか動かすことのできない、いわばシングルタスクのシステムでした。後に Multi Finder が登場すると、複数のアプリを同時に開いて動かすことができるようになりました。しかし、現在のような OS の管理による完全なマルチタスクではなく、いわば個々のアプリの善意に頼った、協調型のマルチタスクと呼ばれるものでした。アプリケーションが、自分自身以外のプログラムのために配慮して、CPU の実行時間を分け与えるようにしなければならないという点では、DA も Multi Finder も似たようなものです。DA も一種の協調型マルチタスクと言えるでしょう

それはさておき、この時点での SystemTask は、単にデスクアクセサリをサポートするために、イベントループの先頭で呼び出すことにしている、という理解で、特に問題ありません。

もう１つは、HandleEvent の中で、発生したイベントの種類（evtNum）を調べている部分に違いがあります。これまでは、マウスのボタンが押されたというマウスダウン（mButDwnEvt）だけを確認していましたが、ここではそれに加えてアップデート（updatEvt）かどうかも確認しています。ここで言うアップデートとは、もちろんアプリのバージョンのことではありません。これまでに、言葉としては何度か出てきたウィンドウの中身のアップデートです。正確に言えば、複数のウィンドウを同時に表示する可能性がある場合に処理が必要となるイベントです。このアプリ自体は１つのウィンドウしか表示しませんが、デスクアクセサリをサポートすることによって必要となったわけです。それについては、少し後で詳しく取り上げますが、ここでの主題はメニューに対するイベントの処理なので、そこに戻って見ていきましょう。

これまでのアプリにも出てきたウィンドウの操作やメニューの操作も、ユーザーがマウスボタンを押すという同じ種類のイベントに端を発することはすでに述べた通りです。そのマウスボタンが押された場合の処理は、MouseDown の部分で担当します。

```
MouseDown

    CLR.W    -(SP)                        ; for retuen value
    MOVE.L   eventRecord+evtMouse(A5),-(SP)   ; mouse point
    PEA      eventWindow(A5)              ; window pointer
    _FindWindow
    MOVE.W   (SP)+,D0                     ; where?
    CMP.W    #inSysWindow,D0              ; on Desk Accessory
    BEQ      SysWindow
    CMP.W    #inMenuBar,D0                ; on menu bar
    BEQ      MenuBar
    CMP.W    #inDrag,D0                   ; on window title bar
    BEQ      DragWind
    BRA      NextEvent
```

これまでのアプリでは、ウィンドウの外枠か内部でボタンが押された場合のイベントしか処理の対象にしていませんでした。その際にはウィンドウ内のどこに

マウスポインターがあるときにボタンが押されたかを判断するために、WindowマネージャのFindWindowファンクションを使っていました。ここでは、メニューバー内のクリックも含めて、その同じFindWindowを使って識別します。このファンクションの返す値の意味については、以前にも確認しましたが、その中にはウィンドウ内の位置とは直接関係ない場所も含まれていました。その定義を再掲しましょう。

```
CONST   inDesk = 0;        { 以下のどれでもない場合 }
        inMenuBar = 1;     { メニューバー内 }
        inSysWindow = 2;{ システムウィンドウ内 }
        inContent = 3;     { ウィンドウの中身の領域 }
        inDrag = 4;        { ドラッグ領域（タイトルバー）}
        inGrow = 5;        { グロー領域（リサイズボックス内）}
        inGoAway = 6;      { クローズボックス内 }
```

すぐに気付くように、メニューバーの上でボタンが押されたことを示すinMenuBarや、デスクアクセサリのウィンドウの中で押されたことを示すinSysWindowsが定義されています。ここでは、その2つの場合も加えて、場所を判別しています。プログラムを読めば明らかですが、FindWindowが返した値がinSysWindowだった場合にはSysWindowというラベルに、inMenuBarだった場合にはMenuBarに分岐するようにしています。これまでの流れに沿って、まずはメニューバー内でのマウスダウンの処理を見てみましょう。

●メニューバー内でボタンが押されたメニューを調べて対処する

このアプリの場合、メニューバーには左からアップル、File、Drawという3つのメニューが配置されてます。そのうちのどのメニューの上でボタンが押されたのかを判断するには、MenuマネージャのMenuSelectルーチンを使います。Pascalのファンクションとして定義されています。

```
FUNCTION MenuSelect (startPt: Point) : LONGINT;
```

このファンクションへの入力となるパラメーターは1つだけ。マウスボタンが押されたポイントの座標です。それだけで、本当に欲しい情報を戻してくれます。ずばり、ボタンが押されたメニューのIDと、そのメニューの中で選択されたメニュー項目の番号です。返す値はLONGINTとなっていますが、そのうち上位の16ビットワードがメニューID、下位の16ビットワードが項目番号となっています。その32ビット値のままでは扱いにくいので、ここでは戻り値を2回に分けてスタックからポップすることで、D1レジスターにメニューID、D0レジスターに項目番号を入れています。

```
MenuBar

    CLR.L    -(SP)                          ; for return value
    MOVE.L   eventRecord+evtMouse(A5),-(SP)
    _MenuSelect                             ; let system select menu
    MOVE.W   (SP)+,D1                       ; menu ID to D1
    MOVE.W   (SP)+,D0                       ; item ID to D0
    TST      D1                             ; no menu selected?
    BEQ      NextEvent                      ; return to loop
    CMP.W    #AppleMenu,D1                  ; Apple menu?
    BEQ      DoAppleMenu
    CMP.W    #DrawMenu,D1                   ; Draw menu?
    BEQ      DoDraw
    MOVE.W   #-1,D0                         ; to Quit application
    RTS
```

ここで、ちょっと疑問が生じるかもしれません。このファンクションを呼び出した時点では、まだメニューバー上でボタンが押されただけのはずです。それがどうして、メニューの中の項目の番号まで返すことができるのでしょうか。それは、このMenuSelectファンクションを呼ぶことで、Toolboxがボタンが押されたメニューを開き、そのメニューの中のマウスの動きをトラッキングして、実際に項目を選択するところまで見届けてくれるからです。メニューの選択中には、マウスポインターが乗ったメニュー項目は反転表示になり、通り過ぎれば元の表示に戻りますが、そのあたりもこのファンクションの中で対処してくれます。

なお、初期のMacのメニュー操作は、現在のように、まずメニュータイトル上でクリックしてメニューを開き、開いたメニューの中の項目の上で再びクリックするという方法では選択できません。メニューの選択は一種のドラッグ操作であり、まずメニュータイトル上でボタンを押したら、それを放さずに、開いたメニューの中でドラッグし、目的の項目の上まで移動してからボタンを放すという操作になります。つまり、MenuSelectルーチンは、ユーザーがメニューバー上でボタンを押した直後から、ユーザーメニュー項目の上でボタンを放すまでの間、ずっと動作しているのです。

MenuSelectから戻ったら、D1レジスターに格納したメニューIDの値を調べます。もし、これがゼロなら、どのメニューの項目も選択されなかったことを意味するので、そのままイベントループに戻ります。次に、選択されたメニューIDがAppleMenuの値に一致する場合には、DoAppleMenuに分岐して、アップルメニューの選択に対応した処理を実行します。同様に、DrawMenuの値に一致する場合は、DoDrawに分岐して、Drawメニューの中の項目に対応した処理を実行します。

残るFileメニューについては、処理を忘れているように見えるかもしれませんが、もちろんそんなことはありません。Fileメニューには項目が1つだけしかないので、どれかのメニュー項目が選ばれていて、それがアップルメニューにもDrawメニューにも属していない場合、自動的にFileメニューのその1つの項目が選ばれていることになります。それはアプリを終了するための「Quit」でした。そこで、その場合はD0レジスターに、ゼロ以外の値を入れて戻ると、イベントループは終了して、そのままこのアプリケーションも終了することになります。

●アップルメニュー内の項目の選択への対応

ユーザーがアップルメニューの上で最初にボタンを押した場合には、このDoAppleMenuに分岐してきます。ここですべきことは、大別して2種類あります。1つは、さらにユーザーがいちばん上の「About This App...」を選んだ場合の処理、もう1つは、ユーザーがデスクアクセサリのどれかを選んだ場合の処理です。順番に見ていきましょう。

```
DoAppleMenu

    CMP.W   #AboutItem,D0         ; About this app...
    BEQ     About
    MOVE.L  D7,-(SP)              ; D7 holds menu handle
    MOVE.W  D0,-(SP)              ; D0 holds item ID
    PEA     deskName(A5)
    _GetItem
    SUBQ    #2,SP                 ; for return value
    PEA     deskName(A5)          ; open DA by name
    _OpenDeskAcc
    ADDQ    #2,A7                 ; get rid of the stack
    MOVE.L  A4,-(SP)              ; A4 holds current GrafPort
    _SetPort
    BRA     MenuDone
```

まず、選択された項目が、いわゆるAboutアイテムだったかどうかは、MenuSelectルーチンが返したアイテム番号で分かります。これはD0レジスターに入っているので、その値を定数のAboutItemと比較し、一致すればAboutに分岐します。このルーチンは、リソースからダイアログを読み込んで、モーダルダイアログとして表示するだけです。モーダルダイアログの処理は、最初の方のサンプルで扱ったので、ここでは説明を省きます。

それ以外の場合、つまり選択されたのがデスクアクセサリだった場合には、DAを開く処理に移行します。ちょっと意外かもしれませんが、そのためにはDAの名前が必要となります。この場合のDAの名前とは、メニュー項目に表示した名前そのものです。これ以降、DAはIDなどではなく、その名前で識別されることになります。名前は、MenuマネージャのGetItemルーチンで取得できます。メニューハンドルで指定したメニューの、整数値で指定した番号の項目の名前を文字列として返すものです。つまり、取得できる名前はデスクアクセサリに限りません。名前の文字列は参照渡しなので、Pascalのプロシージャとして定義されていても値を返せます。

```
PROCEDURE GetItem (theMenu: MenuHandle; item: INTEGER;
    VAR itemString: Str255);
```

このプロシージャに渡すメニューハンドルはD7レジスターに入れてありました。アイテム番号は相変わらずD0のものを使います。返ってきた名前は、グローバルエリアに確保したdeskNameに格納します。

次に、このデスクアクセサリを開くには、DeskマネージャのOpenDeskAccというルーチンを使います。これはPascalのファンクションです。ここでも、DAは名前で指定します。

```
FUNCTION OpenDeskAcc (theAcc: Str255) : INTEGER;
```

このファンクションが返す整数値は、DAのオープンが成功した場合には、そのDAのドライバーとしての参照番号、失敗した場合には不定ということになっています。ここまでの流れでも分かるように、単にDAを利用可能にするアプリケーションは、DAの参照番号など知る必要がありません。そのため、このファンクションが返す値から、DAのオープンの成否を判断することは困難です。そこで、この戻り値は無視するのが普通の動作です。このプログラムでも捨てています。

後は、A4レジスターが保持し続けている現在のグラフポートへのポインターを与えてSetPortルーチンを呼び出し、QuickDrawのグラフポートを再設定します。どうして、DAを開いた直後のタイミングでこの操作が必要なのかと疑問に思われるでしょう。それを正確に説明するのは難しいのですが、Toolbox の仕様として、それを必要としているのは事実です。これを省くと、その後のアプリの描画や、DA そのもののウィンドウ内の描画も含めて、支障が出てきます。

この DoAppleMenu の最後は、MenuDone というラベルの位置に分岐しています。そこは、アップルメニューに限らず、メニュー選択の処理を終わらせるためのプログラムを書いてあります。といっても、白黒反転したメニューの表示を視覚的に元に戻すだけです。

```
MenuDone

    CLR.W   -(SP)                   ; unhilites any menu
    _HiliteMenu                     ; flash menu item
    BRA     NextEvent               ; return to loop
```

ここで使っている HiliteMenu ルーチンは、整数値で指定したメニュー ID のメニューのタイトルをハイライト表示にするものですが、ゼロを渡すことで、すべてのメニューのハイライト状態を解除して、元の表示に戻します。

```
PROCEDURE HiliteMenu (menuID: INTEGER);
```

それが済んだら、NextEvent に分岐してイベントループに戻ります。

●Draw メニュー内の項目の選択への対応

次に、メニューバー上でボタンが押されたときの処理として、メニュータイトルが Draw だった場合の分岐先、DoDraw の中身を見てみましょう。言うまでもなく、ここでは Draw メニューの３つの項目、Line、Rect、Oval について対応する処理を実行するために分岐します。

```
DoDraw

    PEA     darkPtn                 ; dark pen pattern
    _PenPat
    MOVE.W  D0,lastDItem(A5)        ; save last selected item ID
    CMP.W   #LineItem,D0            ; line?
    BNE     DD1
    BSR     DrawLine                ; draw diagonal line
    BRA     MenuDone
```

```
DD1:    CMP.W     #RectItem,D0    ; rectangle?
        BNE       DD2
        BSR       DrawRect        ; draw bit smaller rect
        BRA       MenuDone
DD2:    CMP.W     #OvalItem,D0    ; oval?
        BNE       MenuDone
        BSR       DrawOval        ; draw bit smaller oval
        BRA       MenuDone
```

ただし、選択されたメニュー項目を判別する前に、2つの処理を実行しています。1つは、QuickDrawのペンのパターンをdarkPtnに設定するもの。もう1つは、選ばれたメニュー項目の番号をlastDItemに保存するものです。

特に前者のパターン設定については、なぜメニューの処理の中に出てくるのか、違和感があるかもしれません。しかしこのパターン設定は、3種類の描画に共通の処理なので、1つのコードで済ませるには、分岐前にここで実行するのが最後のチャンスなのです。このプログラムは、アセンブリ言語ということもあり、論理的、機能的なまとまりよりも、効率を重視して書いています。なお、ここで使っているdarkPtnは、真っ黒よりも少しだけグレーがかって見えるパターンで、プログラムの終りに近い部分で定義しています。これについては、後でまた説明します。

次に後者ですが、メニュー項目の番号を保持しているD0の値をlastDItemに、ここで保存しています。このlastDItemというのは、最後に描画された項目を保存しておくための変数です。それが必要な理由は、イベントとしてのアップデートの処理について説明する際に示します。これも、パターンの設定と同様、3種類の描画に共通の処理なので、効率を重視して、分岐前にここで実行しているのです。

続いて、3種類の描画処理に分岐するために、D0の値を、プログラムの先頭部分で定義したメニュー項目を表す値と比較していきます。その値がLineItemに一致すればDrawLine、RectItemに一致すればDrawRect、OvalItemに一致すればDrawOvalのサブルーチンを、それぞれ呼び出してから、すべてMenuDoneに分岐しています。これはすでに見たように、選択されたメニューのハイライト表示をリセットしてからイベントループに戻るものでした。

●Drawメニューの項目に対応した描画処理

実際の描画処理には、特に目新しいこともないのですが、直線、長方形、楕円をそれぞれ描画するDrawLine、DrawRect、DrawOvalの処理を簡単に見ておきましょう。

```
DrawLine

    PEA     cPortRect(A5)              ; erase whole window
    _EraseRect
    MOVE.L  cPortRect+topLeft(A5),-(SP) ; port rect topLeft
    _MoveTo
    MOVE.W  #10,-(SP)                  ; pen width
    MOVE.W  #10,-(SP)                  ; pen height
    _PenSize
    MOVE.L  cPortRect+botRight(A5),-(SP); port rect botRight
    _LineTo
    RTS
```

DrawLine は、ウィンドウの左上から右下まで直線を描画する、何の面白みもないルーチンです。その直線の描画の前に、EraseRect ルーチンを使って、いったんウィンドウ内部を消去しています。また、描画前に、ペンのサイズを縦横とも 10 ポイントに設定して、ちょっと太めの線を描くようにしています。ウィンドウの左上と右下の点の座標は、現在のポートレクトを保持している cPortRect から取っています。

```
DrawRect

    PEA     cPortRect(A5)              ; erase whole window
    _EraseRect
    MOVE.W  cPortRect+top(A5),D0       ; port rect top
    ADD.W   #15,D0                     ; down 15 points
    MOVE.W  D0,rTop(A5)                ; set new top
    MOVE.W  cPortRect+left(A5),D0      ; port rect left
    ADD.W   #15,D0                     ; right 15 points
    MOVE.W  D0,rLeft(A5)               ; set new left
    MOVE.W  cPortRect+bottom(A5),D0    ; port rect bottom
    SUB.W   #40,D0                     ; up 40 points
    MOVE.W  D0,rBottom(A5)             ; set new bottom
    MOVE.W  cPortRect+right(A5),D0     ; port rect right
    SUB.W   #60,D0                     ; left 60 points
    MOVE.W  D0,rRight(A5)              ; set new right
    PEA     rTop(A5)                   ; push new smaller rect
    _PaintRect
    RTS
```

DrawRect は、ウィンドウの中身のフルサイズよりも少し小さな長方形を描くものです。ここでもまず、ウィンドウの中身を消去しています。長方形の大きさは、やはりウィンドウのサイズを参照して適当に決めています。まずウィンドウの左上の点を下に 15 ポイント、右にも 15 ポイント移動した点を長方形の左上の座標とし、同様にウィンドウの右下の点を上に40ポイント、左に60ポイント移動した点を長方形の右下の座標として設定しています。それができれば、後はPaintRectで長方形を塗りつぶすだけです。

```
DrawOval

    PEA      cPortRect(A5)               ; erase whole window
    _EraseRect
    MOVE.W   cPortRect+top(A5),D0        ; port rect top
    ADD.W    #50,D0                      ; down 50 points
    MOVE.W   D0,rTop(A5)                 ; set new top
    MOVE.W   cPortRect+left(A5),D0       ; port rect left
    ADD.W    #80,D0                      ; right 80 points
    MOVE.W   D0,rLeft(A5)                ; set new left
    MOVE.W   cPortRect+bottom(A5),D0     ; port rect bottom
    SUB.W    #20,D0                      ; up 20 points
    MOVE.W   D0,rBottom(A5)              ; set new bottom
    MOVE.W   cPortRect+right(A5),D0      ; port rect right
    SUB.W    #20,D0                      ; left 20 points
    MOVE.W   D0,rRight(A5)               ; set new right
    PEA      rTop(A5)                    ; push new smaller rect
    _PaintOval
    RTS
```

DrawOvalも、ウィンドウの中に余裕で収まるサイズの楕円を描きます。基本的には長方形を描くプログラムとほとんど同じで、違うのは、最後のPaintRectがPaintOvalになることくらいです。ただしサイズは、上の長方形とはちょっと変えていて、ウィンドウの左上の点を下に50ポイント、右に80ポイント移動した点を楕円を囲む長方形の左上の座標とし、同様にウィンドウの右下の点を上に20ポイント、左にも20ポイント移動した点を同じ長方形の右下の座標として設定しています。

●デスクアクセサリのウィンドウ内のクリックへの対処

マウスボタンが押された際の処理として、このアプリケーションでは、ウィンドウ以外にもメニューバー上とデスクアクセサリのウィンドウ内、２つの領域を追加して場合分けしていることは、すでに上で述べました。そしてここまでは、メニューバー上でボタンが押され場合の処理について説明したので、次にデスクアクセサリのウィンドウ内でボタンが押された場合の処理について説明します。

しかし、ちょっと考えてみれば分かるように、個々のアプリケーションは、システムにインストールされているデスクアクセサリについて多くを知りません。アップルメニューに登録する際に、その数や名前は分かりますが、それがどのような機能とユーザーインターフェースを持ったものなのか、知る由もありません。そこで、デスクアクセサリのウィンドウ内のマウスボタンのクリックは、そのままシステムに丸投げして処理してもらうことになります。

```
SysWindow

     PEA      eventRecord(A5)
     MOVE.L   eventWindow(A5),-(SP)
     _SystemClick                    ; let system do DA
     BRA      NextEvent
```

そのために使うのが、その名もSystemClickというルーチンです。Pascalのプロシージャとしての定義は以下のようになっています。

```
PROCEDURE SystemClick (theEvent: EventRecord; theWindow: WindowPtr);
```

このルーチンに渡すのは、Eventマネージャから受け取ったEventRecordと、イベントが発生したウィンドウへのポインターです。後は、実際に何が起こるのか、アプリケーションからは見えませんが、システムは一般のウィンドウと同じように処理してくれるはずです。つまり、デスクアクセサリのウィンドウを移動したり、閉じたりする操作、デスクアクセサリの中身にコントロール類があれば、それらの操作など、必要なことはすべて対応してくれます。そこから戻ってきたら、そのままNextEventに分岐して、何事もなかったかのようにイベントループを続ければよいのです。

デスクアクセサリは、画面上に開いたままにしておけるので、たいていの場合は、DAのウィンドウを開いたまま、次のイベントを取りに行くことになります。ユーザーがDAを開いて、そのまま連続的にDAを操作する場合も、1クリックごとにイベントが発生し、それをイベントループで処理する必要があります。その場合も、イベントがどこで発生したかによって処理の内容が異なるだけで、DAが開いていようがいまいが、手順は何も変わりません。

●もっとも重要なイベント、「アップデート」への対処

さて、このプログラムのイベントループの処理を最初から思い出してみると、大きく２種類のイベントに対応するものになっていました。１つは、これまでに説明してきたマウスダウン、そしてもう１つがアップデートです。すでに述べたように、アップデートはウィンドウの中身の表示を更新するためのものでした。それがなぜ必要なのか、少し詳しく説明しながら、この処理の中身を見ていきましょう。

まず、一般的な話として、アプリケーションは、起動したあと、自分の好きな時にウィンドウの中身を描画して、後はそのまま放っておけば良いというものではないのです。通常のアプリであれば、ウィンドウの中身の描画は、アップデートイベントが発生した際に実行することになります。逆に言えば、起動して新しいウィンドウを開いても、アップデートがかかるまでは何もしなくてよいのです。

もちろん、このアプリのように、ユーザーの操作によってグラフィックを描画するようなものでは、そうしたユーザー操作によって発生したイベントに対応して実際に描画する必要があります。しかし、そうしたグラフィック系のアプリでも、描画が必要となる機会は、けっしてそれだけではないのです。

というのも、アプリからすれば期せずして、というよりも、その意志とは関係なく、ウィンドウの中身の一部が消去されてしまうことがあるからです。初期のMacに限って言えば、複数のウィンドウが重なっていた場合、上にあったウィンドウが移動したり、閉じられたりすると、下になっていたウィンドウの中身のうち、重なっていた部分は無残にも消去されてしまいます。もちろん、まともなアプリの動作としては、それをそのままにしておくわけにはいかないので、中身を再描画する必要があります。そのタイミングを知らせてくれるのが、アップデートイベントというわけです。

この場合の重なるウィンドウには、アプリケーションの複数のウィンドウだけでなく、ダイアログやデスクアクセサリのウィンドウも含まれます。このアプリは、自身のウィンドウは１つだけなので、重なる心配はないのですが、アバウトダイアログやDAのウィンドウと重なる可能性があります。もしアップデートイベントのタイミングで正しく再描画しないと、ウィンドウの中身は虫食いのような状態になってしまいます。

図49：アプリのウィンドウに楕円を描画してから、アバウトダイアログを表示するとウィンドウの一部が覆い隠される

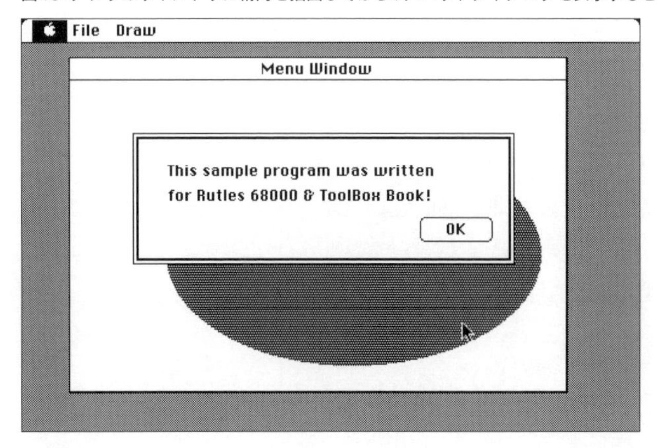

図50：ダイアログだけを閉じたとき、正しくアップデートしていないと、ダイアログのあった部分が消去される

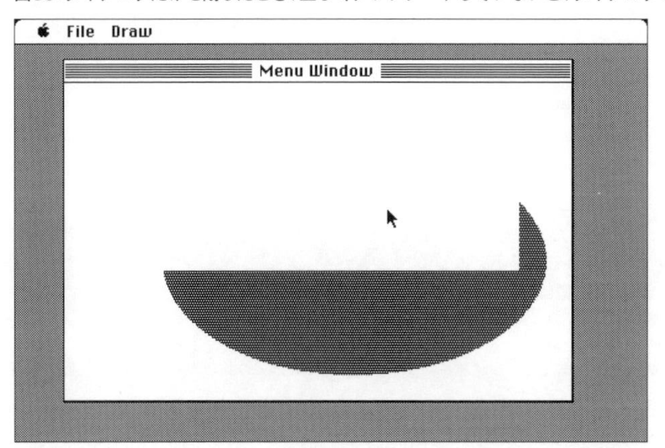

現在の感覚からすれば、そのような再描画はシステムの責任でやってくれるべきだと思われるでしょう。というよりも、そもそもウィンドウが重なったくらいで、下のウィンドウの中身が消去されるというのが許せないと感じるかもしれません。しかし初期のMacでは、ハードウェアによるレイヤーなどもなく、複数のウィンドウも、その複数の中身も、同じ１枚のビットマップ上に描いていたので、重なった部分が消されるのは避けられませんでした。そしてその消された中身の部分を再描画するのは、各アプリケーションの責任でした。いわば、その責任をアプリに転嫁してくるのがアップデートイベントというわけです。

なお、メニューを開くと、当然ながらアプリのウィンドウと重なることがあります。もちろんメニューもウィンドウの上に重ねて描画されます。そのままではメ

ニューが重なった部分も上書きされてしまい、メニューを閉じた際には虫食い状態になってしまいそうです。ところがメニューでは、そのようなことは起こりません。これは、メニューと重なる部分のビットマップを、あらかじめどこかに退避し、メニューを閉じたときに、また同じ場所に戻すという処理をMenuマネージャがしてくれているからです。メニューの表示は、ユーザーがマウスボタンを押している間だけのものであり、その間に別の処理が動くということもなかったので、それが可能だったと考えられます。

このプログラムでは、できるだけ簡潔なアップデート処理を実行できるよう、描画機能そのものからして機能を絞っています。描くことできるのが、直線、長方形、楕円の3種類で、それも一度に1種類しか描けないようにしているのはそのためです。簡単に言えば、アップデートの要求があるたびに、その3種類のどれかを単純に再描画しているだけです。そこで、どれを描くべきかを判断するために、以前にちょっと触れたlastDItemをチェックしています。ここには、最後に描いた図形の番号（正確には対応するメニュー項目の番号）が入っています。そこで、それを見て、対応する図形を描けばいいだけです。その部分の処理は、ほとんどDrawメニューと同じです。

```
Update

        PEA         wStorage(A5)        ; start updating
        _BeginUpdate
        PEA         checkPtn            ; checker pen pattern
        _PenPat
        MOVE.W      lastDItem(A5),D0    ; which shape to draw
        CMP.W       #LineItem,D0        ; line?
        BNE         UD1                 ; no
        BSR         DrawLine            ; draw diagonal line
        BRA         UD4                 ; to finish
UD1:    CMP.W       #RectItem,D0        ; rectangle?
        BNE         UD2                 ; no
        BSR         DrawRect            ; draw rectangle
        BRA         UD4                 ; to finish
UD2:    CMP.W       #OvalItem,D0        ; oval?
        BNE         UD3                 ; no
        BSR         DrawOval            ; draw oval
        BRA         UD4                 ; to finish
UD3:    PEA         cPortRect(A5)       ; clear whole window
        _EraseRect
UD4:    PEA         wStorage(A5)        ; finish updating
        _EndUpdate
        BRA         NextEvent
```

このプログラムを見ると、最初にBeginUpdateルーチンを呼んでいます。これは、Windowマネージャに Pascal のプロシージャとして、次のように定義されているものです。

```
PROCEDURE BeginUpdate (theWindow: WindowPtr);
```

このルーチンは、アプリがToolboxに対して、これからウィンドウの中身のアップデートを始めます、と宣言するような意味合いのあるものです。それに対してWindowマネージャが実際に何をしているのか、外部からは分かりにくいでしょう。視覚的に明らかなのは、これによってアップデートが必要な領域（リージョン）だけを描画できるように、そのリージョン（ウィンドウのgrafPortのvisRegion）によって描画をクリッピングするようセットする働きがあります。

このクリッピング処理は、ウィンドウの中身のアップデートの1つの肝となる部分です。そこでこのアプリケーションには、それが目で見てはっきり分かるようにするための、ちょっとしたいたずらを仕込んでいます。それは、アップデート処理に対応して再描画する際に、描画に使うパターンを変更することです。メニュー処理のところで述べたように、通常の描画は、プログラムの後ろの方で定義しているdarkPtnを使いますが、アップデート期間中だけ、それをcheckPtnに変更しています。これは、ちょっと薄めのチェッカー模様のパターンです。こうすることで、実際にアップデートされた領域がどこなのか、視覚的にはっきり分かるようにしています。

もちろん実際のアプリケーションでは、むしろ再描画された領域がどこなのか、ユーザーには分からないように描かなければなりません。このアプリは実験的なものなので、アップデートの意味と効果がはっきり分かるように、このようにしてみました。アップデート用のパターンの設定部分を削除すれば、通常のアップデート処理になります。

次に実際のアップデート用の描画ですが、アップデートイベントは、アプリからすれば、いつ来るのか分かりません。その際に何を描けば良いのか的確に判断する必要があります。この場合は、メニュー操作に対応した描画を実行する際に保存しておいた、lastDItemを参照することで、簡単に済ませています。この値はメニュー項目番号そのものなので、それによって直線、長方形、楕円のいずれかを描けば良いだけです。

ただし、ウィンドウにそれらの図形のいずれも描かれていない状態でアップデートがかかることも考えられます。そのときは、lastDItemの値がどのメニュー項目番号とも一致しないので、ウィンドウの中身全体を消去するだけにしています。実際には不要な処理かもしれません。

最後にEndUpdateを実行して、アップデートを終了します。これもWindowマネージャのルーチンで、Pascalのプロシージャとして次のように定義されています。

```
PROCEDURE EndUpdate (theWindow: WindowPtr);
```

これはBeginUpdateとは逆に、アップデートの終了を宣言するようなものです。動作も反対で、アップデートに必要な領域だけでクリッピングするように設定されていたものを、ウィンドウの中身全体で描画をクリッピングする通常の状態に戻します。

ここでアップデートの効果を確認しておきましょう。まず、上に示した例で、楕円を描いた後に、アバウトダイアログを表示し、そのダイアログを閉じたものです。アップデートしなかった場合の虫食い状態がどうなるかを見てみましょう。

図51：ダイアログを表示したことによってアップデートが必要になった部分がチェッカーパターンで描かれた

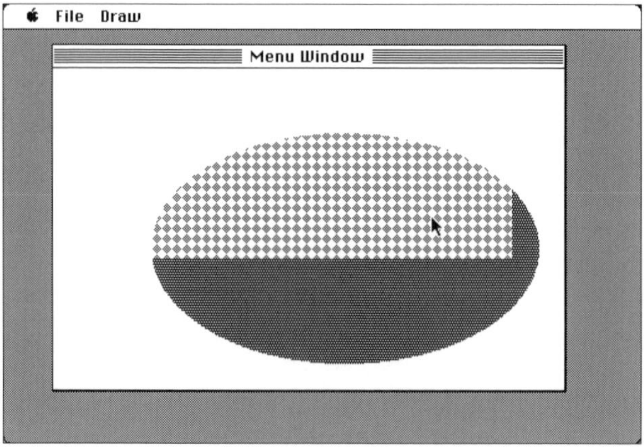

アップデート処理によって、楕円の描画ルーチンが呼ばれますが、アップデート中は、アップデートが必要な部分だけにクリッピングされ、しかもパターンも変更されているため、アップデートによって描画された部分がどこなのか、はっきりと分かります。

別の例として、デスクアクセサリを表示したことによって、アップデートが必要になった部分のアップデート処理結果も見ておきましょう。

図52：描画したウィンドウの上に電卓のデスクアクセサリを開いた状態

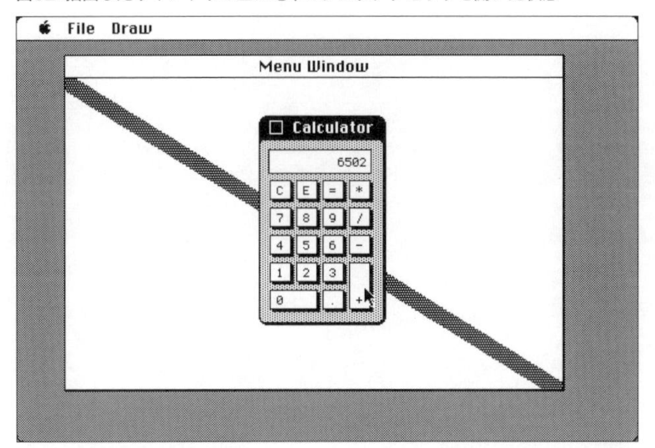

図53：DAを表示したことによってアップデートが必要になった部分がアップデートによって再描画された

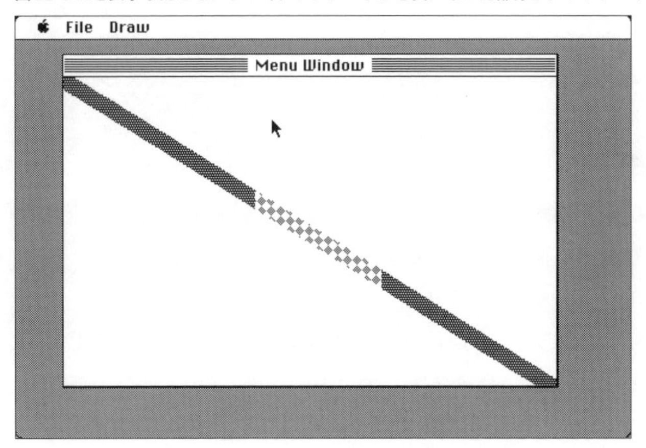

●Menu Sampleの定数と変数

念のために、このアプリケーションの定数と変数エリアの定義を確認しておきましょう。これまでに見てきたアプリと、大きく変わるところはそれほどなく、説明が必要となる部分も少ないでしょう。

```
; Constants

blackPtn    DCB.L   2,$FFFFFFFF ; black pen pattern
darkPtn     DCB.L   2,$FF55FFAA ; dark gray pattern
checkPtn    DC.L    $0008142A,$552A1408 ; checker pattern

dragBounds  DC.W    24,24,338,508

; Global Area

eventRecord DS.B    evtBlkSize  ; EventRecord
eventWindow DS.L    1           ; window pointer
deskName    DS.B    32          ; name string for DA

cPortRect   DS.L    2           ; current port rectangle
rTop        DS.W    1           ; reduced top
rLeft       DS.W    1           ; reduced left
rBottom     DS.W    1           ; reduced bottom
rRight      DS.W    1           ; reduced right

wStorage    DS.W    WindowSize  ; Storage For Window
dStorage    DS.W    DWindLen    ; Storage For Dialog
itemHit     DS.W    1           ; Item clicked in dialog
lastDItem   DS.W    1           ; Last Drawing Item
```

まず、描画用のパターンは３種類定義しています。他の例でも見ましたが、パターンは８×８ドットで定義されているので、必要なデータ量は64ビット、つまりロングワードが２つです。単純なパターンなら、同じロングワード値の繰り返しとなりますが、チェッカー模様のように、ちょっと複雑なパターンは２つの独立したロングワード値として定義しています。これらの値と実際のパターンの対応が気になる人は、グラフ用紙などを使って確認してみてください。

このうち、実際に使っているのは、darkPtnとcheckPtnだけです。パターンを入れ替えたり、別のオリジナルパターンを定義して表示してみるのもよいでしょう。

これまでのアプリに無かったのは、デスクアクセサリの名前の文字列を格納するdeskNameです。これは32バイトしか取っていないので、31文字の名前までしか表現できません。当時のDAの名前を考えると、ほとんどこれで足りるはずです。もし、それ以上の名前のDAがあると、この文字列領域が後ろのcPortRectなどの領域に食い込んで、誤動作を起こすバグの要因となってしまいます。心配なら倍の64くらいにするか、いっそPascal文字列の定義上の最大の256バイトを確保しておけば安心でしょう。

そして、プログラムの説明で何度か出てきたlastDItemは、ワードサイズ（２バイト）の変数として、最後に定義してあります。

●Menu Sampleの全ソースコードを確認する

例によって最後に、Menu Sample のアセンブリ言語のソースコードを通して示しておきます。

```
; File Menu.Asm

Include      MacTraps.D              ; System and ToolBox traps
Include      ToolEqu.D               ; Toolbox equates
Include      SysEqu.D                ; System equates
Include      QuickEqu.D              ; QuickDraw equates

; Menu ID Definition

AppleMenu    EQU 1                   ; Apple menu ID
  AboutItem EQU 1                    ; About item ID

FileMenu     EQU 2                   ; File menu ID
DrawMenu     EQU 3                   ; Draw menu ID
  LineItem   EQU 1                   ; Line item ID
  RectItem   EQU 2                   ; Rectangle item ID
  OvalItem   EQU 3                   ; Oval item ID

Start
    BSR      InitManagers
    BSR      SetupMenu
    BSR      SetupWindow

    MOVE.W   #0,lastDItem(A5)        ; reset selected item ID

EventLoop

    _SystemTask
    CLR      -(SP)                   ; for return value
    MOVE     #$0FFF,-(SP)            ; eventMask
    PEA      eventRecord(A5)         ; EventRecored
    _GetNextEvent
    MOVE     (SP)+,D0                ; null?
    BEQ      EventLoop               ; yes
    BSR      HandleEvent             ; no then handle it
    BEQ      EventLoop
    RTS

HandleEvent

    MOVE.W   eventRecord+evtNum(A5),D0    ; event code
    CMP.W    #mButDwnEvt,D0          ; button down?
    BEQ      MouseDown               ; yes to handle down
```

```
    CMP.W   #updatEvt,D0            ; update?
    BEQ     Update                  ; yes to update

NextEvent

    MOVEQ   #0,D0                   ; no to quit
    RTS

MouseDown

    CLR.W   -(SP)                   ; for retuen value
    MOVE.L  eventRecord+evtMouse(A5),-(SP)   ; mouse point
    PEA     eventWindow(A5)         ; window pointer
    _FindWindow
    MOVE.W  (SP)+,D0                ; where?
    CMP.W   #inSysWindow,D0         ; on Desk Accessory
    BEQ     SysWindow
    CMP.W   #inMenuBar,D0           ; on menu bar
    BEQ     MenuBar
    CMP.W   #inDrag,D0              ; on window title bar
    BEQ     DragWind
    BRA     NextEvent

Update

    PEA     wStorage(A5)            ; start updating
    _BeginUpdate
    PEA     checkPtn                ; checker pen pattern
    _PenPat
    MOVE.W  lastDItem(A5),D0        ; which shape to draw
    CMP.W   #LineItem,D0            ; line?
    BNE     UD1                     ; no
    BSR     DrawLine                ; draw diagonal line
    BRA     UD4                     ; to finish
UD1:CMP.W   #RectItem,D0            ; rectangle?
    BNE     UD2                     ; no
    BSR     DrawRect                ; draw rectangle
    BRA     UD4                     ; to finish
UD2:CMP.W   #OvalItem,D0            ; oval?
    BNE     UD3                     ; no
    BSR     DrawOval                ; draw oval
    BRA     UD4                     ; to finish
UD3:PEA     cPortRect(A5)           ; clear whole window
    _EraseRect

UD4:PEA     wStorage(A5)            ; finish updating
    _EndUpdate
    BRA     NextEvent

SysWindow
```

```
    PEA      eventRecord(A5)
    MOVE.L   eventWindow(A5),-(SP)
    _SystemClick                    ; let system do DA
    BRA      NextEvent

DragWind

    MOVE.L   eventWindow(A5),-(SP)
    MOVE.L   eventRecord+evtMouse(A5),-(SP)
    PEA      dragBounds
    _DragWindow                     ; let user drags the window
    BRA      NextEvent

MenuBar

    CLR.L    -(SP)                  ; for return value
    MOVE.L   eventRecord+evtMouse(A5),-(SP)
    _MenuSelect                     ; let system select menu
    MOVE.W   (SP)+,D1               ; menu ID to D1
    MOVE.W   (SP)+,D0               ; item ID to D0
    TST      D1                     ; no menu selected?
    BEQ      NextEvent              ; return to loop
    CMP.W    #AppleMenu,D1          ; Apple menu?
    BEQ      DoAppleMenu
    CMP.W    #DrawMenu,D1           ; Draw menu?
    BEQ      DoDraw
    MOVE.W   #-1,D0                 ; to Quit application
    RTS

MenuDone

    CLR.W    -(SP)                  ; to continue event loop
    _HiliteMenu                     ; flash menu item
    BRA      NextEvent              ; return to loop

DoAppleMenu

    CMP.W    #AboutItem,D0          ; About this app...
    BEQ      About
    MOVE.L   D7,-(SP)               ; D7 holds menu handle
    MOVE.W   D0,-(SP)               ; D0 holds item ID
    PEA      deskName(A5)
    _GetItem
    SUBQ     #2,SP                  ; for return value
    PEA      deskName(A5)           ; open DA by name
    _OpenDeskAcc
    ADDQ     #2,A7                  ; get rid of the stack
    MOVE.L   A4,-(SP)               ; A4 holds current GrafPort
    _SetPort
    BRA      MenuDone
```

```
DoDraw

    PEA      darkPtn                 ; dark pen pattern
    _PenPat
    MOVE.W   D0,lastDItem(A5)        ; save last selected item ID
    CMP.W    #LineItem,D0            ; line?
    BNE      DD1
    BSR      DrawLine                ; draw diagonal line
    BRA      MenuDone
DD1:CMP.W    #RectItem,D0            ; rectangle?
    BNE      DD2
    BSR      DrawRect                ; draw bit smaller rect
    BRA      MenuDone
DD2:CMP.W    #OvalItem,D0            ; oval?
    BNE      MenuDone
    BSR      DrawOval                ; draw bit smaller oval
    BRA      MenuDone

DrawLine

    PEA      cPortRect(A5)           ; erase whole window
    _EraseRect
    MOVE.L   cPortRect+topLeft(A5),-(SP) ; port rect topLeft
    _MoveTo
    MOVE.W   #10,-(SP)               ; pen width
    MOVE.W   #10,-(SP)               ; pen height
    _PenSize
    MOVE.L   cPortRect+botRight(A5),-(SP); port rect botRight
    _LineTo
    RTS

DrawRect

    PEA      cPortRect(A5)              ; erase whole window
    _EraseRect
    MOVE.W   cPortRect+top(A5),D0       ; port rect top
    ADD.W    #15,D0                     ; down 15 points
    MOVE.W   D0,rTop(A5)                ; set new top
    MOVE.W   cPortRect+left(A5),D0      ; port rect left
    ADD.W    #15,D0                     ; right 15 points
    MOVE.W   D0,rLeft(A5)               ; set new left
    MOVE.W   cPortRect+bottom(A5),D0    ; port rect bottom
    SUB.W    #40,D0                     ; up 40 points
    MOVE.W   D0,rBottom(A5)             ; set new bottom
    MOVE.W   cPortRect+right(A5),D0     ; port rect right
    SUB.W    #60,D0                     ; left 60 points
    MOVE.W   D0,rRight(A5)              ; set new right
    PEA      rTop(A5)                   ; push new smaller rect
    _PaintRect
    RTS
```

```
DrawOval

    PEA      cPortRect(A5)             ; erase whole window
    _EraseRect
    MOVE.W   cPortRect+top(A5),D0      ; port rect top
    ADD.W    #50,D0                    ; down 50 points
    MOVE.W   D0,rTop(A5)               ; set new top
    MOVE.W   cPortRect+left(A5),D0     ; port rect left
    ADD.W    #80,D0                    ; right 80 points
    MOVE.W   D0,rLeft(A5)              ; set new left
    MOVE.W   cPortRect+bottom(A5),D0   ; port rect bottom
    SUB.W    #20,D0                    ; up 20 points
    MOVE.W   D0,rBottom(A5)            ; set new bottom
    MOVE.W   cPortRect+right(A5),D0    ; port rect right
    SUB.W    #20,D0                    ; left 20 points
    MOVE.W   D0,rRight(A5)             ; set new right
    PEA      rTop(A5)                  ; push new smaller rect
    _PaintOval
    RTS

About

    CLR.L    -(SP)                     ; for return value
    MOVE.W   #1,-(SP)                  ; dialog ID
    PEA      dStorage(A5)              ; dialog storage
    MOVE.L   #-1,-(SP)                 ; Dialog goes on top
    _GetNewDialog                      ; Display dialog box
    CLR.L    -(SP)                     ; Clear space For handle
    PEA      itemHit(A5)               ; Storage for item hit
    _ModalDialog                       ; Wait for a response
    _CloseDialog
    BRA      MenuDone

InitManagers

    PEA      -4(A5)                    ; Quickdraw's global area
    _InitGraf                          ; Init Quickdraw
    _InitFonts                         ; Init Font Manager
    MOVE.L   #$0000FFFF,D0             ; Flush all events
    _FlushEvents
    _InitWindows                       ; Init Window Manager
    _InitMenus                         ; Init Menu Manager
    CLR.L    -(SP)                     ; No restart procedure
    _InitDialogs                       ; Init Dialog Manager
    _InitCursor                        ; Turn on arrow cursor
    RTS

SetupMenu

    CLR.L    -(SP)                     ; for return value
    MOVE.W   #AppleMenu,-(SP)          ; specify menu ID
```

```
    _GetRMenu                           ; menu from resource
    MOVE.L  (SP),D7                     ; copy menu handle to D7
    MOVE.L  D7,-(SP)                    ; push menu handle
    CLR.W   -(SP)                       ; for return value
    _InsertMenu                         ; set apple menu in menu bar
    MOVE.L  #'DRVR',-(SP)               ; DRVR is DA
    _AddResMenu                         ; add menu item from rsrc
    CLR.L   -(SP)                       ; for return value
    MOVE.W  #FileMenu,-(SP)             ; specify menu ID
    _GetRMenu                           ; menu from resource
    CLR.W   -(SP)                       ; beforeID
    _InsertMenu                         ; File menu in menu bar
    CLR.L   -(SP)                       ; for return value
    MOVE.W  #DrawMenu,-(SP)             ; specify menu ID
    _GetRMenu                           ; menu from resource
    CLR.W   -(SP)                       ; beforeID
    _InsertMenu                         ; Draw menu in menu bar
    _DrawMenuBar                        ; render menu bar
    RTS

SetupWindow

    CLR.L   -(SP)                       ; for return value
    MOVE.W  #1,-(SP)                    ; window ID
    PEA     wStorage(A5)
    MOVE.L  #-1,-(SP)                   ; behind
    _GetNewWindow
    MOVE.L  (SP),A4                     ; copy current port
    _SetPort
    LEA     portRect(A4),A3             ; current portRect
    LEA     cPortRect(A5),A2            ; global CPortRect
    MOVE.L  topLeft(A3),topLeft(A2)         ; copy topLeft point
    MOVE.L  botRight(A3),botRight(A2)       ; botRight Point
    RTS

; Constants

blackPtn    DCB.L   2,$FFFFFFFF ; black pen pattern
darkPtn     DCB.L   2,$FF55FFAA ; dark gray pattern
checkPtn    DC.L    $0008142A,$552A1408 ; checker pattern

dragBounds  DC.W    24,24,338,508

; Global Area

eventRecord DS.B    evtBlkSize  ; EventRecord
eventWindow DS.L    1           ; window pointer
deskName    DS.B    32          ; name string for DA

cPortRect   DS.L    2           ; current port rectangle
rTop        DS.W    1           ; reduced top
```

```
rLeft        DS.W    1           ; reduced left
rBottom      DS.W    1           ; reduced bottom
rRight       DS.W    1           ; reduced right

wStorage     DS.W    WindowSize  ; Storage For Window
dStorage     DS.W    DWindLen    ; Storage For Dialog
itemHit      DS.W    1           ; Item clicked in dialog
lastDItem    DS.W    1           ; Last Drawing Item

End
```

7-10 シンプルペイントアプリ「MinPaint」を作る

サンプルアプリケーションの仕上げとして、ここではごく簡単なペイントアプリを作ってみることにしました。一見それらしい機能を持っているように見えますが、描いたグラフィックをファイルに保存する機能を実装していないなど、実用性はほとんどありません。ただし、見た目だけはちょっと凝って、一見すると、MacPaintに似ているような気がするかもしれないものとしました。見た目の部分は、凝ったところで、それほどコードが長くなったり、データ量が多くなるということもありません。設計時に1回だけ、ちょっと時間をかけて注意深くデザインすれば良いだけだからです。名前も、MacPaintをもじって「MinPaint」としました。必要最小限（あるいはそれ以下）の機能を実現したペイントアプリということで、Minimumの略のMinをPaintの前に付けたものです。

機能的には、かなり簡略化していますが、それでもこれまでのサンプルアプリに比べれば、コードもデータも、かなり長いものになっています。また、ユーザーインターフェースも、初期のMacの標準的なコントロールには頼らずに、MacPaintにできるだけ近付けた、直感的なものにしています。そうしたコードを細かく言葉で解説していくと、かなり膨大で、誰も読む気が起こらないようなものとなってしまうのは確実です。そこで、以下の解説は、全体の概要や、主要な部分の基本的な動作原理などを簡潔に示すにとどめ、具体的なところはコード自体を読んで理解していただくという方針で進めます。

●MinPaintアプリの概要

MinPaintの画面構成は、基本的にMacPaintを模倣したものです。つまり画面の左辺に沿って縦にツールパレットと、線の幅を選択するパレットを配置し、下辺に沿ってパターンを選択するパレットを配置し、残った領域にペイントのキャンバスとなるウィンドウを配置しています（図54）。

オリジナルのMacPaintのツールパレットには、全部で20種類のツールが配置されていますが、MinPaintでは、その半分の10種類だけを実装しています。実装していない10種類については、パレットの中の枠を開けてありますので、ぜひご自分で実装して、少しずつでもMacPaintに近いアプリケーションに仕上げていただければと思います。

図54：MinPaintで描画中の画面。3種類のパレットと描画ウィンドウの配置はMacPaintと同様

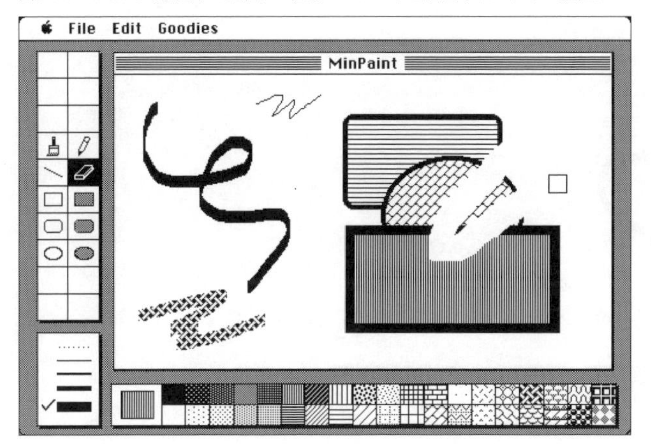

MinPaintで実装しているツールは、左上から右下に向かって、ブラシ、ペンシル、直線、消しゴム、長方形（枠のみ）、長方形（枠と塗りつぶし）、角丸長方形（枠のみ）、角丸長方形（枠と塗りつぶし）、楕円（枠のみ）、楕円（枠と塗りつぶし）、のようになっています。実装している10種類については、機能的にもなるべくMacPaintに近いものにしていますが、まったく同じというわけではありません。

ツールパレット内をクリックしてツールを選ぶと、マウスポインターの形が、選択したツールに合わせて変化します。ただし、その形状が見られるのはウィンドウ内の描画領域内だけで、ポインターがウィンドウの外に出ると、通常の左上向きの矢印型ポインターに戻ります。描画領域内のポインターの形状は、ペンシルツールを除くと、パレット上のツールとまったく同じになるわけではありません。ペンシル以外のツールでは、設定されているその他の条件によって形状が変化するのです。

ブラシツールは、パターンを使って比較的太い線を描くためのもので、動作はMacPaintのものにかなり似せてあります。ただし、ブラシの大きさや形状を選択する機能はありません。このプログラムでは、ブラシの形状は縦長の細めの直線に固定してあります。それがそのまま、ポインターの形状にもなっています。このような非対称のブラシ形状により、横に移動するときと縦に移動するとき、あるいは斜めに移動するときで線の太さが変わります。それによって、カリグラフィーのような効果の描画が可能となります。また、ブラシで描く線は、その時点で選択されているパターンを反映するので、MacPaint 同様の意外性のある表現も可能です。

図55：ブラシツールでの描画例。ブラシの形状は固定だが、パターンを反映した描画が可能

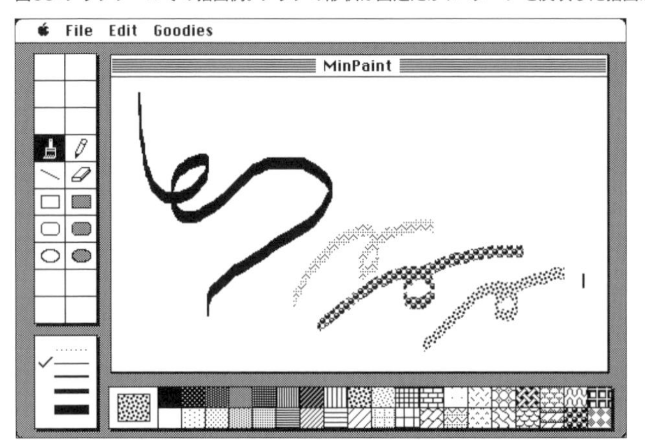

ブラシの右隣のペンシルは、１ドット単位の細い線や点を描くものです。選択されているパターンは無視して、「黒」の線や点を描きます。言い換えれば、どんなパターンが選ばれていても、常に真っ黒のパターンで描くということになります。ブラシと同様、マウスボタンを押したまま動かしたポインターの軌跡が線として描画されます。

MacPaint にあるような拡大して描画する FatBit の機能はありません。また、すでに描いたドットの上をクリックすると、そのドットが消えるといった臨時の消しゴム効果もありません。

図56：ペンシルツールによる描画例。常に１ドットの大きさで「黒」で、点や線を描く

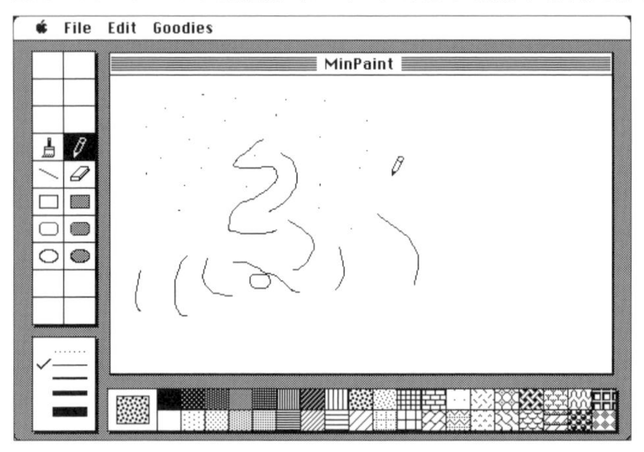

ブラシの下にある直線ツールは、ツールアイコンが示すとおり、直線を描くものです。数学的に少し正確に言えば、2点を結ぶ「線分」を描きます。直線（線分）の始点となるべき位置でマウスボタンを押し、そのままドラッグして終点の位置でボタンを放せば、ボタンを押した点と放した点の間に直線が引かれます。

図57：直線ツールによる描画例。線の太さは、ツールパレットの下の線幅パレットで設定できる

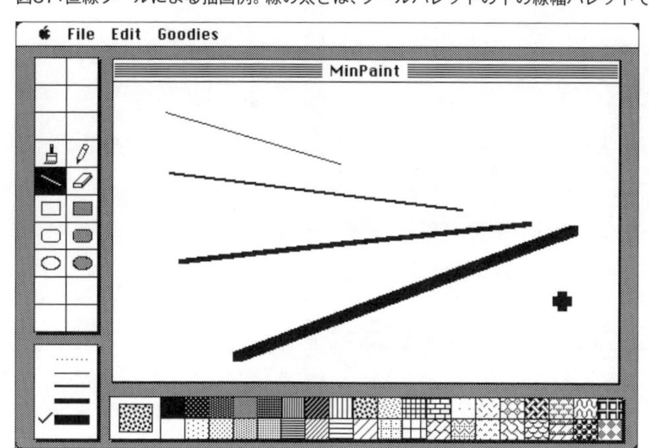

線の太さは、ツールパレットの下にある線幅を設定するパレットで選択したものが反映されます。ただし、ブラシとは異なって選択したパターンは反映されません。太い線も、常に真っ黒に描かれます。

直線ツールの右側のブロック状のツールは、消しゴムツールです。このツールの働きはブラシツールに似ていますが、パターンを描く代わりに白で描きます。言い換えれば、真っ白のパターンで描く専用のブラシということになります。その場合のブラシの形状は、ここではちょっと大きめの正方形となっています。その大きさと形状は、このツールを選んだ際のマウスポインターに反映されています（図58）。

残りの6つのツールについては、まとめて説明しましょう。直線ツールと消しゴムツールの下には、上から順に長方形、角丸長方形、楕円の3種類の形のツールが並んでいます。言うまでもなく、それぞれ対応する形状を描くためのツールです。ただし、これらのツールは左の列に外枠だけのもの、右の列には、枠の内側をパターンで塗りつぶしたものが並んでいます。これは、左の列のツールを選んだ場合には、それぞれ長方形、角丸長方形、楕円の外枠だけを描き、右の列の場合には、それらの内側を塗りつぶした図形を描くことを意味しています（図59）。

図58：消しゴムツールの使用例。これは大きめの正方形のブラシで、常に白で描画するのと同じ効果を発揮する

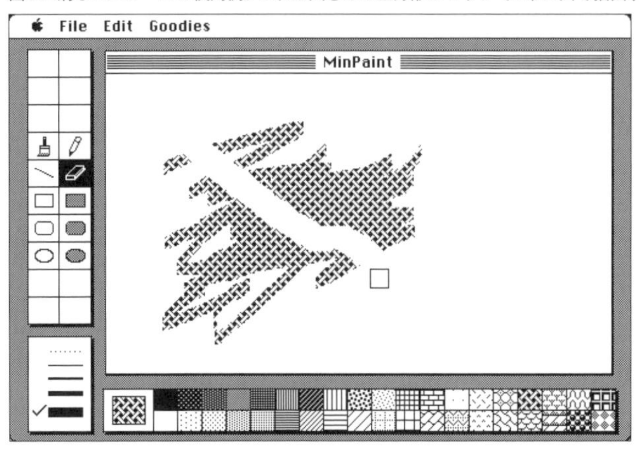

図59：長方形、角丸長方形、楕円ツールの描画例。枠だけと、中身の塗りつぶし付きが選べる

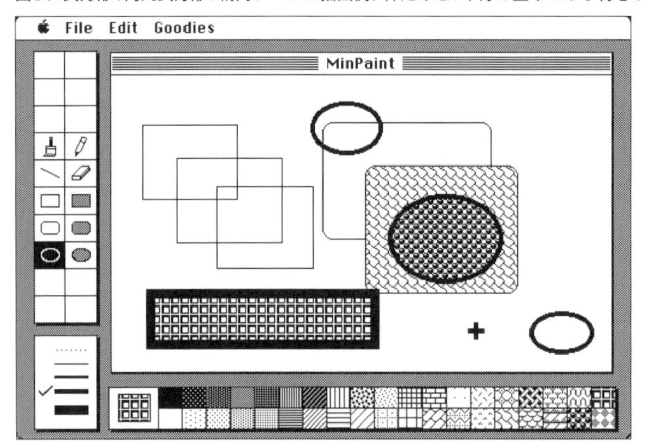

外枠の太さは、ツールパレット下の線幅パレットで選ぶことができます。直線ツールと同じで、外枠の線にはパターンは付きません。常に真っ黒です。これらの図形を描くツールを選んだ場合、マウスポインターは、いわゆる十字カーソルのような形状になります。十字線の幅は、線幅パレットで選んだ線幅を反映したものです。

外枠を描かずに、内側のパターンの塗りつぶしだけで形状を描くことはできないのか、という疑問も浮かぶかもしれません。それに該当するツールはなさそうに見えるからです。実は、そうした図形も、右の列の外枠と塗りつぶしのツールを選び、線幅パレットのいちばん上の破線を選ぶことで実現できます。

直線ツールの場合には、破線を選んで線が描かれなくなってしまうのは不合理なので、破線と、その下の細い線は、いずれも細い線で描くようにしています。一方、

これら３種類の図形ツールでは、破線と細い線の効果は、はっきりと区別されているのです。

図60：外枠を描かず、中身だけを描くツールはないが、線幅パレットで破線を選ぶことで、中身だけを描ける

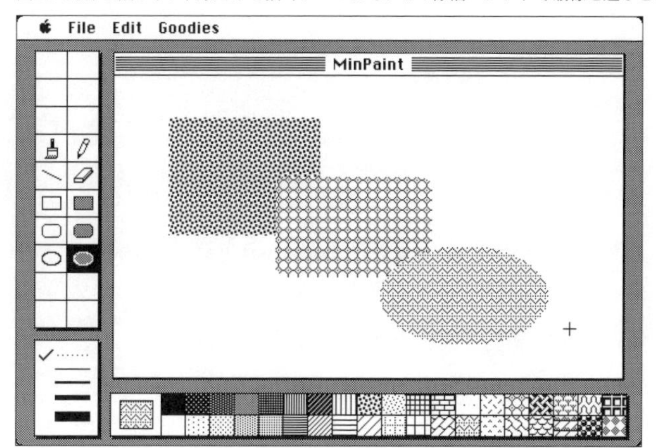

線幅を選ぶパレットについては、すでに説明した通りなので、これ以上の説明は不要でしょう。このパレットについては、見た目も機能も、MacPaint とまったく同じと言っても差し支えないと思います。

パターンパレットも、見た目は MacPaint とほとんど同じです。最初から定義されている 38 種類のパターンも、MacPaint とまったく同じになるように作っています。それでも、決定的な違いが１つあります。それは MacPaint の場合、ユーザーがパターンを編集する機能があるのに対し、このプログラムでは、その機能は割愛している点です。

図61：パターンパレットでは、クリックして選んだパターンが、左端の枠の中に少し大きく表示される

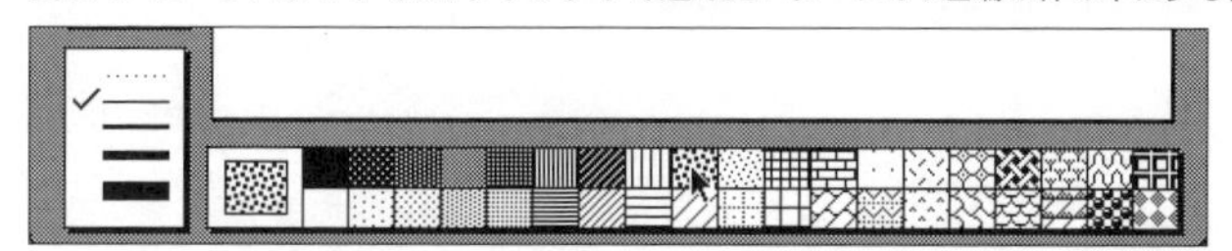

メニューについても一通り見ておきましょう。左端のアップルメニューに加えて「File」、「Edit」、「Goodies」の３つのメニューを配置しています。

すでに以前の例でも見たように、アップルメニューの大半の内容は、システムにインストールされているデスクアクセサリの構成を反映したものになります。ただし通常は、いちばん上の項目として、そのアプリのアバウトダイアログを表示するコマンドを入れることになっているので、この例でもそうしています。

図62：アップルメニューのいちばん上の項目には、アプリのアバウトダイアログを表示するコマンドを配置した

この「About MinPaint...」コマンドを選択すると、画面の中央に、このアプリのアバウトダイアログが、モーダルダイアログとして表示されます。「OK」ボタンをクリックすると閉じるというだけの機能を備えたものです。

図63：このアプリのアバウトダイアログ

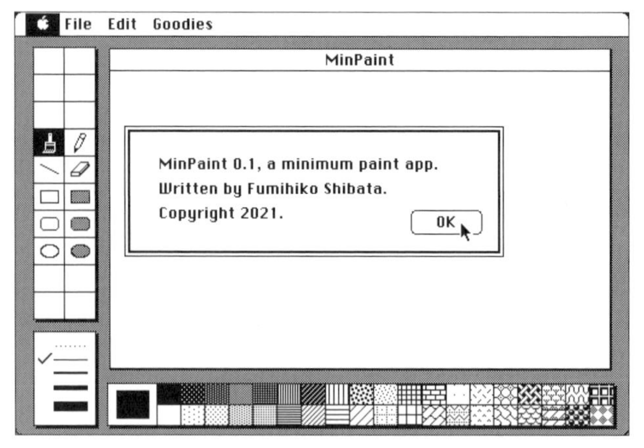

すでにお断りしたように、このペイントアプリには、描いたものをファイルとして保存する機能はありません。そのため「File」メニューは、以前のサンプルと同様、「Quit」コマンドだけを配置しています。もちろん、コマンドキーと「Q」を組み合わせたショートカットも付けています。

図64：このアプリのFileメニューには、Quitコマンドだけを配置している

「Edit」メニューの扱いは、ちょっと特殊です。というのも、このアプリ自体は、そのメニュー内の項目を使いません。そのため、プログラムの中には、ユーザーが「Edit」メニューの中の項目を選択するというイベントに対する処理は含んでいません。つまり、このメニューはサポートしていないのです。にも関わらず、「Edit」メニューを用意し、その中の「UnDo」、「Cut」、「Copy」、「Paste」、「Clear」という標準的なメニュー項目も配置しています。これは、このアプリを起動した状態で、アップルメニューから選択することで利用できるデスクアクセサリのためのものです。つまり、このプログラムでは何もしなくても、メニューバーにEditメニューがあるだけで、デスクアクセサリは、それによって発生したコマンドを受け取ることができるのです。

ただし、この「Edit」メニュー内の項目は、初期状態では、すべてディスエーブルされた状態にセットしていて、項目の文字がグレーになっています。

図65：Editメニューは、このアプリ自体は使用しないが、デスクアクセサリのために一通りの項目を配置している

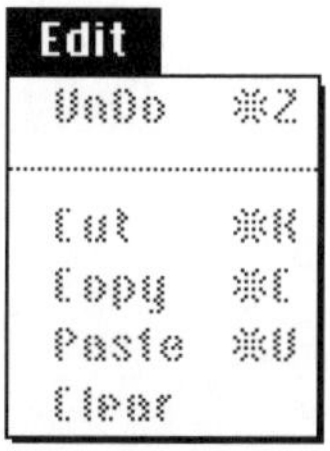

Edit
UnDo ⌘Z
Cut ⌘X
Copy ⌘C
Paste ⌘V
Clear

このままでは、項目の選択はできません。しかし、デスクアクセサリを開くと、「Edit」メニュー内の項目はイネーブル状態になり、利用可能となります。

図66：デスクアクセサリを開くと、Editメニューの項目がイネーブル状態になって利用可能となる

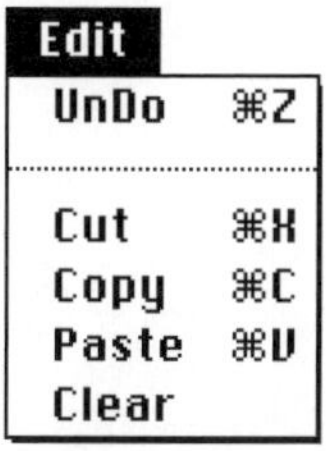

Edit
UnDo ⌘Z
Cut ⌘X
Copy ⌘C
Paste ⌘V
Clear

次に「Goodies」メニューを見ていきます。このメニュータイトルは、MacPaintを模倣したものですが、中身はだいぶ異なります。このプログラムでは、「Erase」、「Invert」、「Fill」という３つのコマンドを配置しています。

図67：Goodiesメニューは、描画機能としては補助的な３つのコマンドを備える

Goodies
Erase ⌘E
Invert ⌘I
Fill ⌘F

これらは、いずれも選択されているツールとは無関係に、描画ウィンドウ全体に対して、指定した描画処理を加えるものです。「Erase」は、画面を消去します。処理としては、描画エリア全体を白で塗りつぶしています。

「Invert」は、画面全体の白黒を反転します。このコマンドを発行する前と後との画面を確認しておきましょう。

図68：GoodiesメニューのInvertコマンドを選択する前の画面

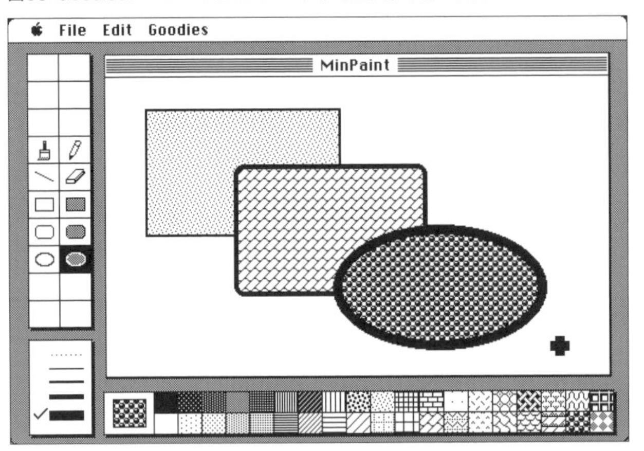

図69：GoodiesメニューのInvertコマンドを選択した後の画面

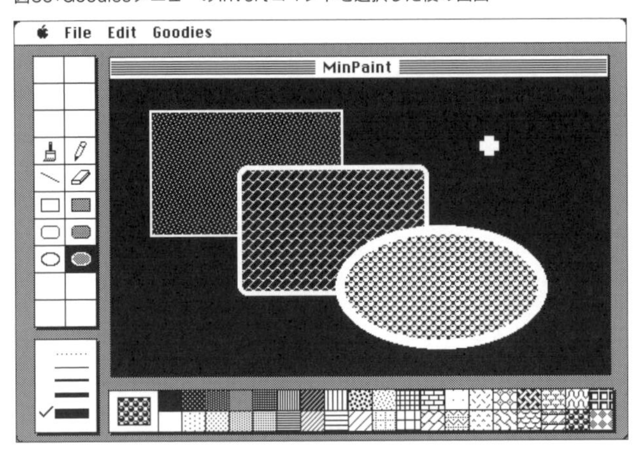

「Fill」は、その時点で選択されているパターンを使って、画面全体を塗りつぶします。

図70：GoodiesメニューのFillコマンドを使えば、描画エリア全体を特定のパターンで塗りつぶせる

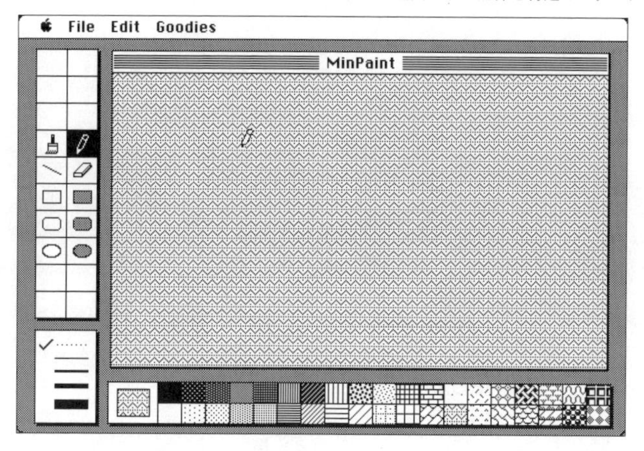

もともと実験的なプログラムなので、これらのコマンドが特に有用というわけでもありません。これらは、ツール以外でも描画機能を利用できることを示すために実装したようなものだと考えてください。何か新たな機能を思いついたら、とりあえずこのメニューから起動できるようにして試してみるのもよいでしょう。

●MinPaintの構成要素

MinPaintも、ソースコードのファイル構成要素という点では、これまで見てきたアプリケーションのものと基本的に同じです。アセンブリ言語のソース、リンクファイル、ジョブファイル、リソース定義ファイルの4つから構成されています。

図71：MinPaintの構成要素

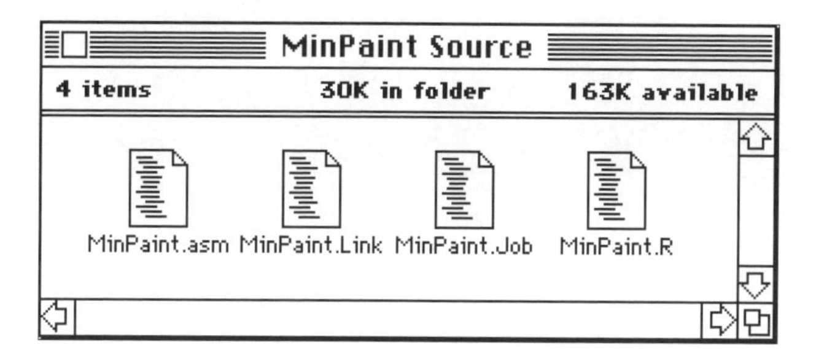

これらのうち、アプリのソースコード（.asm）と、リソース定義ファイル（.R）を除く2つのファイルは、これまで見たものと、指定するファイル名以外は同じです。念のために確認しておきましょう。

まず、プログラム全体をビルドするためのMinPaint.Jobですが、アセンブリ言語のソースコードをアセンブルし、リンクファイルに従って生成物をリンクし、最後にRMakerによってリソースとコードをくっつけてアプリを生成するというものです。

```
ASM     MinPaint.Asm             Exec    Edit
LINK    MinPaint.Link            Exec    Edit
RMAKER  MDS Sample:MinPaint.R    Finder  Edit
```

次のリンクファイル、MinPaint.Linkも、中に出てくるファイル名のみが異なります。

```
[

MinPaint
/Output MinPaint.Code
/Type 'TEMP'

$
```

リソース定義ファイルは、これまでのものよりも、ちょっと規模が大きくなっていますが、ウィンドウ、ダイアログ、メニューの各リソースを定義し、そこにリンクされたコードを加えるという形になっています。

```
MDS Sample:MinPaint
APPLMINP

Type WIND
  ,1
MinPaint
48 80 288 496
Visible NoGoAway
0
0

Type WIND
  ,2
ToolIcon
29 16 248 67
```

```
Visible NoGoAway
3
0

Type WIND
  ,3
Width
259 16 334 67
Visible NoGoAway
3
0

Type WIND
  ,4
Pattern
301 78 334 499
Visible NoGoAway
3
0


Type DLOG
  ,1

100 100 190 400
Visible  NoGoAway
1
0
1

Type DITL
  ,1
4

Button
60 230 80 290
OK

StaticText
15 20 36 300
MinPaint 0.1, a minimum paint app.

StaticText
35 20 56 300
Written by Fumihiko Shibata.

StaticText
55 20 76 200
Copyright 2021.
```

```
Type MENU
  ,1
\14
 About MinPaint...
 (-

  ,2
File
  Quit/Q

  ,3
Edit
  UnDo/Z
  (-
  Cut/X
  Copy/C
  Paste/V
  Clear

  ,4
Goodies
  Erase/E
  Invert/I
  Fill/F


INCLUDE MDS Sample:MinPaint.Code
```

ウィンドウリソースは、メインの描画ウィンドウに加えて、ツールパレット、線幅パレット、パターンパレットが、すべてウィンドウなので、全部で4つです。

ダイアログリソースは、アバウトダイアログ1つですが、中身のテキストが3行に分かれていて、そこに1つのボタンが加わるので、DITLリソースは4つです。

メニューリソースは、アップル、File、Edit, Goodiesの4つです。アップルメニューには、アバウトダイアログを表示する「About MinPaint...」という項目のみを記述しています。

今回は、最後にINCLUDEを入れて、MinPaint.Codeを取り込んでいます。それも含めて、リソース定義の順番がウィンドウ、ダイアログ、メニューのようになっていて、これまでと異なっていることにお気づきでしょうか。実は、これはちょっと不可思議なことなのですが、リソースの記述の順序によっては、生成するアプリケーションが思ったような構成にならず、プログラムの誤動作やエラーという形で不具合が発生します。その現象は、アセンブリ言語のソースコードの長さによっても状況が異なります。これは恐らくこのMDSに付属する初期のRMakerのバグだと思われます。もう少し後のバージョンを使えば、このような不具合は解消される可能性がありますが、そこは探求していません。本書で扱うプログラムの範囲では、リソースの順番などを入れ替えることで、なんとか対処できているので、そこは深入りしないことにしました。もし本書に示したソースコードに手を加えたり、読者が自ら新たに作成したアプリに不可解な誤動作やエラーが発生するような場合には、そのあたりも疑ってみてください。

アセンブリ言語によるソースコード以外の部分については以上です。このMinPaintについては、これまでよりコードもだいぶ長くなっていて、パレットの中でのツールやパターンの選択処理など、これまでよりもちょっと複雑な部分もあります。それらについて日本語で説明していくと、ソースコードよりも長くなってしまうことは間違いありません。そこで、このプログラムに関しては、動作についての細かな説明は省略することにしました。大きな部分ごとに、そこで何をしているのか、以下に概要を示します。

●MinPaintプログラムの大きな流れ

まず、ソースコード全体の大きな流れを確認しておきましょう。先頭から順番に、どこで何をしているのか、簡潔に示していきます。

先頭部分で、Toolboxやシステム、QuickDrawなどの定義ファイルをインクルードしているのは、これまでと同様です。次のメニューIDの設定も、もはや説明の必要はないでしょう。

Start

実際のプログラムのコード部分の先頭では、例によって、Toolboxのマネージャの初期化ルーチン（InitManagers）、メニューの設定ルーチン（SetupMenu）、ウィンドウの設定ルーチン（SetupWindows）、そして各種パレットの設定ルーチンを呼んでいます。パレットは、実はウィンドウの一種として作成しています。タイトルバーやスクロールバーのない、中身だけのウィンドウです。

EventLoop

その後は、そのままイベントループに入ります。これも先頭の1行を除いて、これまでの例と大きく変わったところはありません。デスクアクセサリをサポートしているので、まずSystemTaskルーチンを呼び、イベントマスクを設定してからGetNextEventを呼んで、イベントがあれば、HandleEventに分岐してそれに対応するという流れです。

これまでとは異なる先頭の１行というのは、CheckCursor というサブルーチンを呼んでいることです。このルーチンは、選択されているツールや、その時点の状況に応じて、マウスポインターの形状を変更するものです。ここで言う「その時点の状況」の主なものは、マウスポインターがどこにあるかということです。たとえば、描画ウィンドウの描画エリア内にあるとき、その外にあるとき、パレットの上にあるとき、といった状況です。

HandleEvent

イベントに対応する HandleEvent も、これまでのものとまったく変わりません。イベントの種類を調べて、マウスダウン、キーダウン、アップデートの各イベントに対応します。それ以外のイベントは無視して、イベントループに戻ります。

MouseDown

マウスダウンのイベントを処理する MouseDown では、マウスダウンイベントがどこで発生したかによって処理を分岐しています。これ以前のサンプルでは、ウィンドウは１つだけでしたが、このアプリでは描画に使うメインのウィンドウ以外に、パターンパレット、ツールパレット、線幅パレットという３つのパレットがあり、合計４つのウィンドウを識別します。それ以外にも、デスクアクセサリのウィンドウの中、メニューバー、といった場所を特定し、それぞれの処理に分岐します。

KeyDown

キーが押されたイベントを処理する KeyDown は、このアプリの場合、キー入力は Command キーと合わせて押されるコマンド以外にはないので、Command キーが押されていない場合のキー入力は無視します。Command キーが押されていた場合には、どのメニューのショートカットコマンドなのかを判断するために WhichMenu というラベルに分岐します。

Update

Update は、イベントとしてのウィンドウのアップデートを処理ます。このアプリでは、メインの描画ウィンドウ以外に、上で挙げたような３つのパレットがあるので、それぞれアップデートしなければなりません。また、これらのパレットの中身は、初期化の際に描くのではなく、いつもアップデートイベントに対応して描くようにしています。

このUpdate部分では、これまでのサンプルでは見慣れなかった、ちょっと変わった書き方のラベルを使っています。具体的には「@1」から「@9」というもので、つまりアットマーク＋数字という名前のラベルです。これは、一般的な英文字のラベルに囲まれた部分でのみ、その名前が有効な、いわばローカルなラベルです。アセンブリ言語のプログラミングでは、細かな分岐などに対して常にラベルを付ける必要があり、それが頻発すると、それぞれに固有の名前を付けるのが煩わしく感じることも少なくありません。そんなときに便利なのが、このアットマーク＋数字のラベルです。

UpdateMain

そのウィンドウの中身のアップデートの中でも、メインの描画ウィンドウをアップデートするのがUpdateMainです。描画ウィンドウの中身のアップデートには、DAなど、他のウィンドウと重なったことによって消えてしまったビットマップ画像を再現する必要があります。そのビットマップ画像は、ユーザーが自由に描いたものなので、あらかじめ保存しておく以外に復帰させる手立てはありません。ここでは、描画の度に保存しておいたビットマップ画像を、QuickDrawのCopyBitsルーチンによって復元しています。

Activate ／ Deactivate

このActivateは、イベントとしてアクティベート（#activateEvt）が発生した場合のHandleEventからの飛び先です。アクティベートイベントは、メニューそのもの、あるいは、その中の項目をアクティブで選択可能な状態にしたり、逆にインアクティブにして選択できない状態にします。このActivateは、イベントレコードの中のフラグを調べて、FileメニューとGodiesメニューをアクティブに、逆にEditメニューはインアクティブにしています。

イベントレコードの中のフラグを調べた結果、FileとGoodiesメニューをインアクティブにする場合には、Deactivateに分岐して処理します。その際には、単純にEditメニューはアクティブな状態にしています。

SysWindow

MouseDownの処理の中で、マウスボタンがシステムウィンドウ、つまりデスクアクセサリの上で押されたと判断された場合、このSysWindowに分岐してきます。ここでは、SystemClickルーチンを呼んで、後の処理はシステムに委ねるだけです。

MenuBar ／ WhichMenu ／ MenuDone

先の SysWindow などと同じく、MenuBar は、MouseDown の処理の中で、メニューバー上にポインターがある際にボタンが押されたと判断された場合の飛び先です。ここでは、メニューの中の項目が選択された場合には、それがどのメニューかをメニュー ID で調べ、そのメニューの中の何番めの項目なのかも調べて、次の WhichMenu になだれ込みます。

その WhichMenu では、選択されたメニューがアップルメニューなのか、File メニューなのか、Edit メニューなのか、Goodies メニューなのかに応じて、それぞれの処理に分岐します。

選択されたメニューが、そのどれでもないという状態は、論理的にあり得ませんが、その場合には MenuDone になだれ込んで、メニューのハイライト状態を解除した後、イベントループに戻ります。この MenuDone は、適切なメニュー処理を完了した場合、イベントループに戻るための出口としても使われます。

DoAppleMenu

アップルメニューの項目が選択された場合の処理です。それが、いちばん上の項目だった場合にはアバウトダイアログを表示し、それ以外ならデスクアクセサリを開きます。デスクアクセサリはメニュー項目の名前を調べ、その名前を指定して開くのでした。

DoFile

File メニューの項目が選ばれた場合の処理ですが、項目は 1 つしかなく、それは Quit コマンドなので、処理は非常に単純です。

DoEdit

Edit メニューの項目が選ばれた際の処理です。とはいっても、このアプリ自体は Edit メニューを使わないので、自動的にデスクアクセサリに処理を回します。

DoGoods

Goodies メニューの項目に対する処理です。Goodies メニューには Erase、Invert、Fill という 3 つのコマンドがあるので、それぞれ選択されたメニューの項目番号によって分岐します。それぞれの処理は単純なので、その場で完結しています。

About

アップルメニューから「About MinPaint…」が選択された場合に、アバウトダイアログを開きます。リソースとして定義している中身の文字列以外は、これ以前のアプリと何ら変わりません。

PaintContent

描画ウィンドウの中身を描くという、このアプリで最も重要な処理を担う部分です。ここには、MouseDownで、マウスダウンのイベントが描画ウィンドウの内側で発生したと判断された場合に分岐してきます。

ここでは、ツールごとの描き方の共通性に着目して処理を分けています。まず、ツールがブラシかペンシルだった場合にはBrOrPencilに、直線ツールと、3種類の長方形を基本とする描画ツールのいずれかだった場合には、まとめてDrawRectで処理します。それ以外の場合は消しゴムツールとみなして、次のEraseになだれ込みます。

Eraser

消しゴムツールが選ばれていた場合描画処理です。消しゴムの大きさにペンサイズをセットし、ペンのパターンを白にセットしてから、DragPenに分岐して、実際の描画処理を続けます。つまり、ペンのサイズとパターンをセットした後は、ブラシやペンシル、消しゴムの処理は同じということになります。

BrOrPencil／SetBrPen

選択されているツールがブラシかペンシルの場合の処理です。ペンシルの場合は、1ドット×1ドットの最小のペンサイズを指定し、ブラシの場合は、SetBrPenに分岐して、固定的に10ドット×2ドットの縦線のブラシサイズを設定しています。どちらの場合も、続きはDragPenで処理します。

DragPen／NextPoint／NoMove／PCReturn

DragPenは、ブラシ、ペンシル、消しゴムによる描画の開始を処理します。座標を調整してからMoveToでペンを移動します。NextPointは、ボタンが押されたままマウスが動かされた場合に、その移動先までLineToによって直線を描きます。ただし、前の位置から移動がなかった場合には、NoMoveに分岐して、ボタンがまだ押されているかをチェックします。押されていればNextPointに戻って、移動のチェックを繰り返します。ボタンが放された場合には、とりあえずその位置まで直線を描いてPCReturnになだれ込み、ブラシ、ペンシル、消しゴムによる描画を終了します。このPCReturnは、長方形を基本とする図形の描画を終了する際にも利用しています。

SaveCBits

SaveCBitsは、どこからでも呼ぶことのできる独立したサブルーチンになっています。現在の描画ウィンドウの中身のビットマップを保存するためのもので、保存先はグローバルエリアに確保したbmContentというバッファです。

DrawRects／DragLoop／ContDrag／DrawDrag

直線ツールと、長方形、角丸長方形、楕円を描くツールは、いずれもDrawRectsから描画を開始します。仮の輪郭線を描くために描画モードをXORにセットし、選択されているツールに応じてペンのサイズを設定します。

続くDragLoopでは、マウスボタンが押されているかどうかを調べ、押されたままならContDragへ、すでに放されていたらDrawDragへ分岐して、それぞれ適切な描画処理を実行します。

ContDragは、ユーザーがボタンを押したままドラッグしている最中の処理です。ドラッグによって、大きさや形が変化するので、元々下にあった画像に影響を与えないようにするために、ちょっと複雑な処理が必要となっています。

DrawDragは、ユーザーがドラッグして図形を描画中にボタンを放した場合、言い換えれば、描く図形が確定した場合の処理です。ここにきて、選択されていたツールに応じた処理に分岐します。

CheckShape／FrmOval／DrawLine／DrawRect／FrmRect／DrawRRect／FrmRRect

上のDrawDragの続きで、まずCheckShapeで、直線を描くのか、長方形を描くのか、楕円を描くのかを判断しています。その下のFrmOvalは、黒い楕円の外形線を、DrawLineは黒の直線を描きます。DrawRectは長方形の中身を塗りつぶし、FrmRectは黒い長方形の外形線を描きます。同様に、DrawRRectは角丸長方形の中身を塗りつぶし、FrmRRectは黒い角丸長方形の外形線を描きます。

PtnSelection

ユーザーがパターンパレットの内側をクリックした際に、ここに分岐してきます。そのクリックした点のウィンドウ内の座標を調べ、どのパターンがクリックされたのかを割り出し、それをパターンとして設定します。その後、パターンパレット内の左端にある、選択中のパターンを表示する長方形を、新たに選択されたパターンで塗りつぶします。

ToolSelection / SetTool / InvertTool

ユーザーがツールパレットの内側をクリックすると、ToolSelection に分岐してきます。パターンパレットと同様に、クリックされた点の座標から、どのツールが選択されたのかを割り出し、SetTool で、それをセットします。また、選択されたツールが条件に応じてカーソルの形状に反映されるように、カーソル形状を表すビットマップもセットします。最後に InvertTool では、ツールパレット内で選択されたツールを白黒反転させ、どれが選ばれているか常にユーザーが分かるようにします。

WidSelection / SetPenWidth / SetCheck

ユーザーが線幅パレットの内側をクリックすると、WidSelection に分岐してきます。ここでも他のパレットと同様に、クリックされた点の座標から、どの線幅が選択されたかを判断します。そして SetPenWidth では、その線幅を記憶し、SetCheck を呼び出して、選択された線幅の左側にチェックマークを付けます。

InitManagers

これまでのほとんどのサンプルと同様、Toolbox の必要なマネージャ類を初期化するサブルーチンです。

SetupMenu

メニューを初期化してメニューバーを表示するサブルーチンです。デスクアクセサリをサポートし、アップルメニューにダイナミックに挿入している部分も含めて、前の Menu Sample と同様です。アップルメニュー以外のすべてのメニュータイトルと項目は、すでに見たようにリソースとして定義しています。

SetupWindow

これも、もはや見慣れた名前のウィンドウ初期化ルーチンです。ここで初期化しているのはメインの描画ウィンドウだけです。このウィンドウは中身の全体がビットマップデータなので、そのビットマップとアップデートのためにビットマップデータを保存しておく領域も初期化しています。

SetupPalettes

各種パレット用のウィンドウを初期化します。ツールパレット、線幅パレット、パターンパレットの3つです。いずれもウィンドウとしての仕様はリソースに定義してあります。パレットの中身は、次から続くアップデート用のルーチンで描くので、ここでは枠だけです。

UpdateTools

ツールパレットの中身を描きます。ツールパレットの中は、横2列、縦10行に分かれているので、まず区切り線を描きます。その後、実装している10個のツールの形状を表すビットマップパターンを、QuickDrawのCopyBitsルーチンを使って転送することで描きます。その後、選択されているツールを反転表示するために、SetTool0に分岐しています。

UpdateWids

線幅パレットの中身を描きます。このパレットの中には、線幅のサンプルとして、破線も含めて5本の横線が描かれています。これらは実は直線ではなく、長方形として描いています。5本の線幅サンプルを描き終わったら、現在選択されている線幅の左にチェックマークを表示するために、SetCheckに分岐します。

UpdatePtns

パターンパレットの中身を描きます。ツールパレットの中は、横19列、縦2行に、全部で38個のパターンが並んでいます。これらのパターンは、初期のMacの標準的なパターンで、システムのリソースから読み込んでいます。このプログラムの中で独自に定義しているわけではありません。各パターンは、パターンで塗りつぶした長方形と、同じ大きさの枠だけの長方形を組み合わせて描いています。

CheckCursor

選んだツールによって、マウスカーソルの形状を変更するためのサブルーチンです。基本的には、描画ウィンドウの中か外かでカーソルの形状をカスタマイズするかどうかを決めています。カーソルの形状はSetCursorルーチンで設定可能です。InitCursorルーチンは、デフォルトの矢印に戻します。

●MinPaintのビットパターン定義

このMinPaintの定数の定義部分では、比較的多くのビットマップパターンを定義してます。それらは、大きく3つのグループに分かれています。最初に定義しているグループは、ツールパレットの中に表示するツールの形状を表すもので、全部で10種類です。

まずラベルとしては、bmBrBits、bmPnBits、bmLnBits、bmErBits、bmRcBits、bmRcfBits、bmRrBits、bmRrfBits、bmOvBits、bmOvfBitsがあります。それぞれ、ブラシ、ペンシル、直線、消しゴム、長方形の枠線、塗りつぶした長方形、角丸長方形の枠線、塗りつぶした角丸長方形、楕円形の枠線、塗りつぶした楕円形に対応しています。

また、ツールパレットの中で、それぞれのツールの形状を表示する位置は、長方形の座標として定義しています。上で挙げた10種類のツールに対応する長方形座標のラベルは、bmBrRect、bmPnRect、bmLnRect、bmErRect、bmRcRect、bmRcfRect、bmRrRect、bmRrfRect、bmOvRect、bmOvfRectの10個です。

2番めのビットマップパターンのグループは、ツールを選択した際のマウスカーソルの形状を表すものです。カーソルの場合、単なる形状だけではなく、透明と不透明を表すマスクも必要です。さらに、実際にクリックするポイントを表すホットスポットの位置も設定しなければなりません。そのため、1つのカーソルのデータは、形状のビットマップ、マスクのビットマップ、ホットスポットの座標データがセットになっています。

ラベルとしては、1つめのセットとしてcsrPnData、csrPnMask、csrPnHsptが、それぞれペンシルツールの形状、マスク、ホットスポットを表しています。同様にcsrBrData、csrBrMask、csrBrHsptがブラシ、csrErData、csrErMask、csrErHsptが消しゴムツールを表しています。残りは、csrCr1、csrCr2、csrCr4、csrCr8という文字列で始まるラベルの4種類のカーソルがありますが、これらは選択されている線幅に合わせて太さの変化する4種類の十字のカーソルに対応するものです。

3番めのグループは、グループといってもビットマップパターンは1つだけです。それは、線幅パレットに表示するチェックマークを定義しているbmChkDataです。ただし、それを選択されている線幅に合わせて表示するための位置を、bmChk0Rect、bmChk1Rect、bmChk2Rect、bmChk4Rect、bmChk8Rectという5つの長方形座標で定義しています。

●MinPaintの全ソースコードを確認する

ここでも最後に、MinPaintのアセンブリ言語のソースコードを通して示しておきます。

```
; File MinPaint.Asm

Include      MacTraps.D                  ; System and ToolBox traps
Include      ToolEqu.D                   ; ToolBox equates
Include      SysEqu.D                    ; System equates
Include      QuickEqu.D                  ; QuickDraw equates

; Menu ID Definition

AppleMenu    EQU 1                       ; Apple menu ID
  AboutItem EQU 1                        ; About item ID

FileMenu     EQU 2                       ; File menu ID
EditMenu     EQU 3                       ; Edit menu ID
GoodsMenu    EQU 4                       ; Goodies menu ID

Start
    BSR      InitManagers
    BSR      SetupMenu
    BSR      SetupWindow
    BSR      SetupPalettes

EventLoop

    BSR      CheckCursor ; Change cursor shape conditionally
    _SystemTask
    CLR.W    -(SP)                       ; for return value
    MOVE.W   #$0FFF,-(SP)                ; event mask
    PEA      eventRecord(A5)             ; EventRecord
    _GetNextEvent
    MOVE.W   (SP)+,D0                    ; null?
    BEQ      EventLoop                   ; yes
    BSR      HandleEvent                 ; no then handle it
    BEQ      EventLoop
    RTS

HandleEvent

    MOVE.W   eventRecord+evtNum(A5),D0     ; event code
    CMP.W    #mButDwnEvt,D0              ; button down?
    BEQ      MouseDown                   ; yes handle button down
    CMP.W    #keyDwnEvt,D0               ; key pressed?
    BEQ      KeyDown                     ; yes handle key press
    CMP.W    #updatEvt,D0                ; update?
```

```
    BEQ      Update                     ; yes handle update
    CMP.W    #activateEvt,D0            ; activate?
    BEQ      Activate                   ; yes handle activation

NextEvent

    MOVEQ    #0,D0                      ; no to quit
    RTS

MouseDown

    CLR.W    -(SP)                      ; for return value
    MOVE.L   eventRecord+evtMouse(A5),-(SP)   ; mouse point
    PEA      eventWindow(A5)            ; window pointer
    _FindWindow
    LEA      PtnPltStorage(A5),A0       ; pattern palette pointer
    MOVE.L   eventWindow(A5),A1         ; event window
    CMP.L    A0,A1                      ; same?
    BEQ      PtnSelection               ; yes, pattern selection
    LEA      TolPltStorage(A5),A0       ; tool palette pointer
    CMP.L    A0,A1                      ; same?
    BEQ      ToolSelection              ; yes, tool selection
    LEA      WidPltStorage(A5),A0       ; width palette pointer
    CMP.L    A0,A1                      ; same?
    BEQ      WidSelection               ; yes, width selection

    MOVE.W   (SP)+,D0                   ; where else?
    CMP.W    #inSysWindow,D0            ; on DA?
    BEQ      SysWindow                  ; handle DA
    CMP.W    #inMenuBar,D0              ; on menu bar?
    BEQ      MenuBar                    ; handle menu bar
    CMP.W    #inContent,D0              ; main window content?
    BEQ      PaintContent               ; do painting
    BRA      NextEvent

KeyDown

    MOVE.W   eventRecord+evtMeta(A5),D0   ; mod key
    BTST     #cmdKey,D0                 ; command key?
    BEQ      NextEvent                  ; no, back to event loop

    CLR.L    -(SP)                      ; for return value
    MOVE.W   eventRecord+evtMessage+2(A5),-(SP)   ; key code
    _MenuKey
    MOVE.W   (SP)+,D4                   ; menu ID
    MOVE.W   (SP)+,D3                   ; menu item number
    BRA      WhichMenu

Update

    MOVE.L   eventRecord+evtMessage(A5),A4    ; ptr to window to update
```

```
    MOVE.L   A4,-(SP)
    _BeginUpdate

    LEA      WindowStorage(A5),A3
    CMP.L    A3,A4                       ; main window?
    BNE      @1
    BSR      UpdateMain                  ; yes, update main
    BRA      @9
@1
    LEA      TolPltStorage(A5),A3
    CMP.L    A3,A4                       ; tool palette?
    BNE      @2
    BSR      UpdateTools                 ; yes, update tools
    BRA      @9
@2
    LEA      WidPltStorage(A5),A3
    CMP.L    A3,A4                       ; width palette?
    BNE      @3
    BSR      UpdateWids                  ; yes, update widths
    BRA      @9
@3
    LEA      PtnPltStorage(A5),A3
    CMP.L    A3,A4                       ; pattern palette?
    BNE      @9
    BSR      UpdatePtns                  ; yes, update patterns
@9
    MOVE.L   A4,-(SP)
    _EndUpdate
    BRA      NextEvent                   ; return to event loop

UpdateMain

    MOVE.L   A4,-(SP)                    ; A4 holds window ptr
    _SetPort
    PEA      bmContent(A5)               ; dest bits
    PEA      portBits(A4)                ; src bits
    PEA      portRect(A4)                ; src rect
    PEA      portRect(A4)                ; dest rect
    MOVE.W   #srcCopy,-(SP)              ; mode
    CLR.L    -(SP)                       ; mask
    _CopyBits
    RTS

Activate

    MOVE.W   eventRecord+evtMeta(A5),D0  ; modifier flags
    BTST     #activeFlag,D0              ; activate or deactivate
    BEQ      Deactivate
    MOVE.L   fileMHandle(A5),-(SP)       ; to enable file menu
    CLR.W    -(SP)
    _EnableItem
```

```
    MOVE.L  editMHandle(A5),-(SP)    ; to disable edit menu
    CLR.W   -(SP)
    _DisableItem
    MOVE.L  goodMHandle(A5),-(SP)    ; to enable goodies menu
    CLR.W   -(SP)
    _EnableItem
    BRA     NextEvent

Deactivate

    MOVE.L  fileMHandle(A5),-(SP)    ; to disable file menu
    CLR.W   -(SP)
    _DisableItem
    MOVE.L  editMHandle(A5),-(SP)    ; to enable edit menu
    CLR.W   -(SP)
    _EnableItem
    MOVE.L  goodMHandle(A5),-(SP)    ; to disable goodies menu
    CLR.W   -(SP)
    _DisableItem
    BRA     NextEvent

SysWindow

    PEA     eventRecord(A5)
    MOVE.L  eventWindow(A5),-(SP)
    _SystemClick                     ; let system do DA
    BRA     NextEvent

MenuBar

    CLR.L   -(SP)                    ; for return value
    MOVE.L  eventRecord+evtMouse(A5),-(SP)  ; mouse position
    _MenuSelect                      ; let system select menu
    MOVE.W  (SP)+,D4                 ; menu ID to D4
    MOVE.W  (SP)+,D3                 ; item number to D3
    TST.W   D4                       ; no menu selected?
    BEQ     NextEvent                ; yes, go back to the loop

WhichMenu

    CMP.W   #AppleMenu,D4            ; Apple menu selected?
    BEQ     DoAppleMenu
    CMP.W   #FileMenu,D4             ; File menu selected?
    BEQ     DoFile
    CMP.W   #EditMenu,D4             ; Edit menu selected?
    BEQ     DoEdit
    CMP.W   #GoodsMenu,D4            ; Goodies menu selected?
    BEQ     DoGoods

MenuDone
```

```
    CLR.W    -(SP)                 ; to unhilite any menu
    _HiliteMenu
    BRA      NextEvent

DoAppleMenu

    CMP.W    #AboutItem,D3         ; About item?
    BEQ      About
    MOVE.L   appleMHandle(A5),-(SP)  ; handle to apple menu
    MOVE.W   D3,-(SP)              ; item number
    PEA      deskName(A5)          ; DA name string pointer
    _GetItem
    CLR.W    -(SP)                 ; for return value
    PEA      deskName(A5)          ; DA name string
    _OpenDeskAcc
    ADDQ.L   #2,SP                 ; ignore returned value
    PEA      WindowStorage(A5)     ; main window
    _SetPort
    BRA      MenuDone

DoFile

    CMP.W    #1,D3                 ; item number for quit
    BNE      MenuDone
    MOVE.W   #-1,D0                ; to quit this app
    RTS

DoEdit

    CLR.W    -(SP)                 ; for return value
    MOVE.W   D3,-(SP)              ; item number
    SUBQ.L   #1,(SP)               ; minus 1 to make editCmd
    _SysEdit                       ; SystemEdit
    TST.B    (SP)+                 ; actually pulls a word
    BRA      MenuDone

DoGoods

    CLR.L    -(SP)                 ; for return value
    _FrontWindow
    MOVE.L   (SP)+,A0              ; ptr to front window
    LEA      WindowStorage(A5),A4    ; main window pointer
    CMP.L    A0,A4                 ; is main window in front?
    BNE      MenuDone              ; no, finish menu handling

    PEA      portRect(A4)          ; main window port rect
    CMP.W    #1,D3                 ; Erase command?
    BNE      @1
    _EraseRect
    BRA      @3
@1  CMP.W    #2,D3                 ; Invert command?
```

```
    BNE     @2
    _InverRect
    BRA     @3
@2  CMP.W   #3,D3                       ; Fill command?
    BNE     @0
    PEA     cPattern(A5)                ; current pattern
    _FillRect
@3  BSR     SaveCBits                   ; save whole drawing
@0  BRA     MenuDone

About

    CLR.L   -(SP)                       ; for return value
    MOVE.W  #1,-(SP)                    ; dialog ID
    PEA     dStorage(A5)                ; dialog storage
    MOVE.L  #-1,-(SP)                   ; dialog goes on top
    _GetNewDialog                       ; display dialog box
    CLR.L   -(SP)                       ; clear space for handle
    PEA     itemHit(A5)                 ; storage for item hit
    _ModalDialog                        ; wait for a response
    _CloseDialog                        ; close the dialog
    BRA     MenuDone

PaintContent

    CLR.L   -(SP)
    _FrontWindow
    MOVE.L  (SP)+,A0
    LEA     WindowStorage(A5),A4        ; main window
    CMP.L   A0,A4                       ; is main front?
    BNE     NextEvent                   ; no, back to the loop

    MOVE.L  A4,-(SP)
    _SetPort
    PEA     eventRecord+evtMouse(A5)
    _GlobalToLocal
    LEA     sPoint(A5),A4
    MOVE.L  eventRecord+evtMouse(A5),(A4)
    MOVE.L  cToolIndex(A5),D4           ; selected tool index
    MOVE.W  D4,D5
    SWAP    D4
    CMP.W   #3,D5
    BEQ     BrOrPencil                  ; brush or pencil
    CMP.W   #4,D5
    BNE     DrawRects                   ; rectangle tool
    TST.W   D4
    BEQ     DrawRects                   ; rectangle tool

Eraser

    MOVE.W  #patCopy,-(SP)
```

```
    _PenMode
    MOVE.L  #$00080008,D3           ; pen offset
    MOVE.L  #$00100010,-(SP)        ; pen size to 16 x 16
    _PenSize
    PEA     white-4(A5)
    _PenPat
    BRA     DragPen

BrOrPencil

    MOVE.W  #patCopy,-(SP)
    _PenMode
    TST.W   D4                      ; brush?
    BEQ     SetBrPen                ; yes, set brush size
    MOVE.L  #0,D3                   ; Pen Offset
    MOVE.L  #$00010001,-(SP)        ; pen size to 1 x 1
    _PenSize
    PEA     black-4(A5)
    _PenPat
    BRA     DragPen

SetBrPen

    MOVE.L  #$00050001,D3           ; pen offset
    MOVE.L  #$000A0002,-(SP)        ; pen size to 10 x 2
    _PenSize
    PEA     cPattern(A5)            ; set current pattern
    _PenPat

DragPen

    MOVE.L  D3,D2
    MOVE.W  h(A4),D0
    SUB.W   D2,D0
    MOVE.W  D0,-(SP)
    SWAP    D2
    MOVE.W  v(A4),D0
    SUB.W   D2,D0
    MOVE.W  D0,-(SP)
    _MoveTo

NextPoint

    PEA     ePoint(A5)              ; get current mouse point
    _GetMouse
    MOVE.L  ePoint(A5),D0
    CMP.L   (A4),D0
    BEQ     NoMove
    MOVE.L  D0,(A4)
    MOVE.L  D3,D2
    MOVE.W  h(A4),D0
```

```
        SUB.W     D2,D0
        MOVE.W    D0,-(SP)
        SWAP      D2
        MOVE.W    v(A4),D0
        SUB.W     D2,D0
        MOVE.W    D0,-(SP)
        _LineTo

NoMove

        CLR.W     -(SP)
        _StillDown
        TST.W     (SP)+
        BNE       NextPoint

        MOVE.L    D3,D2
        MOVE.W    h(A4),D0
        SUB.W     D2,D0
        MOVE.W    D0,-(SP)
        SWAP      D2
        MOVE.W    v(A4),D0
        SUB.W     D2,D0
        MOVE.W    D0,-(SP)
        _LineTo

PCReturn

        BSR       SaveCBits                    ; save whole drawing
        BRA       NextEvent

SaveCBits

        LEA       WindowStorage(A5),A4         ; main window
        PEA       portBits(A4)                 ; src bits
        PEA       bmContent(A5)                ; dest bits
        PEA       portRect(A4)                 ; src rect
        PEA       portRect(A4)                 ; dest rect
        MOVE.W    #srcCopy,-(SP)               ; mode
        CLR.L     -(SP)                        ; mask
        _CopyBits
        RTS

DrawRects

        MOVE.W    #patXor,-(SP)
        _PenMode
        TST.W     D4
        BNE       @0                           ; set pen size as it is
        CMP.L     #0,cPenSize(A5)
        BNE       @0                           ; set pen size as it is
        MOVE.L    #$00010001,-(SP)             ; set pen size to 1
```

```
    BRA      @1
@0  MOVE.L   cPenSize(A5),-(SP)
@1  _PenSize
    LEA      oldRect(A5),A2              ; oldRect -> A2
    MOVE.L   (A4),topLeft(A2)
    MOVE.L   (A4),botRight(A2)
    LEA      newRect(A5),A3              ; newRect -> A3
    MOVE.L   (A4),topLeft(A3)
    MOVE.L   (A4),botRight(A3)

DragLoop

    CLR.W    -(SP)
    _StillDown
    TST.W    (SP)+
    BNE      ContDrag

    PEA      lPoint(A5)
    _GetMouse
    MOVE.L   lPoint(A5),D2
    CMP.L    eventRecord+evtMouse(A5),D2
    BEQ      NextEvent

    MOVE.W   #patCopy,-(SP)
    _PenMode
    BSR      DrawDrag
    BRA      PCReturn

ContDrag

    MOVE.L   A4,-(SP)                    ; A4 = sPoint
    _GetMouse
    MOVE.L   (A4),botRight(A3)           ; A3 = newRect
    CLR.W    -(SP)
    MOVE.L   A2,-(SP)                    ; A2 = oldRect
    MOVE.L   A3,-(SP)
    _EqualRect
    TST.W    (SP)+
    BNE      DragLoop
    MOVE.L   topLeft(A2),tmpRect+topLeft(A5) ; old -> temp
    MOVE.L   botRight(A2),tmpRect+botRight(A5)
    BSR      DrawDrag
    MOVE.L   topLeft(A3),tmpRect+topLeft(A5) ; new -> temp
    MOVE.L   botRight(A3),tmpRect+botRight(A5)
    BSR      DrawDrag
    MOVE.L   topLeft(A3),topLeft(A2)  ; new -> old
    MOVE.L   botRight(A3),botRight(A2)
    BRA      DragLoop

DrawDrag
```

```
    LEA     tmpRect(A5),A0
    CMP.W   #4,D5
    BEQ     @2          ; Line tool
    MOVE.W  bottom(A0),D0
    CMP.W   top(A0),D0
    BGE     @1
    MOVE.W  top(A0),bottom(A0)
    MOVE.W  D0,top(A0)
@1  MOVE.W  right(A0),D0
    CMP.W   left(A0),D0
    BGE     @2
    MOVE.W  left(A0),right(A0)
    MOVE.W  D0,left(A0)
@2  MOVE.L  A0,-(SP)
    SUBQ.L  #4,SP
    _TickCount
@3  SUBQ.L  #4,SP
    _TickCount
    MOVE.L  (SP)+,D0
    CMP.L   (SP),D0
    BEQ     @3
    ADDQ.L  #4,SP
    TST.W   D4
    BEQ     CheckShape  ; Frame only
    MOVE.L  (SP),-(SP)
    PEA     cPattern(A5)
    _PenPat

CheckShape

    CMP.W   #4,D5
    BEQ     DrawLine
    CMP.W   #5,D5
    BEQ     DrawRect
    CMP.W   #6,D5
    BEQ     DrawRRect
    TST.W   D4
    BEQ     FrmOval
    _PaintOval

FrmOval

    PEA     black-4(A5)
    _PenPat
    _FrameOval
    RTS

DrawLine

    PEA     black-4(A5)
    _PenPat
```

```
    MOVE.L  (SP)+,A0
    MOVE.L  botRight(A0),-(SP)
    MOVE.L  topLeft(A0),-(SP)
    _MoveTo
    _LineTo
    RTS

DrawRect

    TST.W   D4
    BEQ     FrmRect
    _PaintRect

FrmRect

    PEA     black-4(A5)
    _PenPat
    _FrameRect
    RTS

DrawRRect

    TST.W   D4
    BEQ     FrmRRect
    MOVE.L  #$00120012,-(SP)
    _PaintRoundRect

FrmRRect

    PEA     black-4(A5)
    _PenPat
    MOVE.L  #$00120012,-(SP)
    _FrameRoundRect
    RTS

PtnSelection

    MOVE.W  (SP)+,D0
    CMP.W   #inContent,D0
    BNE     NextEvent
    MOVE.L  A0,-(SP)
    _SetPort
    PEA     eventRecord+evtMouse(A5)
    _GlobalToLocal
    MOVE.L  eventRecord+evtMouse(A5),D0
    MOVE.W  D0,D1
    AND.L   #$FFFF,D1
    SUB     #41,D1
    DIVU    #20,D1
    SWAP    D0
    CMP.W   #17,D0
```

```
    BMI     row0
    ADD     #19,D1
row0
    MULU    #8,D1
    ADDQ    #2,D1
    MOVE.L  stdPtnHandle(A5),A0
    MOVE.L  (A0),A1
    ADD.L   D1,A1
    LEA     cPattern(A5),A0
    MOVE.L  (A1)+,(A0)+
    MOVE.L  (A1),(A0)
    PEA     cPattern(A5)
    _PenPat
    PEA     sPtnRect
    _PaintRect
    PEA     black-4(A5)
    _PenPat
    PEA     sPtnRect
    _FrameRect
    PEA     WindowStorage(A5)
    _SetPort
    BRA     NextEvent

ToolSelection

    MOVE.W  (SP)+,D0
    CMP.W   #inContent,D0
    BNE     NextEvent
    MOVE.L  A0,-(SP)
    _SetPort
    PEA     eventRecord+evtMouse(A5)
    _GlobalToLocal
    MOVE.L  eventRecord+evtMouse(A5),D0 ; point to D0
    MOVE.L  D0,D1                       ; copy to D1
    SWAP    D1
    AND.L   #$FFFF,D1                   ; y axis only
    SUBQ    #1,D1
    DIVU    #22,D1
    CMP.W   #3,D1
    BMI     outOfArea
    CMP.W   #8,D1
    BPL     outOfArea
    AND.L   #$FFFF,D0                   ; x axis only
    SUBQ    #1,D0
    DIVU    #26,D0
    MOVE.W  D0,D3
    SWAP    D3
    MOVE.W  D1,D3                       ; D3 tool index
    BSR     SetTool                     ; hw=x, lw=y

resetPort
```

```
    PEA      WindowStorage(A5)
    _SetPort
    BRA      NextEvent

outOfArea

    BRA      resetPort

SetTool

    MOVE.L   cToolIndex(A5),D4    ; old tool index
    MOVE.W   D4,D1
    SWAP     D4
    MOVE.W   D4,D0
    BSR      InvertTool

SetTool0

    MOVE.L   D3,cToolIndex(A5)    ; new tool index
    MOVE.W   D3,D1
    SWAP     D3
    MOVE.W   D3,D0
    BSR      InvertTool
    SWAP     D3

SetTool1

    SWAP     D3
    TST.W    D3
    BNE      @0
    SWAP     D3
    CMP.W    #3,D3
    BNE      @3
    LEA      csrBrData,A0
    BRA      @9
@0  SWAP     D3
    CMP.W    #3,D3
    BNE      @1
    LEA      csrPnData,A0
    BRA      @9
@1  CMP.W    #4,D3
    BNE      @3
    LEA      csrErData,A0
    BRA      @9
@3  MOVE.W   cPenSize(A5),D2
    CMP.W    #2,D2
    BPL      @4
    LEA      csrCr1Data,A0
    BRA      @9
@4  CMP.W    #4,D2
```

```
    BPL      @5
    LEA      csrCr2Data,A0
    BRA      @9
@5  CMP.W    #8,D2
    BPL      @6
    LEA      csrCr4Data,A0
    BRA      @9
@6  LEA      csrCr8Data,A0
@9  MOVE.L   A0,cToolCursor(A5)
    PEA      WindowStorage(A5)
    _SetPort
    RTS

InvertTool

    MULU.W   #22,D1
    MOVE.W   D1,rTop(A5)
    ADD.W    #21,D1
    MOVE.W   D1,rBottom(A5)
    MULU.W   #26,D0
    MOVE.W   D0,rLeft(A5)
    ADD.W    #25,D0
    MOVE.W   D0,rRight(A5)
    MOVE     #patXor,-(SP)
    _PenMode
    PEA      black-4(A5)
    _PenPat
    PEA      rTop(A5)
    _PaintRect
    RTS

WidSelection

    MOVE.W   (SP)+,D0
    CMP.W    #inContent,D0
    BNE      NextEvent
    MOVE.L   A0,A4                      ; graf port
    MOVE.L   A0,-(SP)
    _SetPort
    MOVE.L   #0,D3                      ; pen index
    PEA      eventRecord+evtMouse(A5)
    _GlobalToLocal
    MOVE.L   eventRecord+evtMouse(A5),D0 ; click point
    SWAP     D0                         ; y axis to low word
    CMP.W    #17,D0
    BPL      @1
    MOVE.L   #0,D1
    BRA      SetPenWidth
@1  CMP.W    #27,D0
    BPL      @2
    MOVE.L   #$00010001,D1
```

```
    MOVE.W  #1,D3
    BRA     SetPenWidth
@2  CMP.W   #38,D0
    BPL     @3
    MOVE.L  #$00020002,D1
    MOVE.W  #2,D3
    BRA     SetPenWidth
@3  CMP.W   #51,D0
    BPL     @4
    MOVE.L  #$00040004,D1
    MOVE.W  #3,D3
    BRA     SetPenWidth
@4  MOVE.L  #$00080008,D1
    MOVE.W  #4,D3

SetPenWidth

    MOVE.W  D3,cPenIndex(A5)
    MOVE.L  D1,cPenSize(A5)
    BSR     SetCheck
    MOVE.L  cToolIndex(A5),D3
    BSR     SetTool1
    BRA     NextEvent

SetCheck

    MOVE.L  #0,rTop(A5)
    MOVE.W  #75,rBottom(A5)
    MOVE.W  #15,rRight(A5)
    PEA     rTop(A5)
    _EraseRect
    LEA     bmTools(A5),A0
    LEA     bmChkData,A1
    MOVE.L  A1,(A0)+
    MOVE.W  #2,(A0)+                  ; rowBytes
    MOVE.L  (bmChkSRect),(A0)+        ; top,left
    MOVE.L  (bmChkSRect+4),(A0)+      ; bot,right
    PEA     bmTools(A5) ; base addr
    PEA     portBits(A4)     ; dest bitmap
    PEA     bmChkSRect  ; source rect
    MOVE.W  cPenIndex(A5),D3
    MULU.W  #8,D3
    LEA     bmChk0Rect,A2
    ADD.L   D3,A2
    MOVE.L  A2,-(SP)                  ; dest rect
    MOVE.W  #srcCopy,-(SP)
    CLR.L   -(SP)
    _CopyBits
    PEA     WindowStorage(A5)
    _SetPort
    RTS
```

```
InitManagers

    PEA      -4(A5)                       ; Quickdraw's global area
    _InitGraf                             ; Init Quickdraw
    _InitFonts                            ; Init Font Manager
    MOVE.L   #$0000FFFF,D0                ; Flush all events
    _FlushEvents
    _InitWindows                          ; Init Window Manager
    _InitMenus                            ; Init Menu Manager
    CLR.L    -(SP)                        ; No restart procedure
    _InitDialogs                          ; Init Dialog Manager
    _TEInit                               ; Init Text Edit
    _InitCursor                           ; Turn on arrow cursor
    RTS

SetupMenu

    CLR.L    -(SP)
    MOVE.W   #AppleMenu,-(SP)
    _GetRMenu
    MOVE.L   (SP),A0
    MOVE.L   A0,appleMHandle(A5)
    MOVE.L   A0,-(SP)
    CLR.W    -(SP)
    _InsertMenu
    MOVE.L   #'DRVR',-(SP)
    _AddResMenu
    CLR.L    -(SP)
    MOVE.W   #FileMenu,-(SP)
    _GetRMenu
    MOVE.L   (SP),fileMHandle(A5)
    CLR.W    -(SP)
    _InsertMenu
    CLR.L    -(SP)
    MOVE.W   #EditMenu,-(SP)
    _GetRMenu
    MOVE.L   (SP),editMHandle(A5)
    CLR.W    -(SP)
    _InsertMenu
    CLR.L    -(SP)
    MOVE.W   #GoodsMenu,-(SP)
    _GetRMenu
    MOVE.L   (SP),goodMHandle(A5)
    CLR.W    -(SP)
    _InsertMenu
    _DrawMenuBar
    RTS

SetupWindow
```

```
    CLR.L   -(SP)
    MOVE    #1,-(SP)
    PEA     WindowStorage(A5)
    MOVE.L  #-1,-(SP)
    _GetNewWindow
    MOVE.L  (SP),A4
    _SetPort
    LEA     bmContent(A5),A3
    LEA     bmScrnData(A5),A2
    MOVE.L  A2,(A3)+                    ; baseAddr
    MOVE.W  #52,(A3)+                   ; rowBytes
    LEA     portRect(A4),A2
    MOVE.L  (A2)+,(A3)+                 ; top,left
    MOVE.L  (A2),(A3)                   ; bot,right
    MOVE.W  #3224-1,D1
    LEA     bmScrnData(A5),A2
@0  MOVE.L  #0,(A2)+
    DBRA    D1,@0
    RTS

SetupPalettes

; Tool Palette

    CLR.L   -(SP)
    MOVE    #2,-(SP)
    PEA     TolPltStorage(A5)
    PEA     WindowStorage(A5)
    _GetNewWindow
    MOVE.L  (SP)+,A4                    ; GrafPort
    MOVE.L  #$00000003,cToolIndex(A5)    ; Brush@0,3
    LEA     csrBrData,A0
    MOVE.L  A0,cToolCursor(A5)
    MOVE.W  #0,insideContent(A5)

; Width Palette

    CLR.L   -(SP)
    MOVE    #3,-(SP)
    PEA     WidPltStorage(A5)
    PEA     WindowStorage(A5)
    _GetNewWindow
    MOVE.L  (SP)+,A4                    ;GrafPort
    MOVE.W  #1,cPenIndex(A5)
    MOVE.L  #$00010001,cPenSize(A5)

; Pattern Palette

    CLR.L   -(SP)
    MOVE    #4,-(SP)
    PEA     PtnPltStorage(A5)
```

```
    PEA      WindowStorage(A5)
    _GetNewWindow
    MOVE.L   (SP)+,A4                   ;GrafPort
    LEA      cPattern(A5),A2
    MOVE.L   #$FFFFFFFF,(A2)+
    MOVE.L   #$FFFFFFFF,(A2)
    RTS

UpdateTools

    MOVE.L   A4,-(SP)
    _SetPort
    MOVE.W   #25,-(SP)
    MOVE.W   #0,-(SP)
    _MoveTo
    MOVE.W   #25,-(SP)
    MOVE.W   #219,-(SP)
    _LineTo
    MOVE.W   #9-1,D3
    MOVE.W   #21,D4
@1
    CLR.W    -(SP)
    MOVE.W   D4,-(SP)
    _MoveTo
    MOVE.W   #51,-(SP)
    MOVE.W   D4,-(SP)
    _LineTo
    ADD.W    #22,D4
    DBRA     D3,@1
    LEA      bmTools+4(A5),A3
    MOVE.W   #2,(A3)+                   ; rowBytes
    MOVE.L   (bmSrcRect),(A3)+          ; top,left
    MOVE.L   (bmSrcRect+4),(A3)         ; bot,right
    LEA      bmBrBits,A2
    LEA      bmBrRect,A3
    MOVE.W   #10-1,D3
@2
    MOVE.L   A2,bmTools(A5)             ; baseAddr
    PEA      bmTools(A5)
    PEA      portBits(A4)
    PEA      bmSrcRect
    MOVE.L   A3,-(SP)                   ; dstRect
    MOVE.W   #srcCopy,-(SP)
    CLR.L    -(SP)
    _CopyBits
    ADD.L    #32,A2
    ADD.L    #8,A3
    DBRA     D3,@2
    MOVE.L   cToolIndex(A5),D3
    BRA      SetTool0
```

```
UpdateWids

    MOVE.L  A4,-(SP)
    _SetPort
    PEA     ltGray-4(A5)
    _PenPat
    MOVE.W  #11,rTop(A5)
    MOVE.W  #16,rLeft(A5)
    MOVE.W  #12,rBottom(A5)
    MOVE.W  #45,rRight(A5)
    PEA     rTop(A5)
    _PaintRect
    PEA     black-4(A5)
    _PenPat
    MOVE.W  #22,rTop(A5)
    MOVE.W  #23,rBottom(A5)
    PEA     rTop(A5)
    _PaintRect
    MOVE.W  #32,rTop(A5)
    MOVE.W  #34,rBottom(A5)
    PEA     rTop(A5)
    _PaintRect
    MOVE.W  #43,rTop(A5)
    MOVE.W  #47,rBottom(A5)
    PEA     rTop(A5)
    _PaintRect
    MOVE.W  #56,rTop(A5)
    MOVE.W  #64,rBottom(A5)
    PEA     rTop(A5)
    _PaintRect
    BRA     SetCheck

UpdatePtns

    MOVE.L  A4,-(SP)
    _SetPort
    SUBQ.L  #4,SP
    MOVE.L  #'PAT#',-(SP)
    MOVE.W  #0,-(SP)
    _GetResource
    MOVE.L  (SP)+,stdPtnHandle(A5)
    MOVE.L  stdPtnHandle(A5),A0
    MOVE.L  (A0),A3
    ADDQ    #2,A3
    MOVE.W  #19-1,D3
    MOVE.W  #-1,rTop(A5)
    MOVE.W  #41,rLeft(A5)
    MOVE.W  #17,rBottom(A5)
    MOVE.W  #63,rRight(A5)
@1
    MOVE.L  A3,-(SP)
```

```
        _PenPat
        PEA       rTop(A5)
        _PaintRect
        PEA       black-4(A5)
        _PenPat
        PEA       rTop(A5)
        _FrameRect
        ADD.L     #8,A3
        ADDI.W    #20,rLeft(A5)
        ADDI.W    #20,rRight(A5)
        DBRA      D3,@1
        MOVE.W    #19-1,D3
        MOVE.W    #16,rTop(A5)
        MOVE.W    #41,rLeft(A5)
        MOVE.W    #35,rBottom(A5)
        MOVE.W    #63,rRight(A5)
@2
        MOVE.L    A3,-(SP)
        _PenPat
        PEA       rTop(A5)
        _PaintRect
        PEA       black-4(A5)
        _PenPat
        PEA       rTop(A5)
        _FrameRect
        ADD.L     #8,A3
        ADDI.W    #20,rLeft(A5)
        ADDI.W    #20,rRight(A5)
        DBRA      D3,@2
        PEA       cPattern(A5)
        _PenPat
        PEA       sPtnRect
        _PaintRect
        PEA       black-4(A5)
        _PenPat
        PEA       sPtnRect
        _FrameRect
        PEA       WindowStorage(A5)
        _SetPort
        RTS

CheckCursor

        PEA       sPoint(A5)
        _GetMouse
        CLR.W     -(SP)
        MOVE.L    sPoint(A5),-(SP)
        PEA       contentRect
        _PtInRect
        TST.W     (SP)+
        BEQ       @1                            ; outside
```

```
    TST.W   insideContent(A5);
    BNE     @0                          ; previously inside
    MOVE.W  #-1,insideContent(A5)       ; moved to inside
    MOVE.L  cToolCursor(A5),-(SP)
    _SetCursor
@0  RTS
@1  TST.W   insideContent(A5)           ; now outside
    BEQ     @0
    CLR.WinsideContent(A5)              ; moved to outside
    _InitCursor
    RTS


; Constants

bmBrBits    DC.W    $01C0,$0140,$01C0,$01C0,$01C0,$01C0,$01C0
    ,$0FF8,$0808,$0FF8,$0808,$0808,$0808,$0AA8,$1558,$3FF0
bmPnBits    DC.W    $00F0,$0088,$0108,$0190,$0270,$0220,$0420
    ,$0440,$0840,$0880,$1080,$1100,$1E00,$1C00,$1800,$1000
bmLnBits    DC.W    $0000,$0000,$0000,$C000,$3000,$0C00,$0300
    ,$00C0,$0030,$000C,$0003,$0000,$0000,$0000,$0000,$0000
bmErBits    DC.W    $0000,$00FE,$0102,$0207,$040B,$0816,$102C
    ,$2058,$40B0,$FF60,$81C0,$8180,$FF00,$0000,$0000,$0000
bmRcBits    DC.W    $0000,$0000,$FFFF,$8001,$8001,$8001,$8001
    ,$8001,$8001,$8001,$8001,$8001,$FFFF,$0000,$0000,$0000
bmRcfBits   DC.W    $0000,$0000,$FFFF,$D555,$AAAB,$D555,$AAAB
    ,$D555,$AAAB,$D555,$AAAB,$D555,$FFFF,$0000,$0000,$0000
bmRrBits    DC.W    $0000,$0000,$3FFC,$4002,$8001,$8001,$8001
    ,$8001,$8001,$8001,$8001,$4002,$3FFC,$0000,$0000,$0000
bmRrfBits   DC.W    $0000,$0000,$3FFC,$5556,$AAAB,$D555,$AAAB
    ,$D555,$AAAB,$D555,$AAAB,$5556,$3FFC,$0000,$0000,$0000
bmOvBits    DC.W    $0000,$0000,$0FF0,$381C,$6006,$C003,$8001
    ,$8001,$8001,$C003,$6006,$381C,$0FF0,$0000,$0000,$0000
bmOvfBits   DC.W    $0000,$0000,$0FF0,$3ABC,$5556,$EAAB,$D555
    ,$AAAB,$D555,$EAAB,$7556,$3ABC,$0FF0,$0000,$0000,$0000

bmSrcRect   DC.W    0,0,16,16

bmBrRect    DC.W    69,5,85,21
bmPnRect    DC.W    69,31,85,47
bmLnRect    DC.W    91,5,107,21
bmErRect    DC.W    91,31,107,47
bmRcRect    DC.W    113,5,129,21
bmRcfRect   DC.W    113,31,129,47
bmRrRect    DC.W    135,5,151,21
bmRrfRect   DC.W    135,31,151,47
bmOvRect    DC.W    157,5,173,21
bmOvfRect   DC.W    157,31,173,47

sPtnRect        DC.W    5,7,28,35
```

```
csrPnData   DC.W    $00F0,$0088,$0108,$0190,$0270,$0220,$0420
    ,$0440,$0840,$0880,$1080,$1100,$1E00,$1C00,$1800,$1000
csrPnMask   DC.W    $00F0,$00F8,$01F8,$01F0,$03F0,$03E0,$07E0
    ,$07C0,$0FC0,$0F80,$1F80,$1F00,$1E00,$0000,$0000,$0000
csrPnHspt   DC.W    15,3
csrBrData   DC.W    $0000,$0000,$0180,$0180,$0180,$0180,$0180
    ,$0180,$0180,$0180,$0180,$0180,$0180,$0180,$0000,$0000
csrBrMask   DC.W    $0000,$0000,$0000,$0000,$0000,$0000,$0000
    ,$0000,$0000,$0000,$0000,$0000,$0000,$0000,$0000,$0000
csrBrHspt   DC.W    8,8
csrCr1Data  DC.W    $0000,$0000,$0080,$0080,$0080,$0080,$0080
    ,$1FFC,$0080,$0080,$0080,$0080,$0080,$0000,$0000,$0000
csrCr1Mask  DC.W    $0000,$0000,$0000,$0000,$0000,$0000,$0000
    ,$0000,$0000,$0000,$0000,$0000,$0000,$0000,$0000,$0000
csrCr1Hspt  DC.W    8,8
csrCr2Data  DC.W$0000,$0000,$0180,$0180,$0180,$0180,$0180,$3FFC
    ,$3FFC,$0180,$0180,$0180,$0180,$0180,$0000,$0000
csrCr2Mask  DC.W    $0000,$0000,$0000,$0000,$0000,$0000,$0000
    ,$0000,$0000,$0000,$0000,$0000,$0000,$0000,$0000,$0000
csrCr2Hspt  DC.W    8,8
csrCr4Data  DC.W    $0000,$03C0,$03C0,$03C0,$03C0,$03C0,$7FFE
    ,$7FFE,$7FFE,$7FFE,$03C0,$03C0,$03C0,$03C0,$03C0,$0000
csrCr4Mask  DC.W    $0000,$0000,$0000,$0000,$0000,$0000,$0000
    ,$0000,$0000,$0000,$0000,$0000,$0000,$0000,$0000,$0000
csrCr4Hspt  DC.W    8,8
csrCr8Data  DC.W    $0FF0,$0FF0,$0FF0,$0FF0,$FFFF,$FFFF,$FFFF
    ,$FFFF,$FFFF,$FFFF,$FFFF,$FFFF,$0FF0,$0FF0,$0FF0,$0FF0
csrCr8Mask  DC.W    $0000,$0000,$0000,$0000,$0000,$0000,$0000
    ,$0000,$0000,$0000,$0000,$0000,$0000,$0000,$0000,$0000
csrCr8Hspt  DC.W    8,8
csrErData   DC.W    $FFFF,$8001,$8001,$8001,$8001,$8001,$8001
    ,$8001,$8001,$8001,$8001,$8001,$8001,$8001,$8001,$FFFF
csrErMask   DC.W    $FFFF,$FFFF,$FFFF,$FFFF,$FFFF,$FFFF,$FFFF
    ,$FFFF,$FFFF,$FFFF,$FFFF,$FFFF,$FFFF,$FFFF,$FFFF,$FFFF
csrEnHspt   DC.W    8,8

bmChkData   DC.W    $0030,$0060,$00C0,$0180,$8300,$C600,$6C00
    ,$3800,$1000
bmChkSRect  DC.W    0,0,9,12
bmChk0Rect  DC.W    7,3,16,15
bmChk1Rect  DC.W    17,3,26,15
bmChk2Rect  DC.W    28,3,37,15
bmChk4Rect  DC.W    40,3,49,15
bmChk8Rect  DC.W    54,3,63,15

contentRect DC.W    0,0,240,416


; Globals

bmTools     DS.W    7
```

```
bmContent   DS.W     7

eventRecord DS.B     evtBlkSize
eventWindow DS.L     1
deskName    DS.B     32

sPoint      DS.L     1
ePoint      DS.L     1
lPoint      DS.L     1
oldRect     DS.W     4
newRect     DS.W     4
tmpRect     DS.W     4
rTop        DS.W     1
rLeft       DS.W     1
rBottom     DS.W     1
rRight      DS.W     1
cToolIndex  DS.L     1
cToolCursor DS.L     1
cPattern    DS.L     2
cPenIndex   DS.W     1
cPenSize    DS.L     1
stdPtnHandle    DS.L     1
insideContent   DS.W     1
appleMHandle    DS.L     1
fileMHandle     DS.L     1
editMHandle     DS.L     1
goodMHandle     DS.L     1

WindowStorage   DS.WWindowSize   ; Storage for main windows
TolPltStorage   DS.WWindowSize   ; Storage for tool palatte
WidPltStorage   DS.WWindowSize   ; Storage for width palette
PtnPltStorage   DS.WWindowSize   ; Storage for pattern palette

dStorage    DS.W     DWindLen       ; Storage For Dialog
itemHit     DS.W     1              ; Item clicked in dialog

bmScrnData  DS.W     6448           ; Storage for screen

End
```

INDEX

記号

数字

A

B

C

D

あ

か

さ

た/な

は

ま

や

ら

わ

柴田文彦（しばた ふみひこ）
1984年東京都立大学大学院工学研究科修了。同年、富士ゼロックス株式会社に入社。1999年からフリーランスとなり現在に至る。大学時代にApple IIに感化され、パソコンに目覚める。在学中から月刊I/O誌、月刊ASCII誌に自作プログラムの解説などを書き始める。就職後は、カラーレーザープリンターなどの研究、技術開発に従事。退社後は、Macを中心としたパソコンの技術解説記事や書籍を執筆するライターとして活動。時折、テレビ番組「開運！なんでも鑑定団」の鑑定士として、コンピューターや電子機器関連品の鑑定、解説を担当している。

本書のサポートサイト：
http://www.rutles.net/download/517/index.html

装丁　米本 哲
編集・DTP　うすや

68000とMacintosh Toolbox詳解　アセンブリ言語プログラミングの奥義

2022年6月30日　初版第1刷発行

著 者　柴田文彦
発行者　山本正豊
発行所　株式会社ラトルズ
〒115-0055　東京都北区赤羽西4-52-6
電話 03-5901-0220　FAX 03-5901-0221
http://www.rutles.net

印刷・製本　株式会社ルナテック

ISBN978-4-89977-517-1　